U0182374

国家科学技术学术著作出版基金资助出版

混凝土结构破坏过程仿真分析

顾祥林　著

科学出版社

北　京

内 容 简 介

本书共分两篇。第一篇主要介绍基于连续体力学的结构仿真分析方法。首先讨论钢筋混凝土梁、板、墙、柱及预应力混凝土梁等基本构件破坏过程的仿真分析方法；其次介绍动、静力荷载作用下钢筋混凝土杆系结构破坏过程。第二篇主要介绍基于非连续体力学的结构仿真分析方法。以离散单元法作为手段，在细观尺度上分析混凝土材料的破坏过程；在宏观尺度上分析地震、爆炸等偶然外部作用下钢筋混凝土框架结构、钢筋混凝土剪力墙结构的倒塌过程。本书的研究形成一套多尺度、多层次的完整分析系统。

本书适合高等院校土木工程及相关专业的教师和研究生使用，也可供相关领域工程技术人员参考。

图书在版编目（CIP）数据

混凝土结构破坏过程仿真分析/顾祥林著. —北京：科学出版社，2020.6
ISBN 978-7-03-060500-9

Ⅰ. ①混… Ⅱ. ①顾… Ⅲ. ①混凝土结构-仿真 Ⅳ. ①TU37

中国版本图书馆 CIP 数据核字（2019）第 019371 号

责任编辑：王 钰 / 责任校对：王万红
责任印制：吕春珉 / 封面设计：东方人华平面设计部

科 学 出 版 社 出版
北京东黄城根北街 16 号
邮政编码：100717
http://www.sciencep.com

北京中科印刷有限公司 印刷
科学出版社发行　　各地新华书店经销

*

2020 年 6 月第 一 版　　开本：B5（720×1000）
2020 年 6 月第一次印刷　　印张：31　插页：1
字数：608 000

定价：256.00 元
（如有印装质量问题，我社负责调换〈中科〉）
销售部电话 010-62136230　编辑部电话 010-62137026

作 者 简 介

　　顾祥林，男，1963 年生于安徽省庐江县，教授、博士生导师，上海市领军人才、国家重点研发计划首席科学家，获国务院政府特殊津贴、第四届上海高等学校教学名师奖。

　　1996 年 12 月获同济大学结构工程博士学位。1998 年 1 月～1999 年 9 月，分别在美国新泽西理工学院、伊利诺伊大学做访问学者。现任同济大学副校长，兼任国际建筑遗产结构分析与修复委员会委员、美国混凝土学会中国分会主席、国际材料与结构研究实验联合会中国分会副主席、国务院学位委员会土木工程学科评议组成员、中国土木工程学会副理事长、上海市土木工程学会副理事长、上海市科学技术协会副主席、第六届建筑物鉴定与加固专业委员会副主任委员等职。主要从事混凝土结构和砌体结构基本理论、结构全寿命设计与维护及结构计算机仿真等方面的科学研究和教学工作。主持国家重点研发计划项目、973 课题、863 课题、国家自然科学基金重大国际合作项目等重要科研项目 30 余项。发表 SCI 论文 100 余篇、EI 论文 130 余篇。出版专著 2 部。受邀作国际会议特邀报告 3 次、主题报告 3 次。获省部级科技进步奖 6 项。主持省部级教学研究项目 10 余项。主编英文教材 1 部、中文教材 5 部，参编中文教材 5 部。获国家级教学成果奖 2 项、省部级教学成果奖 6 项。

前　言

作为实验室物理试验的补充和拓展，在材料、构件和结构等不同层次上对混凝土结构的破坏过程进行多尺度的仿真分析，可以更加深入地揭示混凝土结构的破坏机理，充分认识结构的受力性能，对既有结构的性能评估和新结构的设计均具有重要的意义。结构的物理试验和数值试验是土木工程领域进行科学研究和工程实践的重要方法。基于这一认识，作者于2002年和孙飞飞博士合作出版了《混凝土结构的计算机仿真》一书，并连续14年在同济大学结构工程专业的博士和硕士研究生中开设"混凝土结构非线性分析"课程，详细介绍了动、静力荷载作用下混凝土结构基本构件、钢筋混凝土杆系结构破坏过程的非线性分析方法，旨在使同学们通过学习更好地掌握结构数值分析这个有效的工具，为后续的科学研究、工程实践打下良好的基础。该课程受到了同学们的欢迎并取得了良好的效果。为了使读者能深入了解混凝土结构破坏过程的分析方法，作者对《混凝土结构的计算机仿真》一书中的内容进行了大量扩充和调整，结合最近10余年的科研成果写成本书。

本书分两篇。第一篇共10章，主要介绍基于连续体力学的结构仿真分析方法。遵循由简单到复杂、由构件到结构的原则，兼顾静力和动力荷载作用，先讨论钢筋混凝土梁、板、墙、柱及预应力混凝土梁等基本构件破坏过程的仿真分析方法；再介绍动、静力荷载作用下钢筋混凝土杆系结构破坏过程。第二篇共5章，主要介绍基于非连续体力学的结构仿真分析方法。考虑到有限单元法在分析大变形、不连续位移场时表现出的不足，以离散单元法作为手段，在细观尺度上分析混凝土材料的破损过程；在宏观尺度上分析地震、爆炸等偶然外部作用下钢筋混凝土框架结构、钢筋混凝土剪力墙结构的倒塌过程，形成一套多尺度、多层次的完整分析系统。

本书中相关的研究内容先后受到国家基础性研究重大关键项目（攀登计划 B 类）、教育部国家重点实验室访问学者基金项目、教育部留学回国人员科研启动基金项目、国家自然科学基金面上项目（项目编号：50578116、50978191）、国家自然科学基金重点项目（项目编号：50538050）、国家自然科学基金重大研究计划（重大工程的动力灾变）面上项目（项目编号：90715004）、国家高技术研究发展计划（863 计划）课题（课题编号：2012AA050903）等的资助。在此，表示衷心的感谢！另外，同济大学结构工程专业的多位博士、硕士研究生和本科生也为本书做出了贡献，他们是苗吉军、彭斌、黄庆华、侯健、王卓琳、印小晶、汪小林、洪丽、付武荣、华晶晶、贾君玉、张宏、张斌、姚利民、王立明、李承、周湘赟、马星、黄勤、周钦海、王伟、任晓勇、孟益、宋晓滨、陈涛、吴周偲、商登峰、张强、孙凯、匡昕昕、蔡茂、周虹宇、戴博等。感谢他们的工作！感谢孙飞飞博士的帮助！感谢林峰博士在上述部分研究生指导过程中的帮助！感谢国家科学技术学术著作出版基金的资助！

　　限于作者的理论水平，书中肯定有不足之处，恳请广大读者指正！

2019 年 1 月于同济大学

目　录

第一篇　基于连续体力学的仿真分析

绪　　论

0.1　结构破坏过程仿真分析的意义

结构试验在"混凝土结构理论"的诞生和发展过程中起着不可估量的作用。目前世界各国混凝土结构设计规范中的计算分析方法基本上都是以大量的试验数据为基础而建立起来的。体型特殊、结构复杂的混凝土结构物往往还要通过整体结构的模型试验来验证设计理论、改进设计方法。但是,结构试验尤其是大型结构试验往往需要耗费大量的人力和财力,同样的试验很难重复做多次,且缩尺模型试验具有"失真"效应。如能建立一种通过计算仿真分析来"模拟足尺模型试验"的方法,作为辅助的研究手段,则能弥补实体试验的不足,对混凝土结构理论的发展与应用产生积极的作用。

重大基础设施和重要建筑物是现代社会发展的重要标志。合理使用、正确维护既有基础设施和建筑物,将是目前和今后很长一段时期内土木工程领域的重要任务。要维护和使用好既有基础设施和建筑物,必须对其在未来各因素作用下的性能做出正确的评价。既有结构与拟建结构不同,通过实体试验来研究其性能难度更大。而计算机仿真分析则为结构检测、评估人员提供了一个有力的工具,使其能在"虚拟"的空间内模拟既有足尺结构的反应。

为保证混凝土结构安全可靠,就要研究其受力性能,必须从微细观至宏观的不同尺度对混凝土材料、构件和结构体系的破坏过程做深入的研究。目前,仅借助于实验室中的物理试验还很难满足此要求。首先,材料微细观的力学性能试验难以实现,即使能够实现也很难观察到试件内部的破坏过程,而试件内部的破坏过程对认识材料的破坏机理至关重要。其次,大型结构的破坏试验,尤其是结构的倒塌试验难以实施。借助计算机仿真分析技术,上述难题都能予以解决。由此可以看出,计算机仿真分析技术与物理试验技术一样,是现代土木工程领域重要的研究工具之一。

0.2　结构仿真分析的发展与应用

20 世纪 60 年代以来,计算机仿真技术(又称计算机模拟技术)已由最初的数值模拟及数值模拟结果的图形显示,发展成为今天的与信息论、控制论、模拟论、人工智能等现代科学技术相关的一门高新技术。目前,计算机仿真技术已广泛应用于军事、工业、农业、交通运输和医学等各领域。

　　在土木工程领域，应用结构仿真分析技术可实施试验模拟、灾害预测、事故再现、方案优化、结构性能评估等多项难以进行甚至由于条件限制而不可能进行的一些工作。20 世纪 80 年代以来逐步发展起来的基于有限元的通用分析软件，如 ANSYS、SAP、LS-DYNA 等，以及相应的图形和信息处理软件，有强大的计算分析和图形处理、信息组织功能。这些软件功能的不断完善，应用范围的不断扩展，使工程师们从繁杂的手工绘图和复杂的分析计算中解放出来；使"智能建造"成为可能；使大学和科研院所内的研究人员能更精准地把握结构的性能。但是，大型通用商业软件一般均是"黑箱"，使用者很难了解具体的分析过程。另外，应用基于连续介质分析方法的商业软件很难模拟结构的破坏过程，尤其是结构的倒塌过程。为此，很多学者针对不同对象的大变形不连续问题，开发了一些特定的结构仿真分析系统[1-4]。这些特定的仿真系统及相应的分析方法既是对现有大型商业软件的补充，又能帮助研究和应用者了解分析过程，以便改进现有方法、开发新的系统。

0.3　结构仿真分析的基本任务

　　结构仿真分析的主要任务有两个：一是加荷过程中不同尺度试件荷载-变形关系的计算分析；二是加荷过程中不同尺度试件破坏过程的动态跟踪。

　　混凝土结构是否可靠主要取决于该结构是否具有足够大的强度和承受变形的能力来抵御外部作用。因此，结构试验的主要目的之一就在于通过试验来研究材料、结构或构件所能承受的荷载及在该荷载作用下材料、结构或构件的变形，即材料、结构或构件的荷载-变形关系。这也是结构仿真分析的主要内容之一。

　　混凝土结构（材料、构件）荷载-变形关系的计算机仿真分析方法，按材料性能和变形特征可分为线性分析方法和非线性分析方法：线性分析方法只适应于结构（材料、构件）开裂前且为小变形时的情况；结构（材料、构件）开裂后或为大变形时则应采用非线性分析方法（这里所说的非线性包括材料非线性和几何非线性）。按加荷方式又可分为静力分析方法和动力分析方法：静力分析方法是在荷载和变形二维空间里进行的，目前理论已较成熟，并取得了很多成果；动力分析方法增加了时间坐标，且由于动力作用（地震、风振、冲撞、爆炸等）的不确定性，仿真分析的难度有所提高。尽管如此，动力分析的成果仍相当丰富，并直接应用于工程实践。

　　破坏过程的动态跟踪可以反映结构（材料或构件）的薄弱部位、破坏机理和破坏特征，为结构方案的比较、结构性能的评估、事故原因的分析、结构的修复和加固提供必要的理论依据。结构（材料或构件）破坏过程的动态跟踪一般是通过数值分析和图形动画系统对结构（材料或构件）损伤发展的全过程进行模拟。当采用合适的分析模型时，破坏过程的动态跟踪一般与荷载-变形关系的计算分析同步进行。

0.4　实现结构仿真分析的基本方法

仿真技术实质上就是建立仿真模型和进行仿真试验的技术。结构仿真分析的过程一般有 3 个步骤（图 0-1）：第一步，建立仿真模型；第二步，开发仿真系统；第三步，应用计算机仿真系统进行仿真试验。从结构仿真分析的角度看，最后一步只是计算机仿真系统的操作和应用，不存在技术上或理论上的问题，因而结构仿真分析的实现主要是前两步工作。

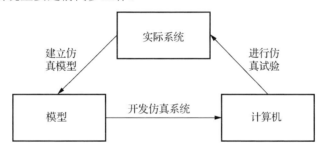

图 0-1　结构仿真分析的一般过程

一般意义上，计算机仿真的基本概念框架如图 0-2 所示。可见，计算机仿真包括如下 3 个主要成分：①仿真问题（特定的模型及试验条件）的描述；②行为产生，用于在规定试验条件下驱动模型；③模型行为，包括轨迹行为（状态量随时间变化的轨迹）和结构行为（系统结构随时间变化的情况）。从理论角度看，建模是仿真得以实现的最关键的物质基础。只有仿真模型正确合理，才能准确地模拟结构在各种荷载条件下的复杂反应。

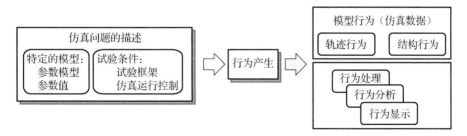

图 0-2　计算机仿真的基本概念框架

结构仿真分析的两大任务是揭示机理和描述现象。由于两者的侧重点不同，所采用的仿真手段也不相同。前者可以直接以数值计算的方法进行模拟，称为数值仿真；而后者在前者的基础上还需借助于计算机图形技术进行模拟，称为图形仿真。数值仿真的一大缺陷就是仿真结果很不直观，难以对结构的破坏过程获取全面、感性的认识。图形仿真则恰好弥补了这一缺陷。

应当指出的是，图形仿真并不是传统意义上的数值计算的图形后处理（或科学计算可视化）。图形后处理仅仅是把数值计算得到的数据用图形的方式表现出来。而由于在数值仿真中总是在不同程度上做了模型简化，特别是对于大型复杂结构的分析而言，不可能对每一个构件做精细的模拟，因而数值仿真模型简化程度越高，可供现象描述的数据信息也就越少，仅仅依靠这些信息，在大多数情形下难以满足现象描述的需要。图形仿真必须是很具体的，只有把结构（构件）各局部的变形、破坏过程描述出来，才能得到整体的变形、破坏过程。因此，与数值仿真相比，图形仿真建模也是必需的。图形仿真的模型一般均与数值仿真的数学模型紧密结合，并充分利用数值仿真的分析结果。

0.5　本书的主要内容

本书是对作者及其合作者近 20 年科学研究成果的总结，共分两篇，以全面展示分析过程、避免"黑箱"导致的盲目性为主要目的。第一篇主要介绍基于连续体力学的结构仿真分析方法。遵循由简单到复杂、由构件到结构的原则，兼顾静力和动力荷载作用，先讨论钢筋混凝土梁、板、墙、柱及预应力混凝土梁等基本构件破坏过程的仿真分析方法；再介绍动、静力荷载作用下钢筋混凝土杆系结构破坏过程。第二篇主要介绍基于非连续体力学的结构仿真分析方法。考虑到有限单元法在分析大变形、不连续位移场时表现出的不足，以离散单元法作为手段，在细观尺度上分析混凝土材料的破坏过程；在宏观尺度上分析地震、爆炸等偶然外部作用下钢筋混凝土框架结构、钢筋混凝土剪力墙结构的倒塌过程。本书的研究形成一套多尺度、多层次的完整的分析系统。

参 考 文 献

[1] 王泳嘉, 邢纪波. 离散单元法及其在岩土力学中的应用[M]. 沈阳: 东北大学出版社, 1991.

[2] HAKUNO M, MEGURO K. Simulation of concrete-frame collapse due to dynamic loading[J]. Journal of engineering mechanics, 1993, 119(9): 1709-1723.

[3] 江见鲸, 贺小岗. 工程结构计算机仿真[M]. 北京: 清华大学出版社, 1996.

[4] 顾祥林, 付武荣, 汪小林, 等. 混凝土材料与结构破坏过程模拟分析[J]. 工程力学, 2015, 32(11): 9-17.

第一篇　基于连续体力学的仿真分析

第1章 单调加载时钢筋混凝土
梁、柱破坏过程仿真分析

钢筋混凝土梁、柱是钢筋混凝土结构中最基本的两类构件。通过梁、柱的不同组合，可以形成各种形式的结构。为了研究梁、柱在不同外部荷载作用下的受力性能和破坏形态，实验室中，常用图 1-1 所示的试验装置来进行基本的梁、柱试验。试验时通过力传感器、位移计和应变计记录的数据可以确定梁、柱的荷载-位移（变形）关系；通过加荷后构件裂缝的发生、发展情况可以确定梁、柱的破坏形态。

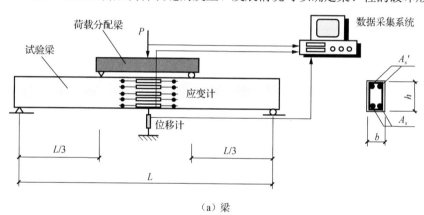

（a）梁

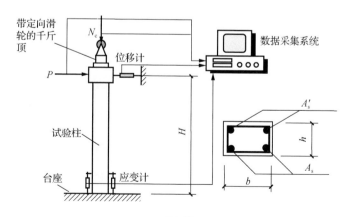

（b）柱

L—梁的跨度；A_s'—受压钢筋截面面积；A_s—受拉钢筋截面面积；b—截面宽度；h—截面高度；
H—柱的高度；P—外加荷载；N_c—柱的竖向荷载。

图 1-1 钢筋混凝土梁、柱试验装置简图

本章以钢筋和混凝土材料的本构关系和梁、柱的受力特征为依据,对试验过程进行仿真分析,形成截面主轴方向单向、单调荷载下钢筋混凝土梁、柱受力性能的仿真试验系统。

1.1 钢筋混凝土梁、柱单调受荷时的破坏特征及仿真分析时的基本假定

钢筋混凝土梁在如图 1-1(a)所示的荷载作用下,跨中部两个加载点间的梁段只有弯矩的作用,支座至加载点间的梁段既有剪力又有弯矩的作用。当梁中的箍筋用量相对较多时,梁一般只会发生受弯破坏。根据纵筋用量的不同,梁的受弯破坏分为少筋破坏、适筋破坏和超筋破坏 3 种破坏方式。当梁中的纵筋用量相对较多时,梁可能会发生受剪破坏,根据箍筋的用量和剪跨比的不同,梁的受剪破坏分为斜拉破坏、斜压破坏和剪压破坏等形式。

钢筋混凝土柱在如图 1-1(b)所示的荷载作用下,柱内同时作用有轴力、弯矩和剪力。当柱中配有足够多的箍筋时,柱一般发生压弯破坏;当作用在柱上的竖向荷载 N_c 较小、纵向钢筋配置较多、箍筋用量较少时,柱可能会出现受剪破坏。根据柱中轴向力和弯矩的大小,柱的压弯破坏又可分为大偏心受压破坏和小偏心受压破坏。其中大偏心受压破坏的特征与适筋梁的受弯破坏相似,小偏心受压破坏的特征与超筋梁的受弯破坏相似。柱的受剪破坏特征与梁相似。

钢筋混凝土梁、柱的轴向尺寸远大于截面尺寸。因此,在梁、柱的整个受荷(图 1-1)变形过程中,剪切变形的贡献很小。

根据钢筋混凝土梁、柱单调受荷时的破坏特征,在本章的仿真分析中做如下基本假定。

1)平截面假定,即构件变形后的截面仍保持为平面。钢筋混凝土构件开裂前能近似地满足这一假定。构件开裂后,裂缝处截面一分为二,显然不能满足这个假定。但是国内外的大量试验表明,若采用跨过裂缝的大标距应变计测得标距范围内的平均应变,则从加载到构件破坏全过程的平均应变值都能很好地满足平截面假定。因此,就平均应变而言,认为钢筋混凝土构件仍能满足平截面假定。根据平截面假定,只要知道截面上任意两点的应变值,便可用线性关系算出其他各点的应变值。

2)钢筋和混凝土之间黏结可靠,无相对滑移发生。

3)忽略剪切变形对梁、柱构件变形的影响。

1.2 钢筋和混凝土材料的应力-应变关系

由材料力学的理论可知,要求解结构构件的荷载-位移关系,必须建立材料的

物理方程、构件（或截面）的相容（几何）方程和平衡关系。而对钢筋混凝土构件来说，最基本的物理关系就是钢筋和混凝土材料的应力-应变关系。本节首先对其做一简要介绍。

1.2.1　钢筋的应力-应变关系

用在混凝土结构中的钢筋主要有两类：一类是有明显屈服点的钢筋（软钢），另一类是无明显屈服点的钢筋（硬钢）。用于普通钢筋混凝土梁、柱等基本构件中的钢筋常为软钢，而硬钢则多用于预应力混凝土构件中。

有明显屈服点钢筋拉伸时典型的应力-应变关系曲线如图 1-2（a）所示[1]。图中的 Oa 段为弹性段，Oa 范围内钢筋的应力和应变成正比；bf 段为屈服段或屈服平台，屈服段内钢筋的应力不增加，但却能继续变形；fd 段为强化段，此段内钢筋的应力随应变的增大而不断提高；de 为下降段，当钢筋中的应力达到其强度极限时［图 1-2（a）中的 d 点］，钢筋某个薄弱部位的应变急剧增大，直径迅速变细，出现颈缩现象，钢筋的应力逐渐降低直至被拉断。

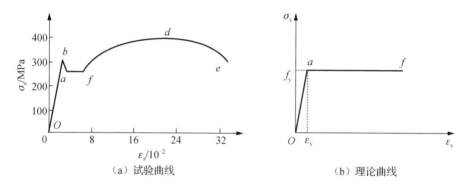

图 1-2　有明显屈服点钢筋拉伸时典型的应力-应变关系曲线

钢筋应力-应变关系的试验曲线很难直接用于理论分析，还需要进行理想化或模型化，在混凝土结构非线性分析中一般采用理想弹塑性的应力-应变关系［图 1-2(b)］。在图 1-2（b）中，Oa 段为弹性段，af 段为屈服段。钢筋混凝土梁、柱形成塑性铰后，塑性区段混凝土的极限变形很少超过 0.006，钢筋受拉变形后即使超过屈服平台进入强化段，也只能影响不大的范围。因此，在图 1-2（b）中不考虑强化段。理论曲线的方程为

$$\sigma_{\mathrm{s}} = \begin{cases} E_{\mathrm{s}}\varepsilon_{\mathrm{s}} & (\varepsilon_{\mathrm{s}} \leqslant \varepsilon_{\mathrm{y}}) \\ f_{\mathrm{y}} & (\varepsilon_{\mathrm{s}} > \varepsilon_{\mathrm{y}}) \end{cases} \tag{1-1}$$

式中，σ_{s} 为钢筋的应力；E_{s} 为钢筋的弹性模量；f_{y}、ε_{y} 分别为钢筋的屈服强度和屈服应变；ε_{s} 为钢筋的应变。

异常环境下，如高温作用下及高温作用后（火灾时及火灾后），混凝土中钢筋

的应力-应变关系仍可用式（1-1）来计算。只需要对钢筋的屈服应力和弹性模量做相应的修正。

杨彦克等[2]对已有的试验资料进行了统计分析，认为高温下钢筋的屈服强度和弹性模量分别为

$$
\begin{cases}
f_y^T = \begin{cases}
f_y & (0℃ \leqslant T \leqslant 200℃) \\
(1.33 - 1.64 \times 10^{-3}T)f_y & (200℃ < T \leqslant 700℃) \\
0.182f_y & (T > 700℃)
\end{cases} \\
E_s^T = \begin{cases}
(1.0 - 0.486 \times 10^{-3}T)E_s & (0℃ \leqslant T \leqslant 370℃) \\
(1.515 - 1.978 \times 10^{-3}T)E_s & (370℃ < T \leqslant 700℃) \\
0.182E_s & (T > 700℃)
\end{cases}
\end{cases}
\tag{1-2}
$$

式中，f_y 和 E_s 分别为常温时钢筋的屈服强度和弹性模量；T 为温度。

当受火温度低于 600℃ 时，冷却后热轧钢筋的屈服强度和极限强度基本不变，只是当受火温度高于 600℃ 时，才略有下降，且下降幅度小于原抗拉强度的 10%。故为简便起见，可以近似地认为钢筋混凝土构件中热轧钢筋的抗拉强度在火灾冷却后保持不变。此外，钢筋的弹性模量在火灾冷却后也基本不变。

若保证钢筋受压时不屈曲，则有明显屈服点钢筋受压时的应力-应变关系与受拉时相同。无明显屈服点钢筋（硬钢）的应力-应变关系将在第 2 章中讨论。

1.2.2　混凝土单轴受压时的应力-应变关系

钢筋混凝土梁、柱受弯分析时，常假设混凝土处于单向受力状态。混凝土单轴受压时的应力-应变关系曲线可以通过棱柱体或圆柱体试件测得。图 1-3 为典型的混凝土单轴受压时的应力-应变试验曲线[1]。图中，Oa 段基本为直线，混凝土表现出理想的弹性性能，a 点所对应的应力大约为 $0.3\sigma_{c0}$（$\sigma_{c0}=f_c$ 为混凝土的单轴抗压强度）；ab 段（$0.3\sigma_{c0}<\sigma_c \leqslant 0.8\sigma_{c0}$）的应力-应变关系偏离直线，混凝土表现出越来越明显的非弹性性质，此阶段混凝土微裂缝已有所发展，但处于稳定状态；bc 段（$0.8\sigma_{c0}<\sigma_c \leqslant \sigma_{c0}$）应变增大速度进一步加快，应力-应变曲线的斜率急剧减小，混凝土内部微裂缝进入非稳定的发展阶段，当混凝土的应力为 σ_{c0} 时达到它受压时的最大承载力。σ_{c0} 所对应的应变为 ε_{c0}，其值在 0.0015～0.0025 范围内变动，整个 Oc 段称作应力-应变曲线的上升段。cd 段为下降段，试件的承载力随应变的增大逐渐减小，当应变增大到 0.004～0.006 时，应力下降缓慢，最后趋向稳定的残余应力。

随着混凝土强度的不断提高，混凝土的初始刚度及应力-应变关系的线性范围也会加大，但延性不断降低。图 1-4 给出了不同强度混凝土单轴受压时应力-应变关系的试验曲线[3]。

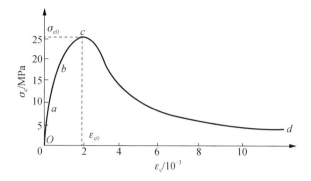

图 1-3　混凝土单轴受压时的应力-应变试验曲线

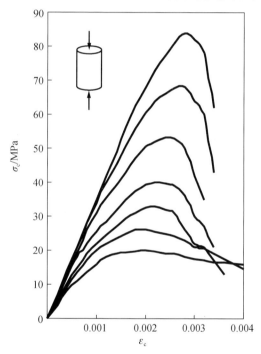

图 1-4　不同强度混凝土单轴受压时应力-应变关系的试验曲线

根据混凝土单轴受压时应力-应变曲线的上述特征,国内外学者提出了很多理论模型及其表达式[4-7]。例如,Hognestad 模型给出曲线的上升段为一条二次抛物线,下降段为一条斜直线[5]。其表达式为

$$
\begin{cases}
\sigma_c = \sigma_{c0}\left[\dfrac{2\varepsilon_c}{\varepsilon_{c0}} - \left(\dfrac{\varepsilon_c}{\varepsilon_{c0}}\right)^2\right] & (0 \leqslant \varepsilon_c \leqslant \varepsilon_{c0}) \\[4mm]
\sigma_c = \sigma_{c0}\left[1 - 0.15\left(\dfrac{\varepsilon_c - \varepsilon_{c0}}{\varepsilon_{cu} - \varepsilon_{c0}}\right)\right] & (\varepsilon_{c0} < \varepsilon_c \leqslant \varepsilon_{cu})
\end{cases}
\tag{1-3}
$$

式中，$\varepsilon_{c0} = 1.8\sigma_{c0}/E_c$；$\varepsilon_{cu}$ 为混凝土极限应变，$\varepsilon_{cu} = 0.0038$；$E_c$ 为混凝土的弹性模量，可按美国《结构混凝土建筑规范要求》（ACI 318-2014）建议的公式计算，如式（1-4）所示[8]。

$$E_c = w_c^{1.5}0.0043\sqrt{f_c} \quad (\text{MPa}) \tag{1-4}$$

式中，f_c 为混凝土的单轴抗压强度；w_c 为混凝土的密度。

对于常用的混凝土，可按下列更简单的公式来计算 E_c：

$$E_c = 4730\sqrt{f_c} \tag{1-5}$$

Rüsch[9]建议混凝土轴心受压应力-应变关系曲线的上升段也取为抛物线，但下降段取为直线。Rüsch 模型被欧洲混凝土学会所采用，用公式表示为

$$\begin{cases} \sigma_c = \sigma_{c0}\left[2\dfrac{\varepsilon_c}{\varepsilon_{c0}} - \left(\dfrac{\varepsilon_c}{\varepsilon_{c0}}\right)^2\right] & (0 \leqslant \varepsilon_c \leqslant \varepsilon_{c0}) \\ \sigma_c = \sigma_{c0} & (\varepsilon_{c0} < \varepsilon_c \leqslant \varepsilon_{cu}) \end{cases} \tag{1-6}$$

式中，ε_{c0} 和 ε_{cu} 分别取为 0.002 和 0.0035。

朱伯龙等[4]给出混凝土应力-应变关系的计算公式为

$$\begin{cases} \sigma_c = \sigma_{c0}\left(\dfrac{2\varepsilon_c}{\varepsilon_{c0} + \varepsilon_c}\right) & (0 \leqslant \varepsilon_c \leqslant \varepsilon_{c0}) \\ \sigma_c = \sigma_{c0} - \sigma_{c0}\left[200\left(\varepsilon_c - \varepsilon_{c0}\right)\right]^2 & (\varepsilon_{c0} < \varepsilon_c \leqslant \varepsilon_{cu}) \end{cases} \tag{1-7}$$

式中，$\varepsilon_{c0} = 0.002$；$\varepsilon_{cu} = 0.003 \sim 0.004$。

式（1-3）或式（1-6）、式（1-7）应用起来比较简单，但当混凝土的抗压强度超过 40MPa 时，上述关系式和试验结果却有相当大的差距（图 1-4）。对强度超过 40MPa 的混凝土，宜对上述应力-应变关系进行修正。

我国《混凝土结构设计规范》（GB 50010—2010）（2015 年版）参考 Rüsch 的模型，结合多年来对高强混凝土的研究成果，给出应力-应变关系式[10]。其依据为

$$\begin{cases} \sigma_c = \sigma_{c0}\left[2\dfrac{\varepsilon_c}{\varepsilon_{c0}} - \left(\dfrac{\varepsilon_c}{\varepsilon_{c0}}\right)^n\right] & (0 \leqslant \varepsilon_c \leqslant \varepsilon_{c0}) \\ \sigma_c = \sigma_{c0} & (\varepsilon_{c0} < \varepsilon_c \leqslant \varepsilon_{cu}) \end{cases} \tag{1-8}$$

$$n = 2 - \frac{1}{60}\left(f_{cu} - 50\right) \tag{1-9}$$

$$\varepsilon_{c0} = 0.002 + 0.5 \times \left(f_{cu} - 50\right) \times 10^{-5} \tag{1-10}$$

$$\varepsilon_{cu} = 0.0033 - \left(f_{cu} - 50\right) \times 10^{-5} \tag{1-11}$$

式中，f_{cu} 为混凝土的立方体抗压强度。当计算的 $\varepsilon_{c0} < 0.002$ 时，取 $\varepsilon_{c0} = 0.002$。当计算的 $\varepsilon_{cu} > 0.0033$ 时，取 $\varepsilon_{cu} = 0.0033$。

Thorenfeldt 等[7]对 Popovics[6]总结的应力-应变关系式中的两个表达式进行了综合分析，给出了适合于不同强度等级的混凝土受压时的应力-应变关系表达式，如式（1-12）所示。

$$\sigma_c = \frac{\gamma_E (\varepsilon_{c0} / \varepsilon_c)}{\gamma_E - 1 + (\varepsilon_{c0} / \varepsilon_c)^{\gamma_E \gamma_\sigma'}} \sigma_{c0} \tag{1-12}$$

式中，σ_{c0} 为由混凝土圆柱体试件测得的混凝土的峰值受压应力，$\sigma_{c0} = f_c$。与其相应的混凝土的应变 ε_{c0} 可按式（1-13）计算。

$$\varepsilon_{c0} = \frac{f_c}{E_c} \frac{\gamma_E}{\gamma_E - 1} \tag{1-13}$$

式中，γ_E 为曲线的适应系数，其值取为 $E_c/(E_c - E_{c0})$，E_{c0} 为混凝土峰值受压应力对应的割线模量。Popovics 的研究表明，E_c/E_{c0} 的值在 4（当 f_c 为 7MPa 时）和 1.3（当 f_c 为 70MPa 时）之间变化[11]，故对普通混凝土可用式（1-14）计算。

$$\gamma_E = 0.8 + \frac{f_c}{17} \tag{1-14}$$

Carraquillo 等[12]的研究表明，当混凝土的单轴抗压强度超过 40MPa 时，式（1-4）过高地估计了混凝土的刚度，故建议按式（1-15）计算 E_c。

$$E_c = 3320\sqrt{f_c} + 6900 \tag{1-15}$$

式（1-12）中，γ_σ' 为下降段的应力降低系数，当 $\varepsilon_c \leqslant \varepsilon_{c0}$ 时取为 1.0；当 $\varepsilon_c > \varepsilon_{c0}$ 时，其值大于 1.0，可按式（1-16）计算。

$$\gamma_\sigma' = 0.67 + \frac{f_c}{62} \tag{1-16}$$

1.2.3　侧向约束混凝土单轴受压时的应力-应变关系

当钢筋混凝土方柱或圆柱配置密排的螺旋箍筋或圆箍筋时，在柱的受力过程中，箍筋会对核心区的混凝土提供一个均匀的约束力场。由于箍筋的约束作用，当混凝土中的压力接近非约束混凝土的单轴抗压强度时，混凝土的应力-应变特性将会得到很大的改善（图 1-5）。

Mander 等[11, 13, 14]在 Popovics 提出的公式的基础上，根据试验资料提出了式（1-17）所示的应力-应变关系：

$$\begin{cases} \sigma_c = \dfrac{f_{cc} x \gamma_E}{\gamma_E - 1 + x^{\gamma_E}} \\ x = \varepsilon_c / \varepsilon_{cc} \\ \gamma_E = \dfrac{E_c}{E_c - E_{sec}} \end{cases} \tag{1-17}$$

式中，f_{cc} 为约束混凝土的抗压强度，按式（1-18）计算；ε_{cc} 为相应于 f_{cc} 的纵向应变，按式（1-19）计算；E_c 为混凝土的初始弹性模量；$E_{sec}=f_{cc}/\varepsilon_{cc}$。

$$\begin{cases} f_{cc} = f_c \left(2.254\sqrt{1 + 7.94 f_c^t / f_c} - 2.0 f_c^t / f_c - 1.254 \right) \\ f_c^t = \dfrac{2 A_{sv} f_{yv}}{s d_{cor}} \end{cases} \tag{1-18}$$

式中，f_c 为无约束混凝土的抗压强度；f_c^t 为箍筋屈服时对核心区混凝土的约束应力；A_{sv} 为箍筋的截面面积；f_{yv} 为箍筋的屈服强度；s 为箍筋的间距；d_{cor} 为核心区约束混凝土的直径。

$$\varepsilon_{cc} = \left[5 \left(\frac{f_{cc}}{f_c} - 1 \right) + 1 \right] \varepsilon_{c0} \tag{1-19}$$

式中，ε_{c0} 为相应于 f_c 的纵向应变。

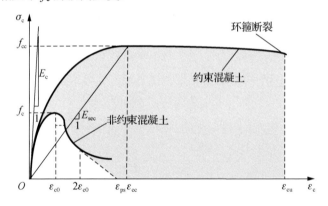

图 1-5　约束混凝土的应力-应变关系曲线

关于约束混凝土的极限应变 ε_{cu}，Mander 等建议用能量法来确定，即取混凝土的纵向变形能（图 1-5 中阴影部分的面积）和环箍的断裂能相等建立公式，算出 ε_{cu}。Scott 等[15]基于试验资料提出了偏于安全的计算公式，如式（1-20）所示。此式应用起来较为方便。

$$\varepsilon_{cu} = 0.004 + 0.9 \rho_{sv} \left(\frac{f_{yv}}{300} \right) \tag{1-20}$$

式中，f_{yv} 为箍筋的屈服强度；ρ_{sv} 为体积配箍率。

1.2.4　浸油混凝土单轴受压时的应力-应变关系

作者[16]曾对常用工业用油浸蚀下的混凝土进行过试验研究，得出浸油混凝土单轴受压时的应力-应变关系计算公式。

在皂化油浸蚀下，

$$
\begin{cases}
\sigma_c^t = \sigma_{c0}\left[\dfrac{2\varepsilon_c^t}{\left(0.0004t^2 - 0.02t + 1\right)\varepsilon_{c0}} - \dfrac{\varepsilon_c^{t2}}{\left(0.0004t^2 - 0.02t + 1\right)^2 \varepsilon_{c0}^{\;2}}\right] & \left(0 \leqslant \varepsilon_c^t \leqslant \varepsilon_{c0}^t\right) \\[3mm]
\sigma_c^t = \left[1 - 100\varepsilon_c^t + \left(0.04t^2 - 2t + 100\right)\varepsilon_{c0}\right]\sigma_{c0}^t & \left(\varepsilon_{c0}^t < \varepsilon_c^t \leqslant \varepsilon_{cu}^t\right) \\[3mm]
\varepsilon_{c0}^t = \left(0.0004t^2 - 0.02t + 1\right)\varepsilon_{c0} \\[3mm]
\varepsilon_{cu}^t = \left(1 + 0.05t\right)\varepsilon_{cu}
\end{cases}
\tag{1-21}
$$

在 5 号机油、20 号机油浸蚀下，

$$
\begin{cases}
\sigma_c^t = \dfrac{80}{t+80}\sigma_{c0}\left[\dfrac{2\varepsilon_c^t}{\left(1 - 0.008t\right)\varepsilon_{c0}} - \dfrac{\varepsilon_c^{t2}}{\left(1 - 0.008t\right)^2 \varepsilon_{c0}^2}\right] & \left(0 \leqslant \varepsilon_c^t \leqslant \varepsilon_{c0}^t\right) \\[3mm]
\sigma_c^t = \left[1 - 100\varepsilon_c^t + \left(100 - 0.8t\right)\varepsilon_{c0}\right]\sigma_{c0}^t & \left(\varepsilon_{c0}^t < \varepsilon_c^t \leqslant \varepsilon_{cu}^t\right) \\[3mm]
\varepsilon_{c0}^t = \left(1 - 0.008t\right)\varepsilon_{c0} \\[3mm]
\varepsilon_{cu}^t = \left(1 + 0.015t\right)\varepsilon_{cu}
\end{cases}
\tag{1-22}
$$

式中，σ_{c0}、ε_{c0} 分别为未浸油混凝土的峰值应力及与峰值应力相应的应变；ε_{cu} 为未浸油混凝土的极限应变；σ_{c0}^t、ε_{c0}^t 分别为浸油混凝土的峰值应力及与峰值应力相应的应变；ε_{cu}^t 为浸油混凝土的极限应变；t 为浸油时间（$t \leqslant 2.5a$）。

1.2.5　高温（火灾）下及高温（火灾）后混凝土单轴受压时的应力-应变关系

朱伯龙等[17]通过试验研究得出高温下混凝土单轴受压时应力-应变关系如下：
当 $0 < T \leqslant 400℃$ 时，

$$
\begin{cases}
\sigma_c^T = \sigma_{c0}\left[2\dfrac{\varepsilon_c^T}{\varepsilon_{c0}^T}\left(\dfrac{1}{1+0.002T}\right) - \left(\dfrac{\varepsilon_c^T}{\varepsilon_{c0}^T}\right)^2\left(\dfrac{1}{1+0.002T}\right)^2\right] & \left(0 \leqslant \varepsilon_c^T \leqslant \varepsilon_{c0}^T\right) \\[3mm]
\sigma_c^T = \sigma_{c0}\left\{1 - 100\left[\dfrac{\varepsilon_c^T}{\varepsilon_{c0}^T} - \left(1 - 0.002T\right)\right]\right\} & \left(\varepsilon_c^T > \varepsilon_{c0}^T\right) \\[3mm]
\varepsilon_{c0}^T = \left(1 + 0.002T\right)\varepsilon_{c0}
\end{cases}
\tag{1-23}
$$

当 $400℃ < T \leqslant 800℃$ 时，

$$
\begin{cases}
\sigma_c^T = \left(1.6 - 0.0015T\right)\sigma_{c0}\left[\dfrac{2\varepsilon_c^T}{\varepsilon_{c0}^T}\left(\dfrac{1}{1+0.002T}\right) - \left(\dfrac{\varepsilon_c^T}{\varepsilon_{c0}^T}\right)^2\left(\dfrac{1}{1+0.002T}\right)^2\right] & \left(0 \leqslant \varepsilon_c^T \leqslant \varepsilon_{c0}^T\right) \\[3mm]
\sigma_c^T = \sigma_{c0}\left(1.6 - 0.0015T\right) & \left(\varepsilon_c^T > \varepsilon_{c0}^T\right) \\[3mm]
\varepsilon_{c0}^T = \left(1 + 0.002T\right)\varepsilon_{c0}
\end{cases}
$$

$$
\tag{1-24}
$$

式中，σ_{c0}、ε_{c0} 为常温下混凝土单轴受压时的峰值应力及与峰值应力相应的应变；ε_{c0}^T 为高温下与混凝土单轴受压峰值应力相应的应变；T 为混凝土的温度。

杨彦克等[2]在对试验资料进行分析统计之后，给出了火灾后混凝土的应力-应变关系：

$$\sigma_{c}^{T} = \frac{\varepsilon_{c}^{T}\sigma_{c0}^{T}}{\varepsilon_{c0}^{T}}\exp\left[\left(1-\frac{\varepsilon_{c}^{T}}{\varepsilon_{c0}^{T}}\right)\left(0.45\frac{\varepsilon_{c}^{T}}{\varepsilon_{c0}^{T}}+0.55\right)\right]$$ （1-25）

式中，σ_{c}^{T}、ε_{c}^{T} 分别为最高受火温度为 T 时，火灾冷却后混凝土的应力、应变；σ_{c0}^{T}、ε_{c0}^{T} 分别为经温度 T 后混凝土单轴受压时的峰值应力和相应的峰值应变。

$$\begin{cases} \sigma_{c0}^{T} = \begin{cases} (1.0157-0.000784T)f_{c} & (T\leqslant 300℃) \\ (1.2103-0.00147T)f_{c} & (T>300℃) \end{cases} \\ \varepsilon_{c0}^{T} = \dfrac{\varepsilon_{c0}\sigma_{c0}^{T}E_{c}}{f_{c}E_{c}^{T}} \end{cases}$$ （1-26）

式中，E_{c} 为混凝土的初始弹性模量；E_{c}^{T} 为经温度 T 后混凝土的弹性模量，具体由式（1-27）计算。

$$E_{c}^{T} = \begin{cases} (1.03-0.00161T)E_{c} & (T\leqslant 300℃) \\ 2.498[\exp(-0.00504T)]E_{c} & (T>300℃) \end{cases}$$ （1-27）

1.2.6　混凝土单轴受拉时的应力-应变关系

图 1-6 所示为混凝土单轴受拉时的应力-应变关系试验曲线[18]。混凝土开裂前，应力-应变关系基本为直线。混凝土开裂后，开裂面较粗糙，当裂缝的宽度Δ很小时，还能传递一定的拉力；当裂缝宽度超过 0.05mm 时，试件失去承载力。

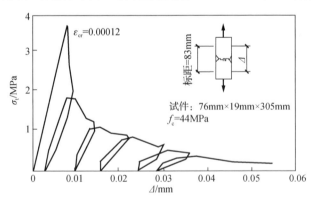

图 1-6　混凝土单轴受拉时的应力-应变关系试验曲线

根据混凝土单轴受拉时应力-应变曲线的特点，可以用一些简化模型的表达式来计算应力-应变之间的关系[4]。

1. 单直线模型

如图 1-7（a）所示，其表达式为

$$\sigma_t = E_t \varepsilon_t \tag{1-28}$$

式中，σ_t 为混凝土单轴受拉时的应力；ε_t 为混凝土单轴受拉时的应变；E_t 为混凝土单轴受拉时的原点切线模量，可以认为 $E_t = E_c$。

2. 双直线模型

如图 1-7（b）所示，其表达式为

$$\sigma_t = \begin{cases} E_t \varepsilon_t & (0 \leqslant \varepsilon_t \leqslant \varepsilon_{t0}) \\ \sigma_{t0}\left(1 - a\dfrac{\varepsilon_t - \varepsilon_{t0}}{\varepsilon_{tu} - \varepsilon_{t0}}\right) & (\varepsilon_{t0} < \varepsilon_t \leqslant \varepsilon_{tu}) \end{cases} \tag{1-29}$$

式中，σ_{t0} 为混凝土的单轴抗拉强度，其值为 f_t；ε_{t0} 为对应于 σ_{t0} 的应变，即为混凝土的开裂应变，$\varepsilon_{t0} = \varepsilon_{cr}$，$\varepsilon_{tu}$ 为受拉极限应变；a 为系数，一般取 0.15，也可取为 0。

3. 三直线模型

如图 1-7（c）所示，其表达式为

$$\sigma_t = \begin{cases} E_{t1}\varepsilon_t & (0 \leqslant \varepsilon_t \leqslant \varepsilon_{t2}) \\ E_{t1}\varepsilon_{t2} + E_{t2}(\varepsilon_t - \varepsilon_{t2}) & (\varepsilon_{t2} < \varepsilon_t \leqslant \varepsilon_{t3}) \\ E_{t1}\varepsilon_{t2} + E_{t2}(\varepsilon_{t3} - \varepsilon_{t2}) + E_{t3}(\varepsilon_t - \varepsilon_{t3}) & (\varepsilon_{t3} < \varepsilon_t \leqslant \varepsilon_{t4}) \end{cases} \tag{1-30}$$

式中，ε_{t2}、ε_{t3}、ε_{t4} 可分别取 0.0001、0.00015 和 0.0005；E_{t1}、E_{t2}、E_{t3} 分别为图 1-7（c）中相应直线的斜率。

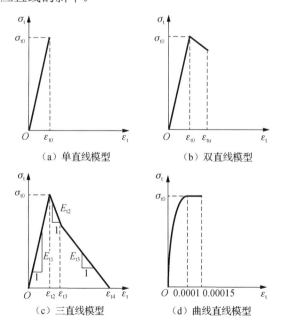

（a）单直线模型　　　　　　（b）双直线模型

（c）三直线模型　　　　　　（d）曲线直线模型

图 1-7　混凝土单轴受拉时的应力-应变关系理论曲线

4. 曲线直线模型

如图 1-7（d）所示，其表达式为

$$\sigma_t = \begin{cases} \dfrac{2\sigma_{t0}\varepsilon_t}{\varepsilon_t + 0.0001} & (\varepsilon_t \leqslant 0.0001) \\ \sigma_{t0} & (0.0001 < \varepsilon_t \leqslant 0.00015) \end{cases} \tag{1-31}$$

1.3　梁、柱截面弯矩-曲率关系的数值模拟分析

弯矩与曲率之间的关系反映了截面抗弯刚度随荷载的变化情况，是研究正截面受弯性能的基础。通过截面的弯矩-曲率关系可以计算出梁、柱构件的荷载-变形关系。实验室里常通过测定不同荷载下构件截面高度上的应变分布来确定截面的 $M\text{-}\phi$ 关系（图 1-1）。本节介绍截面 $M\text{-}\phi$ 关系的数值计算方法。

1.3.1　短期荷载作用下梁、柱截面的弯矩-曲率（$M\text{-}\phi$）关系

梁、柱在几何形状上都有这样的特征：其横截面两个方向的尺度彼此接近，但远小于构件的长度，这样的结构构件可称为杆件，一般从材料力学的角度加以研究。材料力学方法是由较为精确的弹性理论和塑性理论简化而来的。它取单位长度杆段的全截面面积作为基本的研究对象，而不是取微单元体来研究物体内部的应力、应变情况。单位杆段上作用有轴向力和弯矩，这些荷载形成杆件截面的内力，与之相应的变形物理量为伸长率和曲率。这样，问题的求解就被分解为 3 部分：①由外力求杆件截面内力；②由截面内力求截面变形；③由截面变形求杆件位移。由此可见，梁、柱构件的三维弹塑性问题通过截面内力、变形物理量的引入被简化为一维问题。

1. 截面的相容关系、物理方程及平衡方程

如图 1-8 所示，将钢筋混凝土构件截面沿弯曲方向分成 n 个条带，假定同一条带 i 上各点的应力和应变均等于该条带中心点处的应力和应变，且约定：当 i 条带位于截面中心线以上时，条带中心到截面中心的距离 Z_i 取正值；当 i 条带位于截面中心线以下时，Z_i 取负值。根据平截面假定，i 条带混凝土的应变为

$$\varepsilon_{ci} = \overline{\varepsilon} - Z_i \phi \tag{1-32a}$$

式中，$\overline{\varepsilon}$ 为截面中心线处的应变；ϕ 为截面的曲率。

同样，根据 1.1 节中的基本假定 1）和 2）可以得到钢筋的应变为

$$\begin{cases} \varepsilon_s' = \overline{\varepsilon} - \left(\dfrac{h}{2} - a_s'\right)\phi \\ \varepsilon_s = \overline{\varepsilon} + \left(\dfrac{h}{2} - a_s\right)\phi \end{cases} \tag{1-32b}$$

式中，h 为沿弯曲方向的截面高度；ε'_s、ε_s 分别为受压和受拉钢筋的应变；a'_s、a_s 分别为受压和受拉钢筋形心至截面边缘的距离。

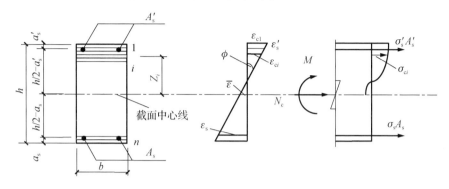

图 1-8　截面的分析模型

为了建立内力和变形的关系，在求出混凝土条带和钢筋的应变之后，需要引入材料的应力-应变关系，用以建立物理方程，并求出各混凝土条带和钢筋的应力。选用材料应力-应变关系必须注意这样两个问题：第一是加载制度问题。1.2 节中介绍的应力-应变关系描述的是材料的非弹性性能，而且是单调加载下的全过程应力-应变关系。对于弹性材料，无论是加载还是卸载，材料的应力-应变关系总是一一对应的，而对于像混凝土和钢筋这样的非弹性材料，如果加载历史不同，通常同一应变状态对应于不同的应力状态。因此，1.2 节的应力-应变关系仅适用于单调加载问题。第二是沿截面高度方向的应变梯度问题。钢筋混凝土梁、柱受弯时沿截面高度方向存在应变梯度，使截面沿高度方向上每一点的应力-应变关系是不同的。但是考虑到这种变化的实测数据不多，还不足以建立反映规律的表达式。因此，暂且假定各处混凝土遵循相同的应力-应变关系，取 1.2 节的公式进行计算分析。

式（1-32a）算出的 $\varepsilon_{ci} > 0$ 时，为受拉应变；$\varepsilon_{ci} < 0$ 时，为受压应变。由 1.2 节介绍的混凝土单轴受力时的应力-应变关系可知：$\sigma_c = \sigma_c(\varepsilon)$ 一般为非奇非偶函数。因此，针对不同的 ε_{ci} 值，应对应力-应变关系做如下处理：

$$\begin{cases} \sigma_{ci} = \sigma_c(\varepsilon_{ci}) & (\varepsilon_{ci} \geqslant 0) \\ \sigma_{ci} = -\sigma_c(|\varepsilon_{ci}|) & (\varepsilon_{ci} < 0) \end{cases} \tag{1-33a}$$

和 ε_{ci} 的正负号相对应，由式（1-33a）算出的 $\sigma_{ci} > 0$ 时，为拉应力；$\sigma_{ci} < 0$ 时，为压应力。同理，钢筋应力-应变关系分别为

$$\begin{cases} \sigma'_s = -\sigma_s(|\varepsilon'_s|) \\ \sigma_s = \sigma_s(\varepsilon_s) \end{cases} \tag{1-33b}$$

式中，σ'_s、σ_s 分别为受压和受拉钢筋的应力；ε'_s、ε_s 分别为受压和受拉钢筋的应变。

应用式（1-33b）时应注意：对钢筋混凝土柱，有时也可能会出现 $\varepsilon_s < 0$，此时应将式（1-33b）中的第二式改写为 $\sigma_s = -\sigma_s(|\varepsilon_s|)$。

第 i 条带混凝土上作用的力为

$$N_i = \sigma_{ci}bh_i = \sigma_{ci}\Delta A_i \tag{1-34}$$

式中，h_i 为第 i 条带的高度；ΔA_i 为第 i 条带混凝土的面积。

钢筋所受的力为

$$\begin{cases} N'_s = \sigma'_s A'_s \\ N_s = \sigma_s A_s \end{cases} \tag{1-35}$$

式中，A'_s、A_s 分别为受压和受拉钢筋的截面面积。

式（1-34）和式（1-35）算出的混凝土条带上的作用力及钢筋上所受的力大于 0 时，力的方向和图 1-8 所示的方向相同，为拉力；小于 0 时，力的方向和图 1-8 所示的方向相反，为压力。根据力的平衡条件，可得平衡方程如下：

$$\sum_{i=1}^{n} \sigma_{ci}\Delta A_i + \sigma'_s A'_s + \sigma_s A_s + N_c = 0 \qquad (\sum X = 0) \tag{1-36}$$

$$M + \sum_{i=1}^{n} \sigma_{ci}\Delta A_i Z_i + \sigma'_s A'_s\left(\frac{h}{2} - a'_s\right) + \sigma_s A_s\left(a_s - \frac{h}{2}\right) = 0 \qquad (\sum M = 0) \tag{1-37}$$

式中，n 为截面所划分的条带数；N_c 为截面所受的轴向压力；M 为截面所受的弯矩。

2. 受拉区混凝土开裂后的处理

构件截面受拉区混凝土任一条带的应变 ε_{ci} 超过混凝土单轴受拉的开裂应变 ε_{t0} 时，即认为混凝土开裂，开裂后混凝土还可以继续传递拉力。当 $\varepsilon_{ci} > \varepsilon_{tu}$ 时，该条带混凝土退出工作，取其应力 $\sigma_{ci}=0$。但是，对整个受弯（或压弯）构件来说，即使每个截面所受的弯矩相等，裂缝也只可能在构件中的几个截面出现。混凝土开裂后，裂缝间的混凝土由于其和钢筋的黏结作用仍能承受拉应力，且裂缝间混凝土的拉应变各不相等。另外，钢筋混凝土构件中钢筋受拉时的荷载-变形关系和裸钢筋受拉时的荷载-变形关系也不同。早在 1899 年，Considère[19] 在配置钢丝的砂浆棱柱体试件的受拉试验中就发现了这一现象。国外学者称该现象为拉伸硬化（tension stiffening）。图 1-9 所示的试验结果很好地说明了拉伸硬化现象[20]。

为了考虑混凝土开裂后的拉伸硬化现象，可取裂缝间钢筋的平均应力作为混凝土开裂后受拉钢筋的应力进行分析计算，平均应力按式（1-38）计算 [图 1-10（c）]。也可以直接采用埋在混凝土中的钢筋的平均应力-平均应变关系，这将在第 5 章中详细讨论。

$$\bar{\sigma}_s = \frac{\bar{\varepsilon}_s}{\varepsilon_s}\sigma_s = \psi_s\sigma_s \tag{1-38}$$

式中，$\bar{\sigma}_s$ 为裂缝间钢筋的平均应力；$\bar{\varepsilon}_s$ 为裂缝间钢筋的平均应变；ε_s 为裂缝处钢筋的应变；σ_s 为裂缝处钢筋的应力；ψ_s 为裂缝间受拉钢筋的应力（应变）不均匀系数，其值可根据钢筋与混凝土之间的局部黏结-滑移本构关系，用数值分析法求得，此处不予详述。

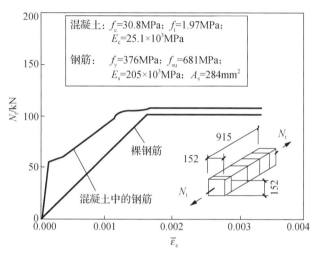

f_{su} 为钢筋的极限抗拉强度，N_t 为钢筋所受的轴向拉力。

图 1-9　受拉钢筋的荷载-变形关系

为了考虑裂缝间混凝土的抗拉作用及裂缝间混凝土拉应力的不均匀性[图 1-10（a）]，可引入平均应力和平均应变对开裂后混凝土的受拉应力-应变关系进行修正。式（1-39）是 Collins 和 Mitchell[21]提出的开裂后混凝土受拉平均应力-平均应变关系式，第 2 章中还会做进一步的讨论。

$$\sigma_t = \frac{\gamma_{f1}\gamma_{f2}\sigma_{t0}}{1+\sqrt{500\varepsilon_t}} \qquad (\varepsilon_t > \varepsilon_{t0}) \qquad (1\text{-}39)$$

式中，γ_{f1} 为考虑钢筋与混凝土之间黏结性能的系数：对变形钢筋，$\gamma_{f1} = 1.0$；对光圆钢筋，$\gamma_{f1} = 0.7$。γ_{f2} 为考虑长期荷载和重复荷载作用的系数：短期单调荷载下，$\gamma_{f2} = 1.0$；长期或重复荷载下，$\gamma_{f2} = 0.7$。σ_{t0}、ε_{t0} 分别为混凝土的单轴抗拉强度和相应的应变。

开裂后混凝土中的拉应力主要集中在钢筋周围的区域内。引入混凝土的平均应力后，定义一个有效埋置区域（effective zone of embedment），认为混凝土的拉应力只出现在该区域内。有效埋置区域的大小可以根据 CEB-FIP 的建议来确定，如图 1-10（b）所示[9]。

若构件承受静荷载，且变形不是很重要，可以不做上述处理而直接采用 1.2.6 节介绍的混凝土受拉应力-应变关系和 1.2.1 节介绍的裸钢筋的应力-应变关系。前者会导致保守的结果，后者会使构件的强度变大。这样，两者在强度方面引起的误差可以相互抵消，但会过高地估计构件的变形。

应该注意，同时应用裸钢筋的应力-应变关系和开裂后混凝土的受拉应力-应变关系式（1-39）会导致概念上的错误。

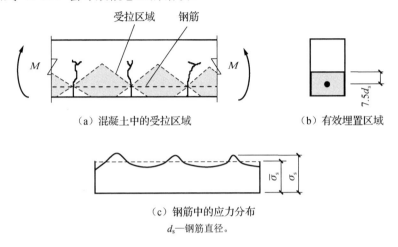

（a）混凝土中的受拉区域　　　　　　（b）有效埋置区域

（c）钢筋中的应力分布

d_s—钢筋直径。

图 1-10　梁（或柱）开裂后混凝土和受拉钢筋的应力

3. M-ϕ 关系的计算方法

由式（1-32）求出混凝土和钢筋的应变后，再根据混凝土和钢筋的应力-应变关系便可求出相应的应力，将这些应力分别代入式（1-36）和式（1-37）便得出两个独立的方程式。在这两个独立的方程式中有 M、N_c、ϕ 和 $\bar\varepsilon$ 共 4 个未知数。如果给定 N_c 值，则对应一个 ϕ 值，便可由此两个方程求出一组 $\bar\varepsilon$ 及 M 值与之对应；同样，对应一个 M 值，也可由此两个方程求出一组 $\bar\varepsilon$ 及 ϕ 值与之对应。因此，求截面的 M-ϕ 关系有下列两个途径。

途径一：分级加变形法。不断地增加曲率 ϕ，算出相应的 M 值，从而得出 M-ϕ 关系。这和实验室中的试验程序正好相反，该法的计算步骤如下。

1）取 $\phi=\phi+\Delta\phi$。

2）假定 $\bar\varepsilon$ 值。

3）由式（1-32）求出各条带混凝土的应变及钢筋的应变。

4）由式（1-33）求出相应的应力，受拉区混凝土条带的应变超过其极限受拉应变时，应对其进行处理。

5）将各应力值代入式（1-36），判断是否满足平衡条件；如不满足，需要调整 $\bar\varepsilon$ 值，直至满足为止；如满足平衡条件，则由式（1-37）求出 M，然后重复步骤 1）～5）。

6）当符合破坏条件时，停止计算。

途径二：分级加荷载法。不断增加外荷载 M（N_c 值给定且不增减），算出相应的ϕ值，从而得出 M-ϕ 关系。这和实验室里在试件上分级加荷载，由应变计测变形的方法相似，该法的计算步骤如下。

1）取 $M=M+\Delta M$。

2）假定ϕ 和$\bar{\varepsilon}$。

3）由式（1-32）求出各条带混凝土的应变及钢筋的应变。

4）由式（1-33）求出相应的应力，受拉区混凝土条带的应变超过其极限受拉应变时，应对其进行处理。

5）验算平衡条件：若不符合，调整ϕ 和$\bar{\varepsilon}$；若符合，重复步骤 1）～5）。

6）当符合破坏条件时，停止计算。

比较上述两种方法，分级加变形法只需要调整$\bar{\varepsilon}$，而分级加荷载法要同时调整ϕ和$\bar{\varepsilon}$。显然，前者计算简单。另外，若要求 M-ϕ 关系的下降段，则一定要采用分级加变形法。因此，在计算截面的 M-ϕ 关系时，一般采用分级加变形法。

4. 调整$\bar{\varepsilon}$以及ϕ和$\bar{\varepsilon}$时的数值逼近方法

方法一：外插法。在分级加变形法的计算中，需要不断调整$\bar{\varepsilon}$，使截面各条带混凝土及钢筋的内力能满足式（1-36）。也就是要求有一个合适的$\bar{\varepsilon}$值，代入式（1-36）后使方程左端的代数和值 g（$\bar{\varepsilon}$）$\rightarrow 0$。采用外插法可以做到这一点[4]。

设第一次假定的$\bar{\varepsilon}$值为$\bar{\varepsilon}_1$，由$\bar{\varepsilon}_1$算出的式（1-36）左端项的代数和为g_1（图 1-11 中的 A 点）。$\bar{\varepsilon}_1$ 一般不大可能满足式（1-36），需要加一个调整值$\bar{\varepsilon}_m$，使$g_1 \rightarrow 0$。

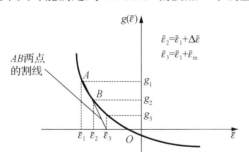

图 1-11 外插法求$\bar{\varepsilon}$

为了求调整值$\bar{\varepsilon}_m$，给$\bar{\varepsilon}$一个微小的增量$\Delta\bar{\varepsilon}$，即$\bar{\varepsilon}_2 = \bar{\varepsilon}_1 + \Delta\bar{\varepsilon}$，由$\bar{\varepsilon}_2$可得$g_2 = g_1 + \Delta g_1$（图 1-11 中的 B 点）。采用线性插值可得式（1-40）。

$$\frac{g_2 - g_1}{\bar{\varepsilon}_2 - \bar{\varepsilon}_1}(\bar{\varepsilon}_3 - \bar{\varepsilon}_1) + g_1 = 0 \qquad (1\text{-}40)$$

于是有

$$\bar{\varepsilon}_m = -\frac{\Delta\bar{\varepsilon}}{\Delta g_1} g_1 \qquad (1\text{-}41)$$

算出$\bar{\varepsilon}_m$后就可将第一次的假定值$\bar{\varepsilon}_1$调整为$\bar{\varepsilon}_3$，即

$$\bar{\varepsilon}_3 = \bar{\varepsilon}_1 + \bar{\varepsilon}_{\mathrm{m}} = \bar{\varepsilon}_1 - \frac{\Delta\bar{\varepsilon}}{\Delta g_1}g_1 \tag{1-42}$$

按 $\bar{\varepsilon}_3$ 求出 g_3，看是否满足 $g_3 \rightarrow 0$，如不满足可重复上述步骤，直至达到满意的精度为止。即对任意一个很小的正数 Ω，总有下式成立：

$$|g_3| \leqslant \Omega \tag{1-43}$$

在分级加荷载法的运算中要同时调整 ϕ 和 $\bar{\varepsilon}$，找出调整值 ϕ_{m} 和 $\bar{\varepsilon}_{\mathrm{m}}$。设式（1-36）左端的代数和为 $g(\phi,\bar{\varepsilon})$，式（1-37）左端的代数和为 $q(\phi,\bar{\varepsilon})$，则有

$$\begin{cases} \dfrac{\partial g(\phi,\bar{\varepsilon})}{\partial\bar{\varepsilon}}\bar{\varepsilon}_{\mathrm{m}} + \dfrac{\partial g(\phi,\bar{\varepsilon})}{\partial\phi}\phi_{\mathrm{m}} + g(\phi,\bar{\varepsilon}) = 0 \\[3mm] \dfrac{\partial q(\phi,\bar{\varepsilon})}{\partial\bar{\varepsilon}}\bar{\varepsilon}_{\mathrm{m}} + \dfrac{\partial q(\phi,\bar{\varepsilon})}{\partial\phi}\phi_{\mathrm{m}} + q(\phi,\bar{\varepsilon}) = 0 \end{cases} \tag{1-44}$$

式（1-44）的计算方法类似于式（1-41），不予赘述。

方法二：二分法。设定解的初始区间，取该区间的中点值作为解的逼近值，逐步逼近真实值。如图 1-12 所示，由于 $\bar{\varepsilon}$ 的值一般不可能小于 0.0033，故可取 $a = -0.0033$；另外，混凝土的开裂应变近似为 0.00015，考虑到截面破坏时，开裂高度可能会超过中心线即 $b>0.00015$，故偏于安全地取 $b = 0.01$。于是解的初始数值区间可定为[-0.0033, 0.01]。

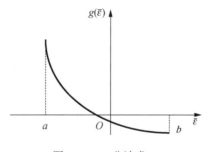

图 1-12　二分法求 $\bar{\varepsilon}$

数值逼近计算步骤如下。

1）取区间中点 $\dfrac{a+b}{2}$。

2）若 $g\left(\dfrac{a+b}{2}\right)=0$，则 $\bar{\varepsilon}=\dfrac{a+b}{2}$。

3）否则，若 $g\left(\dfrac{a+b}{2}\right)$ 与 $g(a)$ 同号，则解的数值区间为 $\left[\dfrac{a+b}{2},b\right]$；若 $g\left(\dfrac{a+b}{2}\right)$ 与 $g(b)$ 同号，则解的数值区间为 $\left[a,\dfrac{a+b}{2}\right]$。

4）重复步骤 1）～3），直至满足式（1-43）精度要求。

在上述数值逼近计算时应注意：当外插法的计算公式［式（1-41）］中的分母

Δg_1 过小时，计算机可能会"溢出"；二分法的逼近值是围绕正确值上下波动的，若精度控制参数 Ω 取得过小，可能会出现死循环。因此，在编制仿真程序时必须采取必要的措施打破死循环，防止溢出。

5. 截面的破坏准则

对钢筋混凝土梁、柱截面受力过程进行仿真计算分析时，可采用下面任一准则来判断截面是否破坏。

准则一：受压区的最大应变超过混凝土的最大受压应变，或者受拉区钢筋拉断。

准则二：整个受压区混凝土压碎，或者受拉区钢筋拉断。

对常用的钢筋混凝土梁、柱构件，若受拉区钢筋不是太少，一般是受压区的混凝土首先压碎。因此，应用准则一时，无论受拉区钢筋是否屈服，当受压区混凝土的最大受压应变超过混凝土的单轴受压极限应变时，即认为该截面发生破坏而不能继续工作。应用准则二时，当混凝土条带的受压应变超过混凝土的单轴受压极限应变时，即认为该条带的混凝土被压碎而退出工作，整个截面仍能继续承载，直到截面的平衡条件得不到满足时认为整个受压区混凝土压碎，截面破坏。

图 1-13 给出了梁截面的 M-ϕ 关系的计算实例。梁的试验是作者[22]1998 年在美国新泽西理工学院为开发光纤传感器而做的。比较计算结果和试验结果可以看出：上述分析方法能模拟实际情况，且利用准则二可以获得 M-ϕ 关系曲线的下降段。

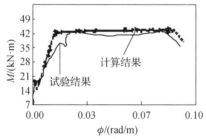

$b \times h$=152.4mm×304.8mm, A_s=253mm², f_c=34.674MPa, f_y=413.7MPa。

图 1-13　钢筋混凝土梁截面的 M-ϕ 关系

6. 异型截面 M-ϕ 关系计算分析

前面各节是针对矩形截面进行讨论的。同理，对 T 形、I 形、圆形、环形等截面也可采用同样的方法进行仿真分析计算。图 1-14 所示的钢筋混凝土圆形截面的 M-ϕ 关系的仿真计算步骤和矩形截面完全相同，所不同的只是下面一些细节。

1）钢筋应变的计算。圆形截面钢筋混凝土构件中的纵向钢筋一般沿截面圆周均匀布置，如对纵向钢筋按图 1-14 所示进行编号，则可按式（1-45）计算纵向钢筋的应变。

$$\begin{cases} \varepsilon_{si} = \overline{\varepsilon} - \phi Z_{si} \\ Z_{si} = \left(\dfrac{D}{2} - a_s - \dfrac{d_{si}}{2} \right) \sin\left[(i_s - 1)\dfrac{2\pi}{n_s} \right] \end{cases} \tag{1-45}$$

式中，Z_{si} 为第 i_s 根钢筋至截面中心的距离（位于截面中心线以上取正值，位于截面中心线以下取负值）；ε_{si} 为第 i_s 根钢筋的应变；D 为圆形截面的直径；a_s 为混凝土保护层的厚度；d_{si} 为第 i_s 根钢筋的直径；n_s 为纵向钢筋的根数。

2）ΔA_i 的计算。ΔA_i 按式（1-46）计算。

$$\Delta A_i = 2\sqrt{\left(\frac{D}{2} \right)^2 - Z_i^2} \cdot \frac{D}{n} \tag{1-46}$$

式中，n 为截面所分的条带数；Z_i 为第 i 条带混凝土至截面中心的距离（位于截面中心线以上取正值，位于截面中心线以下取负值）。

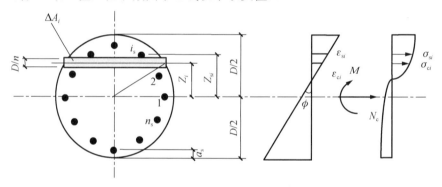

图 1-14　钢筋混凝土圆形截面的应力和应变

3）混凝土单轴受压时的应力-应变关系。当考虑圆箍对核心区混凝土的约束作用时，混凝土单轴受压时的应力-应变关系可取式（1-17）。

图 1-15 给出了具有相同截面面积、相同纵向钢筋的钢筋混凝土矩形柱截面和圆柱截面的 M-ϕ 关系[23]。比较图中的结果可以发现：虽然矩形柱截面的抗弯刚度和抗弯承载力略高于圆柱截面，但是由于圆箍对核心区混凝土的约束作用，圆柱截面的变形能力（延性）明显好于矩形柱截面，且圆箍的用量直接影响到圆柱截面的抗弯承载力和变形能力。

7. 高温作用后钢筋混凝土梁、柱截面弯矩-曲率关系的分析

火灾冷却后混凝土的本构关系完全由其最高受火温度 T 决定，因此对于高温后构件截面弯矩-曲率关系的分析，只需确定截面内最高温度的分布。这样可以使有关构件内部温度分布的分析大大简化。火灾试验研究表明：对称受火和单面受火情况下，构件截面对称轴线上各点的最高温度具有如下十分相近的分布规律[24]。

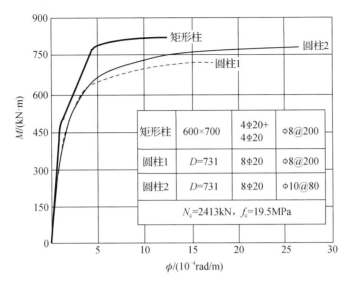

图 1-15　钢筋混凝土矩形柱截面和圆柱截面的 M-ϕ 关系

1）四面对称受火［图 1-16（a）］：

$$T(x,0) = T_c + \left(\frac{0.1406}{1.125 - 2|x| / b} - 0.125 \right)(T_f - T_c) \qquad （1-47）$$

$$T(0,y) = T_c + \left(\frac{0.1406}{1.125 - 2|y| / b} - 0.125 \right)(T_f - T_c) \qquad （1-48）$$

2）双面对称受火［图 1-16（b）］：

$$T(0,y) = T_c + \left(\frac{0.1406}{1.125 - 2|y| / b} - 0.125 \right)(T_f - T_c) \qquad （1-49）$$

3）单面受火［图 1-16（c）］：

$$T(0,y) = T_c + \left(\frac{0.1406}{1.125 - |y - 0.5h| / h} - 0.125 \right)(T_f - T_c) \qquad （1-50）$$

式中，T_f 为受火表面最高温度；对四面和双面受火情况，T_c 为截面中心最高温度，对单面受火情况，T_c 为与受火面相对的未受火面的表面最高温度；b、h 分别为截面宽度和高度。

进而，对于四面对称受火的情况，利用传热学中的叠加原理可求得构件的全截面温度分布如下：

$$T(x,y) = T_\infty - \frac{[T_\infty - T(x,0)][T_\infty - T(0,y)]}{T_\infty - T_c} \qquad （1-51）$$

式中，T_∞ 为室内火灾最高温度，$T_\infty = T_f + 50$。

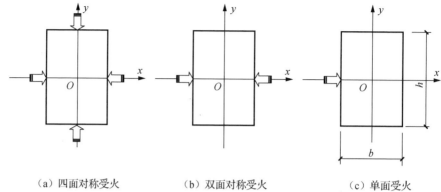

（a）四面对称受火　　　　　（b）双面对称受火　　　　　（c）单面受火

图 1-16　截面的受火情况

对于双面对称受火和单面受火情况，可近似地取

$$T(x, y) = T(0, y) \qquad (-b/2 \leqslant x \leqslant b/2) \tag{1-52}$$

1.3.2　长期荷载作用下梁、柱截面的弯矩-曲率（M-ϕ）关系

长期荷载作用下，混凝土会发生徐变，这将影响钢筋混凝土构件截面的 M-ϕ 关系。为了考虑这种影响，一般在混凝土短期加载的应力-应变曲线上做平行于应变轴的仿射变换，用变换后的应力-应变关系（图 1-17 中的虚线）来计算考虑长期荷载作用时截面的 M-ϕ 关系。图 1-17 中的 ϕ_c' 称为徐变系数。

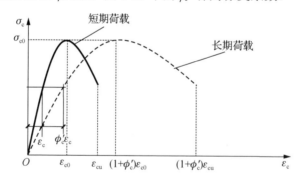

图 1-17　混凝土应力-应变曲线（考虑徐变影响时的仿射变换）

关于徐变系数 ϕ_c'，龚洛书等[25]提出用式（1-53）计算。

$$\phi_c' = \frac{t^{0.6}}{4.168 + 0.312t^{0.6}} \tag{1-53}$$

式中，t 为荷载的作用时间。当 $t \to \infty$ 时，$\phi_c' = 3.21$。

Collins 等[21]对其他研究者的试验数据进行了总结和分析，提出了如下的计算公式：

$$\phi_c' = 3.5 k_c k_f \left(1.58 - \frac{H_u}{120}\right) t_i^{-0.118} \frac{(t - t_i)^{0.6}}{10 + (t - t_i)^{0.6}} \tag{1-54}$$

式中，t 为荷载的作用时间与荷载作用前混凝土的养护龄期之和；t_i 为荷载作用前混凝土的养护龄期；H_u 为湿度；k_c 为考虑构件体积-表面积比的系数，对于体积-表面积比在 25～150mm 变化的构件，k_c 值的变化范围为 0.15～1.35[21]；k_f 为考虑混凝土强度影响的系数，可按式（1-55）计算。

$$k_f = \frac{1}{0.67 + \dfrac{f_c}{62}} \qquad (1\text{-}55)$$

式中，f_c 为混凝土的轴心抗压强度。

1.4　梁、柱荷载-位移关系的数值模拟分析

1.4.1　梁的荷载-位移关系

梁的荷载-位移关系（或称荷载-挠度关系）反映了梁的刚度随荷载的变化情况。若忽略梁中剪切变形的影响，梁的荷载-位移关系可由截面的弯矩-曲率关系算得。对钢筋混凝土梁，当外荷载增加到一定的量值时，梁中便会出现塑性铰。由于塑性铰具有一些特殊的性质，本节先对其进行讨论，再介绍荷载-位移关系的数值分析方法。

1. 梁中的塑性铰

对钢筋混凝土简支梁，当梁中某截面钢筋屈服时（相应的弯矩为 M_y），该截面处便形成塑性铰。形成塑性铰后，梁还可以继续承载。当梁中最大弯矩截面的弯矩值达最大弯矩 M_u 时，如能卸载梁还能继续变形，直至该截面受压区的混凝土被压碎整个梁才破坏。图 1-18 中给出了梁的弯矩和曲率分布示意图。图中 M_u（相应的曲率为 ϕ_u）过渡到屈服弯矩 M_y（相应的曲率为 ϕ_y）的区段的长度 l_p 称为塑性铰区的长度。但是，实际情况却和此有出入。朱伯龙等[4]通过试验分析研究表明：塑性铰区段内的最大曲率不能仅限于一个微小的区段，而应该扩大到 l_{p0}（图 1-18中虚线所示的曲率分布图。对光圆钢筋配筋的梁，可取 $l_{p0}=2h_0/3$；对螺纹钢筋配筋的梁，可取 $l_{p0}=h_0$）。从 l_{p0} 到 l_p 的区间是从最大曲率过渡到屈服曲率的区段。l_p 即为塑性铰区的长度，建议按式（1-56）计算。

$$l_p = 2\left(1 - 0.5\rho_s \frac{f_y}{f_c}\right)h_0 \qquad (1\text{-}56)$$

式中，f_y 为钢筋的屈服强度；f_c 为混凝土的轴心抗压强度；ρ_s 为纵向钢筋的配筋率；h_0 为截面的有效高度。

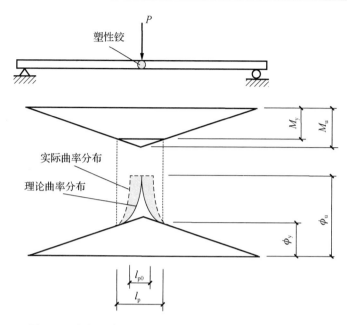

图 1-18　钢筋混凝土梁中的塑性铰、弯矩及曲率的分布图

2. 荷载-位移关系的仿真计算方法

根据材料力学的理论，当忽略剪切变形时，若已知梁中沿梁长度方向的曲率分布函数 $\phi(x)$，则可用积分法直接求梁中任一截面的转角 $\theta(x)$ 和挠度 $\delta(x)$：

$$\begin{cases} \theta(x) = \int_0^x \phi(x)\mathrm{d}x \\ \delta(x) = \int_0^x \theta(x)\mathrm{d}x \end{cases} \tag{1-57}$$

但是，由 1.3 节算出的 M-ϕ 关系可知，钢筋混凝土梁截面的受弯刚度 B 随着弯矩 M 的变化而变化。因此，求钢筋混凝土梁的荷载-挠度关系将是一个很复杂的问题。为了能用数值法解决问题，将梁沿长度方向等分成 m 等份（m 取为偶数），如图 1-19 所示。给定荷载 P，可得梁的弯矩分布图。根据梁中任一节点 i 处的弯矩 M_i，由截面的 M-ϕ 关系可确定该节点处相应的曲率 ϕ_i。于是，节点 i 处梁截面的转角为

$$\theta_i = \frac{1}{2}\sum_{j=1}^i (\phi_j + \phi_{j+1})\Delta x \tag{1-58}$$

式中，Δx 为梁中等分单元的长度。

节点 i 处梁的挠度为

$$\delta_i = \frac{1}{2}\sum_{j=1}^i (\theta_j + \theta_{j+1})\Delta x \tag{1-59}$$

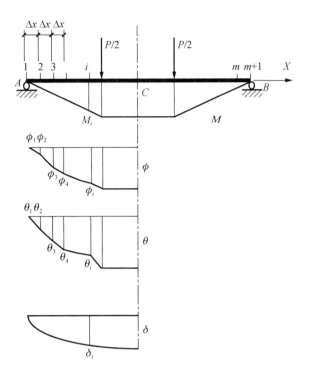

图 1-19　梁荷载-位移关系的计算模型

3. 加载和卸载时 M-ϕ 关系的应用

为了使计算方便、快速、有效，通常先将截面的 M-ϕ 关系计算好储存在计算机中，好像一张计算图表随时可以调用。加载时，应用 M-ϕ 关系的上升段（图 1-20中的 OAB 段）。若已知梁中节点 i 处的弯矩值 M_i，可以先判断 M_i 在 M-ϕ 关系曲线中的位置（图 1-20）：$M_j \leqslant M_i \leqslant M_{j+1}$，再根据式（1-60）求相应的截面的曲率值。

$$\phi_i = \phi_j + \frac{\phi_{j+1} - \phi_j}{M_{j+1} - M_j}(M_i - M_j) \tag{1-60}$$

式中，(M_j, ϕ_j)、(M_{j+1}, ϕ_{j+1}) 分别为存于计算机中的 M-ϕ 关系曲线上的与 (M_i, ϕ_i) 临近的两点的坐标值。

若已知梁中节点 i 处的曲率值 ϕ_i，可用同样的方法求出相应的 M_i。

当塑性铰处的最大弯矩达 M_u 后，要获得荷载-位移关系（P-δ 关系）的下降段，必须做卸载处理，直至截面破坏为止。沿 M-ϕ 关系曲线下降段"卸载"时，可取 M-ϕ 关系曲线下降段所示的刚度；其他情况下的卸载刚度可取 M-ϕ 关系曲线所示的初始刚度（图 1-20）。

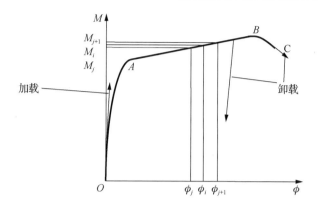

图 1-20　加载和卸载时截面的 M-ϕ 关系

4. 荷载-位移关系的计算步骤

和 M-ϕ 关系的计算方法相似，计算受弯构件的 P-δ 关系时也有分级加荷载和分级加变形两种方法。由于分级加荷载法很难求出 P-δ 关系曲线的下降段，因此多采用分级加变形法。分级加变形法中又有分级加曲率和分级加挠度两种，下面分别详细进行叙述。

方法一：分级加曲率法。以受弯构件跨中截面（图 1-19 中的 C 处）的曲率 ϕ_c 作为控制值，逐级增加曲率进行仿真计算，具体步骤如下。

1）对梁进行分段。

2）增加曲率：$\phi_c = \phi_c + \Delta\phi_c$。

3）由 ϕ_c 确定梁的跨中弯矩 M_c。

4）由 M_c 求 P。

5）由 P 求 M_i。

6）由 M_i 求 ϕ_i。

7）利用式（1-58）求 θ_i。

8）利用式（1-59）求 δ_i。

9）检查破坏条件，若梁未破坏重复步骤 2）～7），否则停止计算。

方法二：分级加挠度法。以受弯构件跨中（图 1-19 中的 C 处）的挠度 δ_c 作为控制值，计算步骤如下。

1）对梁进行分段。

2）增加跨中的挠度：$\delta_c = \delta_c + \Delta\delta_c$。

3）假定荷载 P，由 P 算出 M_i。

4）由 M_i 求 ϕ_i。

5）利用式（1-58）求 θ_i。

6）利用式（1-59）求 δ_i，得 δ_{c1}。

7）如 δ_{c1} 不接近 δ_c，则不断调整 P 值，直至 δ_{c1} 接近 δ_c 为止。

8）检查破坏条件，若梁未破坏重复步骤 2）～7），否则停止计算。

显然，分级加挠度法每加一次 $\Delta\delta_c$ 值，都要对 P 进行多次调整，计算麻烦、费机时，一般不予采用。

1.4.2　柱的荷载-位移关系

柱荷载-位移关系的数值分析方法和梁基本相同，所不同的主要是以下两点。

1. 塑性铰区的长度

钢筋混凝土柱在水平荷载作用下的弯矩和曲率分布与半根钢筋混凝土简支梁相似［图 1-21（a）和（b）］，另外，柱还受到轴向压力的作用。因此，塑性铰区段的长度按式（1-61）计算[4]。

$$l_p = \left(1 - 0.5\frac{\rho_s f_y - \rho_s' f_y' + \dfrac{N_c}{bh}}{f_c}\right)h_0 \tag{1-61}$$

式中，ρ_s' 为受压钢筋的配筋率；f_y' 为受压钢筋的屈服强度；N_c 为柱所受的轴向压力；b、h 分别为截面的宽度、高度。其他符号的意义同式（1-56）。

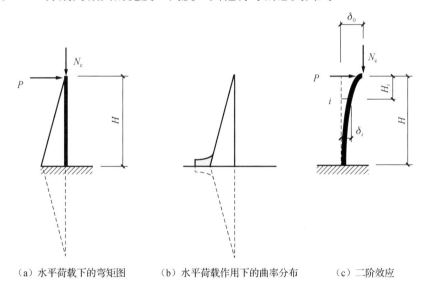

（a）水平荷载下的弯矩图　　　（b）水平荷载作用下的曲率分布　　　（c）二阶效应

图 1-21　柱中的弯矩和曲率分布及二阶效应

2. 柱截面的弯矩

由于轴向压力的作用，柱截面的弯矩不仅与水平荷载 P 有关，而且与柱的挠度 δ_i 有关。同样，截面弯矩的大小对柱的挠度又起着决定性的影响。这种弯矩和挠度之间相互影响的效应称为二阶效应。截面弯矩和挠度之间的关系可用式（1-62）

表示［图 1-21（c）］。

$$M_i = PH_i + N_c(\delta_0 - \delta_i) \qquad (1\text{-}62)$$

式中，M_i 为 i 截面处的弯矩；δ_0、δ_i 分别为柱顶及 i 截面处的挠度；H_i 为柱顶至 i 截面的距离。

1.5　破坏过程的仿真分析

对跨度或高度都不是太小的钢筋混凝土梁或柱，荷载作用下构件的变形以弯曲变形为主。可是最终构件既可能出现正截面受弯或压弯破坏，又可能出现斜截面受剪破坏。为叙述简便，本节以梁为例来说明破坏过程的仿真分析方法。柱可以以此类推。

1.5.1　梁的斜截面承载力

在 1.4 节梁的荷载-位移关系的计算分析中，忽略了剪切变形的影响。但是若要确定梁的破坏状态，必须要知道梁的抗剪承载力。关于梁的抗剪承载力可以用桁架模型或斜压场理论来计算[26-30]，世界各国的混凝土结构设计规范也都给出了相应的计算公式[8-10]。为了能更好地模拟实际情况，这里采用文献[31]根据国内外所做的几百根梁的试验结果而回归出的抗剪承载力公式作为基本的计算公式，如式（1-63）所示。

$$A = \frac{V_u}{f_c b h_0} = \frac{0.04(2 + 100\rho_s)}{\lambda - 0.3} + \frac{(0.25 + 4\lambda)\rho_{sv} f_{yv}}{f_c} \qquad (1\text{-}63)$$

式中，A 为比例系数；V_u 为斜截面的抗剪承载力；λ 为剪弯段的剪跨比；ρ_{sv} 为箍筋的配箍率，$\rho_{sv} = n_{sv} A_{sv} / (bs)$，其中 n_{sv} 为箍筋的肢数，A_{sv} 为单肢箍筋的截面面积，b、h_0、s 分别为梁截面的宽度、有效高度及箍筋的间距；ρ_s 为纵筋的配筋率，当 $\rho_s > 3\%$ 时，取 $\rho_s = 3\%$；f_c 为混凝土的棱柱体抗压强度；f_{yv} 为箍筋的抗拉强度。

参照已有的试验结果，按不同的情况分别对式（1-63）进行处理，求得梁斜截面的抗剪承载力如表 1-1 所示。

表 1-1　梁斜截面的抗剪承载力

项目	$\lambda \approx 0$	$0 < \lambda < 1$	$1 \leqslant \lambda \leqslant 4$			$\lambda > 4$
			$A \leqslant 0.25$	$0.25 < A \leqslant 0.35$	$A > 0.35$	
$\dfrac{V_u}{f_c b h_0}$	0.35^*	$(0.35 - V_1)(1 - \lambda) + V_1^{**}$ 其中：$V_1 = \left. \dfrac{V_u}{f_c b h_0} \right|_{\lambda=1}$	A	$\dfrac{A - 0.25}{2} + 0.25$	0.3	$\left. \dfrac{V_u}{f_c b h_0} \right|_{\lambda=4}$

　＊ 德国学者 Mörsch[28]根据试验提出混凝土的纯剪强度为 $\tau = \sqrt{f_c f_t}$ [32]。现取 $f_t = 0.1 f_c$，则 $\tau = 0.32 f_c$。$\lambda \approx 0$ 时，梁发生纯剪破坏。若不考虑纵筋的销栓作用，并假定破坏时剪应力沿破坏面均匀分布，则 $V_u = \tau b h = 0.32 f_c b h = 0.35 f_c b h_0$（式中 $h = 1.1 h_0$）。

　＊＊ 小剪跨时斜截面的承载力用线性插值法求得。

1.5.2　梁破坏形态的确定

设 P_M 为由正截面所确定的试验梁的承载力，P_V 为由斜截面所确定的试验梁的承载力，则对两点对称加荷的梁有

$$
\begin{cases}
P_M = \dfrac{M_u}{a} \\
P_V = V_u
\end{cases}
\tag{1-64}
$$

式中，M_u、V_u 分别为梁正截面的抗弯承载力和斜截面抗剪承载力；a 为梁剪弯段的长度。

于是，试验梁的实际承载力为

$$
P = \min(P_M, P_V)
\tag{1-65}
$$

根据式（1-65）、梁的截面尺寸、梁的配筋情况、荷载的作用位置等可确定梁的各种破坏形态如图 1-22 所示。图中的 V_{umax} 值按下式确定：

$$
\frac{V_{umax}}{f_c b h} =
\begin{cases}
0.25 & (h_0 / b \leqslant 4) \\
0.35 - 0.025\dfrac{h}{b} & (4 < h_0 / b < 6) \\
0.20 & (h_0 / b \geqslant 6)
\end{cases}
\tag{1-66}
$$

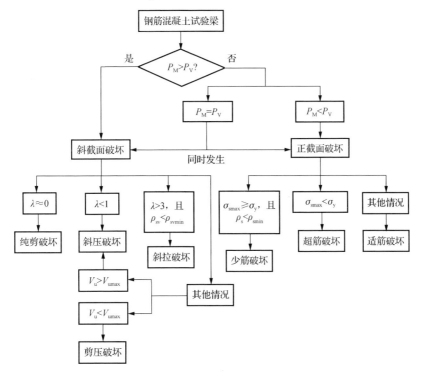

图 1-22　试验梁破坏形态的确定

纵筋、箍筋的最大、最小配筋率分别为（ρ_{smax}, ρ_{smin}）及（ρ_{svmax}, ρ_{svmin}）可按我国《混凝土结构设计规范》（GB 50010—2010）（2015 年版）的构造要求及已有的试验结果来确定。图 1-22 中的 σ_{smax} 为构件受荷过程中纵向钢筋的最大拉应力，f_y 为纵向钢筋的屈服强度。

图 1-23 和图 1-24 给出了由作者[33]研制的钢筋混凝土梁计算机试验仿真系统而获得的梁破坏过程的仿真效果图。可以看出，基本上达到了试验仿真的要求。但需要指出的是，本节的方法仅适用于截面主轴方向单向单调荷载下钢筋混凝土梁、柱受力性能的仿真分析。若非单向荷载，则要建立空间三维分析模型，详见第 6 章的相关内容。

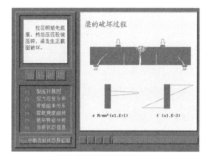
（a）适筋梁的受弯破坏

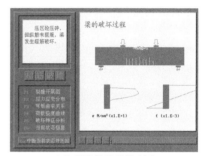
（b）超筋梁的受弯破坏

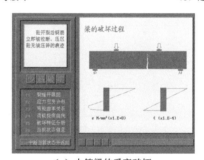
（c）少筋梁的受弯破坏

图 1-23　梁的受弯破坏

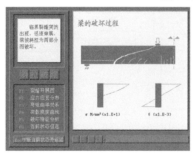
（a）斜拉破坏

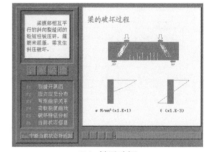
（b）斜压破坏

图 1-24　梁的受剪破坏

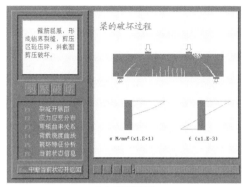

（c）剪压破坏

图 1-24（续）

1.6　仿真系统应用

1.6.1　梁、柱截面延性分析

钢筋混凝土梁、柱截面的弯曲延性通常可用式（1-67）所示的曲率延性系数来表征[34]。

$$\mu' = \frac{\phi_u}{\phi_y} \qquad (1\text{-}67)$$

式中，ϕ_u、ϕ_y 分别为截面的极限曲率和屈服曲率。

算出截面的 M-ϕ 关系后，可以方便地用式（1-67）计算截面的曲率延性系数。图 1-25 所示为按前述计算机仿真系统算得的 M-ϕ 关系，再由式（1-67）算出截面尺寸为 250mm×500mm 的钢筋混凝土梁截面曲率延性系数随材料强度、配筋方式、配筋量的变化情况。计算时取混凝土的受压极限应变为 ε_{cu}=0.0033。

由图 1-25 中的计算结果可以得出如下结论。

1）在正常配筋的条件下，梁截面的曲率延性系数一般均小于 30。

2）混凝土的强度越高，梁截面的延性越好；钢筋的强度越高，梁截面的延性越差。

3）配置受压钢筋可以提高截面的延性。

4）受拉钢筋的含量越高，截面的延性越差，但当截面受拉钢筋的配筋率大于0.02 时，截面延性减小的速度趋于平缓。

图 1-26 给出了一钢筋混凝土柱截面在不同轴压比下弯矩-曲率（M-ϕ）关系的计算曲线。比较图 1-26 中的结果可知，柱截面的曲率延性系数远小于梁截面的曲率延性系数，且随着轴向压力的增加，延性不断降低。

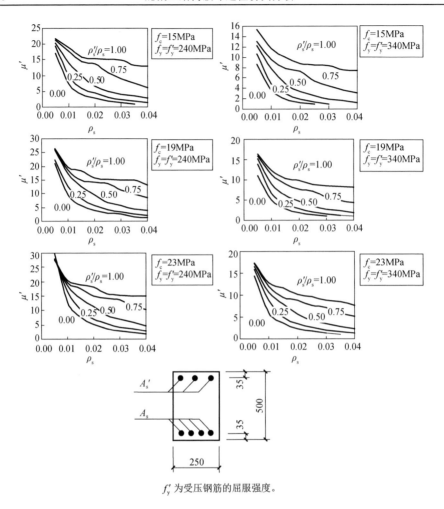

f_y' 为受压钢筋的屈服强度。

图 1-25 梁截面曲率延性系数随材料强度、配筋方式、配筋量的变化情况

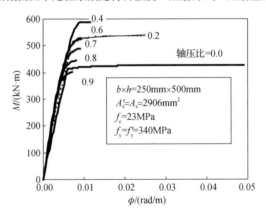

图 1-26 不同轴压比下钢筋混凝土柱截面的弯矩-曲率（M-ϕ）关系

上述结论是混凝土结构抗震性能分析或抗震设计的重要依据。

1.6.2　开裂后梁的抗弯刚度

以单筋矩形截面作为研究对象共进行了 96 种纯弯情况下梁正截面弯矩-曲率关系的计算机仿真分析。梁的具体情况如下：混凝土强度（f_c）等级分别为 C20、C25、C30 和 C50，其中每种混凝土强度试件的截面尺寸分别为 250mm×500mm、250mm×600mm 和 250mm×700mm，而每种截面又分别选取了 8 种 0.2%～1.3%不等的配筋率（钢筋型号相同，均为 HRB335）[35]。表 1-2 列出了梁截面种类。

表 1-2　梁截面种类

组号	混凝土抗压强度/MPa	截面尺寸	纵向受力钢筋
1	13.4	250mm×500mm	
		250mm×600mm	
		250mm×700mm	
2	16.7	250mm×500mm	
		250mm×600mm	
		250mm×700mm	f_y=335MPa 配筋率 0.2%～1.3%
3	20.1	250mm×500mm	
		250mm×600mm	
		250mm×700mm	
4	35.5	250mm×500mm	
		250mm×600mm	
		250mm×700mm	

图 1-27 分别给出了尺寸为 250mm×500mm 截面 M-ϕ 关系的数值计算结果。从图 1-27 所示梁截面的弯矩-曲率关系曲线可以看出，混凝土开裂后，梁截面的抗弯割线刚度发生突变，且混凝土强度越高，配筋率越小，受拉区混凝土开裂后截面割线刚度发生突变的现象越明显。梁开裂后由原来的连续体变为非连续体，力学性能必然发生突变。开裂前后刚度突变反映了这一力学特征。定义混凝土开裂前的截面刚度为初始刚度 B_0，开裂后至割线刚度突变结束时的割线刚度为开裂后刚度 B_1，钢筋屈服时的割线刚度（简称钢筋屈服时刚度）为 B_2，如图 1-27（a）所示。

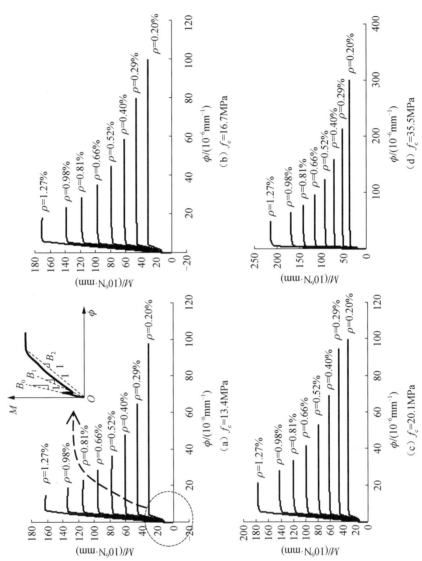

（a）f_c=13.4MPa
（b）f_c=16.7MPa
（c）f_c=20.1MPa
（d）f_c=35.5MPa

图 1-27　尺寸为 250mm×500mm 截面的 M-ϕ 关系曲线

根据表 1-2 和图 1-27 所列 96 种截面 M-ϕ 关系的计算结果，图 1-28～图 1-31 分别给出了不同混凝土强度梁截面刚度比值（B_1/B_0 及 B_2/B_0）与纵向受力钢筋配筋率（ρ）的关系。由图中的计算结果可以看出，混凝土开裂后至钢筋屈服时，钢筋混凝土梁截面的割线抗弯刚度明显降低，且纵向受力钢筋的配筋率越低，截面割线抗弯刚度的降低越大。图 1-28～图 1-31 的刚度比值与配筋率的关系曲线中，3 条计算曲线分别代表不同的截面尺寸。由图中的计算结果可知，对于一般梁而言，截面尺寸对刚度退化程度的影响不显著。

对图 1-28～图 1-31 中的结果进行拟合，可得不同等级混凝土梁开裂后截面割线刚度与初始刚度的比值以及钢筋屈服时截面割线刚度与初始刚度的比值随配筋率的变化关系式如表 1-3 所示。

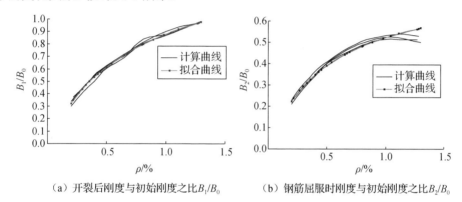

（a）开裂后刚度与初始刚度之比 B_1/B_0　　　（b）钢筋屈服时刚度与初始刚度之比 B_2/B_0

图 1-28　f_c=13.4MPa 时截面割线刚度比值与配筋率的关系

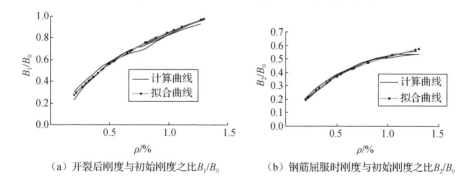

（a）开裂后刚度与初始刚度之比 B_1/B_0　　　（b）钢筋屈服时刚度与初始刚度之比 B_2/B_0

图 1-29　f_c=16.7MPa 时截面割线刚度比值与配筋率的关系

在进行构件设计时，根据梁截面的几何物理特征，应用材料力学的方法可算出 $B_0=EI_0$（I_0 为换算截面的惯性矩），运用表 1-3 中的公式可算出 B_1 和 B_2。于是，可以得出梁截面抗弯刚度 B 随弯矩的变化情况：开裂后由 B_0 变为 B_1，钢筋屈服前在 B_1 和 B_2 之间线性变化，如图 1-32 所示。图 1-32 中，M_{cr} 和 M_y 分别为梁截面的开裂弯矩和屈服弯矩。上述梁截面抗弯刚度的计算方法和 ACI 318-2014 规范建议的方法很接近（图 1-32），但在开裂后刚度突变这一点上比 ACI 318-2014 规范更能反映实际情况。

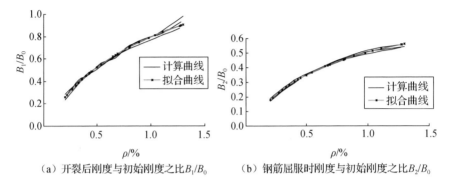

（a）开裂后刚度与初始刚度之比 B_1/B_0　　　　（b）钢筋屈服时刚度与初始刚度之比 B_2/B_0

图 1-30　f_c=20.1MPa 时截面割线刚度比值与配筋率的关系

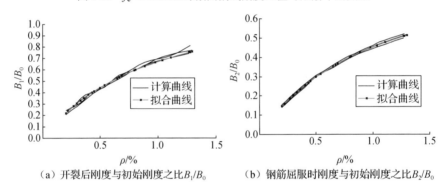

（a）开裂后刚度与初始刚度之比 B_1/B_0　　　　（b）钢筋屈服时刚度与初始刚度之比 B_2/B_0

图 1-31　f_c=35.5MPa 时截面割线刚度比值与配筋率的关系

表 1-3　钢筋混凝土单筋矩形截面梁刚度比值与纵向受力钢筋配筋率间的关系式

混凝土抗压强度 /MPa	函数关系式			
	$\dfrac{B_1}{B_0}=\dfrac{1}{a_1+\dfrac{b_1}{\rho}}$（上限）		$\dfrac{B_2}{B_0}=\dfrac{1}{a_2+\dfrac{b_2}{\rho}}$（下限）	
	a_1	b_1	a_2	b_2
13.4	0.65	0.49	1.27	0.65
16.7	0.63	0.56	1.15	0.77
20.1	0.61	0.65	1.10	0.88
35.5	0.59	0.84	1.06	1.15

注：$\dfrac{B_1}{B_0}$ 为开裂后刚度与初始刚度之比；$\dfrac{B_2}{B_0}$ 为钢筋屈服时刚度与初始刚度之比；ρ 为纵向受力钢筋的配筋率。

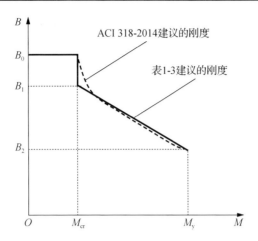

图 1-32　钢筋混凝土梁开裂后的抗弯刚度

在进行既有结构性能评定时，可根据裂缝的开展情况按下列原则确定合适的刚度比，进而确定开裂构件的刚度：当裂缝宽度为 0.05mm 时，取 B_1/B_0；当裂缝宽度为 0.3mm 时，取 B_2/B_0；当裂缝宽度介于 0.05mm 和 0.3mm 之间时，按线性插值确定[36]。

应用表 1-3 时应注意以下问题。

1）当 $\dfrac{B_1}{B_0} > 1$ 时，取 $\dfrac{B_1}{B_0} = 1$。

2）当 $\dfrac{B_2}{B_0} > 0.6$ 时，取 $\dfrac{B_2}{B_0} = 0.6$。

参 考 文 献

[1] 顾祥林. 混凝土结构基本原理[M]. 3 版. 上海：同济大学出版社，2015.
[2] 杨彦克，李国华. 火灾混凝土结构损伤评估现状与发展[J]. 四川建筑科学研究，1993(2): 6-11.
[3] Holland I, Helland S, Jakobsen B, et al. Utilization of High Strength Concrete[M]. Norway: Tapir Publishers, 1987.
[4] 朱伯龙，董振祥. 钢筋混凝土非线性分析[M]. 上海：同济大学出版社，1985.
[5] HOGNESTAD E. A study of combined bending and axial load in reinforced concrete members [R]. University of Illinois Engineering Experiment Station, Urbana, 1951.
[6] POPOVICS S. A review of stress-strain relationship of concrete [J]. Journal of American Concrete Institute, 1970, 67(3): 243-248.
[7] THORENFELDT E, TOMASZEWICZ A, JENSEN J J. Mechanical properties of high-strength concrete and application in design [C]//Proceedings of the Symposium Utilization of High Strength Concrete. Stavanger, 1987: 149-159.
[8] American Concrete Institute Committee 318. Building code requirements for structural concrete (ACI 318-2014) and commentary: ACI 318-2014 [S]. Detroit: American Concrete Institute, 2008.
[9] Rüsch H. Researches towards a general flexural theory for strctural concrete[J]. Journal of the American Concrete Institute, 1960(57): 1-28.

[10] 中华人民共和国住房和城市建设部. 混凝土结构设计规范：GB 50010—2010[S]. 北京：中国建筑工业出版社，2010.

[11] POPOVICS S. A numerical approach to the complete stress-strain curves of concrete[J]. Cement and concrete research, 1973, 3(5): 583-599.

[12] CARRAQUILLO R L, NILSON A H, SLATE F O. Properties of high strength concrete subject to short-term loads [J]. Journal of ACI, 1981, 78(3): 171-178.

[13] PRIESTLY M J N, PARK R. Strength and ductility of concrete bridge columns under seismic loading[J]. ACI structural journal, 1987, 84(5): 61-76.

[14] MANDER J B, PRIESTLY M J N, PARK R. Seismic design of bridge piers [R]. Department of Civil Engineering, University of Canterbury, Christchurch, 1984.

[15] SCOTT B D, PARK R, PRIESTLY M J N. Stress-strain behavior of concrete confined by overlapping hoops at low and high strain rates [J]. Journal of ACI, 1982, 79(1): 13-27.

[16] 顾祥林，张誉，胡书乙. 浸油混凝土的强度与变形[J]. 同济大学学报，1994，22（S1）：135-142.

[17] 朱伯龙，陆洲导，胡克旭. 高温（火灾）下混凝土与钢筋的本构关系[J]. 四川建筑科学研究，1990（1）：37-43.

[18] GOPALARATNAM V S, SHAH S P. Softening response of plain concrete in direct tension [J]. Journal of ACI, 1985, 82(3): 310-323.

[19] CONSIDÈRE A. Influence des armatures mètalliques sur propriétés des mortiers et bétons (Influence of metal reinforcement on the properties of mortar and concrete) [J]. Le génie civil, 1899, 34(15): 229-233.

[20] U W. Tension stiffening in structural concrete [D]. Toronto: University of Toronto, 1974.

[21] COLLINS M P, MITCHELL D. Prestressed concrete structures [M]. New Jersey: Prentice-Hall, 1991.

[22] GU X L, CHENG Z Y, ANSARI F. Embeded fiber optic crack sensor for reinforced concrete structures [J]. ACI structural journal, 2000, 97(3): 468-476.

[23] 顾祥林，任晓勇，余旭. 钢筋混凝土圆柱框架结构的抗震性能分析[C]//第二届中日建筑结构技术交流会论文集. 上海：同济大学，1995：297-305.

[24] 吴波，马忠城，欧进萍. 火灾后钢筋混凝土压弯构件的抗震性能研究[J]. 地震工程与工程振动，1994，14（4）：24-34.

[25] 龚洛书，惠满印，杨蓓. 砼收缩和徐变的实用数学表达式[J]. 建筑结构学报，1988（5）：37-42.

[26] VECCHIO F J, COLLINS M P. The modified compressive field theory for reinforced concrete elements subjected to shear [J]. Journal of ACI, 1986, 83(2): 210-231.

[27] RITTER W. Die bauweise hennebique [M]. Zürich: Schweizerische Bauzeitung, 1899.

[28] MÖRSCH E. Concrete-steel construction [M]. New York: McGraw-Hill Book Company, 1909.

[29] HSU T T C. Softening truss model theory for shear and torsion [J]. ACI structural journal, 1988, 85(6): 624-635.

[30] COLLINS M P. Towards a rational theory for RC members in shear [J]. Journal of structural division, 1978, 104: 649-666.

[31] 李寿康，喻永言. 钢筋混凝土简支梁考虑剪跨比的抗剪强度计算[J]. 同济大学学报，1978（1）：81-93.

[32] 王传志，滕智明. 钢筋混凝土结构理论[M]. 北京：中国建筑工业出版社，1985.

[33] 顾祥林，顾蕙若，孙飞飞，等. 钢筋混凝土简支梁的计算机模拟试验系统[J]. 同济大学学报，1994，22（s1）：109-116.

[34] 江见鲸，李杰，金伟良. 高等混凝土结构理论[M]. 北京：中国建筑工业出版社，2007.

[35] 顾祥林，许勇，张伟平. 钢筋混凝土梁开裂后刚度退化研究[J]. 结构工程师，2005，21（5）：20-23.

[36] 同济大学，上海市房屋检测中心. 既有建筑物结构检测与评定标准：DG/TJ08-804-2005[S]. 上海：上海市建设和交通委员会，2005.

第 2 章　单调加载时预应力混凝土梁
破坏过程仿真分析

　　预应力混凝土结构在混凝土电视塔、
公路桥梁、城市高架道路、公共停车库、
大开间的商场和仓库等构筑物和建筑物中
有着广泛的应用。为了研究预应力混凝土
受弯构件（主要为预应力混凝土梁和板）
的抗弯承载力、抗弯刚度、延性、抗裂性
能和疲劳性能，通常需要做预应力混凝土
梁或板的受弯试验。预应力混凝土梁板的
受弯试验和普通混凝土梁板的受弯试验相类
似，如图 2-1 所示。该图所示为作者 1998

图 2-1　后张 CFRP 预应力混凝土梁的
单调受荷及疲劳试验的试验装置

年在美国 Illinois 大学所做的后张 CFRP（carbon fiber reinforced plastics，碳纤维增
强塑料）预应力混凝土梁的单调受荷及疲劳试验的试验装置。本章以采用直线
型预应力筋的预应力混凝土梁的受弯试验为主要研究对象，重点讨论如图 2-1
所示梁在截面主轴方向单向、单调荷载作用下荷载-位移关系的数值模拟仿真分析
方法。

2.1　预应力混凝土梁单调受荷时的破坏特征
及仿真分析时的基本假定

　　预应力混凝土梁的开裂荷载明显高于钢筋混凝土梁。有黏结预应力混凝土梁
的破坏特征与钢筋混凝土梁类似。但由于预应力筋的变形能力低于普通钢筋，梁
可能会出现预应力筋被拉断的破坏形式。另外，无黏结预应力混凝土梁的脆性破
坏特征更加明显。

　　根据预应力混凝土梁单调受荷时的破坏特征，在本章的仿真分析中做如下基
本假定。

　　1）梁截面变形后仍然保持为平面，即满足平截面假定。

　　2）忽略剪切变形对梁变形的贡献。

　　3）有黏结预应力筋、非预应力筋和混凝土之间黏结可靠，无滑移发生。

4）无黏结预应力混凝土梁在受荷过程中，预应力筋和孔道间无摩擦损失。显然这只是为了计算方便而对直线型无黏结预应力混凝土梁的一种近似的假设。

2.2　混凝土和预应力筋的应力-应变关系

第 1 章中所讨论的混凝土单轴受压、受拉时的应力-应变关系同样适用于预应力混凝土梁的分析。

预应力钢筋为硬钢，无明显的屈服点，其应力-应变曲线和第 1 章中介绍的广泛应用于普通钢筋混凝土结构中的软钢有较大区别。另外，近年来世界各国为了防止预应力钢筋锈蚀给结构带来的危害，用纤维增强塑料（fiber reinforced plastics，FRP）筋代替预应力钢筋，并对 FRP 预应力混凝土结构进行了大量的研究和工程实践。FRP 预应力筋的应力和应变基本为线性关系。图 2-2 给出了预应力钢筋及 FRP（碳纤维增强塑料 CFRP、芳纶纤维增强塑料 AFRP 和玻璃纤维增强塑料 GFRP）预应力筋的试验曲线[1]。

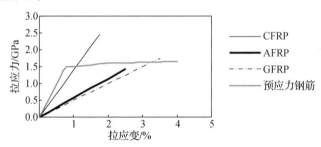

图 2-2　预应力钢筋及 FRP 预应力筋的试验曲线

为了反映预应力钢筋的力学特性，当钢筋中的应力小于弹性极限时（一般取为 $0.7f_{pu}$），其应力-应变关系取为直线；超过弹性极限后，应力-应变关系可用Ramberg-Osgood 曲线近似模拟［图 2-3（a）］[2]：

$$\begin{cases} \sigma_{ps} = E_p \varepsilon_{ps} & (\sigma_{ps} \leqslant 0.7f_{pu}) \\ \sigma_{ps} = \dfrac{E_p' \varepsilon_{ps}}{\left[1 + \left(\dfrac{E_p' \varepsilon_{ps}}{f_{pu}} \right)^m \right]^{1/m}} & (\sigma_{ps} > 0.7f_{pu}) \end{cases} \tag{2-1}$$

式中，σ_{ps}、ε_{ps} 分别为预应力钢筋中的应力和应变；E_p 为预应力钢筋的弹性模量；E_p' 为零荷载时 Ramberg-Osgood 曲线的斜率，可取为 214 000MPa；m 为 Ramberg-Osgood 曲线的形状系数，可取为 4。

FRP 预应力筋的应力-应变关系可取为直线［图 2-3（b）］，即

$$\sigma_{ps} = E_p \varepsilon_{ps} \tag{2-2}$$

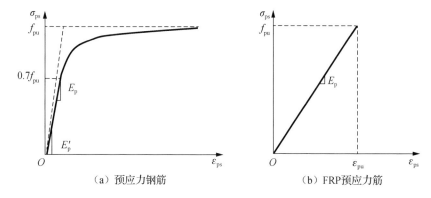

（a）预应力钢筋　　　　　　　　　　（b）FRP 预应力筋

图 2-3　预应力钢筋和 FRP 预应力筋应力-应变关系的理论模型

2.3　有黏结预应力混凝土梁荷载-位移关系的数值模拟分析

2.3.1　梁截面分析的相容和平衡方程

预应力混凝土梁截面的计算模型和普通混凝土梁相似，如图 2-4 所示。根据图 2-4 中所示，模型可建立如下相容方程：

$$\begin{cases} \varepsilon_{ci} = \bar{\varepsilon} - Z_i \phi \\ \varepsilon_s = \bar{\varepsilon} + \left(\dfrac{h}{2} - a_s \right) \phi \\ \varepsilon_s' = \bar{\varepsilon} - \left(\dfrac{h}{2} - a_s' \right) \phi \\ \varepsilon_{ps} = \bar{\varepsilon} + \left(\dfrac{h}{2} - a_{ps} \right) \phi + \Delta \varepsilon_p \end{cases} \tag{2-3}$$

式中，ε_{ci} 为第 i 条混凝土条带的应变；$\bar{\varepsilon}$ 为截面中心轴处混凝土的应变；ε_s、ε_s' 分别为受拉区和受压区非预应力钢筋的应变；ε_{ps} 为预应力筋的应变；a_s、a_s'、a_{ps}、Z_i 分别为图 2-4 中截面的有关几何参数；$\Delta \varepsilon_p$ 为预应力筋和其周围混凝土的应变差值。

对不同的施工方法，$\Delta \varepsilon_p$ 的取值也不相同。对先张法预应力混凝土梁，在切断预应力钢筋时，混凝土中的压应力为零。因此，$\Delta \varepsilon_p$ 取为切断预应力钢筋时预应力钢筋中的拉应变。对后张法预应力混凝土梁，在张拉预应力钢筋的同时混凝土中已产生压应变。为此，可假定施工阶段混凝土中的应力按线性分布，如图 2-5 所示，按换算截面的几何特性，用线弹性方法确定 $\Delta \varepsilon_p$，则有

$$\sigma_{cp} = \frac{\sigma_{p0} A_{ps}}{A_{transf}} + \frac{\sigma_{p0} A_{ps} y_{ps}^2}{I_{transf}} \tag{2-4}$$

$$\Delta\varepsilon_{\mathrm{p}} = \frac{\sigma_{\mathrm{p0}}}{E_{\mathrm{p}}} + \varepsilon_{\mathrm{cp}} = \frac{\sigma_{\mathrm{p0}}}{E_{\mathrm{p}}} + \frac{\sigma_{\mathrm{cp}}}{E_{\mathrm{c}}} \qquad (2\text{-}5)$$

式中，σ_{cp} 为预应力筋中心线处混凝土的应力；$\varepsilon_{\mathrm{cp}}$ 为预应力筋中心线处混凝土的应变；σ_{p0} 为固定好锚具后预应力筋中的拉应力；E_{p} 为预应力筋的弹性模量；A_{ps} 为预应力筋的截面面积；A_{transf} 为梁换算截面的截面面积；I_{transf} 为换算截面的惯性矩；y_{ps} 为预应力筋中心到换算截面中性轴的距离；E_{c} 为混凝土的弹性模量，可用式（1-15）来计算。

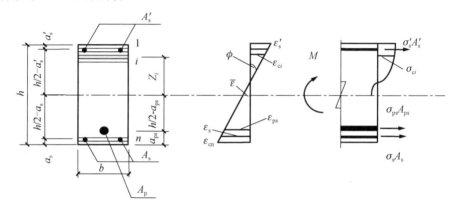

图 2-4　预应力混凝土梁截面的计算模型

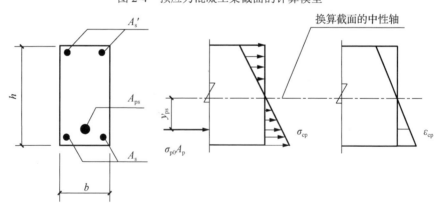

图 2-5　后张预应力混凝土梁换算截面的应力和应变分布

根据图 2-4 所示截面的平衡条件，可建立如下的平衡方程：

$$\begin{cases} \sum_{i=1}^{n} \sigma_{ci}\Delta A_i + \sigma_s' A_s' + \sigma_s A_s + \sigma_{\mathrm{ps}} A_{\mathrm{ps}} = 0 \\ M + \sum_{i=1}^{n} \sigma_{ci}\Delta A_i Z_i + \sigma_s' A_s'\left(\frac{h}{2} - a_s'\right) + \sigma_s A_s\left(a_s - \frac{h}{2}\right) + \sigma_{\mathrm{ps}} A_{\mathrm{ps}}\left(a_{\mathrm{ps}} - \frac{h}{2}\right) = 0 \end{cases} \qquad (2\text{-}6)$$

式中，n 为截面中所划分的条带数；ΔA_i 为第 i 条带的面积，$\Delta A_i = b\dfrac{h}{n}$，$b$、$h$ 分别为梁截面的宽度和高度；σ_{ci} 为第 i 条带混凝土的应力；σ_s、σ_s' 分别为预压区、预拉区非预应力钢筋的应力；σ_{ps} 为预应力筋中的应力；A_s、A_s'、A_{ps} 分别为预压区、预拉区非预应力钢筋以及预应力筋的截面面积。

2.3.2　截面的破坏条件

由图 2-2 所示的预应力钢筋和 FRP 预应力筋的应力-应变试验曲线可知：FRP 预应力筋的极限应变较小。因此，FRP 预应力混凝土梁可能会出现预应力筋被拉断而引起的梁的破坏。考虑到这种破坏的可能性，和普通钢筋混凝土梁类似，可将受压区混凝土被压碎或预应力筋被拉断作为预应力混凝土梁破坏的标志。

2.3.3　梁荷载-位移关系的数值模拟分析

和普通钢筋混凝土梁一样，要获得预应力混凝土梁的荷载-位移关系，首先需确定梁截面的弯矩-曲率关系。预应力混凝土梁使用前，梁底混凝土已有压应变，其值略大于 ε_{cp}（图 2-5）。为了使计算更加方便，选取梁底混凝土的应变 ε_{cn} 作为基本变量。梁截面弯矩-曲率关系的计算步骤如下。

1）增加梁底混凝土的应变 $\Delta\varepsilon_{cn}$：$\varepsilon_{cn} = \varepsilon_{cn} + \Delta\varepsilon_{cn}$。

2）假定截面中心线处的应变 $\bar{\varepsilon}$。

3）计算 $\phi = 2(-\bar{\varepsilon} + \varepsilon_{cn})/h$。

4）用式（2-3）计算混凝土条带、非预应力钢筋、预应力筋的应变。

5）根据混凝土、非预应力钢筋和预应力筋的物理关系由应变计算相应的应力。这里应采用第 1 章中类似的方法对应力、应变的正负号进行处理［式（1-33）］。

6）将计算出的应力代入平衡方程［式（2-6）］中的第一式，检查是否满足平衡条件。如果满足，由平衡方程的第二式求弯矩 M，重复步骤 1）～6）。如果不满足，调整 $\bar{\varepsilon}$，重复步骤 3）～6），直至满足平衡条件为止。

7）检查混凝土是否被压碎或预应力筋是否被拉断。若混凝土被压碎或预应力筋被拉断，则说明梁破坏，结束计算。反之，则重复步骤 1）～7），继续计算。

考虑荷载长期作用时，除了要像普通预应力混凝土梁一样，考虑混凝土的徐变外，由于预应力筋中存在着较高的应力，还应考虑预应力筋应力松弛对梁荷载-变形关系的影响。根据试验结果，预应力筋的应力松弛可表述为（图 2-6）

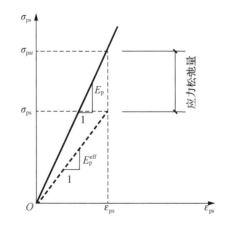

图 2-6　预应力筋的应力松弛及等效弹性模量

$$\frac{\sigma_{ps}}{\sigma_{psi}} = f\left(\frac{\sigma_{psi}}{f_{pu}}, t\right) \tag{2-7}$$

式中，σ_{ps} 为过了时间 t 后预应力筋中的应力；σ_{psi} 为预应力筋中的初始拉应力；t 为预应力筋中拉应力的作用时间；f_{pu} 为预应力筋的极限抗拉强度。

对式（2-7）略进行调整，则有

$$\sigma_{ps} = f\left(\frac{\sigma_{psi}}{f_{pu}}, t\right)\sigma_{psi} = f\left(\frac{\sigma_{psi}}{f_{pu}}, t\right)E_p\varepsilon_{ps} = E_p^{eff}\varepsilon_{ps} \tag{2-8}$$

$$E_p^{eff} = f\left(\frac{\sigma_{psi}}{f_{pu}}, t\right)E_p \tag{2-9}$$

式中，E_p 为预应力筋的弹性模量；E_p^{eff} 为考虑应力松弛的预应力筋的等效弹性模量（图 2-6）。

在预应力混凝土梁截面弯矩-曲率关系的计算分析时，用等效弹性模量 E_p^{eff} 代替预应力筋的弹性模量 E_p，即能考虑预应力筋的应力松弛对弯矩-曲率关系的影响。

确定了梁截面的弯矩-曲率关系后，单调加载时预应力混凝土梁荷载-位移关系的数值模拟分析方法和普通钢筋混凝土梁完全相同，不予赘述。

2.4　后张无黏结预应力混凝土梁荷载-位移关系的数值模拟分析

2.4.1　梁截面弯矩-预应力筋拉力-曲率关系和弯矩-预应力筋拉力-应变关系

和有黏结预应力混凝土梁不同，若忽略预应力筋和孔道之间的摩擦力，则沿梁长方向预应力筋中各点的应变相等。而预应力筋周围混凝土的应变 ε_{cp} 沿梁长方向却是变化的。梁受弯时类似一个"拱"。为此，将预应力筋中的拉力 N_{ps} 看成施加于梁上的外部轴向荷载，首先建立梁截面的梁截面弯矩-预应力筋拉力-曲率（M-N_{ps}-ϕ）关系和梁截面弯矩-预应力筋拉力-应变（M-N_{ps}-ε_{cp}）关系。

根据图 2-7 所示的无黏结预应力混凝土梁的截面模型，可得如下的相容方程：

$$\begin{cases} \varepsilon_{ci} = \overline{\varepsilon} - Z_i\phi \\ \varepsilon_s = \overline{\varepsilon} + \left(\dfrac{h}{2} - a_s\right)\phi \\ \varepsilon_s' = \overline{\varepsilon} - \left(\dfrac{h}{2} - a_s'\right)\phi \end{cases} \tag{2-10}$$

截面的平衡方程为

$$\begin{cases} \displaystyle\sum_{i=1}^{n} \sigma_{ci} \Delta A_i + \sigma_s A_s + \sigma_s' A_s' + N_{ps} = 0 \\ M + \displaystyle\sum_{i=1}^{n} \sigma_{ci} \Delta A_i Z_i + \sigma_s' A_s' \left(\frac{h}{2} - a_s'\right) + \sigma_s A_s \left(a_s - \frac{h}{2}\right) - N_{ps}\left(\frac{h}{2} - a_{ps}\right) = 0 \end{cases} \quad (2\text{-}11)$$

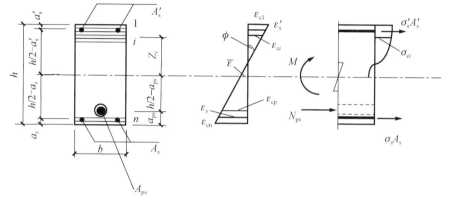

图 2-7　无黏结预应力混凝土梁的截面模型

建立上述方程后，可以计算 $M\text{-}N_{ps}\text{-}\phi$ 关系和 $M\text{-}N_{ps}\text{-}\varepsilon_{cp}$ 的关系，具体步骤如下。

1）增加预应力筋中的拉力：$N_{ps} = N_{ps} + \Delta N_{ps}$。

2）增加梁底混凝土的应变 $\Delta\varepsilon_{cn}$：$\varepsilon_{cn} = \varepsilon_{cn} + \Delta\varepsilon_{cn}$。

3）假定 $\bar{\varepsilon}$。

4）$\phi = 2(-\bar{\varepsilon} + \varepsilon_{cn})/h$，$\varepsilon_{cp} = \bar{\varepsilon} + \left(\dfrac{h}{2} - a_p\right)\phi$。

5）应用式（2-10）求混凝土条带和非预应力钢筋的应变。

6）应用物理关系计算相应的应力，采用第 1 章中类似的方法对应力、应变的正负号进行处理［式（1-33）］。

7）将应力值代入平衡方程［式（2-11）］中的第一式，检查是否满足平衡条件。若满足，利用平衡方程中的第二式求 M；若不满足，调整 $\bar{\varepsilon}$，重复步骤 4）~7），直至满足平衡方程为止。

8）检查梁截面受压区混凝土是否被压碎。若混凝土被压碎，转入步骤 9）；否则，重复步骤 2）~8），直至截面破坏为止。

9）检查预应力筋中的拉力 N_{ps} 是否超过其极限承载力。若是，结束计算；否则，重复步骤 1）~9），直至预应力筋被拉断为止。

2.4.2　梁荷载-位移关系的数值模拟分析

无黏结预应力混凝土梁荷载-位移关系的计算模型和有黏结预应力混凝土梁

及普通钢筋混凝土梁的计算模型相同。荷载-位移关系的数值模拟计算方法和有黏结预应力混凝土梁及普通钢筋混凝土梁也基本类似。所不同的主要就是梁截面曲率的确定方法和基本未知量的选择。若忽略预应力筋和孔道壁间摩擦力，预应力筋中的应变沿梁长度方向基本保持为常量，并可通过式（2-12）计算（图2-8）。

$$\varepsilon_{ps} = \frac{N_{ps}}{A_{ps}E_p} \tag{2-12}$$

式中，N_{ps} 为预应力筋中的拉力；A_{ps} 为预应力筋的截面积；E_p 为预应力筋的弹性模量。

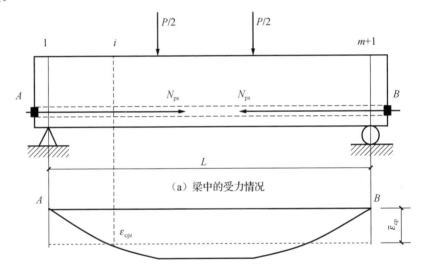

(a) 梁中的受力情况

(b) 预应力筋中心线处混凝土应变分布

图 2-8   荷载作用后无黏结预应力混凝土梁中的受力情况
和预应力筋中心线处混凝土的应变分布

外荷载 P 作用下预应力筋在图 2-8 中 AB 两点间的变形量为

$$\delta_{AB}^p = L(\varepsilon_{ps} - \Delta\varepsilon_p) \tag{2-13}$$

式中，$\Delta\varepsilon_p$ 为预应力混凝土梁施工结束后开始使用前预应力筋和其中心线处混凝土的应变差值，可用式（2-5）来计算。

在梁上施加荷载后，预应力筋中心线处混凝土的应变在梁长方向（图 2-8 中的 A、B 两点间）的分布是不均匀的 [图 2-8（b）]。设 $\bar{\varepsilon}_{cp}$ 为外部荷载 P 作用下沿梁长度方向位于预应力筋中心线处混凝土的平均应变，则在外部荷载 P 的作用 A、B 两点间混凝土的变形量为

$$\delta_{AB}^c = L\bar{\varepsilon}_{cp} \tag{2-14}$$

在 P 作用下，A、B 两点间预应力筋的变形量和混凝土的变形量应该相等，即

$\delta_{AB}^{p} = \delta_{AB}^{c}$，于是有

$$\varepsilon_{ps} = \overline{\varepsilon}_{cp} + \Delta\varepsilon_{p} \qquad (2\text{-}15)$$

由图 2-8 可以看出，随着 P 的增加，预应力筋中的拉力 N_{ps} 不断增大。为了能利用式（2-15）求 $\overline{\varepsilon}_{cp}$，选取 N_{ps} 作为基本未知量，梁的荷载-位移关系可按下列步骤来进行计算分析。

1）计算 $\Delta\varepsilon_{p}$。

2）逐步增加预应力筋中的拉力：$N_{ps} = N_{ps} + \Delta N_{ps}$（$N_{ps}$ 的初值取预应力筋中的有效预拉力）。

3）计算预应力筋的应变 $\varepsilon_{ps} = N_{ps} / (A_{ps}E_{p})$。

4）由式（2-15）计算 $\overline{\varepsilon}_{cp}$。

5）假定荷载 P，计算各节点处的弯矩 M_{i}。

6）根据 $M\text{-}N_{ps}\text{-}\varepsilon_{cp}$ 关系确定梁中节点 i 在预应力筋中心线处混凝土的压应变 ε_{cpi}。

7）比较 $\dfrac{1}{m+1}\sum\limits_{i=1}^{m+1}\varepsilon_{cpi}$ 和 $\overline{\varepsilon}_{cp}$。如果两者相等，继续步骤 8）；否则，调整 P，重复步骤 5）～7），直至两者的差值小于容许误差为止。

8）根据 $M\text{-}N_{ps}\text{-}\phi$ 关系，确定 ϕ_{i}。

9）由 $\phi_{i} \to$ 确定 $\theta_{i} \to$ 确定 δ_{i}。

10）检查梁是否破坏（受压区混凝土被压碎或预应力筋被拉断）。若破坏，停止计算；否则，重复步骤 2）～10），直至梁破坏。

预应力混凝土梁破坏过程的计算机仿真方法和普通钢筋混凝土梁完全相似，只是在确定梁的破坏形态时，要考虑轴向力对梁抗剪承载力的影响，这里从略。

2.5　实　例　验　证

图 2-9 所示为作者[3]在美国伊利诺依大学所做的 CFRP 预应力混凝土梁的单调加荷试验装置。试验梁的几何和物理特性分别列于表 2-1 和表 2-2。试验中的 4 根梁均为有黏结预应力混凝土梁。图 2-10 和图 2-11 分别给出了试验梁弯矩-曲率关系和荷载-位移关系的试验结果和按本章方法计算的理论结果，由图中可以看出，建议方法具有实用性和一定的精确度。本章仅对最简单的预应力混凝土构件的破坏过程进行了数值模拟分析。若荷载非单向或为曲线孔道或为超静定预应力混凝土构件，则需建立更精细的模型及相应的数值模拟方法。

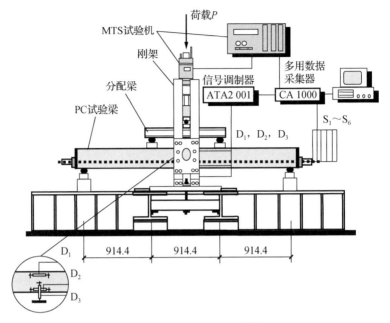

D$_1$～D$_3$ 为位移计；S$_1$～S$_6$ 为应变片。

图 2-9　CFRP 预应力混凝土梁的试验装置

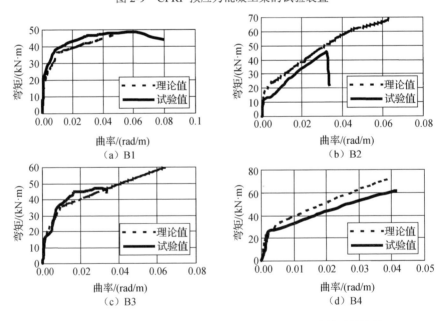

图 2-10　梁跨中截面弯矩-曲率关系计算结果和试验结果的比较

表 2-1　CFRP 预应力混凝土梁的几何和物理特性

构件	截面宽度 /mm	截面高度 /mm	a_{ps} /mm	预应力筋	非预应力筋	预应力筋中 有效拉应变	混凝土圆柱体 抗压强度/MPa
B1	148.43	307.18	59.98	CFRPφ8	4-#3	0.0053	29.850
B2	150.02	304.80	57.15	CFRPφ8	4-CFRPφ8	0.0032	29.850
B3	149.23	305.60	53.98	CFRPφ10	4-#3	0.0020	35.458
B4	149.23	305.60	50.80	CFRPφ10	4-CFRPφ8	0.0067	35.458

表 2-2　CFRP 预应力筋的主要物理力学性能

直径/mm	弹性模量/MPa	极限抗拉强度/MPa	最大伸长率/%
7.925（φ8）	144667	2314	1.6
10.451（φ10）	128576	2057	1.6

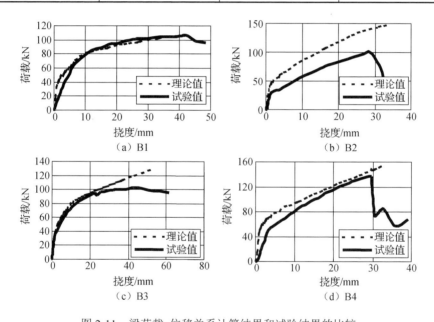

图 2-11　梁荷载-位移关系计算结果和试验结果的比较

2.6　仿真系统应用

设式（2-13）中的 $\Delta\varepsilon_p=0$，则无黏结预应力混凝土梁荷载-位移关系的数值模拟分析方法可以用于"拱"的受力分析。作为应用实例，作者及其合作者[4]曾将其应用于分析锈蚀钢筋混凝土梁的受力性能。试验研究表明：钢筋锈蚀后力学性能退化，钢筋与混凝土之间的黏结性能减弱[5]。由此引入问题：钢筋锈蚀对混凝土梁的力学性能到底有何影响？为回答此问题，作者及其合作者制作了 8 根锈蚀程度不同的梁，如表 2-3 所示。采用图 2-12 所示的装置进行梁的单调加载试验。

试验前，对梁端的钢筋做了加固处理，以确保端部钢筋的锚固不失效。试验中测得跨中梁截面的弯矩-曲率关系和荷载-挠度关系。同时，采用数值试验的方法进行两个极端状态下梁的受力性能分析：第一，认为钢筋锈蚀后钢筋与混凝土之间的黏结性能完好，基于文献[5]建议的锈蚀钢筋的本构关系，用第1章中介绍的方法计算试验梁的弯矩-曲率和荷载-挠度关系；第二，认为钢筋锈蚀后钢筋与混凝土之间完全无黏结但端部锚固良好（相当于一个二铰拱），基于文献[5]建议的锈蚀钢筋的本构关系，用本章无黏结预应力混凝土梁荷载-位移关系数值分析方法对试验梁做同样的计算。

表2-3　锈蚀钢筋混凝土试验梁的几何物理参数

组别	试验梁编号	底部纵筋	顶部纵筋	箍筋布置	混凝土抗压强度/MPa	底部纵筋锈蚀前力学性能	保护层厚度/mm	纵筋平均锈蚀率
1	L10	2ϕ16	2ϕ10	ϕ6@150	30.12	E_s=2.01×10^{5}MPa f_y=354.40MPa f_u=523.60MPa	25（28）	0
	L11	2ϕ16	2ϕ10	ϕ6@150			25（26）	0.084
	L12	2ϕ16	2ϕ10	ϕ6@150			25（26）	0.108
	L13	2ϕ16	2ϕ10	ϕ6@150			25（25）	0.213
2	L20	2ϕ12	2ϕ10	ϕ6@150	31.61	E_s=2.03×10^{5}MPa f_y=358.88MPa f_u=537.57MPa	25（26）	0
	L21	2ϕ12	2ϕ10	ϕ6@150			25（25）	0.077
	L22	2ϕ12	2ϕ10	ϕ6@150			25（27）	0.136
	L23	2ϕ12	2ϕ10	ϕ6@150			25（26）	0.297

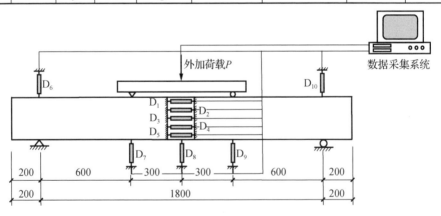

图2-12　锈蚀钢筋混凝土梁受弯性能试验装置示意图

图2-13～图2-16给出了试验结果与计算结果的比较。图中，数值模拟曲线1、数值模拟曲线2分别表示按照完全有黏结和完全无黏结锈蚀钢筋混凝土梁分析方法得到的结果。从图2-13～图2-16中可以看出，两种计算方法得到的极限承载力基本相等，并且与试验结果吻合良好。从图中还可以看出，试验曲线基本被"夹"在两条模拟曲线之间，表明梁的刚度随着钢筋与混凝土间的黏结性能退化而逐渐减小。由于试验过程中，梁受压区混凝土压碎后没有停止试验，而是持续加载使

其塑性得以充分发展，因此部分梁的变形能力较计算结果大大提高。

从以上分析可知，在锚固措施良好，并且梁破坏时钢筋越过屈服平台不多或者处于屈服阶段的条件下，锈蚀钢筋力学性能退化是导致梁承载力降低的主要因素，锈蚀钢筋与混凝土间黏结性能的退化是导致梁刚度退化的主要因素。

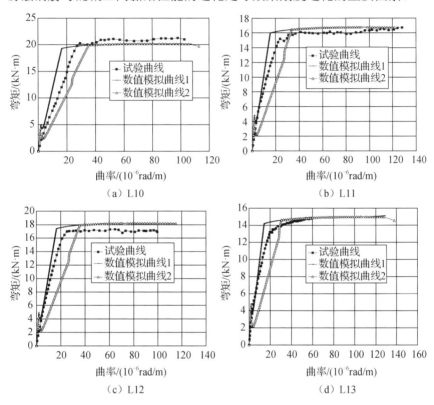

图 2-13　弯矩-曲率关系数值模拟结果和计算结果对比（L10～L13）

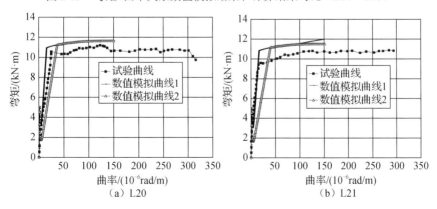

图 2-14　弯矩-曲率关系数值模拟结果和计算结果对比（L20～L23）

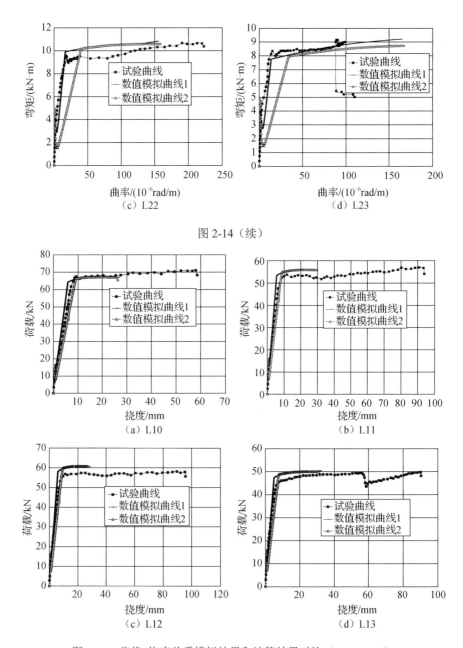

（c）L22　　　　　　　　　　（d）L23

图 2-14（续）

（a）L10　　　　　　　　　　（b）L11

（c）L12　　　　　　　　　　（d）L13

图 2-15　荷载-挠度关系模拟结果和计算结果对比（L10～L13）

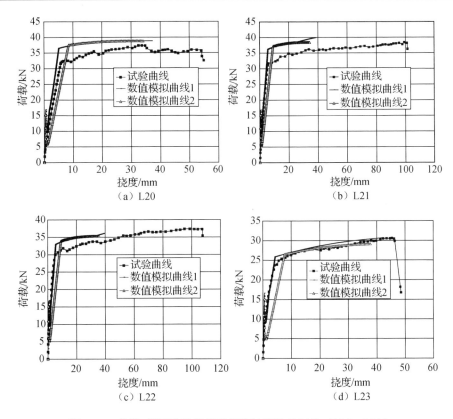

图 2-16　荷载-挠度关系模拟结果和计算结果对比（L20～L23）

参 考 文 献

[1] 顾祥林. FRP 预应力混凝土结构体系[J]. 工程力学, 1999，2（S2）: 348-354.

[2] HSU T T C, MO Y L. Softening of concrete in torsional members-prestressed concrete [J]. Journal of ACI, 1985, 82(5): 603-615.

[3] MENG Y, GU X L, ANSARI F. Calculation method for the bending capacity of concrete beams reinforced by CFRP bars [C]//Teng J G. Proceedings of the International Conference on FRP Composites in Civil Engineering. Hong Kong, China, 2001: 1161-1168.

[4] GU X L, ZHANG W P, SHANG D F, et al. Flexural behavior of corroded reinforced concrete beams [C]// ZACNY K, MALLA R B, BINIENDA W. Proceedings of the 12th ASCE Aerospace Devision International Conference on Engineering, Science, Construction, and Operations in Challenge Environments and the 4th NASA/ASCE Workshop on Granular Materials in Lunar Martin Exploration, Honolulu, 2010: 3545-3552.

[5] 张伟平，商登峰，顾祥林. 锈蚀钢筋应力-应变关系研究[J]. 同济大学学报（自然科学版），2006，34（5）: 586-592.

第3章 单调加载时钢筋混凝土双向板
破坏过程仿真分析

由弹性薄板理论的分析结果可知[1]：沿两对边支承的板按单向板计算，板上的荷载按单向传递；对于四边支承的板，当长边跨度与短边跨度之比小于或等于 2 时，按双向板计算，板上的荷载向两方向传递。根据双向板的破坏模式用极限平衡法可以求出板的极限承载力[1]。但是由于板中作用有相互耦合的双向弯矩 M_x 和 M_y，其挠度的计算相对而言困难得多。通常结构设计人员通过限制最小板厚或最大跨厚比来达到控制挠度的目的，而不直接计算双向板的挠度[2,3]；或用弹性方法计算板的挠度[4,5]。运用最小板厚（或最大跨厚比）的经验公式，计算简单、道理清晰，但没有考虑配筋量、混凝土开裂、钢筋屈服及徐变等的影响，设计者往往不知道板的变形情况，并且有时所得到的最小板厚并非真正所需的最小板厚，造成浪费。对于既有结构检测鉴定这一类必须要计算板挠度的工程问题，验算跨厚比往往不能解决问题。由于混凝土材料和钢筋混凝土双向板的弹塑性工作性能，弹性解往往和实际情况相差甚远。因此，有必要对板的整个破坏过程进行仿真分析。

本章以均布荷载作用下的钢筋混凝土双向简支板为对象，以梁的弯曲理论和板的基本弹性理论为基础，引入刚度修正的概念，根据荷载的大小修正板的刚度，求出刚度变化后板的挠度系数和弯矩系数，进而得出单调加载时板的荷载-变形关系。

3.1 钢筋混凝土双向板单调受荷时的破坏特征
及仿真分析时的基本假定

承受均布荷载及正常配筋条件下的钢筋混凝土四边简支板，当荷载较小时，板基本处于弹性工作状态，板中作用有双向弯矩和扭矩，且板中沿短边跨度（l_x）方向的弯矩 M_x 较大。当荷载超过板的开裂荷载时，板首先在短跨跨中开裂，裂缝的方向与长边跨度（l_y）平行。随着荷载的增加，裂缝逐渐延伸并向板的四角发展，裂缝宽度不断增大，与裂缝相交的钢筋陆续屈服，形成塑性铰线。塑性铰线将板分成 4 块，形成破坏机构。当板顶混凝土被压碎时，板受弯破坏（图 3-1）。板截面的高度相对较小，因此均布荷载作用下，板一般只出现受弯破坏，不出现受剪破坏。

根据钢筋混凝土双向板均布荷载作用下的破坏特征，在本章的仿真分析中做如下基本假定。

1）板在任一方向上的变形均符合平截面假定。

2）忽略板中扭矩和剪力的影响，板只发生弯曲破坏，且以弯曲变形为主。

3）钢筋和混凝土之间黏结可靠，无滑移发生。

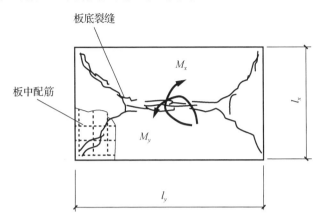

图 3-1 实验室中双向钢筋混凝土简支板板底的开裂情况

3.2 板截面弯矩-曲率关系的数值模拟分析

为简便起见，本章只考虑四边简支双向板承受满布均布荷载的特殊情况，采用的计算简图如图 3-2 所示，板的短边与 x 轴平行。

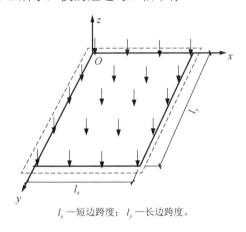

l_x—短边跨度；l_y—长边跨度。

图 3-2 板的计算简图

3.2.1 相容关系

1. 板两个方向上曲率间的关系

文献[5]中，对如图 3-3 所示曲率分布的钢筋混凝土双向板，给出板中点挠度-曲率关系的近似表达式为

$$\delta = l^2 \left(\phi' + 10\phi + \phi'' \right) / 96 \tag{3-1}$$

式中，l 为板的跨度；ϕ'、ϕ''、ϕ 分别为板两边支座和跨中截面处的曲率。

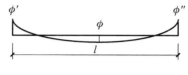

图 3-3　板的曲率分布

由式（3-1）可知，对四边简支板，由于支座处的曲率为零，其中点挠度可由中点的曲率近似表达：

$$\delta = c\phi_x l_x^2 = c\phi_y l_y^2 \tag{3-2}$$

式中，ϕ_x、ϕ_y 分别为板中点处两方向的曲率；l_x、l_y 分别为板两方向的跨度；c 为常数。

于是有

$$\phi_x l_x^2 = \phi_y l_y^2 \tag{3-3}$$

2. 曲率-应变关系

为了得到对应于某一级曲率的弯矩，必须先由曲率计算出板内各点的应变，进而算出应力。根据基本假定 1）得到沿板厚方向上应变的分布如图 3-4 所示。于是，板的横截面上任意一点 j 的应变为

$$\varepsilon_{ij} = \overline{\varepsilon}_i - \phi_i z_j \quad (i = x, y) \tag{3-4}$$

式中，$\overline{\varepsilon}_i$ 为截面中心线处 i 方向的应变；ϕ_i 为板在 i 方向的曲率；z_j 为 j 点的 z 坐标。

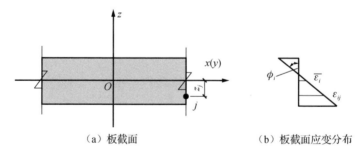

（a）板截面　　　　　　（b）板截面应变分布

图 3-4　板中的曲率-应变关系

3.2.2　混凝土及钢筋的应力-应变关系

钢筋混凝土双向板在均布荷载作用下，若忽略其中扭矩和剪力的影响，则板中任一点均处于双向受力状态 [图 3-5（a）]。和单向受力相比，双向应力作用下混凝土的强度和变形能力有明显的不同。图 3-5（b）给出了双向受力下混凝土强

度的示意图。由图中的结果可以看出混凝土在一个方向上的强度受其垂直方向上应力的影响程度。有关双向应力下混凝土的强度、变形能力及应力-应变关系，国内外已有大量的研究文献[6-10]。作者对其进行综合分析，结合双向板的特点，根据不同的受力情况选取了如下的混凝土应力-应变关系式，以便用于钢筋混凝土双向板均匀受荷时的仿真分析。

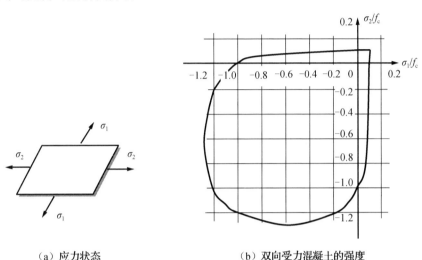

（a）应力状态　　　　　　　　（b）双向受力混凝土的强度

下标 1、2 表示主应力方向。当主应力方向与图 3-2 中的 x、y 方向相同时，1、2 可表示成 x 或 y。下同。

图 3-5　板中的应力状态及双向受力混凝土的强度

1. 双向受拉

混凝土双向受拉时，有

$$\sigma_{it} = E_{it}\varepsilon_{it} \quad (i=1,2) \tag{3-5}$$

式中，σ_{it}、ε_{it} 分别为 i 方向混凝土的拉应力和拉应变；E_{it} 为混凝土双向受拉时的等效弹性模量。

双向受拉时的峰值应力采用 Kupfer 等[8]提出的强度计算公式：

$$\sigma_{it0} = f_t \quad (i=1,2) \tag{3-6}$$

式中，f_t 为混凝土的单轴抗拉强度。

峰值应变采用清华大学李伟政等[6]的试验结果：

$$\begin{cases} \varepsilon_{1t0} = (80 - 31.7\gamma_{\sigma1}) \times 10^{-6} \\ \varepsilon_{2t0} = (-14.2 + 63.8\gamma_{\sigma1}) \times 10^{-6} \end{cases} \quad \gamma_{\sigma1} = \dfrac{\sigma_{2t}}{\sigma_{1t}} \tag{3-7}$$

等效弹性模量为

$$E_{it} = \frac{\sigma_{it0}}{\varepsilon_{it0}} \quad (i=1,2) \tag{3-8}$$

2. 一向受拉一向受压

混凝土一向受拉一向受压时，有

$$\sigma_t = E_t \varepsilon_t \tag{3-9}$$

式中，σ_t、ε_t 分别为混凝土受拉方向的应力和应变；E_t 为混凝土受拉方向的等效弹性模量。

混凝土受压时，采用 Saenz[9] 提出的公式：

$$\sigma_c = \frac{E_c \varepsilon_c}{1 + \left(E_c / E_{c0} - 2 \right) \left(\varepsilon_c / \varepsilon_{c0} \right) + \left(\varepsilon_c / \varepsilon_{c0} \right)^2} \tag{3-10}$$

式中，σ_c、ε_c 分别为混凝土受压方向的应力和应变；ε_{c0}、E_{c0} 分别为混凝土在峰值荷载下的应变和割线模量；E_c 为混凝土的初始弹性模量。

混凝土峰值应力和峰值应变均采用清华大学李伟政等[6] 的试验结果：

$$\begin{cases} \dfrac{\sigma_{c0}}{f_c} = 1 + 1.75\gamma_\sigma \\ \sigma_{t0} = \gamma_\sigma \sigma_{c0} \end{cases} \qquad \left(-0.05 \leqslant \gamma_\sigma = \dfrac{\sigma_t}{\sigma_c} \leqslant 0 \right) \tag{3-11a}$$

$$\begin{cases} \dfrac{\sigma_{t0}}{f_t} = 1 - 0.48 \dfrac{\sigma_{c0}}{f_c} \\ \sigma_{t0} = \gamma_\sigma \sigma_{c0} \end{cases} \qquad \left(\gamma_\sigma \leqslant -0.05 \right) \tag{3-11b}$$

$$\varepsilon_{c0} = \frac{\varepsilon_0 (1 - \gamma_\sigma)}{18.36 (-\gamma_\sigma)^{0.678} + (1 - \gamma_\sigma)} \tag{3-12}$$

$$\varepsilon_{t0} = \frac{1 \times 10^{-3}}{137.53 \gamma_\sigma^2 + 82.57 \gamma_\sigma + 1.12} \tag{3-13}$$

$$E_t = \frac{\sigma_{t0}}{\varepsilon_{t0}} \tag{3-14}$$

$$E_{c0} = \frac{\sigma_{c0}}{\varepsilon_{c0}} \tag{3-15}$$

式中，f_c 为混凝土的单轴抗压强度；γ_σ 为混凝土受拉强度与受压强度之比。

3. 双向受压

混凝土双向受压时，采用 Tasuji 等[7] 提出的公式 [式（3-16）]。与式（3-10）比较可知，该式的实质是在 Saenz 提出的公式的基础上引入了泊松比。

$$\sigma_{ic} = \frac{E_c \varepsilon_{ic}}{\left(1 - \nu\gamma_\sigma \right) \left\{ 1 + \left[\dfrac{E_c}{E_{ic0} \left(1 - \nu\gamma_\sigma \right)} - 2 \right] \dfrac{\varepsilon_{ic}}{\varepsilon_{ic0}} + \left(\dfrac{\varepsilon_{ic}}{\varepsilon_{ic0}} \right)^2 \right\}} \qquad (i = 1, 2) \tag{3-16}$$

式中，σ_{ic}、ε_{ic} 分别为 i 方向混凝土的应力和应变；ν 为混凝土的泊松比，一般取为 0.2；γ_σ 为双向应力比，$i=1$ 时，$\gamma_\sigma = \sigma_{2c}/\sigma_{1c}$，$i=2$ 时，$\gamma_\sigma = \sigma_{1c}/\sigma_{2c}$；$\varepsilon_{ic0}$、$E_{ic0}$ 分别为

混凝土在峰值荷载下的应变和割线模量。

峰值应力采用 Liu 等[10]提出的强度公式：

$$\sigma_{ic0} = \begin{cases} f_c\left[1 + \gamma_\sigma/(1.2 - \gamma_\sigma)\right] & (\gamma_\sigma < 0.2) \\ 1.2f_c & (0.2 \leqslant \gamma_\sigma < 1.0) \\ 1.2f_c/\gamma_\sigma & (1.0 \leqslant \gamma_\sigma < 5.0) \\ \dfrac{1 + 1/(1.2\gamma_\sigma - 1)}{\gamma_\sigma} & (5.0 \leqslant \gamma_\sigma) \end{cases} \qquad (3\text{-}17)$$

峰值应变采用清华大学的试验结果[6]：

$$\varepsilon_{ic0} = \begin{cases} (2.16 + 4.95\gamma_\sigma) \times 10^{-3} & (0.0 \leqslant \gamma_\sigma < 0.2) \\ (3.35 - \gamma_\sigma) \times 10^{-3} & (0.2 \leqslant \gamma_\sigma < 1.0) \\ (0.98 - 3.29/\gamma_\sigma) \times 10^{-3} & (1.0 \leqslant \gamma_\sigma) \end{cases} \qquad (3\text{-}18)$$

$$E_{ic0} = \left|\sigma_{ic0}/\varepsilon_{ic0}\right| \qquad (3\text{-}19)$$

考虑长期荷载作用下混凝土徐变的影响，其处理方法和第 1 章中介绍的方法类似。钢筋的应力-应变关系见第 1 章的有关内容，不再叙述。

3.2.3　板截面的平衡方程

设板厚为 h，取单位板宽并将板沿截面高度方向划分成 n 条板条，如图 3-6 所示。由截面平衡条件可得单位板宽内截面的平衡方程为

$$\begin{cases} \displaystyle\sum_{j=1}^{n} \sigma_{ij}d + \sigma_{si}A_{si} = 0 \\ m_i + \displaystyle\sum_{j=1}^{n} \sigma_{ij}dz_j + \sigma_{sj}A_{si}z_{si} = 0 \end{cases} \qquad (i = x, y) \qquad (3\text{-}20)$$

式中，σ_{ij} 为 i 方向各板条处的混凝土应力；z_j 为各板条中心的 z 坐标；n 为板条数；d 为板条高度，$d = h/n$；σ_{si} 为 i 方向的钢筋应力；A_{si} 为 i 方向单位板宽内的配筋量（面积）；z_{si} 为 i 方向钢筋形心处的 z 坐标。

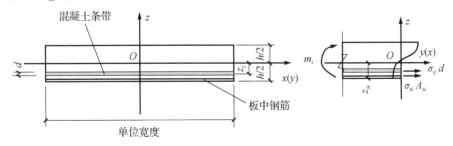

图 3-6　板截面的受力情况

3.2.4　弯矩-曲率关系

双向板在 x、y 两个方向都有弯矩（M_x 和 M_y）作用，其弯矩-曲率关系可由 m_x-ϕ_x 关系和 m_y-ϕ_y 关系来表示。ϕ_x 和 ϕ_y 的相关关系如式（3-3）所示。若选取 ϕ_x 作为基本未知量，已知 ϕ_x 便可由式（3-3）求得 ϕ_y。因此，当采用分级加曲率法时，除了要采用双向应力状态下混凝土的应力-应变关系外，双向板截面弯矩-曲率关系的计算步骤和第 2 章中介绍的钢筋混凝土梁截面的弯矩-曲率关系的计算步骤完全相似。假定当曲率增加到使板在某一方向受压区混凝土压碎时停止计算，则双向板弯矩-曲率关系的计算步骤如下。

1）分级增加曲率 $\phi_x = \phi_x + \Delta\phi_x$。

2）$\phi_y = \dfrac{l_x^2}{l_y^2}\phi_x$。

3）假定 $\bar{\varepsilon}_i$（$i=x, y$）。

4）由式（3-4）求出截面各点在 $i(i = x, y)$ 方向上的应变。

5）按双向应力作用下混凝土的应力-应变关系 [式（3-5）～式（3-19）] 及钢筋的应力-应变关系求出 $i(i = x, y)$ 方向混凝土条带及钢筋的应力（采用第 1 章中类似的方法对应力、应变的正负号进行处理）。

6）用式（3-20）中的第一式验算平衡条件，如不满足，修正 $\bar{\varepsilon}_i$（$i=x, y$）直至满足平衡条件为止。

7）利用式（3-20）中的第二式求出单位板宽内的弯矩 $m_i(i=x, y)$，重复步骤 1）～7）。

8）当符合破坏条件时，停止计算。

3.3　双向板荷载-位移关系的数值模拟分析

3.3.1　确定各受力阶段板的抗弯刚度

求出板在两个方向上的弯矩-曲率关系后，就可以根据板在两个方向上的实际受力情况确定板的抗弯刚度。为了便于计算，对弯矩-曲率关系做简化处理，即取图 3-7 所示的三线型关系。其中转折点的坐标由 3.2 节计算获得，m_{ic}、m_{iy}、m_{iu} 分别为板截面在 i（$i=x, y$）方向上的开裂弯矩、屈服弯矩和破坏弯矩，ϕ_{ic}、ϕ_{iy}、ϕ_{iu} 分别为和弯矩相应的在 i（$i=x, y$）方向上的开裂曲率、屈服曲率和破坏曲率。

分析板的荷载-挠度关系曲线时，采用分级加曲率的方法，计算出对应于各级曲率的荷载和挠度。对任一级曲率 $\phi_x = \phi_x + \Delta\phi_x$，可由式（3-3）求出相应的 ϕ_y。根据 ϕ_x 和 ϕ_y 在图 3-7 所示的弯矩-曲率关系曲线中的位置，可将板的整个受力过程分为 5 个阶段，并可确定相应各阶段板在两方向上的抗弯刚度 K_x 和 K_y。

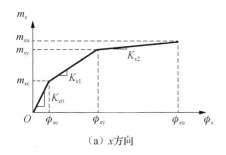

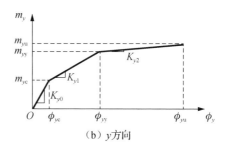

（a）x 方向　　　　　　　　　　　　　（b）y 方向

图 3-7　板截面的弯矩-曲率关系

1）$\phi_x \leqslant \phi_{xc}$，$\phi_y \leqslant \phi_{yc}$，板中混凝土未开裂，$K_x = K_{x0}$，$K_y = K_{y0}$。

2）$\phi_{xc} < \phi_x \leqslant \phi_{xy}$，$\phi_y \leqslant \phi_{yc}$，板沿短边方向混凝土受拉开裂，长边方向未裂，$K_x = K_{x1}$，$K_y = K_{y0}$。

3）$\phi_{xc} < \phi_x \leqslant \phi_{xy}$，$\phi_{yc} < \phi_y \leqslant \phi_{yy}$，板沿长边方向混凝土受拉开裂，但钢筋均未屈服，$K_x = K_{x1}$，$K_y = K_{y1}$。

4）$\phi_{xy} < \phi_x \leqslant \phi_{xu}$ 或 $\phi_{yy} < \phi_y \leqslant \phi_{yu}$，板中钢筋屈服，分两种情况：

① $\phi_{xy} < \phi_x \leqslant \phi_{xu}$，$\phi_y \leqslant \phi_{yy}$，沿短边方向板中钢筋屈服，$K_x = K_{x2}$，$K_y = K_{y1}$。

② $\phi_x \leqslant \phi_{xy}$，$\phi_{yy} < \phi_y \leqslant \phi_{yu}$，沿长边方向板中钢筋屈服，$K_x = K_{x1}$，$K_y = K_{y2}$。

5）$\phi_x > \phi_{xu}$ 或 $\phi_y > \phi_{yu}$，板破坏，分 4 种情况：

① $\phi_x > \phi_{xu}$，$\phi_y \leqslant \phi_{yy}$，沿短边方向板破坏，但长边方向钢筋仍未屈服，$K_x = K_{x2}$，$K_y = K_{y1}$。

② $\phi_x > \phi_{xu}$，$\phi_{yy} < \phi_y \leqslant \phi_{yu}$，沿短边方向板破坏，长边方向钢筋屈服但未破坏，$K_x = K_{x2}$，$K_y = K_{y2}$。

③ $\phi_x \leqslant \phi_{xy}$，$\phi_y > \phi_{yu}$，沿长边方向板破坏，但短边方向钢筋仍未屈服，$K_x = K_{x1}$，$K_y = K_{y2}$。

④ $\phi_{xy} < \phi_x \leqslant \phi_{xu}$，$\phi_y > \phi_{yu}$，沿长边方向板破坏，短边方向钢筋屈服但未破坏，$K_x = K_{x2}$，$K_y = K_{y2}$。

3.3.2　求解各阶段板的挠度系数和弯矩系数

在均布荷载增量 Δq 的作用下，若忽略双向板中扭矩的作用，根据弹性薄板理论，则有（由于 3.3.1 节中采用的全是切线刚度，因此，下面的微分方程均用增量形式表示）[11]。

$$
\begin{cases}
\Delta m_x = -K\left(\dfrac{\partial^2 \Delta \delta}{\partial x^2} + v \dfrac{\partial^2 \Delta \delta}{\partial y^2} \right) \\[3mm]
\Delta m_y = -K\left(\dfrac{\partial^2 \Delta \delta}{\partial y^2} + v \dfrac{\partial^2 \Delta \delta}{\partial x^2} \right)
\end{cases}
\tag{3-21}
$$

式中，K 为理想弹性板的抗弯刚度。将 3.3.1 节所确定的板两个方向的实际刚度 K_x、K_y 代入式（3-21），并利用平衡条件，有

$$K_x \frac{\partial^4 \Delta\delta}{\partial x^4} + \nu\left(K_x + K_y\right)\frac{\partial^4 \Delta\delta}{\partial x^2 \partial y^2} + K_y \frac{\partial^4 \Delta\delta}{\partial y^4} = \Delta q \tag{3-22}$$

采用 Navier 解的形式，设 $\Delta\delta = \sum\limits_{m=1}^{\infty}\sum\limits_{n=1}^{\infty} A_{mn}\sin\left(\dfrac{m\pi}{l_x}x\right)\sin\left(\dfrac{n\pi}{l_y}y\right)$，则有

$$\begin{cases}
\Delta\delta^{\max} = \sum\limits_{m=1}^{\infty}\sum\limits_{n=1}^{\infty} A_{mn}\sin\left(\dfrac{m\pi}{2}\right)\sin\left(\dfrac{n\pi}{2}\right) \\[2mm]
\Delta m_x^{\max} = K_x \sum\limits_{m=1}^{\infty}\sum\limits_{n=1}^{\infty} A_{mn}\left(\dfrac{m\pi}{l_x}\right)^2\sin\left(\dfrac{m\pi}{2}\right)\sin\left(\dfrac{n\pi}{2}\right) \\[2mm]
\qquad + \nu K_x \sum\limits_{m=1}^{\infty}\sum\limits_{n=1}^{\infty} A_{mn}\left(\dfrac{m\pi}{l_y}\right)^2\sin\left(\dfrac{m\pi}{2}\right)\sin\left(\dfrac{n\pi}{2}\right) \quad \left(x=\dfrac{l_x}{2}, y=\dfrac{l_y}{2}\right) \\[2mm]
\Delta m_y^{\max} = K_y \sum\limits_{m=1}^{\infty}\sum\limits_{n=1}^{\infty} A_{mn}\left(\dfrac{m\pi}{l_y}\right)^2\sin\left(\dfrac{m\pi}{2}\right)\sin\left(\dfrac{n\pi}{2}\right) \\[2mm]
\qquad + \nu K_y \sum\limits_{m=1}^{\infty}\sum\limits_{n=1}^{\infty} A_{mn}\left(\dfrac{m\pi}{l_x}\right)^2\sin\left(\dfrac{m\pi}{2}\right)\sin\left(\dfrac{n\pi}{2}\right)
\end{cases} \tag{3-23}$$

式中，$A_{mn} = \dfrac{16\Delta q}{mn\pi^6\left[K_x\left(\dfrac{m}{l_x}\right)^4 + \nu\left(K_x+K_y\right)\left(\dfrac{mn}{l_x l_y}\right)^2 + K_y\left(\dfrac{n}{l_y}\right)^4\right]}$，其中 $m,n=1,3,5\cdots$；

ν 为混凝土的泊松比，一般取 0.2；K_x、K_y 分别为两个方向上板的抗弯刚度，由 3.3.1 节的方法求得；Δq 为均布荷载增量。

定义弯矩系数和挠度系数为

$$\begin{cases}
m_i' = \dfrac{\Delta m_i^{\max}}{\Delta q l_x^2} \qquad \left(i=x,y\right) \\[3mm]
\delta' = \dfrac{\Delta\delta^{\max}}{\Delta q l_x^4 / K}
\end{cases} \tag{3-24}$$

式中，m_i' 为 i 方向的弯矩系数；δ' 为挠度系数；l_x 为板短边的跨度；K 为板的弹性抗弯刚度，$K = E_c h^3 / \left[12\left(1-\nu\right)\right]$；$\Delta m_i^{\max}$ 为 i 方向板单位宽度内的最大弯矩增量；$\Delta\delta^{\max}$ 为板的最大挠度增量。

3.3.3 荷载-挠度关系

均布荷载作用下四边简支钢筋混凝土双向板的荷载-挠度关系可按下列步骤

进行计算机模拟计算。

1）分级增加短跨方向上的曲率：$\phi_x = \phi_x + \Delta\phi_x$，根据式（3-3）可得到板长跨方向上的曲率$\phi_y$。

2）根据i方向上第j级的曲率值ϕ_{ij}，由弯矩-曲率关系可确定相应的单位板宽内的弯矩m_{ij}（$i=x, y$）。

3）根据i方向上第j级的曲率值ϕ_{ij}，由弯矩-曲率关系确定板的受力阶段及板在两个方向上的实际抗弯刚度K_i（$i=x, y$）。

4）由式（3-24）计算与j级曲率相应的弯矩系数m_{ij}'和挠度系数δ_j'。

5）按式（3-25）计算和j级曲率相应的荷载和挠度：

$$\begin{cases} q_j = q_{j-1} + \dfrac{m_{ij} - m_{i(j-1)}}{m_{ij}' l_x^2} \\[3mm] \delta_j = \delta_{j-1} + \dfrac{\delta_j'\left(q_j - q_{j-1}\right)l_x^4}{K} \end{cases} \qquad (3\text{-}25)$$

记录下开始加变形到板破坏各级曲率下的荷载和挠度，就可得到完整q-δ关系曲线。图 3-8 为计算框图。

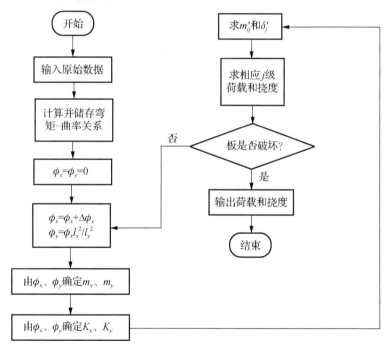

图 3-8　钢筋混凝土双向板荷载-挠度关系的计算框图

3.4 实 例 验 证

利用本章介绍的方法对文献[2]和[12]中的试件进行了计算机仿真分析[13]。表 3-1 给出了给定荷载作用下板中最大挠度（δ）的试验和计算结果。比较表 3-1 中的结果可知，本章的方法是可行的。同时，表 3-1 中的结果还表明，目前应用于结构设计中的弹性方法对钢筋混凝土双向板的挠度估计不足。图 3-9 和图 3-10 所示为用本章方法算得的 B2 和 SE2 板的荷载-挠度曲线。

表 3-1 钢筋混凝土双向板挠度计算结果和试验结果的比较

板型	尺寸 /（m×m）	厚度 /mm	配筋率 /%	钢筋弹性模量 /（10³N/mm²）	混凝土强度 /（N/mm²）	荷载 /（N/mm²）	试验及弹性计算挠度/mm		本章计算挠度	
							试验	弹性	计算/mm	误差/%
ZB33	3.28×4.26	100	0.21	190	28	0.0084	7.32	1.42	6.8	7
ZB33a	3.28×4.26	100	0.16	190	28	0.008	6.88	1.36	7.6	−10
B1	3.27×4.17	80	0.24	200	19	0.0052	7.40	1.97	8.5	−15
B2	3.27×4.17	80	0.22	200	19	0.0052	8.30	1.97	8.3	0
SA1	1.70×1.70	96	0.36	200	39	0.08	3.62	1.14	2.7	25
SA2	1.70×1.70	94	0.38	200	36	0.076	4.39	1.13	4.2	4
SA3	1.70×1.70	91	0.40	200	47	0.086	3.62	1.33	2.8	23
SB1	1.70×1.70	90	0.42	200	50	0.057	3.19	0.86	2.9	9
SB2	1.70×1.70	99	0.34	200	40	0.07	3.67	0.64	3.6	2
SE1	1.70×1.70	103	1.20	200	23	0.085	4.40	1.66	3.9	11
SE2	1.70×1.70	103	0.57	200	40	0.17	3.11	2.56	3.0	4
SE3	1.70×1.70	103	0.62	200	13	0.13	2.75	2.54	2.7	2

注：配筋率为 ρ_s；钢筋弹性模量为 E_s；误差 $= \dfrac{\text{试验值} - \text{计算值}}{\text{试验值}} \times 100\%$。

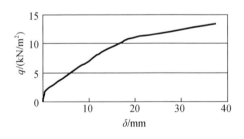

图 3-9 板 B2 的荷载-挠度曲线

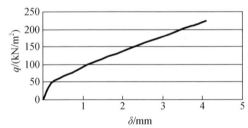

图 3-10 板 SE2 的荷载-挠度曲线

参 考 文 献

[1] 顾祥林. 建筑混凝土结构设计[M]. 上海：同济大学出版社，2011.

[2] DAVID P T, ANDREW S. Minimum thickness requirement for control of two-way slab deflection [J]. ACI structural journal, 1988, 85(1): 12-18.

[3] 蒋大骅. 不需作挠度验算的双向板最大跨厚比[J]. 结构工程师，1990（2）：9-15.

[4] 董振祥. 钢筋混凝土有限元非线性分析[J]. 同济大学学报，1986，14（4）：429-440.

[5] ACI Committee 435. State-of-the-art report on control of two-way slab deflections [R]. ACI structural journal, 1991, 88(4): 501-514.

[6] 李伟政，过镇海. 二轴拉压应力状态下混凝土的强度和变形试验研究[J]. 水利学报，1991（8）：51-71.

[7] TASUJI M E, SLATE F O, NILSON A H. Stress-strain response and fracture of concrete in biaxial loading[J]. Journal of American Concrete Institute, 1978, 75(7): 306-312.

[8] KUPFER H, GERSTLE K H. Behavior of concrete under biaxial stresses [J]. Journal of American Concrete Institute, 1969, 66(8): 656-666.

[9] SAENZ L P. Discussion of the paper "Equation for stress-strain curve of concrete" [J]. Journal of American Concrete Institute, 1964,61: 1229-1235.

[10] LIU T C Y, NILSON A H, SLATE F O. Biaxial stress strain relations for concrete [J]. Journal of the structural division, 1972, 98(5): 1025-1034.

[11] 吴家龙. 弹性力学[M]. 上海：同济大学出版社，1993.

[12] 张生平. 四边简支钢筋混凝土双向板挠度计算与板厚确定[J]. 西安冶金建筑学院学报，1991，23（3）：358-365.

[13] 顾祥林，李承，马星，等. 钢筋混凝土双向板荷载-位移关系的计算机仿真分析[C]//混凝土结构基本理论及工程应用全国第五届学术会议论文集. 天津：天津大学出版社，1998.

第4章 水平单调加载时混凝土结构剪力墙面内破坏过程仿真分析

混凝土结构剪力墙是房屋建筑结构中的基本构件之一。当墙体较高时，其面内受力性能类似一悬臂柱，在水平荷载作用下主要以弯曲变形为主；当墙体较矮时，其面内受力性能和梁、柱有明显的区别，在水平荷载作用下主要以剪切变形为主。为了评价混凝土结构剪力墙的面内抗震性能，验证设计方法，常在实验室中进行墙体的水平单调加载试验（图4-1）。试验中首先在墙体上施加恒定的竖向荷载 N_c，再分级增加水平荷载 P，测出墙体的荷载-水平位移关系，观察墙体的破坏特征[1]。本章以混凝土结构矮墙作为研究对象，根据其破坏时所表现的特征，讨论墙体平面内水平单调加载试验中荷载-变形关系的仿真分析方法。

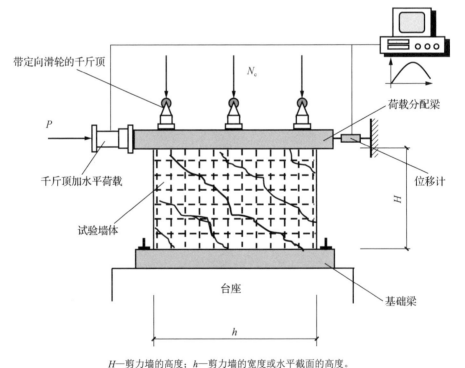

H—剪力墙的高度；h—剪力墙的宽度或水平截面的高度。

图4-1 混凝土结构剪力墙面内水平单调加载试验简图

4.1　混凝土结构剪力墙单调受荷时的破坏特征
　　　及仿真分析时的基本假定

在如图 4-1 所示的剪力墙加载试验中，当外荷载 P 较小时，墙体中的应力和弹性解十分接近，钢筋的应力非常小；当墙体中混凝土的主拉应力超过混凝土的抗拉强度时墙体开裂；随着荷载的增大，裂缝不断扩展，穿过裂缝钢筋的应力急增，直至屈服；当裂缝之间的混凝土被斜向压碎时，墙体破坏。墙体中裂缝的数量主要取决于墙内纵横钢筋的直径和配筋量。试验中反映出剪力墙的破坏特征是典型的剪切破坏。

根据混凝土结构剪力墙水平单调受荷时的破坏特征，在本章的仿真分析中做如下基本假定。

1）剪力墙的剪跨比（或高宽比）$H/h \leqslant 1$，墙体以剪切变形为主。

2）剪力墙具有足够的抗弯能力。

3）忽略钢筋的销栓作用，钢筋与混凝土之间的黏结可靠，无相对滑移。

4）剪应力沿墙体水平截面均匀分布。

4.2　剪力墙开裂前荷载-位移关系的数值模拟分析

剪力墙开裂前，可用弹性理论来进行模拟分析，且墙中的剪应力可认为主要由混凝土承担。在图 4-2 所示的墙体中取出一单元体 A，根据基本假定 4）可由式（4-1）确定加载过程中荷载 P 和水平位移 δ 之间的关系。显然，式（4-1）所反映的 P-δ 关系是一个线弹性关系。

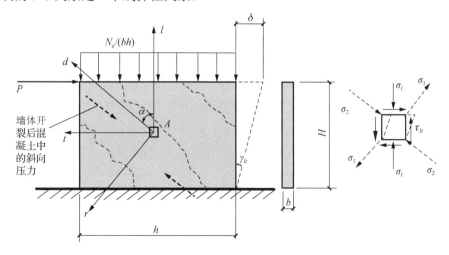

图 4-2　开裂前剪力墙中的应力状态

$$\begin{cases} P = \tau_{lt}bh \\ \delta = \gamma_{lt}H = \dfrac{\tau_{lt}}{G}H \end{cases} \tag{4-1}$$

式中，b、h 分别为剪力墙的水平截面宽度和高度；H 为剪力墙的高度；γ_{lt} 为剪力墙的剪切应变；τ_{lt} 为剪力墙中的剪应力；G 为混凝土的剪切模量。

根据 A 点的正压应力 σ_l 和剪应力 τ_{lt}，可求出混凝土中的主拉应力 σ_1 和主压应力 σ_2。当混凝土中的主拉应力 σ_1 大于混凝土双向受力状态下的极限抗拉强度时[可由式（3-11）计算]，混凝土开裂。为了便于开裂后荷载-位移关系的模拟分析，特建立如图 4-2 所示两种坐标系。

1) l-t 坐标系：正交的纵向钢筋和横向钢筋方向形成的坐标系。

2) d-r 坐标系：混凝土单元应力主轴形成的坐标系。

图 4-2 中，α 为斜裂缝与墙体纵轴之间的夹角（d 轴与 l 轴间的夹角）。

4.3　剪力墙开裂后钢筋混凝土单元的平衡和相容关系

剪力墙中混凝土开裂后，裂缝间的混凝土形成斜向受压的短柱（图 4-2）。但是，由于钢筋和混凝土之间黏结力的作用，即使混凝土开裂后，裂缝间的混凝土仍能承受拉应力。不考虑混凝土中的受拉作用会使理论分析结果偏高，为此将混凝土中的裂缝"弥散化"，仍视混凝土为一"连续体"，在平均应力和平均应变的意义上分析混凝土单元体的应力和应变状态[2-4]。

4.3.1　钢筋混凝土单元体中的应力状态

在墙体中取出一单元体。为了能更方便地利用莫尔圆，采用和材料力学中不同的方法定义单元体上应力的正负号 [图 4-3（a）]。由基本假定 3），钢筋的销栓作用可忽略。于是，可应用叠加原理求钢筋混凝土单元体的法向应力和剪应力（图 4-3）：

$$\begin{cases} \sigma_l = \sigma_{lc} + \rho_{sl}\sigma_{sl} + \rho_{pl}\sigma_{pl} \\ \sigma_t = \sigma_{tc} + \rho_{st}\sigma_{st} + \rho_{pt}\sigma_{pt} \\ \tau_{lt} = \tau_{ltc} \end{cases} \tag{4-2}$$

式中，ρ_{sl}、ρ_{st} 分别为纵向和横向钢筋的配筋率；ρ_{pl}、ρ_{pt} 分别为纵向和横向预应力筋的配筋率。

根据混凝土单元中的应力转轴公式有

$$\begin{cases} \sigma_{lc} = \sigma_d \cos^2\alpha + \sigma_r \sin^2\alpha \\ \sigma_{tc} = \sigma_d \sin^2\alpha + \sigma_r \cos^2\alpha \\ \tau_{ltc} = (-\sigma_d + \sigma_r)\sin\alpha\cos\alpha \end{cases} \tag{4-3}$$

式中，σ_d、σ_r 分别为 d 和 r 方向上的主应力。

将式（4-3）代入式（4-2）得钢筋混凝土单元体的平衡方程为

$$\begin{cases} \sigma_l = \sigma_d \cos^2 \alpha + \sigma_r \sin^2 \alpha + \rho_{sl}\sigma_{sl} + \rho_{pl}\sigma_{pl} \\ \sigma_t = \sigma_d \sin^2 \alpha + \sigma_r \cos^2 \alpha + \rho_{st}\sigma_{st} + \rho_{pt}\sigma_{pt} \\ \tau_{lt} = (-\sigma_d + \sigma_r)\sin \alpha \cos \alpha \end{cases} \qquad (4\text{-}4)$$

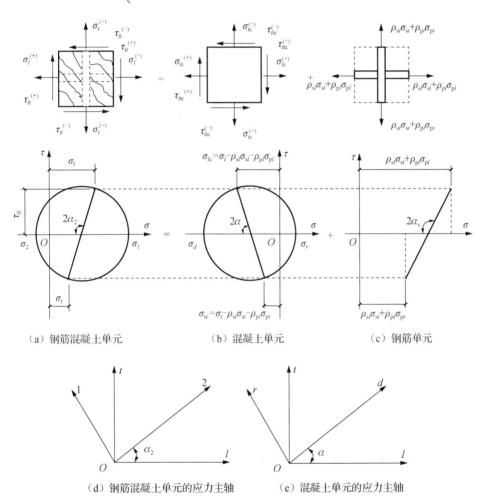

（a）钢筋混凝土单元　　　（b）混凝土单元　　　（c）钢筋单元

（d）钢筋混凝土单元的应力主轴　　　（e）混凝土单元的应力主轴

图 4-3　钢筋混凝土单元的应力状态

4.3.2　钢筋混凝土单元中的应变状态

和 4.3.1 节相似，为了能方便地应用应变莫尔圆，也对剪应变的正负号给出图 4-4 所示的定义。利用 $d\text{-}r$ 坐标系和 $l\text{-}t$ 坐标系的转轴变换公式，并假定 $d\text{-}r$ 轴为主轴（$\gamma_{dr}=0$），则得

$$\begin{cases} \varepsilon_l = \varepsilon_d \cos^2 \alpha + \varepsilon_r \sin^2 \alpha \\ \varepsilon_t = \varepsilon_d \sin^2 \alpha + \varepsilon_r \cos^2 \alpha \\ \dfrac{\gamma_{lt}}{2} = \left(-\varepsilon_d + \varepsilon_r\right)\sin\alpha\cos\alpha \end{cases} \quad （4\text{-}5）$$

应变莫尔圆如图 4-5 所示。由基本假定 3）可知，钢筋与混凝土之间黏结可靠，无相对滑移。

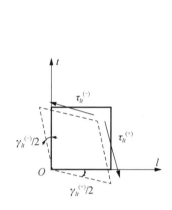

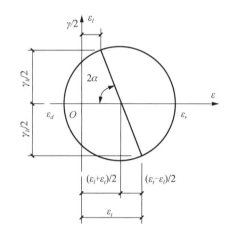

图 4-4　剪应变的正负号规则　　　　　　　图 4-5　应变莫尔圆

于是有

$$\begin{cases} \varepsilon_{sl} = \varepsilon_l \\ \varepsilon_{st} = \varepsilon_t \end{cases} \quad （4\text{-}6）$$

$$\begin{cases} \varepsilon_{pl} = \varepsilon_{dec} + \varepsilon_l \\ \varepsilon_{pt} = \varepsilon_{dec} + \varepsilon_t \end{cases} \quad （4\text{-}7）$$

式中，ε_{sl}、ε_{st}、ε_{pl}、ε_{pt} 分别为纵横向钢筋、纵横向预应力钢筋的应变；ε_{dec} 为预应力钢筋在混凝土消压状态时的应变。Hsu[2]建议对强度为 1722MPa 和 1860MPa 的预应力钢筋，取 $\varepsilon_{dec} = 0.005$。

4.4　剪力墙开裂后混凝土斜向受压时的应力-应变关系

4.4.1　钢筋混凝土方板的剪切试验

第 1 章中讨论过了以多种形式表示的混凝土的应力-应变关系，其中最常用的就是将混凝土轴向受压时的应力-应变关系看成一个抛物线，其方程为

$$\sigma_c = \sigma_{c0}\left[2\dfrac{\varepsilon_c}{\varepsilon_{c0}} - \left(\dfrac{\varepsilon_c}{\varepsilon_{c0}}\right)^2\right] \quad （4\text{-}8）$$

　　但是，上述方程是基于混凝土圆柱体（或棱柱体）试件的轴心受压结果而获得的，应用到混凝土结构墙体荷载-位移关系的模拟分析中往往会使理论结果偏高。对多层建筑的剪力墙，其理论分析结果可能会高于实际结果 50%。这个问题从 20 世纪初起一直困扰着各国学者，直到 1981 年加拿大多伦多大学的学者 Vecchio 和 Collins[5,6]根据一种独特的"剪切装置"所做的方形薄板受剪试验才发现了其中的原因：剪力作用下钢筋混凝土薄板的受力分析实际上是二维问题，薄板单元承受着双轴拉压应力；即使混凝土开裂后，由于钢筋和混凝土之间的黏结作用，钢筋也会将拉应力传给裂缝间的混凝土；拉应力的作用会使与之垂直方向上混凝土的峰值应力（抗压强度）及与峰值应力相应的应变变小。这一现象称为混凝土的软化。

　　Vecchio 和 Collins 的"剪切装置"如图 4-6（a）所示，整个装置包括一个装有 3 个刚性连杆的钢框架和 37 个双作用千斤顶，千斤顶与试件边缘成 45° 夹角，并和试件铰接。对平板沿竖直方向（方向 2）施加压力，水平方向（方向 1）施加同样大小的拉力，则在平板的四边上便产生剪应力 τ_{lt} ［图 4-6（b）］。水平和竖直荷载一直同步增加，直至平板试件破坏。

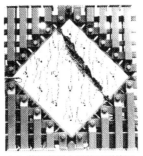

（a）剪切装置上板的开裂情况

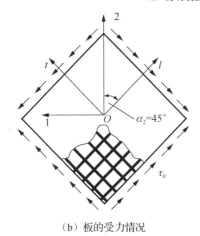

（b）板的受力情况　　　　　　　（c）σ_d-ε_d试验曲线

图 4-6　Vecchio-Collins 板的剪切试验

平板在 τ_{lt} 作用下的应力状态可用图 4-7（a）所示的应力莫尔圆来表示。每加一级荷载时，在试件表面上量测 4 个方向上混凝土的平均应变 ε_{cl}、ε_{ct}、ε_{c1} 和 ε_{c2}，由其中的任意 3 个值便可确定应变莫尔圆，如图 4-7（d）所示。图中，$\varepsilon_l=\varepsilon_{cl}$，$\varepsilon_t=\varepsilon_{ct}$，$\varepsilon_1=\varepsilon_{c1}$，$\varepsilon_2=\varepsilon_{c2}$。根据应变莫尔圆，可以确定 d 方向的应变 ε_d 和倾角 α。每加一级荷载，同时记录钢筋的应变 ε_{sl} 和 ε_{st}，由钢筋的应力-应变关系求出钢筋的应力 σ_{sl} 和 σ_{st}；应用纵向和横向的平衡条件，计算出混凝土的应力 $\sigma_{cl}=-\rho_{sl}\sigma_{sl}$ 和 $\sigma_{ct}=-\rho_{st}\sigma_{st}$（$\rho_{sl}$、$\rho_{st}$ 分别为纵横方向钢筋的配筋率）；由 σ_{cl}、σ_{ct} 和 τ_{lt} 可以建立混凝土的应力莫尔圆，如图 4-7（b）所示，从混凝土应力莫尔圆中可以确定 d 方向的应力 σ_d 和倾角 α。记录每一级荷载的实测应变 ε_d 和实测应力 σ_d，便可得到一条完整的混凝土受压时的应力-应变曲线。

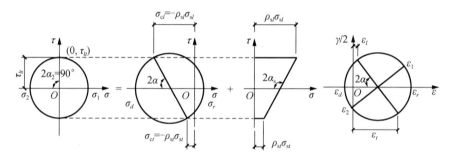

（a）剪应力　　　（b）混凝土中应力　　（c）钢筋等效应力　　（d）混凝土的平均应变

图 4-7　试验板中的应力和应变莫尔圆

4.4.2　应力-应变关系式

根据板剪切试验中所获得的 σ_d-ε_d 试验曲线，对式（4-8）略做修改，则得考虑混凝土软化的应力-应变关系，具体方法有两种[2,5,6]。

方法一是只考虑应力的软化 [图 4-8（a）]，引入应力软化系数 ζ（$0\leqslant\zeta\leqslant1$），则软化后混凝土的受压峰值应力为

$$\sigma_{c0}^{sf}=\zeta\sigma_{c0} \tag{4-9}$$

式中，$\sigma_{c0}=f_c$，为混凝土的棱柱体抗压强度。

将式（4-9）代入式（4-8），并认为应力-应变曲线的上升段和下降段为同一条抛物线，则有

$$\sigma_d=\zeta\sigma_{c0}\left[2\frac{\varepsilon_d}{\varepsilon_{c0}}-\left(\frac{\varepsilon_d}{\varepsilon_{c0}}\right)^2\right] \tag{4-10}$$

方法二是同时考虑应力和应变的软化 [图 4-8（b）]，且为了方便计，常将应力和应变的软化系数统一取为 ζ，假定应力和应变均匀软化，即

$$\begin{cases} \sigma_{c0}^{sf} = \zeta\sigma_{c0} \\ \varepsilon_{c0}^{sf} = \zeta\varepsilon_{c0} \end{cases} \tag{4-11}$$

将式（4-11）代入式（4-8），则软化后混凝土应力-应变曲线的上升段为

$$\sigma_d = \zeta\sigma_{c0}\left[2\frac{\varepsilon_d}{\zeta\varepsilon_{c0}} - \left(\frac{\varepsilon_d}{\zeta\varepsilon_{c0}}\right)^2\right] \quad \left(\frac{\varepsilon_d}{\zeta\varepsilon_{c0}} \leqslant 1\right) \tag{4-12a}$$

应力-应变曲线的下降段也取为抛物线，但其形状和上升段有所不同，为

$$\sigma_d = \zeta\sigma_{c0}\left[1 - \left(\frac{\dfrac{\varepsilon_d}{\zeta\varepsilon_{c0}} - 1}{\dfrac{2}{\zeta} - 1}\right)^2\right] \quad \left(\frac{\varepsilon_d}{\zeta\varepsilon_{c0}} > 1\right) \tag{4-12b}$$

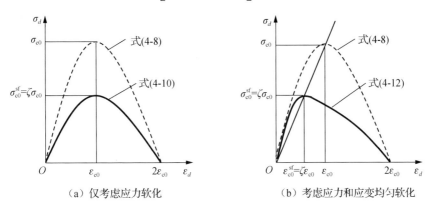

（a）仅考虑应力软化　　　　　　　　（b）考虑应力和应变均匀软化

图 4-8　考虑软化时混凝土的应力-应变曲线

4.4.3　混凝土的软化系数

混凝土的软化效应是由斜向受拉引起的。因此，软化系数 ζ 和混凝土的斜向受拉应变 ε_r 直接关联。

1981 年，加拿大多伦多大学的 Vecchio 和 Collins[5]按图 4-6 所示的装置，对 17 个尺寸为 889mm× 889mm×69.9mm 的钢筋混凝土平板进行了试验研究。通过试验分析，建议采用对应力和应变进行均匀软化的应力-应变关系 ［式（4-12）］。相应的软化系数为

$$\zeta = \frac{1}{\sqrt{0.7 - \varepsilon_r / \varepsilon_d}} \tag{4-13}$$

式中，ε_r 为混凝土的受拉平均应变。

1986 年，Vecchio 和 Collins[6]又建议采用仅考虑应力软化的应力-应变关系 ［式（4-10）］。相应的软化系数是

$$\zeta = \frac{1}{0.8 + 170\varepsilon_r} \tag{4-14}$$

日本东京大学的一个研究组对承受内压的钢筋混凝土管进行轴压试验（混凝土管的外径为 330mm，管壁厚 38mm），得出混凝土的应力软化系数为[7,8]

$$\begin{cases} \zeta = 1.0 & (\varepsilon_r \leqslant 0.0012) \\ \zeta = 1.15 - 125\varepsilon_r & (0.0012 < \varepsilon_r \leqslant 0.0044) \\ \zeta = 0.6 & (\varepsilon_r > 0.0044) \end{cases} \tag{4-15}$$

日本另外一个研究小组对两种不同尺寸的钢筋混凝土板（356mm × 203mm × 51mm 和 254mm×203mm×51mm）进行了试验研究[9,10]。他们提出的应力软化系数为

$$\zeta = \frac{1}{0.27 + 2.71\varepsilon_r^{0.167}} \tag{4-16}$$

20 世纪 90 年代初，美国休斯敦大学的 Hsu 等[2, 11]对 22 块足尺的钢筋混凝土平板进行了试验研究（试件的尺寸为 1397mm × 1397mm × 178mm）。除了尺寸较大外，Hsu 的试验与 Vecchio-Collins 板的剪切试验还有下列不同之处：①前者的平板试件中配有双层钢筋网，每个加载点处沿板厚方向有两个千斤顶，减小了由于构件物理偏心产生的出平面的弯曲对平面内受力性能的影响；②前者直接在试件边缘加拉压力，应力主轴方向和钢筋布置方向平行，即 $\alpha_2=90°$［以下简称为 90°板试件，试件的示意图如图 4-9（a）所示］，而后者的应力主轴和钢筋布置方向成 45°，即 $\alpha_2=45°$（以下简称为 45° 板试件）。根据 22 块 90° 板试件的试验结果分析，考虑应力应变均匀软化的方程［式（4-12）］比只考虑应力软化的方程［式（4-10）］更符合实际，软化系数按下式计算。

$$\zeta = \frac{0.9}{\sqrt{1 + 400\varepsilon_r}} \tag{4-17}$$

式中，常数 0.9 是考虑了混凝土标准棱柱体试验与平板试验之间的尺寸效应、形状效应和加荷速度等影响的修正系数。

图4-10给出了不同学者提出的软化系数及休斯敦大学部分试验结果的比较情况[11]。由图中的结果可以看出：日本学者提出的软化系数偏大，这可能是由于试件较小，试验时侧向约束对试件的影响较大；多伦多大学和休斯敦大学提出的软化系数较接近，但当 ε_r 超过 1%时，式（4-14）得出的软化系数偏小。休斯敦大学另外做的 13 块 45° 板试件［试件示意图如图 4-9（b）所示］得出了类似的结论。对其中的原因做深入的分析后认为，由 90° 板试件得出的软化系数适合于 45° 板试件的分析，反之则不能[12]。也就是说式（4-17）更能反映实际情况。

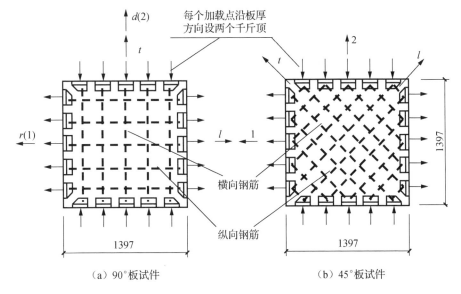

（a）90°板试件　　　　　　　　　　（b）45°板试件

图 4-9　休斯敦大学的钢筋混凝土平板试件示意图[11,12]

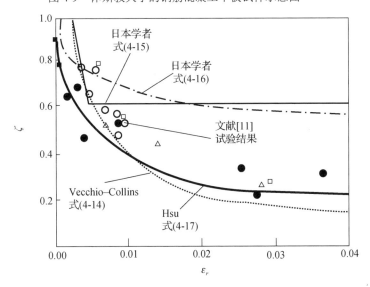

图 4-10　混凝土的应力软化系数

4.5　混凝土受拉时的应力-应变关系

混凝土开裂前其应力-应变为线弹性关系，可用下式表示：

$$\sigma_r = E_c \varepsilon_r \qquad (\varepsilon_r \leqslant \varepsilon_{t0}) \tag{4-18}$$

式中，E_c 为混凝土的弹性模量；ε_{t0} 为混凝土的开裂应变，$\varepsilon_{t0} = f_t/E_c$，$f_t$ 为混凝土的

抗拉强度。

混凝土开裂后，由于钢筋和混凝土之间的黏结作用，裂缝间的混凝土还能承受拉应力。Vecchio 和 Collins[6]根据钢筋混凝土板的试验，提出了开裂后混凝土平均拉应力和平均拉应变间的关系式，以考虑裂缝间混凝土的受拉作用，如式（4-19）所示。

$$\sigma_r = \frac{f_t}{1 + \sqrt{\dfrac{\varepsilon_r - \varepsilon_{t0}}{0.005}}} \qquad (\varepsilon_r > \varepsilon_{t0}) \qquad\qquad (4\text{-}19)$$

后来，Collins 和 Mitchell[13]又对式（4-19）进行了改进，提出了式（4-20）。

$$\sigma_r = \frac{\gamma_{f1}\gamma_{f2}f_t}{1 + \sqrt{500\varepsilon_r}} \qquad (\varepsilon_r > \varepsilon_{t0}) \qquad\qquad (4\text{-}20)$$

式中，γ_{f1} 为考虑钢筋黏结性能的系数，变形钢筋 $\gamma_{f1} = 1.0$，光圆钢筋 $\gamma_{f1} = 0.7$。γ_{f2} 为考虑长期荷载和重复荷载作用的系数，短期单调荷载下 $\gamma_{f2}=1.0$，长期或重复荷载下 $\gamma_{f2} = 0.7$。

Belarbi 等[14]通过试验提出的计算公式为

$$\sigma_r = f_t \left(\frac{0.00008}{\varepsilon_r} \right)^{0.4} \qquad (\varepsilon_r > \varepsilon_{t0} = 0.00008) \qquad\qquad (4\text{-}21)$$

4.6　钢筋的应力-应变关系

4.6.1　普通（低碳钢）钢筋的应力-应变关系

第 1.3.1 节中已讨论过了裸钢筋（或自由钢筋）的应力-应变关系。若考虑钢筋的硬化作用，可以用图 4-11 所示的三折线（图中的虚线）来描述裸钢筋的应力-应变关系。正如图 1-9 所显示的，混凝土中的钢筋受拉时，裂缝间的混凝土对钢筋有"强化作用"，使钢筋中的应力呈曲线变化。若以平均应力和平均应变来定义混凝土中钢筋的应力和应变，则得出与裸钢筋明显不同的应力-应变关系。图 4-11 给出了休斯敦大学 Belarbi 等[14]根据钢筋混凝土平板试验所测得的混凝土中的钢筋的平均应力和平均应变的关系曲线。由式（4-21）

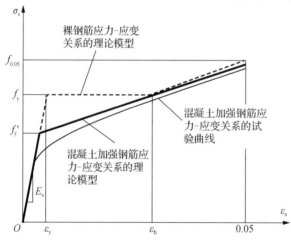

图 4-11　裸钢筋的应力-应变曲线

定义的混凝土开裂后的应力-应变关系，Belarbi 等[14]给出了混凝土中钢筋平均应力-平均应变关系的理论模型（图 4-11 中的实线）。

$$\begin{cases} \sigma_s = E_s \varepsilon_s & (\sigma_s \leqslant f_y') \\ \sigma_s = (0.91 - 2B)f_y + (0.02 + 0.25B)E_s\varepsilon_s & (\sigma_s > f_y') \end{cases} \qquad (4\text{-}22)$$

式中，f_y 为钢筋的屈服强度；$f_y' = (0.93 - 2B)f_y$；$B = \dfrac{1}{\rho}\left(\dfrac{f_t}{f_y}\right)^{1.5}$；$\rho$ 为混凝土净面积上的配筋率，$\rho = \dfrac{A_s}{A_c}$。

　　式（4-22）是根据 90° 板试件的试验结果而获得的（$\alpha_2 = 90°$ 即拉应力的方向和钢筋的布置方向平行）[14]。若混凝土中拉应力的方向和钢筋的布置方向不平行，则裂缝处钢筋的局部弯曲会削弱钢筋的强度。文献[9]中 45° 钢筋混凝土板的试验结果证明了这一点。为此，对 α_2 为 45° ～90° 的钢筋混凝土板，应对式（4-22）进行修正得出式（4-23）所示的应力-应变关系。

$$\begin{cases} \sigma_s = E_s \varepsilon_s & (\sigma_s \leqslant f_y') \\ \sigma_s = \left(1 - \dfrac{2 - \alpha_2/45°}{1000\rho}\right)\left[(0.91 - 2B)f_y + (0.02 + 0.25B)E_s\varepsilon_s\right] & (\sigma_s > f_y') \end{cases} \qquad (4\text{-}23)$$

式中，$f_y' = \left(1 - \dfrac{2 - \alpha_2/45°}{1000\rho}\right)(0.93 - 2B)f_y$。

　　正如第 1 章中所指出的，若在建立平衡方程时忽略混凝土平均拉应力 σ_r 的作用，则宜用裸钢筋的应力-应变关系进行数值模拟分析。

4.6.2　预应力钢筋的应力-应变关系

　　预应力钢筋的应力-应变关系已在第 2 章中讨论过。对有黏结的预应力钢筋，考虑混凝土的"强化作用"时，其平均应力-应变关系曲线也可采用类似上面讨论的方法来建立。可是，由于沿着钢筋长度方向的应变变化将被数值较大的且不变的消压应变所掩盖，因此第 2 章中讨论的预应力钢筋的应力-应变关系对埋在混凝土中的预应力钢筋具有足够的精度。

4.7　剪力墙开裂后荷载-变形关系的数值模拟分析

　　前面几节分别给出了基于钢筋混凝土板元的平衡方程［式（4-4）］、相容方程［式（4-5）～式（4-7）］、混凝土受压和受拉时的应力-应变关系［式（4-10）、式（4-12）、式（4-19）、式（4-21）］、钢筋及预应力钢筋的应力-应变关系［式（4-22）、式（4-23）、式（2-1）和式（2-2）］。本节主要讨论如何利用这些方程来进行混凝土结构墙体水平单调加载试验的数值模拟分析。

为了便于分析，对平衡方程略进行处理。由式（4-4）中的第一式得

$$\cos^2 \alpha = \frac{\sigma_l - \sigma_r - \rho_{sl}\sigma_{sl} - \rho_{pl}\sigma_{pl}}{\sigma_d - \sigma_r} \qquad (4\text{-}24)$$

由式（4-4）中的第二式得

$$\cos^2 \alpha = \frac{\sigma_t - \sigma_d - \rho_{st}\sigma_{st} - \rho_{pt}\sigma_{pt}}{\sigma_r - \sigma_d} \qquad (4\text{-}25)$$

综合上述二式有

$$\sigma_r = \sigma_l + \sigma_t - \sigma_d - \rho_{sl}\sigma_{sl} - \rho_{st}\sigma_{st} - \rho_{pl}\sigma_{pl} - \rho_{pt}\sigma_{pt} \qquad (4\text{-}26)$$

对于图 4-1 或图 4-2 所示的墙体，有

$$\begin{cases} \sigma_l = -\dfrac{N_c}{bh} - \sigma_{pcl} \\ \sigma_t = -\sigma_{pct} \end{cases} \qquad (4\text{-}27)$$

式中，σ_{pcl}、σ_{pct} 分别为 l 和 t 方向的预应力钢筋在混凝土中产生的有效预压应力。将式（4-27）代入式（4-26）有

$$\sigma_r = -\frac{N_c}{bh} - \sigma_{pcl} - \sigma_{pct} - \sigma_d - \rho_{sl}\sigma_{sl} - \rho_{st}\sigma_{st} - \rho_{pl}\sigma_{pl} - \rho_{pt}\sigma_{pt} \qquad (4\text{-}28)$$

根据基本假定 1）和基本假定 2），并认为将混凝土中的裂缝"弥散"处理后基本假定 4）仍能成立，于是还可以建立下面的附加方程：

$$\begin{cases} P = \tau_{lt} bh \\ \delta = \gamma_{lt} H \end{cases} \qquad (4\text{-}29)$$

由平衡条件、相容方程、物理方程及式（4-29）所示的附加方程，可进行墙体荷载-位移关系的数值模拟分析，具体步骤如下。

1）选取 ε_d 作为主要控制变量，分级加应变：$\varepsilon_d = \varepsilon_d + \Delta\varepsilon_d$。

2）假定 ε_r 和 α。

3）由式（4-5）求出 ε_l、ε_t，再由式（4-6）和式（4-7）求出 ε_{sl}、ε_{st}、ε_{pl}、ε_{pt}。

4）由式（4-17）求 ζ。

5）由应力-应变关系求 σ_d、σ_r、σ_{sl}、σ_{st}、σ_{pl}、σ_{pt}。

6）由式（4-28）求 σ_r'，验证是否满足 $\sigma_r' = \sigma_r$。若不满足，修正 ε_r，重复步骤 3）～6），直至满足为止。

7）由式（4-24）或式（4-25）求 α'，验证是否满足 $\alpha' = \alpha$。若不满足，修正 α，重复步骤 3）～7），直至满足为止。

8）由方程（4-4）中的第三式求 τ_{lt}。

9）由方程（4-5）中的第三式求 γ_{lt}。

10）由式（4-29）求 P 和 δ。

11）当 ε_d 大于混凝土的极限受压应变 ε_{cu} 或钢筋的拉应变超过其极限受拉应变时，认为剪力墙破坏。

综合开裂前和开裂后的数值分析步骤，可得剪力墙水平单调加载试验的数值分析框图如图 4-12 所示。在按图 4-12 步骤计算剪力墙的荷载-位移关系时应注意：

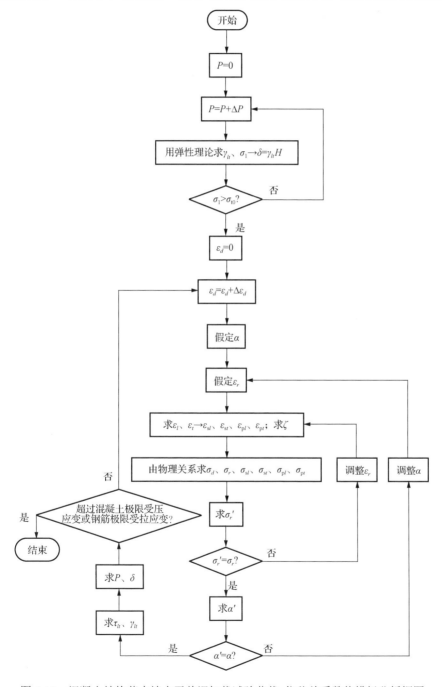

图 4-12　混凝土结构剪力墙水平单调加载试验荷载-位移关系数值模拟分析框图

本章一开始即定义了应力、应变的正负号。因此，为保证计算结果的正确性，在应用物理关系由应变计算应力时，应采用与第 1 章中类似的方法对正负号进行处理 [如式（1-33）所示]。

4.8　实　例　验　证

作者[1]曾用本章的方法对碎砖无砂混凝土配筋剪力墙体做过计算机试验仿真分析。根据碎砖无砂混凝土材料性能试验确定此类混凝土的应力-应变关系为

$$\sigma_{c} = \frac{f_c E_c \varepsilon_c}{f_c + (E_c - 5000)\varepsilon_c} \tag{4-30}$$

式中，f_c 为碎砖无砂混凝土的棱柱体抗压强度；E_c 为碎砖无砂混凝土的弹性模量。

应用到墙体的仿真分析时，考虑到混凝土将发生软化，取式（4-31）所示的应力-应变关系进行计算。

$$\sigma_{c} = \frac{\zeta f_c E_c \varepsilon_c}{\zeta f_c + (E_c - 5000)\varepsilon_c} \tag{4-31}$$

式中，ζ 为混凝土的软化系数，按式（4-13）计算。

墙体的几何、物理性能、荷载-位移关系的计算机仿真结果和试验结果均示于图 4-13。由图中的结果可以看出，本章的数值仿真分析方法可行。

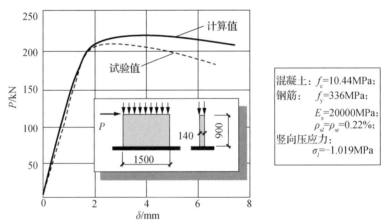

图 4-13　碎砖无砂混凝土配筋剪力墙仿真分析值与试验值的比较

采用付武荣[15]、杜静[16]和谭学民等[17]所做的 6 片钢筋混凝土剪力墙反复荷载试验再次对数值模拟方法进行验证。试验装置和图 4-1 类似，试件尺寸、配筋和材料性能如表 4-1 所示。

表 4-1　钢筋混凝土墙体反复加载试验试件信息

| 试件编号 | $b×h×H$ | ε_{c0} | $f_c/(f_t)$ /MPa | f_{ysl}/MPa | f_{yst}/MPa | ρ_{sl} /% | ρ_{st} /% | λ |
			E_c/MPa	E_{sl}/MPa	E_{st}/MPa			
W1-1[15]	80mm×900mm×490mm	0.0015	27.87（1.77）	292.6	292.6	0.46	0.34	0.1
			$2.76×10^4$	$2.20×10^5$	$2.20×10^5$			
W1-2[15]	80mm×900mm×490mm	0.0015	27.87（1.77）	292.6	292.6	0.46	0.34	0.2
			$2.76×10^4$	$2.20×10^5$	$2.20×10^5$			
W1-3[15]	80mm×900mm×490mm	0.0015	27.87（1.77）	292.6	292.6	0.46	0.34	0.3
			$2.76×10^4$	$2.20×10^5$	$2.20×10^5$			
W1-4[15]	80mm×900mm×490mm	0.002	48.69（2.43）	292.6	292.6	0.46	0.34	0.06
			$2.68×10^4$	$2.20×10^5$	$2.20×10^5$			
W-2[16]	80mm×1060mm×1000mm	0.0015	18.2（1.43）	341	300	0.39	0.66	0.2
			$2.00×10^4$	$1.62×10^5$	$1.92×10^5$			
SW-12[17]	100mm×700mm×675mm	0.0015	17.9（1.42）	265	259	0.83	0.83	0.1
			$1.25×10^4$	$2.01×10^5$	$2.04×10^5$			

注：b—剪力墙厚度；h—剪力墙宽度；H—剪力墙高度；ε_{c0}—混凝土峰值压应力对应的应变；f_c—混凝土抗压强度；f_t—混凝土抗拉强度，$f_t=0.33(f_c')^{0.5}$ [18]，$f_c'=1.03f_c$ [19]；E_c—混凝土弹性模量；f_{ysl}、ρ_{sl}—纵向钢筋屈服强度及其配筋率；f_{yst}、ρ_{st}—横向钢筋屈服强度及其配筋；E_{sl}—纵向钢筋弹性模量；E_{st}—横向钢筋弹性模量；λ—轴压比。

　　图 4-14 给出了剪力墙试验结果与数值模拟计算结果的比较。由图 4-14 可以看出，计算结果峰值高于试验结果。这是由于试验曲线均为反复荷载作用下墙体荷载-位移滞回曲线的包络线，即骨架曲线，而计算值为单调加载的荷载-位移曲线，考虑到反复荷载作用下结构的损伤累积造成墙体承载力下降，计算曲线峰值高于试验曲线峰值是合理的。对于 W1-1 和 W1-4 两组试件，为了安全起见，加载过程提前停止，未进行大位移下的加载试验，故试验测得的位移值较小。

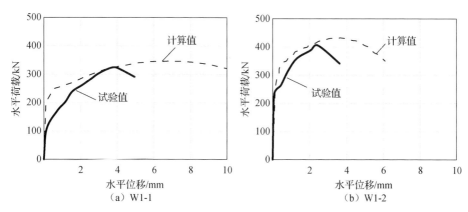

图 4-14　钢筋混凝土剪力墙试验结果与数值模拟计算结果的比较

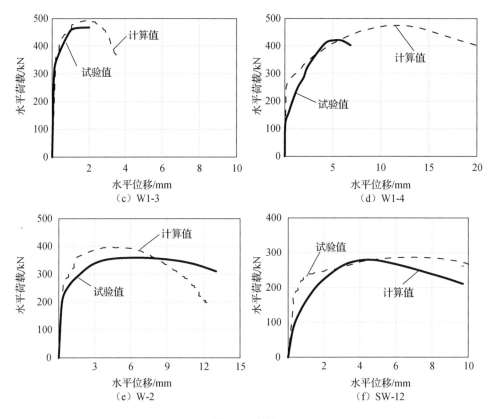

图 4-14（续）

4.9 仿真系统应用

4.9.1 纵横向配筋率对剪力墙受力性能的影响

选择重庆大学的 W-2 墙体试件作为参考试件。在其基础上改变纵向钢筋配筋率 ρ_{sl} 和横向配筋率 ρ_{st}，形成其他 3 片墙体 W2-1～W2-3（表 4-2）。应用本章的方法计算钢筋混凝土剪力墙水平荷载-位移关系曲线[20]。图 4-15 给出了计算结果。从图 4-15 可以看出，随着剪力墙横向配筋率的增大，剪力墙抗剪承载力得到提高。但是，只提高纵向配筋率，其承载力却稍微降低，这是有悖于基本的力学理论的。分析计算结果发现，当提高纵向配筋率时，对应每个主压应变，求出的主拉应变增大，导致软化系数变小，即软化增强，由此得到的主压应力及主拉应力均变小，承载力下降，但下降幅度很小。查阅相关文献、规范，在计算钢筋混凝土剪力墙抗剪承载力计算方面，由于纵向配筋率对抗剪承载力影响较小，计算方法中均忽略了其作用。由上面的计算可知，纵向配筋率的影响的确可以忽略，但是计算结果的反常，说明此方法在计算纵向配筋率方面尚存在缺陷，有待进一步改进。

表 4-2　钢筋混凝土剪力墙试件的纵横向配筋率

试件编号	ρ_{sl} /%	ρ_{st} /%
W-2	0.39	0.66
W2-1	0.39	0.39
W2-2	0.66	0.66
W2-3	0.66	0.39

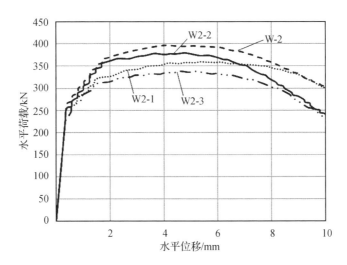

图 4-15　不同配筋剪力墙水平荷载-位移关系曲线

4.9.2　预应力对剪力墙抗剪性能的影响

以作者的博士生在文献[15]中所做的 W1-1 墙体试件为参考试件，增加预应力筋，进行数值模拟[20]。预应力混凝土墙体的配筋信息如表 4-3 所示。图 4-16 给出了预应力混凝土剪力墙水平荷载-位移关系曲线的数值模拟计算结果。由图 4-16 可以看出，预应力提高了墙体的承载力，却降低了墙体的变形性能。对比 PW-2 和 PW-3 可知，横向预应力比纵向预应力对墙体抗剪承载力的影响更加明显，这与 4.9.1 节中得出的横向钢筋对抗剪承载力影响更大的结论是相符的。

表 4-3　预应力混凝土墙体配筋信息

试件编号	纵向预应力筋配筋率/%	横向预应力筋配筋率/%	纵向有效预压应力/MPa	横向有效预压应力/MPa	预应力筋弹性模量/MPa	预应力筋极限抗拉强度/MPa
W1-1	0	0	—	—	—	—
PW-1	0.1	0.1	1.5	1.5	2.2×10^{5}	1470
PW-2	0	0.1	—	1.5	2.2×10^{5}	1470
PW-3	0.1	0	1.5	—	2.2×10^{5}	1470

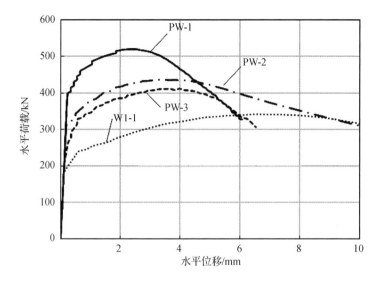

图 4-16　预应力混凝土剪力墙水平荷载-位移关系曲线

参 考 文 献

[1] 顾祥林，张誉，姚利民. 碎砖无砂混凝土墙体抗震性能试验研究[J]. 福州大学学报（自然科学版），1996，24（S1）：197-204.

[2] HSU T T C. Unified theory of reinforced concrete [M]. Boca Raton: CRC Press, Inc., 1993.

[3] HSU T T C. Nonlinear analysis of concrete membrane elements [J]. ACI structural journal, 1991, 88(5): 552-561.

[4] HSU T T C, ZHANG L X. Nonlinear analysis of membrane elements by fixed-angle softened-truss model [J]. ACI structural journal, 1997, 94(5): 483-492.

[5] VECCHIO F J, COLLINS M P. Stress-strain characteristics of reinforced concrete in pure shear, final report[R]. Delft: IABSE Colloquium on Advanced Mechanics of Reinforced Concrete. Zurich: International Association for Bridge and Structural Engineering, 1981: 211-225.

[6] VECCHIO F J, COLLINS M P. The modified compression field theory for reinforced concrete elements subjected to shear [J]. Journal of ACI, 1986, 83(2): 219-231.

[7] MIYAHARA T, KAWAKAMI T, MAEKAWA K. Nonlinear behavior of cracked concrete reinforced concrete plate element under uniaxial compression[C]//MIYAHARA T, KAWAKAMI T, MAEKAWA K. Nonlinear behavior of cracked concrete reinforced concrete plate element under uniaxial compression [J]. Concrete library international, JSCE, 1988(11): 131-144.

[8] IZUMO J, SHIN H, MAEKAWA K, et al. Analytical model for RC panels subjected to in-plane stress[R]//HSU T C C, MAU S T. Concrete shear in earthquakes. London: Elsevier Science Publishers Ltd., 1992: 206-215.

[9] SHIRAI S, NOGUCHI H. Compressive deterioration of cracked concrete[C]//ANG A H S. Proceedings of ASCE Structural Congress: Design, Analysis, and Testing. New York: American Society of Civil Engineers, 1989: 1-10.

[10] MIKAMEN A, UCHIDA K, NOGUCHI H. Study of compressive deterioration of cracked concrete[C]//Christian M, Jeremy I. Finite element analysis of reinforced concrete structures II: proceedings of the international workshop, New York: ACIASCE Committee,1991.

[11] BELARBI A, HSU T T C. Constitutive laws of softened concrete in biaxial tension-compression [J]. ACI structural journal, 1995, 92(5): 562-573.

[12] PANG X B, HSU T T C. Behavior of reinforced concrete membrane elements in shear [J]. ACI structural journal, 1995, 92(6): 665-679.

[13] COLLINS M P, MITCHELL D. Prestressed concrete structures [M]. New Jersey: Prentice-Hall, 1991.

[14] BELARBI A, HSU T T C. Constitutive laws of concrete in tension and reinforcing bars stiffened by concrete [J]. ACI structural journal, 1994, 91(4): 465-474.

[15] 付武荣. 双向地震作用下钢筋混凝土剪力墙的破坏机理及破坏过程模拟[D]. 上海：同济大学，2016.

[16] 杜静. 钢筋混凝土剪力墙的抗震抗剪性能研究及有限元模拟[D]. 重庆：重庆大学，2004.

[17] 谭学民，郭明华，王福明. 钢筋煤矸石混凝土低剪力墙的抗震性能[J]. 华南理工大学学报（自然科学版），1999，27（12）：67-73.

[18] VECCHIO F J. Reinforced concrete membrane element formulations[J]. Journal of structural engineering, 1990, 116(3): 730-750.

[19] 顾祥林. 混凝土结构基本原理[M]. 3 版. 上海：同济大学出版社，2015.

[20] ZHANG B, GU X L, WANG X L. Numerical simulation of lateral load-displacement relationships for reinforced concrete shear walls[C]//Mela K, Pajunen S, Raasakka V. Proceedings of 17th International Conference on Computing in Civil and Building Engineering. Tampere, 2018: 358-368.

第5章 单调加载时钢筋混凝土纯扭构件破坏过程仿真分析

和钢筋混凝土构件的受弯、受剪破坏不同，钢筋混凝土受扭构件的破坏面往往是一个空间曲面。因此，除应在计算分析时考虑构件的空间作用外，在破坏过程的仿真时还需要用到三维图形和动画系统。另外，实际构件中的扭矩常和剪力、弯矩甚至轴向力（如预应力混凝土受扭构件）同时出现。这些因素都会不同程度地影响钢筋混凝土受扭构件破坏过程的仿真分析。为简单起见，本章以钢筋混凝土纯扭构件的荷载-变形关系为主要内容，介绍钢筋混凝土受扭构件破坏过程仿真分析的基本原理。

5.1 钢筋混凝土纯扭构件单调受荷时的破坏特征及仿真分析时的基本假定

如图 5-1 所示的素混凝土构件，当扭矩 T 增大到一定值后，构件首先在截面某一长边（侧面）中部出现斜向裂缝，随即裂缝向相邻的底面和顶面发展，构件发生破坏。破坏时形成了三边受拉、一边受压的破坏曲面。素混凝土构件受扭破坏时一般只形成一条螺旋裂缝，扭矩-扭转角（T-θ_T）呈线性关系。且破坏时的扭转角较小，破坏具有突然性。

钢筋混凝土纯扭构件开裂前的性能与素混凝土构件相似，构件中钢筋的应变很小；构件开裂后并不马上破坏，随着扭矩的增加，形成多条螺旋形裂缝。构件的破坏形态随纵向钢筋和箍筋的用量不同而各不相同。当纵向钢筋和箍筋的用量皆适中时，首先纵筋和箍筋相继屈服，然后斜裂缝间的混凝土被压碎，构件破坏。当纵筋和箍筋用量较多时，斜裂缝间的混凝土可能先被压碎使构件破坏，而纵筋和箍筋并未屈服。当纵筋用量较多箍筋用量适中时，箍筋先屈服，然后斜裂缝间的混凝土被压碎，构件破坏，破坏时纵筋未屈服。当箍筋用量较多，纵筋用量适中时，纵筋先屈服，然后斜裂缝间混凝土被压碎，构件破坏，破坏时箍筋不屈服。若钢筋的用量较少，钢筋可能在混凝土被压碎之前断裂。钢筋混凝土纯扭构件的 T-θ_T 关系表现出明显的非线性，构件破坏时的扭转角 θ_{T_u} 远大于混凝土开裂时的扭转角 $\theta_{T_{cr}}$。构件中的钢筋既提高了构件的抗扭承载力，又提高了构件的扭曲变形能力。当构件发生第一种破坏时的延性最好。图 5-2 给出了一钢筋混凝土纯扭试件最终的破坏情况[1]。

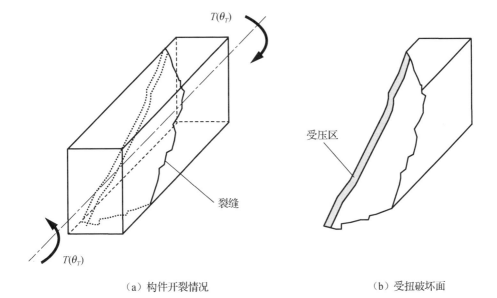

（a）构件开裂情况　　　　　　　　（b）受扭破坏面

图 5-1 素混凝土纯扭构件的破坏

图 5-2 钢筋混凝土纯扭构件的破坏

根据纯扭构件单调受荷时的破坏特征，在本章的仿真分析中做如下基本假定：

1）构件开裂前按弹性工作状态分析，钢筋的应力很小，扭矩主要由混凝土承担，构件的抗扭工作机理接近服从于弹性理论。

2）构件开裂后按弹塑性工作状态分析，且开裂后主要考虑截面外表的混凝土"薄壁管"和钢筋对抗扭能力的贡献，忽略截面核心区混凝土的作用。Hsu[2]曾做过截面尺寸、混凝土强度等级、配筋条件完全相同的实心梁与空心梁的抗扭对比试验，结果表明，尽管空心梁的开裂扭矩低于实心梁的开裂扭矩，但两种梁的极限扭矩基本相同。

3）裂缝间的混凝土斜向条带承受压弯作用。同济大学张誉等[3,4]曾在一纯扭构件的长边上开了 20mm×20mm 的斜槽，沿槽口方向分别贴 3 块应变片（图 5-3中的 1、2、3）。混凝土开裂后测得应变片 1 的压应变最大，应变片 3 的压应变最小，说明构件开裂后混凝土斜向条带呈现向内弯曲状态。

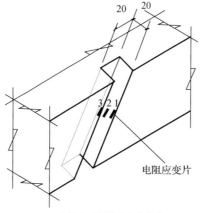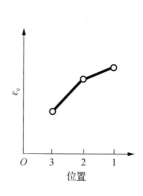

（a）构件表面斜槽内应变片布置　　　　　（b）构件由表面至内部的应变分布

图 5-3　钢筋混凝土纯扭构件裂缝间混凝土斜向条带受压应变的变化情况

5.2　混凝土开裂前扭矩-扭转角关系

纯扭构件混凝土开裂的标志是混凝土表面的最大主拉应力超过混凝土的抗拉强度或最大主拉应变 ε_{cts} 超过混凝土的开裂应变。为了和后面的分析相呼应，选取 ε_{cts} 作为基本自变量来进行开裂前的仿真分析。

根据 St. Venant 的解，在扭矩 T 的作用下矩形截面纯扭构件的最大扭剪应力为（图 5-4，假定图中所示的剪应力方向为剪应力的正方向）[5]

$$\tau_{T\max} = \frac{T}{\psi h b^2} \tag{5-1}$$

式中，T 为扭矩；h 为截面的高度（截面长边的尺寸）；b 为截面的宽度（截面短边的尺寸）；ψ 为与 h/b 有关的应力系数，其值在 0.208（当 h/b=1.0 时）～0.333（当 $h/b=\infty$ 时）变化，可用式（5-2）近似计算。

$$\psi = \frac{1}{3 + 1.8b/h} \tag{5-2}$$

根据广义胡克定律，纯扭构件中任一点处的主拉应变和主拉应力之间的关系可表述为（图 5-4）

$$\varepsilon_1 = \frac{1}{E_c}(\sigma_1 - \nu\sigma_2) \tag{5-3}$$

于是，对于纯扭构件（$\sigma_1 = -\sigma_2 = \tau_T$）有

$$\varepsilon_1 = \frac{1+\nu}{E_c}\sigma_1 = \frac{1+\nu}{E_c}\tau_T \tag{5-4}$$

式中，ε_1 为受扭构件外表面任意点处混凝土的主拉应变；E_c 为混凝土的弹性模量；ν 为混凝土的泊松比；τ_T 为受扭构件外表面任意一点处的扭剪应力。

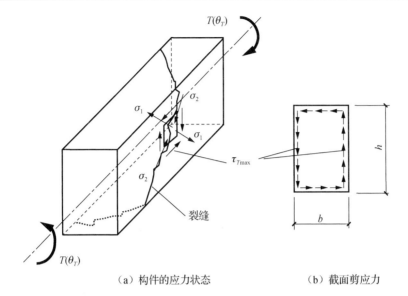

（a）构件的应力状态　　　　　（b）截面剪应力

图 5-4　钢筋混凝土纯扭构件混凝土开裂前的应力情况

应用式（5-4）可求得纯扭构件混凝土表面的最大主拉应变为

$$\varepsilon_{cts} = \frac{1+\nu}{E_c}\tau_{T\max} \tag{5-5}$$

将式（5-5）代入式（5-1）有

$$T = \tau_{T\max}\psi hb^2 = \frac{E_c}{1+\nu}\psi hb^2\varepsilon_{cts} \tag{5-6}$$

同样根据 St. Venant 的解，可以得出扭矩 T 和构件单位长度上的扭转角 θ_T 之间的关系：

$$T = \psi_k hb^2 G\theta_T \tag{5-7}$$

于是，

$$\theta_T = \frac{T}{\psi_k hb^2 G} = \frac{2\psi\varepsilon_{cts}}{b\psi_k} \tag{5-8}$$

式中，G 为混凝土的剪切模量，$G = E_c/[2(1+\nu)]$；ψ_k 为与 h/b 有关的刚度系数，它反映了剪应变在构件截面中的非线性分布，ψ/ψ_k 和 h/b 之间的关系可用式（5-9）来表达。

$$\psi/\psi_k = 10e^{1.3b/h} \tag{5-9}$$

将其代入式（5-8）得

$$\theta_T = \frac{20\varepsilon_{cts}}{b}e^{1.3b/h} \tag{5-10}$$

分级增加 ε_{cts}，分别由式（5-6）和式（5-10）确定 T 和 θ_T 之间的关系，当 ε_{cts} 超过混凝土的开裂应变时［可按式（3-13）计算］，混凝土便开裂。

需要注意的是，非均匀受拉时混凝土会表现出一定的塑性，故按弹性工作状态分析获得的开裂扭矩偏小。若要更准确地估计截面的开裂扭矩，宜对弹性计算结果适当放大，文献[6]中将弹性计算结果放大 30%。

5.3　混凝土开裂后扭矩-扭转角关系

由纯扭构件的破坏特征可知，矩形截面钢筋混凝土纯扭构件最终的破坏是以混凝土斜杆是否被压碎或钢筋是否被拉断作为标志的。而当钢筋的用量不是太少时，构件总以混凝土斜杆被压碎而告终。因此，选取混凝土表面的斜向受压应变ε_{ds}作为基本未知量，围绕ε_{ds}来建立方程，进行开裂后的仿真分析。

5.3.1　平衡条件

根据基本假定 2），开裂后钢筋混凝土纯扭构件截面核心区混凝土的作用可以忽略，而将其看成一薄壁管。由于钢筋的约束作用，随着扭矩的增大，在混凝土的薄壁管上会形成多条裂缝，将混凝土分隔成多个斜向条带。因此，构件的受力情况可用图 5-5（a）所示的变角空间桁架模型来模拟。构件中的纵筋组成了桁架的弦杆，箍筋组成了桁架的直腹杆，开裂的混凝土薄壁管中的斜向混凝土条带组成了桁架的斜腹杆。斜腹杆的倾角α随构件的几何、物理特性不同而不同。

由 Bredt 薄壁管理论可知：纯扭时，箱形截面壁中将产生不变的剪力流q[图 5-5（b）]，如式（5-11）所示。

$$q = \tau_T t_e \tag{5-11}$$

在式（5-11）所示的剪力流q的作用下，扭矩为

$$T = q b_{cor} h_{cor} + q h_{cor} b_{cor} = 2 q A_{cor} \tag{5-12}$$

式中，t_e为壁厚；b_{cor}、h_{cor}分别为剪力流作用线所围成的矩形的宽度和高度；A_{cor}为剪力流作用线所包围的面积。

对式（5-12）略做处理有

$$q = \frac{T}{2 A_{cor}} \tag{5-13}$$

在构件的侧壁上取含有一条完整斜裂缝且高度为h_{cor}的隔离体 ABCD 作为研究对象，如图 5-5（c）所示。第 4 章中已讨论过，由于混凝土和钢筋之间黏力的作用，混凝土开裂后仍存在平均拉应力σ_r。但其数值和混凝土中的平均压应力σ_d比相对较小。因此，本章在建立平衡方程时，将其忽略，只是在后面的物理方程中采用考虑σ_r影响的软化的混凝土受压应力-应变关系。忽略σ_r后，该隔离体上受到剪力流q、上下纵筋的拉力F_1和F_2，以及混凝土斜向压力N_d的作用。由平衡条件可以得出下列关系式。

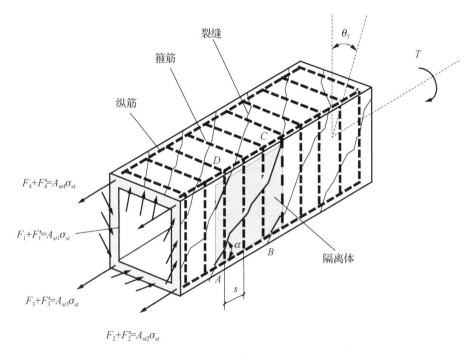

（a）变角桁架

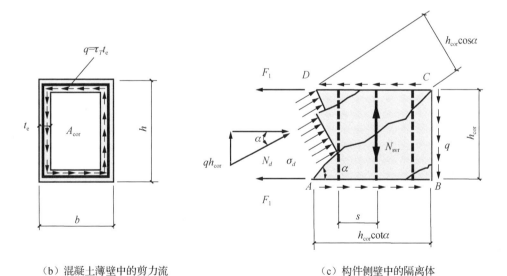

（b）混凝土薄壁中的剪力流　　　　　（c）构件侧壁中的隔离体

图 5-5　钢筋混凝土纯扭构件开裂后的变角空间桁架模型

混凝土的斜向压力：

$$N_d = \frac{q h_{\text{cor}}}{\sin \alpha} \qquad (5\text{-}14)$$

混凝土的斜向平均压应力：

$$\sigma_d = \frac{N_d}{t_e h_{cor} \cos\alpha} = \frac{q}{t_e \sin\alpha \cos\alpha} \tag{5-15}$$

纵筋的拉力：

$$F_1 + F_2 = q h_{cor} \cot\alpha \tag{5-16}$$

分别对构件的其他 3 个侧壁取类似的隔离体，可得

$$\begin{cases} F_1' + F_4' = q b_{cor} \cot\alpha \\ F_4 + F_3 = q h_{cor} \cot\alpha \\ F_3' + F_2' = q b_{cor} \cot\alpha \end{cases} \tag{5-17}$$

$$\begin{aligned} A_{st}\sigma_{st} &= (A_{st1} + A_{st2} + A_{st3} + A_{st4})\sigma_{st} \\ &= F_1 + F_1' + F_2 + F_2' + F_3 + F_3' + F_4 + F_4' \\ &= 2q(b_{cor} + h_{cor})\cot\alpha \\ &= q u_{cor} \cot\alpha \end{aligned} \tag{5-18}$$

式中，$u_{cor} = 2(b_{cor} + h_{cor})$ 为薄壁中心线所包围的矩形的周长。

在 $ABCD$ 中沿裂缝 AC 再取隔离 ABC 或 ACD，则根据平衡条件可得箍筋的拉力：

$$\frac{N_{svt} h_{cor} \cot\alpha}{s} = q h_{cor} \tag{5-19}$$

$$N_{svt} = A_{svt} \sigma_{svt} = q s \tan\alpha \tag{5-20}$$

由式（5-13）、式（5-15）、式（5-18）和式（5-20）可分别得出下列各式（T、α、t_e 与 σ_d、σ_{st}、σ_{svt} 之间的关系）：

$$T = A_{cor} \sigma_d t_e \sin 2\alpha \tag{5-21}$$

$$\cos^2\alpha = \frac{A_{st}\sigma_{st}}{u_{cor}\sigma_d t_e} \tag{5-22}$$

$$\sin^2\alpha = \frac{A_{svt}\sigma_{svt}}{s\sigma_d t_e} \tag{5-23}$$

$$t_e = \frac{A_{st}\sigma_{st}}{u_{cor}\sigma_d} + \frac{A_{svt}\sigma_{svt}}{s\sigma_d} \tag{5-24}$$

5.3.2 变形协调条件

和受扭构件扭矩-扭转角关系相关的变形参数主要有钢筋的应变、扭转角和混凝土表面的应变。本节所讨论的变形协调关系主要就是建立这些变形参数之间的数学关系。为此，以混凝土斜杆的弯曲曲率、斜杆的倾斜角及箱形管壁混凝土的剪切应变作为中间变量来推导上述参数之间的关系。

1. 扭转角与箱形管壁混凝土剪切应变的关系

对于任一封闭的任意截面形状的薄壁管，应用薄壁管长度方向上的翘曲位移在薄壁管周边上积分为零的条件，可确定其单位长度上的扭转角 θ_T（以下均称扭转角）与管壁剪切应变 γ 之间的关系。如图 5-6 所示，在薄壁管上截取长度为 $\mathrm{d}l$ 的一段，在这一管段上选取微元体 A。A 在 l 方向上的翘曲位移主要由两部分组成的，一部分是由扭转引起的刚性位移 $\mathrm{d}y'_l$，另一部分是由剪切变形引起的翘曲变形 $\mathrm{d}y''_l$。

由图 5-6（a）得

$$\mathrm{d}y'_l = -r\theta_T \mathrm{d}t \qquad\qquad (5\text{-}25\mathrm{a})$$

由图 5-6（b）得

$$\mathrm{d}y''_l = \gamma \mathrm{d}t \qquad\qquad (5\text{-}25\mathrm{b})$$

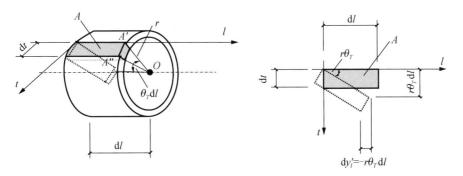

（a）由扭转引起的 l 方向的翘曲位移

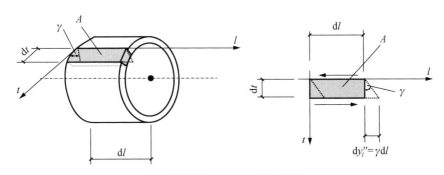

（b）由剪切引起的 l 方向的翘曲位移

图 5-6　薄壁管中的翘曲位移

于是，

$$\oint \mathrm{d}y_l = \oint \mathrm{d}y_l' + \oint \mathrm{d}y_l'' = -\theta_T \oint r \mathrm{d}t + \gamma \oint \mathrm{d}t = 0 \qquad (5\text{-}26)$$

由图 5-6（a）可知，$r\mathrm{d}t$ 是管截面中心 O 到微元体两边所组成的三角形 $OA'A''$ 面积的两倍。故有 $\oint r\mathrm{d}t = 2A_{\mathrm{cor}}$，而 $\oint \mathrm{d}t = u_{\mathrm{cor}}$。将此两式代入式（5-26），经整理得

$$\theta_T = \frac{u_{\mathrm{cor}}}{2A_{\mathrm{cor}}}\gamma \qquad (5\text{-}27)$$

2. 混凝土斜杆的弯曲曲率 ϕ 与构件扭转角 θ_T、斜杆倾角 α 之间的关系

根据基本假定 3），纯扭构件中的混凝土斜杆在受力过程中呈向内弯曲状态。本节就来讨论混凝土斜杆的弯曲曲率 ϕ 与构件扭转角 θ_T、斜杆倾角 α 之间的关系。以图 5-7（a）所示的带裂缝的混凝土薄壁管受扭构件的顶壁为研究对象。假定平面 $OABC$ 是过薄壁剪力流 q 作用线的一个平面，OB 为混凝土受压斜杆，其倾角为 α。过 O、A、C 设立直角坐标系 $OXYZ$。

在扭矩 T 的作用下，壁顶混凝土斜压杆向下弯曲，曲率为 ϕ [图 5-7（b）]，平面 $OABC$ 变为双曲面 $OADC$，且 CD 与 CB 的夹角为 $\theta_T b \cot \alpha$ [图 5-7（c）]。CD 边各点在 Y 轴方向上的位移可表示为

$$y = \theta_T b \cot \alpha \cdot z \qquad (5\text{-}28)$$

同样，AD 边各点在 Y 轴方向上的位移也可表示为

$$y = \theta_T bx \qquad (5\text{-}29)$$

根据式（5-28）和式（5-29）所示的边界条件，可确定双曲面 $OADC$ 在 Y 轴方向上的位移的表达式为

$$y = \theta_T xz \qquad (5\text{-}30)$$

假定 OB 为 W 轴，则 W 轴上任一点的坐标值均可根据此点所对应的 x 值和 z 值确定，且有下列关系 [图 5-7（d）]：

$$\begin{cases} \mathrm{d}x = \mathrm{d}w \cos \alpha \\ \mathrm{d}z = \mathrm{d}w \sin \alpha \end{cases} \qquad (5\text{-}31)$$

由 OW 方向混凝土斜压条带的变形情况可知 [图 5-7（b）]，斜压条带的弯曲曲率 ϕ 应为

$$\phi = \frac{\mathrm{d}^2 y}{\mathrm{d}^2 w} \qquad (5\text{-}32)$$

根据复合函数的微分公式有

$$\frac{\mathrm{d}y}{\mathrm{d}w} = \frac{\partial y}{\partial x}\frac{\mathrm{d}x}{\mathrm{d}w} + \frac{\partial y}{\partial z}\frac{\mathrm{d}z}{\mathrm{d}w} \qquad (5\text{-}33)$$

将式（5-30）和式（5-31）代入式（5-33）有

$$\begin{cases} \dfrac{\mathrm{d}y}{\mathrm{d}w} = \theta_T z \cos\alpha + \theta_T x \sin\alpha \\[4mm] \dfrac{\mathrm{d}^2 y}{\mathrm{d}^2 w} = \dfrac{\partial \dfrac{\mathrm{d}y}{\mathrm{d}w}}{\partial x}\dfrac{\mathrm{d}x}{\mathrm{d}w} + \dfrac{\partial \dfrac{\mathrm{d}y}{\mathrm{d}w}}{\partial z}\dfrac{\mathrm{d}z}{\mathrm{d}w} = \theta_T \sin\alpha\cos\alpha + \theta_T \cos\alpha\sin\alpha = \theta_T \sin 2\alpha \end{cases}$$

（5-34）

即

$$\phi = \theta_T \sin 2\alpha$$　　　　　　（5-35）

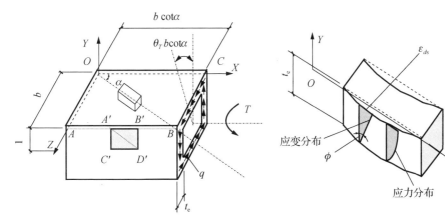

（a）完整斜裂缝长度范围内的薄壁管　　　　（b）管上壁截面混凝土的应力和应变分布

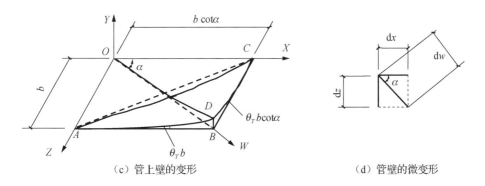

（c）管上壁的变形　　　　　　　　（d）管壁的微变形

图 5-7　扭矩作用下钢筋混凝土薄壁管的变形

3. 钢筋应变、混凝土应变与管壁混凝土剪切应变之间的关系

在图 5-7（a）中的混凝土箱形管的侧壁取出一单元体 $A'B'C'D'$。其中，$A'B'$、$A'C'$ 和 $A'D'$ 分别代表纵筋、箍筋和混凝土斜杆，如图 5-8 所示。设纵筋有一拉应变 ε_{st}，则 $A'B'$ 的伸长 $\varepsilon_{st}\cot\alpha$ 如图 5-8（a）所示，为了保证 $A'B'$ 和 $A'D'$ 间的协调，整个单元有图 5-8（a）虚线所示的变形。于是，由纵筋应变 ε_{st} 而引起的剪切应变 γ_{st} 应为

$$\gamma_{st} = \varepsilon_{st}\cot\alpha$$　　　　　　（5-36）

同理，由于箍筋的应变ε_{vt}而引起的剪切应变γ_{vt}应为［图5-8（b）］

$$\gamma_{vt} = \varepsilon_{vt} \tan\alpha \tag{5-37}$$

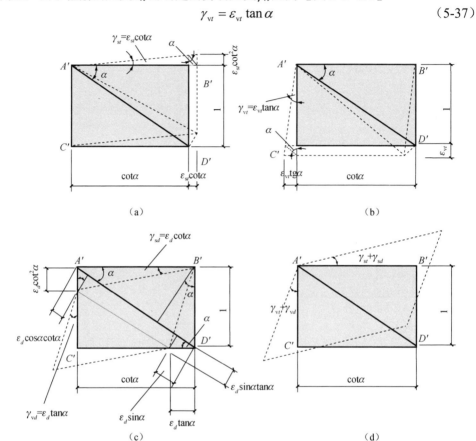

图 5-8　钢筋混凝土薄壁管管壁单元的剪切变形

设混凝土斜压杆的平均压应变为ε_d，则由混凝土斜杆的应变而引起的剪切应变的两个分量γ_{sd}和γ_{vd}分别为［图5-8（c）］

$$\begin{cases} \gamma_{sd} = \varepsilon_d \cot\alpha \\ \gamma_{vd} = \varepsilon_d \tan\alpha \end{cases} \tag{5-38}$$

将式（5-36）、式（5-37）分别和式（5-38）中的两式相加可得总的剪切应变γ的两个分量［图5-8（d）］：

$$\begin{cases} \gamma_{st} + \gamma_{sd} = (\varepsilon_{st} + \varepsilon_d)\cot\alpha \\ \gamma_{vt} + \gamma_{vd} = (\varepsilon_{vt} + \varepsilon_d)\tan\alpha \end{cases} \tag{5-39}$$

实际上，$\gamma_{st} + \gamma_{sd} = \gamma_{vt} + \gamma_{vd} = \gamma/2$。于是有

$$\begin{cases} \gamma/2 = (\varepsilon_{st} + \varepsilon_d)\cot\alpha \\ \gamma/2 = (\varepsilon_{vt} + \varepsilon_d)\tan\alpha \end{cases} \tag{5-40}$$

式（5-40）实际上是第 4 章推导的应变协调方程的另一种表达形式。

4. 钢筋应变、扭转角与混凝土表面压应变之间的关系

如图 5-7（b）所示，扭矩作用下裂缝间的混凝土条带呈向内弯曲状态，而混凝土的抗拉强度又很低，因此可以忽略混凝土的抗拉作用，取箱形薄壁的厚度 t_e 和混凝土压弯斜杆截面的受压区有效高度相等。于是得

$$\varepsilon_{ds} = \phi t_e \qquad (5-41)$$

式中，ε_{ds} 为构件表面混凝土的压应变。

由式（5-27）和式（5-40）得

$$\theta_T = \frac{u_{cor}}{A_{cor}}(\varepsilon_{vt} + \varepsilon_d)\tan\alpha \qquad (5-42)$$

将式（5-42）代入式（5-35）有

$$\phi = \frac{u_{cor}}{A_{cor}}(\varepsilon_{vt} + \varepsilon_d)\tan\alpha\sin 2\alpha \qquad (5-43)$$

将式（5-43）代入式（5-41）有

$$\varepsilon_{ds} = \frac{u_{cor}}{A_{cor}}(\varepsilon_{vt} + \varepsilon_d)t_e\tan\alpha\sin 2\alpha \qquad (5-44)$$

将式（5-21）代入式（5-44）有

$$\varepsilon_{ds} = \frac{u_{cor}}{A_{cor}}(\varepsilon_{vt} + \varepsilon_d)t_e\tan\alpha\frac{T}{A_{cor}\sigma_d t_e} = \frac{u_{cor}T(\varepsilon_{vt} + \varepsilon_d)\tan\alpha}{A_{cor}^2\sigma_d}$$

$$\varepsilon_{vt} = \frac{A_{cor}^2\sigma_d\varepsilon_{ds}}{u_{cor}T\tan\alpha} - \varepsilon_d \qquad (5-45)$$

同理可得

$$\varepsilon_{st} = \frac{A_{cor}^2\sigma_d\varepsilon_{ds}}{u_{cor}T\cot\alpha} - \varepsilon_d \qquad (5-46)$$

在式（5-35）和式（5-41）中消去 ϕ 有

$$\theta_T = \frac{\varepsilon_{ds}}{t_e\sin 2\alpha} \qquad (5-47)$$

5.3.3　物理关系及其应用

和混凝土结构剪力墙相似，钢筋混凝土受扭构件开裂后裂缝间的混凝土也会出现"软化现象"。仿真分析时宜采用式（4-12）所示的混凝土的应力-应变关系[7-11]。式（4-12）中的软化系数 ζ 用式（4-17）来计算。但是，本章的分析未直接涉及混凝土中的平均受拉应变 ε_r，因此，需要对式（4-17）进行必要的处理。由式（4-5）中的前两式可得

$$\varepsilon_r = \varepsilon_l + \varepsilon_t - \varepsilon_d \tag{5-48}$$

在第 4 章中，ε_d 为压应变取负值。若 ε_d 取为正值，则应用式（5-48）时，需作相应的改变：

$$\varepsilon_r = \varepsilon_l + \varepsilon_t + \varepsilon_d \tag{5-49}$$

显然，若不考虑钢筋与混凝土之间的滑移，则 $\varepsilon_{st} = \varepsilon_l$，$\varepsilon_{vt} = \varepsilon_t$。于是，

$$\varepsilon_r = \varepsilon_{st} + \varepsilon_{vt} + \varepsilon_d \tag{5-50}$$

将式（5-50）代入式（4-17）有

$$\zeta = \frac{0.9}{\sqrt{1 + 400(\varepsilon_{st} + \varepsilon_{vt} + \varepsilon_d)}} \tag{5-51}$$

根据纯扭构件中混凝土斜压杆截面的应变和应力分布图（图 5-9），由式（4-12）和式（5-51）可以求出斜压杆截面的应力分布，如图 5-9（b）所示。但是，前面在推导平衡方程和相容方程时用到的却是混凝土的平均应力 σ_d 和混凝土表面的受压应变 ε_{ds}。因此如何用 ε_{ds} 来确定 σ_d 将是应用混凝土受压应力-应变关系时所要解决的关键问题。

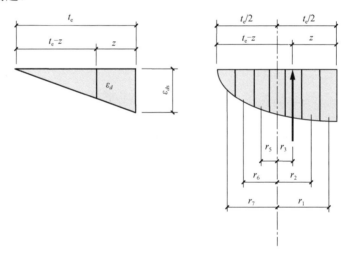

（a）应变分布图 （b）应力分布图

图 5-9 钢筋混凝土纯扭构件中混凝土斜压杆截面的应变和应力分布图

将图 5-9 所示的单位宽度的混凝土斜压杆沿截面高度 t_e 等分成 7 个小单元，采用切步谢夫全区域逼近法可以求得 σ_d 及其合力作用线的位置。根据该逼近理论，各小块单元合力作用点到截面中心线的距离分别为 $r_1 = 0.4419t_e$，$r_2 = 0.2648t_e$，$r_3 = 0.1620t_e$，$r_4 = 0$，$r_5 = -0.1620t_e$，$r_6 = -0.2648t_e$，$r_7 = -0.4419t_e$。

根据线性应变分布图 [图 5-9（a）]，第 i 块单元合力点处的应变为

$$\varepsilon_{di} = \frac{\varepsilon_{ds}}{t_e}\left[t_e - \left(\frac{t_e}{2} - r_i\right)\right] \tag{5-52}$$

应用式（4-12），由 ε_{di} 可求出第 i 块单元的平均应力 σ_{di}。因此，截面上的平均压应力为

$$\sigma_d = \frac{1}{7}\sum_{i=1}^{7}\sigma_{di} \tag{5-53}$$

各块单元的合压力分别对截面的外边缘取矩，则可求得合力作用线的位置，即由

$$\sigma_d t_e z = \sum_{i=1}^{7}\sigma_{di}\frac{t_e}{7}\left(\frac{t_e}{2} - r_i\right)$$

可得

$$z = \frac{\sum_{i=1}^{7}\sigma_{di}\frac{1}{7}\left(\frac{t_e}{2} - r_i\right)}{\sigma_d} \tag{5-54}$$

认为受扭构件截面剪力流的作用线和混凝土斜压杆截面的合力作用线位置重合，且取混凝土斜压杆截面合力作用线处的压应变作为混凝土斜压杆截面的平均压应变（这只是名义上的平均应变，实际的平均压应变为 $\varepsilon_d = \varepsilon_{ds}/2$），则求出 z 后可得

$$\varepsilon_d = \frac{t_e - z}{t_e}\varepsilon_{ds} \tag{5-55}$$

$$u_{cor} = 2(b + h) - 8z \tag{5-56}$$

$$A_{cor} = (b - 2z)(h - 2z) \tag{5-57}$$

由于在建立平衡方程时，忽略了混凝土中平均拉应力 σ_r 的作用，对纵筋和箍筋均采用第 2 章中介绍的裸钢筋的应力-应变关系。

5.4 受扭构件扭矩-扭转角关系的数值模拟分析

根据前两节建立的计算公式，可按下列步骤计算钢筋混凝土纯扭构件的扭矩-扭转角关系。

1）分级输入混凝土表面最大主拉应变 $\varepsilon_{cts} = \varepsilon_{cts} + \Delta\varepsilon_{cts}$。

2）由 ε_{cts}，用式（5-7）和式（5-10）分别求出 T 和 θ_T。

3）当 ε_{cts} 大于混凝土的开裂应变 ε_{t0} 时，混凝土开裂。

4）分级加混凝土斜杆的压应变 $\varepsilon_{ds} = \varepsilon_{ds} + \Delta\varepsilon_{ds}$，假定 t_e、α、ζ。

5）由式（5-52）求 ε_{di}→考虑混凝土软化的物理关系求 σ_{di}→由式（5-53）求 σ_d。

6）由式（5-54）求 z→由式（5-55）求 ε_d→由式（5-56）、式（5-57）求 u_{cor}、A_{cor}。

7）由式（5-21）求 T，由式（5-45）、式（5-46）求 ε_{vt}、ε_{st}。

8）由 ε_{vt} 和 ε_{st} 求 σ_{svt}、σ_{st}。

9）用式（5-24）复核 t_e，若不符合修正 t_e，重复步骤 4）～9）。

10）用式（5-51）复核 ζ，若不符合修正 ζ，重复步骤 4）～10）。

11）用式（5-22）或式（5-23）复核 α，若不符合修正 α，重复步骤 4）～11）。

12）用式（5-47）求 θ_T。

13）当 ε_{ds} 超过混凝土的极限受压应变或 ε_{vt}、ε_{st} 超过钢筋的极限受拉应变时结束。

钢筋混凝土纯扭构件扭矩-扭转角关系计算简图如图 5-10 所示。

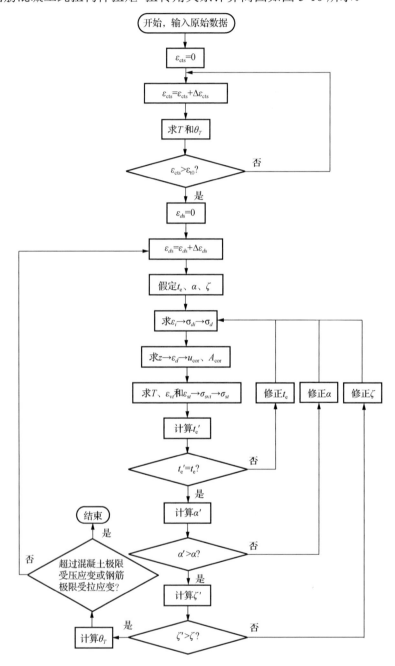

图 5-10　钢筋混凝土纯扭构件扭矩-扭转角关系计算简图

按图 5-10 所示步骤进行数值模拟分析时，应注意以下方面。

1）与第 4 章中的分析方法不同，本章中混凝土开裂后采用的是变角空间桁架模型，未涉及单元体的应力、应变分析。因此，所有的应力、应变均取正值。这一点在式（5-50）中已得到体现。

2）由于开裂前采用线弹性分析模型，开裂后忽略核心区混凝土的作用采用空间桁架模型，因此，两个模型的计算曲线在开裂处不重合，如图 5-11 中的 A 和 A' 点。这在现象上反映了两模型的不连续性（桁架模型忽略了核心区混凝土的作用），但在本质上却反映了构件刚度的突变。故可用水平线将 A、A' 两点连接起来，取图 5-11 中的 $OAA'B$ 曲线作为 $T\text{-}\theta_T$ 关系最终的计算结果。

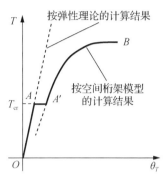

图 5-11　开裂扭矩处计算结果的处理

5.5　实 例 验 证

为了研究高强混凝土受扭构件的受力性能，在作者[6]的指导下同济大学土木工程专业本科生周虹宇受国家级创新实践计划的资助，进行了 10 根钢筋混凝土纯扭构件的试验。试验在作者自己开发的试验装置上进行，如图 5-12 所示。试件的详细信息如表 5-1 所示。

（a）试验现场

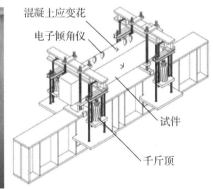

（b）加载装置示意图

图 5-12　高强混凝土纯扭构件试验装置

表 5-1　高强混凝土纯扭试件详细信息

试件编号	截面尺寸	箍筋	纵筋	混凝土棱柱体抗压强度/MPa	混凝土抗拉强度/MPa	纵筋强度/MPa	箍筋强度/MPa
CB60-0		0	4φ10*				
CB60-1		φ10@60	4φ12				
CB60-2	150mm×300mm	φ10@80	4φ12	67.55	4.44		
CB60-3		φ10@100	4φ12				
CB60-4		φ10@120	4φ12			f_y=385.4	f_{yv}=318.9
CB70-0		0	4φ10*			f_u=575.1	f_{uv}=469.3
CB70-1		φ10@60	4φ12				
CB70-2	150mm×300mm	φ10@80	4φ12	71.54	5.24		
CB70-3		φ10@100	4φ12				
CB70-4		φ10@120	4φ12				

* 表示保护素混凝土试件在运输中不受损坏，试件配有 4 根φ10 纵筋，无箍筋。

应用式（1-8）所示的适合不同强度混凝土的应力-应变关系，同时考虑应力、应变软化对其进行修正得式（5-58）。

$$\begin{cases} \sigma_c = \zeta\sigma_{c0}\left[2\dfrac{\varepsilon_c}{\zeta\varepsilon_{c0}} - \left(\dfrac{\varepsilon_c}{\zeta\varepsilon_{c0}}\right)^n\right] & (0 \leqslant \varepsilon_c \leqslant \zeta\varepsilon_{c0}) \\ \sigma_c = \zeta\sigma_{c0} & (\zeta\varepsilon_{c0} < \varepsilon_c \leqslant \varepsilon_{cu}) \end{cases} \qquad (5\text{-}58)$$

式中，ζ 用式（5-51）计算；其他符号的意义和确定方法同式（1-8）。

以式（5-58）对高强混凝土纯扭构件的破坏过程进行模拟计算。表 5-2 中给出了开裂扭矩和极限扭矩的计算结果。图 5-13 给出了典型构件扭矩-扭转角关系曲线计算结果与试验结果的比较。由表 5-2 和图 5-13 可以看出，计算结果与试验结果吻合较好。

表 5-2　高强混凝土纯扭构件数值模拟结果与试验结果比较

试件编号	开裂扭矩实测值/（kN·m）	开裂扭矩计算值/（kN·m）	开裂扭矩计算值/实测值	极限扭矩实测值/（kN·m）	极限扭矩计算值/（kN·m）	极限扭矩计算值/实测值
CB60-1	11.32	11.89	1.050	17.01	18.26	1.073
CB60-2	11.54	11.89	1.030	14.37	15.73	1.095
CB60-3	11.55	11.89	1.029	12.97	14.04	1.082
CB60-4	11.64	11.89	1.021	12.71	12.74	1.002
CB60-0	11.81	11.89	1.007	—	—	—
CB70-0	13.78	12.08	0.877	—	—	—
CB70-2	12.12	12.08	0.997	16.87	15.77	0.935
CB70-3	12.27	12.08	0.985	14.38	14.10	0.981
CB70-4	12.56	12.08	0.962	13.43	12.84	0.956

注：试件 CB70-1 在加载过程中夹头附近发生局部受压破坏，导致试验无法进行而失败。

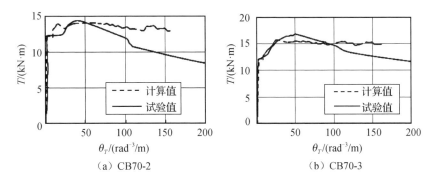

图 5-13　典型高强混凝土纯扭构件扭矩-扭转角关系曲线计算结果和试验结果的比较

选取相关文献中的 15 根构件，表 5-3 给出了构件开裂扭矩和极限扭矩计算值和试验值的比较。图 5-14 给出了文献[3]中 3 根典型构件扭矩-扭转角关系曲线的计算结果和试验结果的比较。为了简洁起见，表 5-4 中只给出了图 5-14 中 3 根构件的基本参数，其他构件的相关参数可查阅原文献。表 5-3 和图 5-14 的结果再次证明仿真方法可信。由于开裂前采用弹性分析，表 5-3 中开裂扭矩的计算值普遍偏低。

表 5-3　相关文献中钢筋混凝土纯扭试件开裂扭矩和极限扭矩计算结果和试验结果的比较

试件编号	开裂扭矩实测值/（kN·m）	开裂扭矩计算值/（kN·m）	开裂扭矩计算值/实测值	极限扭矩实测值/（kN·m）	极限扭矩计算值/（kN·m）	极限扭矩计算值/实测值	参考文献
N-2-1-2	4.75	4.25	0.894	5.66	5.94	1.049	
N-2-1-3	5.36	4.48	0.836	6.18	6.10	0.986	
N-2-2-1	3.96	4.14	1.044	4.54	—	—	
N-2-2-2	4.54	4.09	0.900	7.82	9.48	1.213	
N-2-3-1	4.54	4.17	0.918	8.18	8.22	1.005	[3]
N-2-3-2	5	4.18	0.837	8.57	8.06	0.941	
N-5-3	2.61	2.10	0.803	4.36	5.55	1.274	
N-2-3	4.34	4.17	0.960	8.1	8.11	1.001	
N-4-6	3.74	3.40	0.910	7.55	8.44	1.118	
RT1	5.56	5.38	0.968	7.6	7.87	1.035	[12]
RT2	6.67	5.38	0.807	9.45	9.85	1.042	
RHT	8.335	7.83	0.939	12.78	13.40	1.049	[13]
Ra-75	2.25	1.95	0.867	3.156	3.02	0.957	
Rb-c	6.95	6.65	0.957	—	—	—	[14]
Rb-160	6.924	6.65	0.961	—	—	—	

注：“—”表示该根构件为素混凝土纯扭构件，构件开裂后即破坏，未列出极限扭矩相关数值。

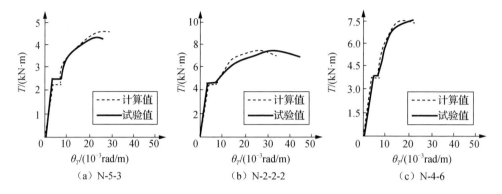

（a）N-5-3   （b）N-2-2-2   （c）N-4-6

图 5-14   文献[3]中典型钢筋混凝土纯扭构件扭矩-扭转角关系曲线的计算值和试验值的比较

表 5-4   文献[3]中典型钢筋混凝土受扭构件的基本参数

试件	b/mm	h/mm	纵筋		箍筋		f_c/MPa
			数量	f_y/MPa	数量	f_{yv}/MPa	
N-5-3	149	199	4ϕ12	228	ϕ8@70	262	17
N-2-2-2	154	302	4ϕ14	290	ϕ8@100	191	21
N-4-6	152	250	6ϕ14	345	ϕ8@70	217	24

5.6   仿真系统应用

我国《混凝土结构设计规范》（GB 50010—2010）（2015 年版）在计算钢筋混凝土纯扭构件的抗扭承载力时，以"空间桁架"模型为基础，并考虑混凝土对构件抗扭的贡献，在大量普通混凝土构件受扭试验结果的基础上进行回归分析。依据规范，可得到构件在纯扭荷载作用下的承载力计算公式如式（5-59）所示。

$$T_u = 0.35 f_t W_t + 1.2 \sqrt{\zeta} \frac{A_{st1} f_{yv}}{s} A_{cor} \tag{5-59}$$

式中，f_t 为混凝土抗拉强度；W_t 为矩形截面塑性抵抗矩；ζ 为纵筋与箍筋的配筋强度比；A_{cor} 为核心区混凝土的面积；A_{st1} 为单肢箍筋的截面面积；s 为箍筋间距；f_{yv} 为箍筋屈服强度。

对高强混凝土受扭构件，式（5-59）是否还能继续使用？这个问题一直受到关注。为此，参照表 5-1 中的试验梁，再设计 12 根高强混凝土受扭构件，进行数值计算分析。数值分析构件的详细信息如表 5-5 所示，其中混凝土最高强度等级为 C100。采用文献[15]的方法，将混凝土的棱柱体抗压强度换算成抗拉强度。图 5-15 给出了表 5-1 所示 7 根构件、表 5-5 所示 12 根构件极限抗扭承载力的试验结果和数值分析结果。与式（5-59）的计算结果比较表明，式（5-59）可以偏于安全地计算高强混凝土纯扭构件的抗扭承载力。

表 5-5 高强混凝土纯扭数值试验构件几何物理信息

试件编号	截面尺寸	棱柱体抗压强度/MPa	箍筋用量	箍筋屈服强度/MPa	纵筋用量	纵筋屈服强度/MPa
CB80-1			$\phi 10@60$			
CB80-2	150mm×300mm	57.0	$\phi 10@80$			
CB80-3			$\phi 10@100$			
CB80-4			$\phi 10@120$			
CB90-1			$\phi 10@60$			
CB90-2	150mm×300mm	63.4	$\phi 10@80$	318.9	$4\phi 12$	385.4
CB90-3			$\phi 10@100$			
CB90-4			$\phi 10@120$			
CB100-1			$\phi 10@60$			
CB100-2	150mm×300mm	69.8	$\phi 10@80$			
CB100-3			$\phi 10@100$			
CB100-4			$\phi 10@120$			

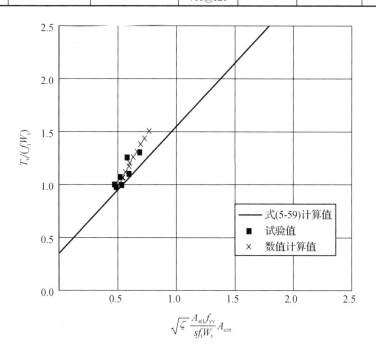

图 5-15 高强混凝土纯扭构件的抗扭承载力

参 考 文 献

[1] MITCHELL D, COLLINS M P. Diagonal compression field theory-a rational model for structural concrete in pure torsion [J]. Journal of ACI, 1974, 71: 396-408.

[2] HSU T T C. Torsion of structural concrete-behavior of reinforced concrete rectangular members[M]//ACI publication SP-18: torsion of structural concrete. Detroit: American Concrete Institute, 1968: 261-306.

[3] 殷芝霖, 张誉, 王振东. 抗扭[M]. 北京：中国铁道出版社，1990.

[4] 张誉，陈斌. 钢筋陶粒混凝土受扭构件全过程分析[J]. 同济大学学报，1982（3）：72-85.

[5] TIMOSHIINKO S P, GOODIER J N. Theory of elasticity [M]. New York: McGraw-Hill, 1951.

[6] 顾祥林. 混凝土结构基本原理[M]. 3 版. 上海：同济大学出版社，2015.

[7] HSU T T C, MO Y L. Softening of concrete in torsional members-theory and tests [J]. Journal of ACI, 1985, 82(3): 290-303.

[8] HSU T T C, MO Y L. Softening of concrete in torsional members-designing recommendations [J]. Journal of ACI, 1985, 82(4): 443-452.

[9] VECCHIO F J, COLLINS M P. Stress-strain characteristics of reinforced concrete in pure shear, final report[R]. Delft: IABSE Colloquium on Advanced Mechanics of Reinforced Concrete. Zurich: International Association for Bridge and Structural Engineering, 1981: 211-225.

[10] VECCHIO F J, COLLINS M P. The modified compression field theory for reinforced concrete elements subjected to shear [J]. Journal of ACI, 1986, 83(2): 219-231.

[11] HSU T T C. Unified theory of reinforced concrete [M]. Boca Raton: CRC Press, Inc., 1993.

[12] 刘伟庆，卢卫红，李松柏，等. 配筋钢纤维混凝土纯扭构件性能的试验研究[J]. 南京建筑工程学院学报，1994，30（3）：40-43.

[13] 陆伟东，刘伟庆，张大长. 矩形截面钢纤维高强混凝土纯扭构件受力性能研究[J]. 南京建筑工程学院学报，1998，45（2）：16-24.

[14] CHALIORIS C E. Torsional strengthening of rectangular and flanged beams using carbon fibre reinforced polymers-experimental study [J]. Construction and building materials, 2008, 22(1): 1-29.

[15] HUESTE M B D, CHOMPREDA P, TREJO D, et al. Mechanical properties of high-strength concrete for prestressed members [J]. ACI structural journal, 2004, 101(4): 457-466.

第6章　水平反复加载时钢筋混凝土柱破坏过程仿真分析

地震作用下，钢筋混凝土柱受到轴向荷载及水平反复荷载的共同作用，受力状态复杂。作为混凝土结构中重要的承重及抗侧力构件，柱的性能直接影响到整个结构的承载能力及破坏特性。为研究柱的抗震性能，目前多采用拟静力试验方法，通过获取一定加载制度下的荷载-位移滞回曲线，分析其承载力退化、刚度退化及耗能等性能。典型的拟静力试验方法如下：将柱在反弯点处截断，取半长柱，柱底固支，柱顶施加轴向荷载及水平荷载，按照一定的加载制度（如等幅加载、变幅加载等）反复加载。其试验装置和图1-1中的柱类似，但加载方式不同，主要体现在如下3个方面：①由于地震的反复作用，柱的破坏形式有一次性超越破坏和低周疲劳破坏两种，加载时必须能反映构件的受力特征；②由于地震作用的方向具有随意性，加载路径应有多种形式；③水平反复荷载作用下高层框架结构边柱中的轴力会随倾覆弯矩的变化而发生变化，考虑竖向地震作用时柱中的轴力也会变化，加载时应能考虑这种变化。

单向（主轴方向或斜向）的一次性超越破坏或低周疲劳破坏在实验室中一般容易实现[1,2]。国内也有一些学者进行过不同加载路径下（针对水平荷载）柱的受力性能试验。例如，邱法维等[3]曾对柱进行过6种加载制度下的试验研究。结果表明，双向加载与单向加载下柱的承载力退化、刚度退化、累积滞回耗能及累积损伤等均有显著的差异。作者及其合作者[4]也曾对钢筋混凝土柱进行过4种加载制度下的试验研究，得到过类似的结论。相比单向加载，双向加载试验的难度明显加大；若考虑变轴力的作用，试验难度则更大。目前，对变轴力的试验研究相对较少，已有的少量试验采用了轴力随位移线性变化的加载方式[5,6]，发现变轴力下柱受力性能存在不对称性。另外，试验中的轴压比一般控制在0.1~0.5，高轴压比的试验鲜有进行。

本章主要介绍水平反复荷载作用下钢筋混凝土柱荷载-位移关系的数值模拟方法，以便和实验室中的物理试验形成互补。为模拟低周疲劳破坏，在材料层面上引入损伤累积模型。为考虑双向加载和变轴力问题，建立三维的空间模拟分析模型。

6.1　钢筋混凝土柱水平反复受荷时的破坏特征及仿真分析时的基本假定

水平反复加载时钢筋混凝土柱的破坏特征与单调加载时柱的破坏特征类似，

且长柱一般不会出现受剪破坏。两者不同的是,弯矩方向的交替变化使混凝土在两对边交替开裂,最终两对边的混凝土均会被压碎,从而导致混凝土柱破坏。

根据钢筋混凝土柱水平反复受荷时的破坏特征,在本章的仿真分析中做如下基本假定。

1)平截面假定,即柱截面在加载过程中始终保持为平面。平截面假定使截面自由度减少为2个,即截面转角(曲率)及截面中点的变形,简化了分析。

2)忽略剪切变形对柱位移的贡献,同时认为柱只发生正截面破坏。一般而言,柱的剪切变形约为总位移的10%,所占比重较小。但对于长细比较小的柱,剪切变形所占比重较大,此时若忽略剪切变形将产生较大的误差。另外,短柱和特殊情况下的长柱均会发生剪切破坏,忽略剪切破坏可能会过高地估计柱的能力。有关钢筋混凝土柱考虑剪切影响的仿真分析将在第7章中讨论。

6.2　钢筋混凝土柱荷载-位移关系的空间分析模型

为了考虑双向加载同时兼顾变轴力,采用多弹簧模型对钢筋混凝土柱的破坏过程进行仿真分析。多弹簧模型最早由 Lai 等[7,8]提出,该模型将钢筋混凝土柱分成三部分:两端的塑性单元和中间的弹性单元,如图 6-1(a)所示。柱的全部塑性变形集中于两端的塑性单元,而弹性单元只发生弹性弯曲变形。计算时,将塑性单元用一组没有实际长度的钢筋弹簧与混凝土弹簧代替[图 6-1(b)],钢筋弹簧、混凝土弹簧分别代表塑性单元截面上的钢筋与混凝土。弹簧的变形集中了柱塑性铰区段内钢筋、混凝土的变形,其力-变形关系由相应材料的应力-应变关系积分得到。

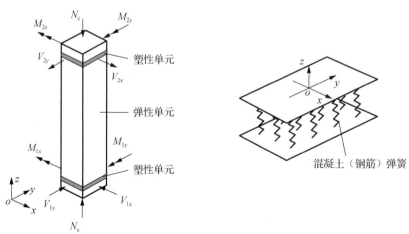

（a）构件单元划分　　　　　（b）塑性单元弹簧

N_c 为柱轴向内力, M_{1x} 、 M_{1y} 和 V_{1x} 、 V_{1y} 为柱底部弯矩和剪力, M_{2x} 、 M_{2y} 和 V_{2x} 、 V_{2y} 为柱顶部弯矩和剪力。

图 6-1　钢筋混凝土柱三轴多弹簧模型

6.2.1　塑性单元截面弹簧布置

多弹簧模型中不同的弹簧代表塑性单元截面上不同的材料。一根钢筋弹簧代表构件截面上一根或若干根钢筋；混凝土弹簧则代表截面一定区块的混凝土，根据计算精度的需要将截面划分成多个小区块。

Lai 等[7,8]将柱截面分为 5 个部分，四角部分别设置 4 个钢筋弹簧和 4 个混凝土弹簧，截面中间部分设一个混凝土弹簧，四角处钢筋弹簧和混凝土弹簧位于同一点［图 6-2（a）和（b）］。钢筋弹簧的截面面积 A_{si} 等于柱截面 1/4 范围内所有钢筋截面面积的总和。四角混凝土弹簧的截面面积 A_{ci} 根据极限平衡状态下等效非线性弹簧产生的轴向内力值和原截面的轴向内力值相等的原则确定，如图 6-2 所示，有

$$\begin{cases} A_{ci} = \dfrac{N_{cb} - \sum P_{siy}}{2(0.85 f_c)} & (i=1,2,3,4) \\ A_{c5} = A_g - A_{c1} - A_{c2} - A_{c3} - A_{c4} - A_s \end{cases} \tag{6-1}$$

式中，N_{cb} 为原截面在极限平衡状态下的轴向内力［图 6-2（c）和（d）］；P_{siy} 为钢筋弹簧的屈服内力；f_c 为混凝土的单轴抗压强度；A_g 为柱的毛截面面积；A_s 为钢筋的总截面面积。

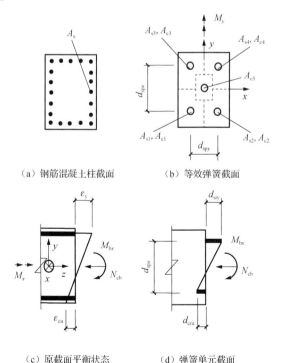

（a）钢筋混凝土柱截面　　　　（b）等效弹簧截面

（c）原截面平衡状态　　　（d）弹簧单元截面

图 6-2　Lai 等[7,8]等效钢筋弹簧和混凝土弹簧

考虑到受弯（压弯）构件截面应力分布的不均匀性，混凝土的应力值取为 $0.85f_c$。对于梁单元，一般底部与顶部的配筋不同，且相对柱来说梁的配筋率较低，为了简化计算可取

$$A_{ci} = \frac{P_{siy}}{0.85f_c} \tag{6-2}$$

式中，P_{siy} 为与混凝土弹簧 A_{ci} 相对应的钢筋弹簧的屈服拉力。

四角弹簧间的距离根据平衡状态下等效非线性弹簧产生的截面弯矩值和原截面的截面弯矩值相等的原则确定。如图 6-2（c）和（d）所示，有

$$\begin{cases} d_{spx} = \dfrac{2M_{bx}}{(A_{s1} + A_{s2} + A_{s3} + A_{s4})f_y + 0.85f_c(A_{c1} + A_{c2})} \\[3mm] d_{spy} = \dfrac{2M_{by}}{(A_{s1} + A_{s2} + A_{s3} + A_{s4})f_y + 0.85f_c(A_{c2} + A_{c4})} \end{cases} \tag{6-3}$$

式中，M_{bx} 和 M_{by} 分别为极限平衡状态下截面在 X、Y 方向的屈服弯矩 [图 6-2（c）和（d）]。对于任一给定的轴力 N_{cb}，可根据轴力和弯矩的相关关系求出 M_{bx} 和 M_{by}，确定弹簧的初始参数，以此来考虑变轴力的影响。对于梁单元，按 $N_{cb} = 0$ 来求 M_{bx} 和 M_{by}。

Lai 等[7,8]的弹簧模型中的弹簧常数需要利用截面的平衡条件和弯矩-轴力相关关系来确定，这会给计算分析带来诸多不便。为此，Li[9,10]提出了改进的弹簧模型。如图 6-3 所示，在截面上按区域设置 16 个混凝土弹簧（分别考虑保护层混凝土和核心区混凝土）或 8 个混凝土弹簧（同时考虑保护层和核心区混凝土）、9 个钢筋弹簧。所有弹簧的弹簧参数均可由截面的几何参数和材料的力学性能来确定。Li[9,10]通过计算和试验分析发现：混凝土弹簧的数量对截面屈服弯矩的影响很小，但用 16 个弹簧的模型算出的截面开裂弯矩和极限弯矩更接近试验结果。

研究表明，处于箍筋包围范围内的混凝土受力产生横向变形时，由于受到纵横向钢筋的约束而处于多向受压状态，变形能力及强度均会有所提高。Li[9,10]在利用多弹簧模型计算时，采用了考虑钢筋约束效应的截面弹簧布置方法。该方法根据不同部位混凝土受力状态的不同，将截面混凝土划分为核心区混凝土（core concrete）和边缘区混凝土（shell concrete），如图 6-4（a）所示。

为保证计算结果精确且能考虑密排箍筋对核心区混凝土的约束作用，借鉴 Li[9,10]的做法，区分核心区混凝土与边缘区混凝土，以混凝土保护层厚度为模数，采用栅格法划分塑性单元截面，如图 6-4（b）所示。每根钢筋用一个钢筋弹簧代替，弹簧位于钢筋形心处；每一块混凝土区块内布置一个混凝土弹簧，弹簧位于区块中心。

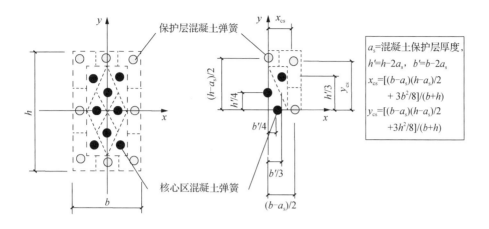

a_s=混凝土保护层厚度，
$h'=h-2a_s$，　$b'=b-2a_s$
$x_{cs}=[(b-a_s)(h-a_s)/2$
　　$+3b^2/8]/(b+h)$
$y_{cs}=[(b-a_s)(h-a_s)/2$
　　$+3h^2/8]/(b+h)$

（a）16 个混凝土弹簧

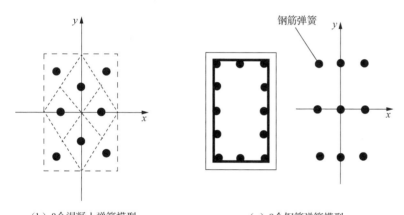

（b）8 个混凝土弹簧模型　　　　　　（c）9 个钢筋弹簧模型

图 6-3　Li[9,10]的弹簧模型

（a）Li 建议的截面划分方法　　　　　　（b）栅格法划分截面

图 6-4　塑性单元截面划分

6.2.2　弹簧的滞回模型

由于图 6-1 所示的模型中弹簧没有实际长度，而其却反映了实际构件塑性铰区段内的力与变形，故弹簧本构关系采用力-变形关系表达。假定同一弹簧代表面积内的应力均匀分布，塑性铰区段内弹簧的应变沿塑性铰长度方向也呈均匀分布，则根据弹簧的代表面积 [图 6-4（b）中的钢筋面积或任一混凝土区格的面积] 及塑性铰区段的长度可算得弹簧的力与变形，从而利用材料应力-应变关系换算得到相应弹簧的力-变形关系。

有关塑性铰区段的长度问题将在第 8 章中详细讨论，本章参考 Li[9,10]的成果，取塑性铰长度为：

$$l_p = \eta h \tag{6-4}$$

式中，h 为柱截面高度；η 为无量纲系数，取 $\eta = 1.5$。

根据式（6-4）所得的塑性铰区的长度 ηh，以及弹簧所处的位置，应用式（6-5）可以由材料的应力-应变关系算得相应的弹簧力 p 与变形 d 之间的关系，其骨架曲线如图 6-5 所示。

$$p = A\sigma, \quad d = \eta h \varepsilon \tag{6-5}$$

式中，σ、ε 分别为弹簧所在位置混凝土或钢筋的平均应力和平均应变；A 为弹簧所表示的混凝土或钢筋的截面面积。

混凝土弹簧的基本滞回关系如图 6-5（a）所示。图中

$$d_{ct} = \varepsilon_{t0}\eta h, \quad p_{ct} = f_t A_c \tag{6-6}$$

$$d_{cy} = \varepsilon_{c0}\eta h, \quad d_{cu} = \varepsilon_{cu}\eta h, \quad p_{cy} = f_c A_c \tag{6-7}$$

$$K_{ced} = K_{c0}\left(\frac{d_{cy}}{d_{cmax}}\right)^{0.2} \tag{6-8}$$

式中，ε_{t0}、ε_{c0} 分别为混凝土极限拉、压强度所对应的应变；ε_{cu} 为混凝土的极限抗压应变；f_t、f_c 分别为混凝土的抗拉和棱柱体抗压强度；A_c 为弹簧所代表混凝土的截面面积；K_{c0} 为混凝土弹簧的初始刚度。

对边缘混凝土弹簧各项参数不做调整。对核心混凝土弹簧，考虑到箍筋的约束作用，结合 Roufaiel 和 Meyer[11]的研究成果，对骨架曲线相关参数进行调整，如式（6-9）～式（6-11）所示，如图 6-5（b）所示。

$$d_{cy}^{Core} = (1+10\rho_{sv})d_{cy}^{Shell}, \quad d_{cu}^{Core} = (2+600\rho_{sv})d_{cu}^{Shell} \tag{6-9}$$

$$p_{cy}^{Core} = (1+10\rho_{sv})p_{cy}^{Shell}, \quad p_{ct}^{Shell} = K_{c0}^{Shell}d_{ct}, \quad p_{ct}^{Core} = K_{c0}^{Core}d_{ct} \tag{6-10}$$

$$\rho_{sv} = n(b_{cor}+h_{cor})A_{sv1}/(b_{cor}h_{cor}s) \tag{6-11}$$

式中，ρ_{sv} 为横向钢筋即箍筋的体积配筋率；b_{cor}、h_{cor} 分别为截面核心区混凝土的宽度与高度；A_{sv1} 为单肢箍筋截面面积；n 为箍筋的肢数；s 为箍筋间距；K_{c0}^{Shell} 和 K_{c0}^{core} 分别为边缘区混凝土弹簧和核心区混凝土弹簧的初始刚度；d_{cy}^{Shell}、d_{ct}^{Shell}、

p_{cy}^{Shell} 分别为边缘区混凝土弹簧受压时的关键点位移和弹簧力，可由式（6-7）计算；d_{cy}^{Core}、d_{ct}^{Core}、p_{cy}^{Core} 分别为核心区混凝土弹簧受压时的关键点位移和弹簧力；p_{ct}^{Shell} 和 p_{ct}^{Core} 分别为边缘区混凝土和核心区混凝土弹簧受拉时的开裂荷载。

以 Lai 等[7, 8]选用的 Takeda 模型为基础，参考 Wang[12]和 Chung 等[13]的成果，选取的钢筋弹簧的滞回模型如图 6-5（c）所示。图中，

$$d_{sy} = \eta h \varepsilon_y, \quad p_{sy} = f_y A_s \qquad (6\text{-}12)$$

$$d_{su} = \eta h \varepsilon_{su}, \quad p_{su} = f_u A_s \qquad (6\text{-}13)$$

$$K_{sed} = K_{s0} \left(\frac{d_{sy}}{d_{smax}} \right)^{0.2} \qquad (6\text{-}14)$$

式中，ε_y、ε_{su} 分别为钢筋的屈服和极限应变；f_y、f_u 分别为钢筋的屈服和极限强度；A_s 为弹簧所代表钢筋的截面面积；K_{s0} 为钢筋弹簧的初始刚度。

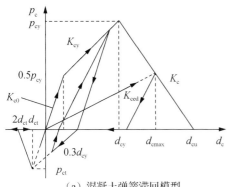

（a）混凝土弹簧滞回模型

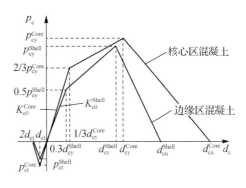

（b）混凝土弹簧骨架曲线

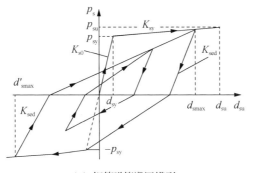

（c）钢筋弹簧滞回模型

图 6-5　钢筋和混凝土弹簧滞回模型

6.2.3　柱顶位移计算

对于拟静力试验中常用的钢筋混凝土悬臂柱，其柱顶水平位移在钢筋屈服前

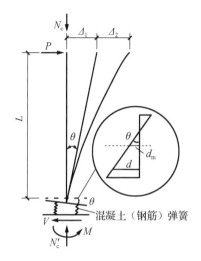

图 6-6　多弹簧模型柱顶位移计算示意图

仅由柱身的弹性弯曲变形产生（未考虑剪切），即钢筋屈服后，柱底部塑性铰区域内产生塑性转动，此时，柱顶水平位移由两部分组成，即弹性弯曲水平位移和塑性转角水平位移。如图 6-6 所示，Δ_1、Δ_2 分别为柱顶塑性转角水平位移和弹性弯曲水平位移。

给定柱底转角 θ 及塑性单元截面中点轴向变形 d_m，利用平截面假定，结合截面弹簧力-变形本构关系，可求出截面各弹簧的变形与力。调整轴向变形 d_m，当截面弹簧合力 N'_c 与轴向荷载 N_c 达到平衡时，求得弹簧的合力矩 M；然后分别利用式（6-15）和式（6-16）计算出柱顶塑性转角水平位移 Δ_1 及弹性弯曲水平位移 Δ_2，两者之和即为柱顶总水平位移 Δ，最后利用式（6-18）可求得水平位移 Δ 下的水平荷载 P。此处，式（6-18）中等式右边第二项考虑了柱顶轴力 N_c 所引起的二次弯矩。

$$\Delta_1 = \theta L \tag{6-15}$$

$$\Delta_2 = \frac{ML^2}{3E_c I_e} \tag{6-16}$$

$$\Delta = \Delta_1 + \Delta_2 \tag{6-17}$$

$$P = \frac{M}{L}L - N_c\frac{\Delta}{L} \tag{6-18}$$

参考 Lai 等[7, 8]的建议，截面弹性惯性矩 I_e（x、y 两个方向上分别为 I_{ex}、I_{ey}）取截面钢筋达到屈服时的截面惯性矩：

$$I_e = \frac{M_y}{E_c \phi_y} \tag{6-19}$$

式中，M_y、ϕ_y 分别为截面达到屈服时的弯矩及曲率。

6.3　考虑损伤累积效应的混凝土弹簧与钢筋弹簧恢复力模型

6.3.1　建立在材料层次上的损伤累积模型

钢筋混凝土柱在地震作用下的损伤，即荷载的反复作用造成构件内部的微裂隙、孔洞的扩展、发展，导致构件总体的承载力、刚度等降低。材料层面上，构件损伤的最终原因是材料内部的细观裂隙和塑性变形的发展，导致其物理性能的劣化。将开始受荷至破坏视为一个过程，可引入损伤因子 D 来描述这一过程。D 取 0～1 的一个值，0 表示无损状态，1 表示破坏状态。在工程实际中，D 主要从结构的宏观性质来定义，它是与结构各项性能相对应的一个函数[14]：

$$D = f\left(x_1, x_2, x_3, \cdots, x_i, \cdots, x_n\right) \tag{6-20}$$

式中，x_i 可以分别为应力、强度、应变、变形等。

基于此，国内外学者分别在材料、截面、构件和结构等层次上提出了一系列损伤模型。在 Mehanny 和 Deierlein[15]工作的基础上，作者及其合作者[16]提出了材料单轴拉压循环时以位移为主要变量的损伤模型，该模型适当考虑了最大位移及循环累积位移对构件损伤的贡献，计算方法如下：

$$D = \frac{\left(d_{\max}\right)^{\alpha} + \left(\sum d_i\right)^{\beta}}{\left(d_{\mathrm{u}}\right)^{\alpha} + \left(\sum d_i\right)^{\beta}} \tag{6-21}$$

式中，d_i 分别取每个加载循环正反两方向位移幅值的绝对值；$d_{\max}$ 分别取所有加载循环中正反两分析位移幅值的最大值；d_{u} 为构件单调加载时的位移极值；α、β 为两个参数，其值的确定方法详见 6.3.3 节。

应用式（6-21）确定图 6-1 所示的混凝土弹簧的损伤状态时，考虑到混凝土材料拉压变形时两个方向的性能不一致，反复荷载作用下分别考虑受拉和受压两个方向的损伤累积因子 D_{t} 和 D_{c}。对钢筋弹簧，先利用式（6-21）计算出构件在正反两个方向的损伤因子 D^+ 和 D^-，再利用式（6-22）计算得到构件的总损伤值。

$$D = \sqrt[\gamma]{\left(D^+\right)^{\gamma} + \left(D^-\right)^{\gamma}} \tag{6-22}$$

式中，γ 为系数，参考文献[15]的成果，取 $\gamma = 6.0$。

6.3.2　引入损伤累积指标的弹簧滞回模型

过镇海和张秀琴[17]的试验研究表明，混凝土在重复荷载作用下内部损伤累积会降低其强度。为此，将式（6-21）定义的损伤因子 D 引入混凝土弹簧的滞回模型，如图 6-7 所示。其中，图 6-7（a）和（b）分别为弹簧进入骨架曲线下降段前后的滞回模型。

图 6-7（a）中，若弹簧变形处在 AD 段内，混凝土弹簧未发生损伤，没有刚度退化与强度退化。当受压进入 AB 段后，混凝土弹簧已经进入弹塑性阶段，损伤已经发生，但此时仅考虑强度损伤，损伤因子 D_{c} 由式（6-21）计算得到。如果在此区域内卸载，其卸载刚度取弹性加载阶段的刚度 K_{c0}，而退化后强度为

$$p_{\mathrm{cmax},1}^{\mathrm{D}} = \left(1 - \xi_{Pc} D_{\mathrm{c}}\right) p_{\mathrm{cmax},1} \tag{6-23}$$

式中，ξ_{Pc} 为损伤对强度影响程度的参数，由等幅值循环荷载的试验结果分析得 $\xi_{Pc} = 0.27$[16]。

图 6-7（b）中，弹簧变形已经超越混凝土"屈服变形"，进入骨架曲线的下降段。此时不仅需要考虑强度退化，还要考虑刚度退化，并且首次在 F 点卸载时的卸载刚度 $K_{ced,1}$ 为

$$K_{ced,1} = \left(1 - \xi_{Kc} D_{c,1}\right) K_{c0} \tag{6-24}$$

式中，$D_{c,1}$ 为首个循环的损伤值；ξ_{Kc} 为损伤对刚度影响程度的参数，由等幅值循环荷载的试验结果分析得 $\xi_{Kc} = 0.15^{[16]}$。

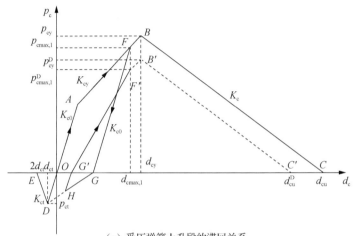

（a）受压弹簧上升段的滞回关系

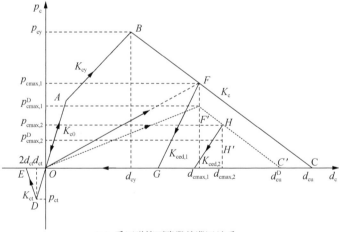

（b）受压弹簧下降段的滞回关系

图 6-7　考虑损伤累积效应的混凝土弹簧滞回模型

考虑损伤后，强度由 F 点降至 F' 点，计算式为

$$p_{cmax,1}^{D} = \left(1 - \xi_{Pc} D_{c,1}\right) p_{cmax,1} \tag{6-25}$$

若弹簧进入第二个循环再加载，力-变形关系线将指向 F' 点。超过 F' 点继续

加载，力-变形关系线将沿着平行于骨架线下降段指向 C' 点。若此时在 H 点卸载，其考虑损伤后的强度、刚度计算式分别为

$$p_{\text{cmax},2}^{\text{D}} = p_{\text{cmax},2} - \xi_{Pc}\Delta D_{\text{c},2}\, p_{\text{cmax},2} \tag{6-26}$$

$$K_{\text{ced},2} = \left(1 - \xi_{Kc} D_{\text{c},2}\right) K_{\text{c0}} \tag{6-27}$$

式中，

$$\Delta D_{\text{c},2} = D_{\text{c},2} - D_{\text{c},1} \tag{6-28}$$

C' 点在变形轴上的位置 d_{cu}^{D} 为

$$d_{\text{cu}}^{\text{D}} = d_{\text{cmax},1} + \left| p_{\text{cmax},1}^{\text{D}} / K_{\text{c}} \right| \tag{6-29}$$

由上述分析可以得到第 i 个循环刚度与强度退化公式：

$$K_{\text{ced},i} = \left(1 - \xi_{Kc} D_{\text{c},i}\right) K_{\text{c0}} \tag{6-30}$$

$$p_{\text{cmax},i}^{\text{D}} = p_{\text{cmax},i} - \xi_{Pc}\Delta D_{\text{c},i}\, p_{\text{cmax},i} \tag{6-31}$$

$$p_{\text{cmax},i} = p_{\text{cmax},i-1}^{\text{D}} + K_{\text{c}}\left(d_{\text{cmax},i} - d_{\text{cmax},i-1}\right) \tag{6-32}$$

$$\Delta D_{\text{c},i} = D_{\text{c},i} - D_{\text{c},i-1} \tag{6-33}$$

$$d_{\text{cu},i}^{\text{D}} = d_{\text{cmax},i} + \left| p_{\text{cmax},i}^{\text{D}} / K_{\text{c}} \right| \tag{6-34}$$

反复加载时，每次弹簧变形超越正向或负向历史最大变形时计算损伤因子 $D_{\text{c},i}$，再利用式（6-30）和式（6-31）分别计算卸载刚度和弹簧损伤后强度。

对钢筋弹簧，调整后的考虑损伤累积效应的钢筋弹簧恢复力模型如图 6-8 所示[16]。在该滞回模型中，OA 段为钢筋弹簧的弹性阶段，在此范围内加、卸载钢筋弹簧将不发生损伤，即强度、刚度不发生变化。继续加载至 B 点，此时钢筋已发生了损伤，损伤因子 $D_{\text{s},1}$ 由式（6-21）和式（6-22）计算得到，若此时卸载，其卸载刚度 $K_{\text{sed},1}$ 可由下式计算得到

$$K_{\text{sed},1} = \left(1 - \xi_{Ks} D_{\text{s},1}\right) K_{\text{s0}} \tag{6-35}$$

式中，$D_{\text{s},1}$ 为第 1 个荷载循环周期时钢筋弹簧的损伤因子；ξ_{Ks} 为损伤对刚度影响程度的参数，根据试验数据分析得 $\xi_{Ks} = 0.15$[16]。

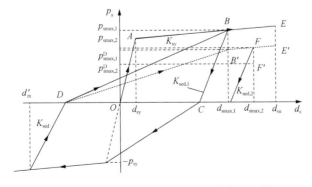

图 6-8　考虑损伤累积效应的钢筋弹簧的滞回模型

由于损伤累积，当弹簧由 D 点向该方向重新加载时，不会再指向骨架曲线上的 B 点，而是指向 B' 点。B' 点与 B 点位于同一变形处，强度不同，退化后的强度可由下式得到：

$$p_{\mathrm{smax},1}^{\mathrm{D}} = \left(1 - \xi_{Ps} D_{\mathrm{s},1}\right) p_{\mathrm{smax},1} \qquad (6\text{-}36)$$

式中，ξ_{Ps} 为损伤对强度影响程度的参数，根据试验数据分析得 $\xi_{Ps}=0.27^{[16]}$。

当弹簧的变形超过 B' 点继续加载时，其加载刚度为 K_{sy}，即与 BE 平行。若在图 6-8 中的 F 点卸载，此时仍然由式（6-21）和式（6-22）计算得到 $D_{\mathrm{s},2}$，卸载刚度 $K_{\mathrm{sed},2}$ 可由下式计算：

$$K_{\mathrm{sed},2} = \left(1 - \xi_{Ks} D_{\mathrm{s},2}\right) K_{\mathrm{s}0} \qquad (6\text{-}37)$$

若下一循环由负方向重新向正方向加载，力-变形关系线将指向 F'，F' 处的强度为

$$p_{\mathrm{smax},2}^{\mathrm{D}} = p_{\mathrm{smax},2} - \xi_P \Delta D_{\mathrm{s},2} p_{\mathrm{smax},2} \qquad (6\text{-}38)$$

式中，$\Delta D_{\mathrm{s},2}$ 为第 1 循环和第 2 个循环间的损伤增量，按下式（6-39）计算：

$$\Delta D_{\mathrm{s},2} = D_{\mathrm{s},2} - D_{\mathrm{s},1} \qquad (6\text{-}39)$$

根据上面的分析，上述公式可推广到第 i 个加载循环：

$$K_{\mathrm{sed},i} = \left(1 - \xi_{Ks} D_{\mathrm{s},i}\right) K_{\mathrm{s}0} \qquad (6\text{-}40)$$

$$p_{\mathrm{smax},i}^{\mathrm{D}} = p_{\mathrm{smax},i} - \xi_{Ps} \Delta D_{\mathrm{s},i} p_{\mathrm{smax},i} \qquad (6\text{-}41)$$

$$p_{\mathrm{smax},i} = p_{\mathrm{smax},i-1}^{\mathrm{D}} + K_{\mathrm{sy}} \left(d_{\mathrm{smax},i} - d_{\mathrm{smax},i-1}\right) \qquad (6\text{-}42)$$

$$\Delta D_{\mathrm{s},i} = D_{\mathrm{s},i} - D_{\mathrm{s},i-1} \qquad (6\text{-}43)$$

与混凝土恢复力模型类似，反复加载时，每次在钢筋弹簧变形超越正向或负向历史最大变形时计算损伤因子 $D_{\mathrm{s},i}$，分别利用式（6-40）和式（6-41）计算卸载刚度和弹簧退化后强度。

6.3.3 损伤参数 α 和 β 的标定

图 6-5 所示混凝土弹簧滞回模型和钢筋弹簧滞回模型虽然不能考虑等位移加载时产生的累积损伤，但是考虑了大塑性变形引起的刚度退化，并已被许多试验所验证。故通过比较一次性加载至任意指定变形 d_{smax} 或 d_{cmax} 时，图 6-5 所示滞回模型的卸载刚度和 6.3.2 节中提出的引入损伤因子的混凝土或钢筋弹簧滞回模型的卸载刚度来标定损伤因子中的参数 α 和 β。下面以混凝土恢复力模型为例说明其标定方法。

对式（6-8）及式（6-30）右端系数项 $(d_{\mathrm{cy}}/d_{\mathrm{cmax}})^{0.2}$ 与 $1-\xi_{Kc} D_{\mathrm{c}}$ 进行变换，并记 $\xi_{Kc} D_{\mathrm{c}}$ 为 $D_{\mathrm{c}0}$ 得

$$D_{\mathrm{c}0} = 1 - \left(\frac{d_{\mathrm{cy}}}{d_{\mathrm{cmax}}}\right)^{0.2} \qquad (6\text{-}44)$$

由于 ξ_{Kc} 为一常数，故由式（6-21）算得的 D_c-d_{cmax} 关系曲线和由式（6-44）得到的 D_{c0}-d_{cmax} 关系曲线形状应一致。假设 $h=300$，对普通混凝土有 $\varepsilon_{c0}=0.002$，$\varepsilon_{cu}=0.0038$；于是 $d_{cy}=\eta h\varepsilon_{c0}=0.9$，$d_{cu}=1.71$。由式（6-44）得不同 d_{cmax} 下的 D_{c0}-d_{cmax} 关系曲线如图 6-9（a）所示。取 $\beta=1$，利用式（6-21）获得不同 α 值下的 D_c-d_{cmax} 关系曲线如图 6-9（b）所示。比较两图形的相似性，选取 $\alpha=3$。计算 $\alpha=3$ 时不同 β 值（从上到下分别为 0.2、0.5、0.7、1.0、1.5、2.0、3.0）下的 D_c，如图 6-9（c）所示。比较后选取 $\beta=0.2$。采用 $\alpha=3$，$\beta=0.2$ 得到的 D_c 与 D_{c0} 在不同 d_{cmax} 下的曲线如图 6-9（d）所示，可见两者的形状相当一致。故最终选取混凝土弹簧恢复力模型中损伤参数 $\alpha=3$，$\beta=0.2$。同理，对于钢筋弹簧取 $\alpha=0.5$，$\beta=1.0$。

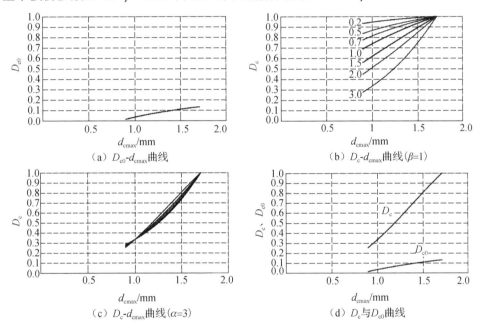

图 6-9　混凝土弹簧损伤模型中参数 α 和 β 的标定

6.4　钢筋混凝土柱荷载-位移关系的数值模拟分析

多弹簧模型独特的弹簧布置方式，解决了数值模拟方法中轴力与弯矩耦合及双向弯矩耦合的问题，能方便地实现对单向、双向加载及变轴力加载下钢筋混凝土柱的数值仿真。本节旨在利用前面所建多弹簧模型，实现对拟静力试验中钢筋混凝土悬臂柱荷载-位移关系的数值模拟分析。

6.4.1　拟静力试验的加载方式

拟静力加载试验又称周期性反复静力加载试验，是一类以静力方式模拟地震作用的试验。拟静力试验时，需根据不同的试验目的选择不同的加载制度。加载制度包括加载幅值、加载路径、循环次数等参数。根据水平加载路径的不同，分为单向加载（斜向加载）与双向加载（双向菱形加载和双向矩形加载），如图 6-10 所示；根据轴向加载的不同，拟静力试验分为定轴力加载与变轴力加载，变轴力加载又可分为规则变轴力加载与不规则变轴力加载。

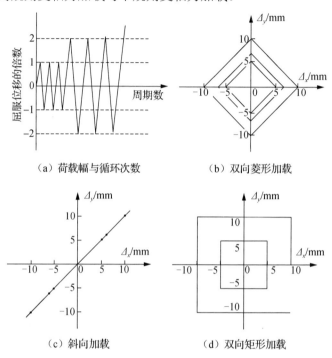

（a）荷载幅与循环次数　　　（b）双向菱形加载

（c）斜向加载　　　　　（d）双向矩形加载

图 6-10　柱拟静力试验加载制度

对于轴向加载，目前试验中多为定轴力加载，变轴力加载较少且多为轴力随位移线性变化的加载。研究表明[15]，若不考虑竖向地震作用，轴力随柱端弯矩线性变化的方式更符合实际，但此种加载方式在试验中难以实现。

6.4.2　水平反复荷载作用下柱荷载-位移关系计算步骤

构件在水平反复加载下，需根据构件的损伤情况不断调整弹簧的力-变形关系。同时还需要控制加载位移，每一步计算结束时判断是否达到了控制位移，双向加载还需要控制 x、y 两方向位移的相对关系，以保证加载符合拟定规则。若为变轴力加载，采用轴力随柱端弯矩线性变化的方式。

单向反复加载时，针对图 6-6 所示得计算简图，求柱顶荷载-位移关系的步骤如下。

1）设定轴向力 $N_c = N_{c0}$（N_{c0} 为基本轴压力，取柱顶初始竖向荷载）。

2）逐步增加柱底截面转角 $\theta=\theta+\mathrm{d}\theta$。

3）假定塑性截面中心变形 d_m，根据平截面假定，由 θ 及 d_m 即可确定各弹簧的变形 d。

4）由弹簧力-变形滞回关系，根据弹簧的变形求各弹簧的内力 p。

5）求所有弹簧的竖向合力 N_c'。

6）验算 N_c' 是否等于 N_c，若成立继续下面的计算，否则返回步骤 3）调整 d_m 重新计算。

7）求弹簧的合力矩 M。

8）$\Delta_1=\theta L$，$\Delta_2=ML^2/(3E_\mathrm{c}I_\mathrm{e})$，$\Delta=\Delta_1+\Delta_2$，$P=M/L-N_\mathrm{c}\Delta/L$。

9）判断是否达到位移幅值，若达到则转角增量反向，否则直接进入下一步判断。

10）若为定轴力加载，转入步骤 2），进入下一轮计算，直至柱破坏；若为变轴力加载，进入步骤 11）。

11）$N_\mathrm{c}=N_{\mathrm{c}0}+\Delta N_\mathrm{c}$，$\Delta N_\mathrm{c}=kM$（$k$ 为一常系数），返回步骤 2），进入下一轮计算，直至柱破坏。

上述步骤中，E_c 为混凝土弹性模量，I_e 为混凝土截面钢筋达到屈服时的截面惯性矩，其余参数意义如图 6-6 所示。

双向反复加载的程序较单向加载略为复杂，不同的加载路径可以采用不同的计算流程。以斜向加载 [图 6-10（c）] 为例，求图 6-6 所示计算简图柱顶荷载-位移关系的步骤如下。

1）已知轴向力 N_c。

2）逐步增加截面 x 方向的转角，$\theta_x=\theta_x+\mathrm{d}\theta_x$。

3）假定截面中心轴向变形 d_m。

4）调整 y 方向转角，根据平截面假定，由 θ_x、θ_y 及 d_m 确定各弹簧变形 d。

5）由弹簧力-变形滞回关系，根据弹簧的变形求各弹簧的内力 p。

6）计算 x 向、y 向弯矩及柱顶位移，$\Delta_x=\theta_x L$，$\Delta_y=\theta_y L$，$\Delta_{2x}=\dfrac{M_y L^2}{3E_\mathrm{c}I_{ey}}$，

$\Delta_{2y}=\dfrac{M_x L^2}{3E_\mathrm{c}I_{ex}}$，$\Delta_x=\Delta_{1x}+\Delta_{2x}$，$\Delta_y=\Delta_{1y}+\Delta_{2y}$。

7）判断 x 向、y 向位移是否成比例，若成立进入下一步，否则返回步骤 4）。

8）求所有弹簧的竖向合力 N_c'。

9）验算 N_c' 是否等于 N_c，若成立继续下面的计算，否则返回步骤 3）调整轴向变形 d_m 重新计算。

10）$P_x=M_x/L-N\Delta_x/L$；$P_y=M_y/L-N_\mathrm{c}\Delta_y/L$。

11）判断是否达到位移幅值，如果达到，根据加载规则变换 $d\theta_x$ 的方向，返回步骤 2）进入下一轮计算；如未达到，直接返回步骤 2）进入下一轮计算。

6.5　实例验证

6.5.1　不同加载制度下柱的荷载-位移关系

以文献[4]中单向（试件 A1）、斜向（试件 D1）、双向矩形（试件 E1）和双向菱形（试件 F1）受荷条件下，钢筋混凝土柱低周反复荷载试验为例进行数值模拟，以检验本章方法的有效性。所有试件尺寸相同，均为 300mm×300mm ×720mm

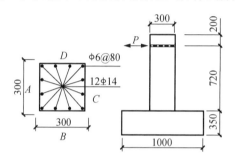

图 6-11　钢筋混凝土试验模型柱的配筋与尺寸

（图 6-11）。四类构件的混凝土棱柱体抗压强度分别如下：对于 A1，f_c=29.6MPa；对于 D1，f_c=22.05MPa；对于 E1，f_c=30.5MPa；对于 F1，f_c= 39.5MPa。钢筋的屈服强度 f_y=383MPa，极限强度 f_u=603MPa，极限延伸率为 29%。图 6-12～图 6-15 分别给出了 4 个构件荷载-位移关系的计算结果和试验结果，两者吻合良好。

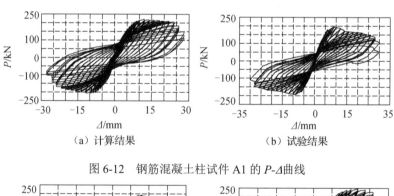

（a）计算结果　　　　　　　　　（b）试验结果

图 6-12　钢筋混凝土柱试件 A1 的 P-Δ 曲线

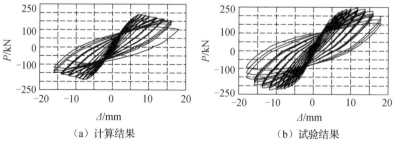

（a）计算结果　　　　　　　　　（b）试验结果

图 6-13　钢筋混凝土柱试件 D1 的 P-Δ 曲线

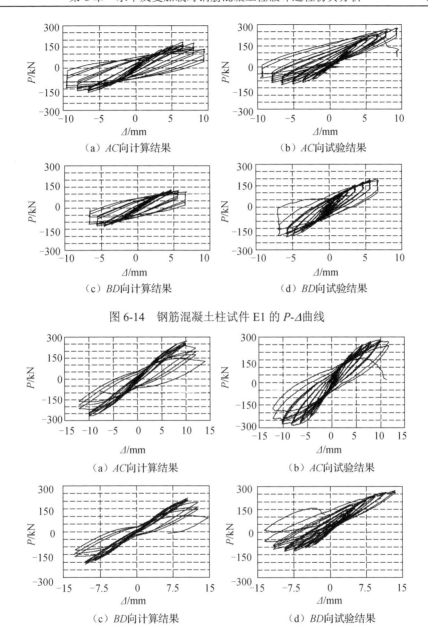

（a）AC向计算结果　　　　　　　　　（b）AC向试验结果

（c）BD向计算结果　　　　　　　　　（d）BD向试验结果

图 6-14　钢筋混凝土柱试件 E1 的 P-Δ 曲线

（a）AC向计算结果　　　　　　　　　（b）AC向试验结果

（c）BD向计算结果　　　　　　　　　（d）BD向试验结果

图 6-15　钢筋混凝土柱试件 F1 的 P-Δ 曲线

6.5.2　低周疲劳荷载作用下柱的荷载-位移关系

选取刘伯权等[18]所做钢筋混凝土柱低周疲劳试验中的两个试件为例，采用本章的方法计算柱的荷载-位移关系。试验柱的截面尺寸为 $b \times h$=200mm×250mm，柱的高度为 L=915mm，纵向受力钢筋为 4ϕ22，疲劳荷载沿 h 方向施加。材料强度

和轴力 N_c 等各项指标如表 6-1 所示。图 6-16 和图 6-17 分别给出两根试验柱（CF-4 和 CF-11）荷载-位移关系的计算结果和试验结果。表 6-1 中分别给出了两根柱子疲劳寿命的试验结果和计算结果。对比表明，本章的方法可以较好地估计低周疲劳荷载下柱构件的承载力退化。

表 6-1　钢筋混凝土柱低周疲劳试验的相关参数和疲劳寿命的计算值与试验值对比

构件（编号同原文献）	抗压强度/MPa	屈服强度/MPa	轴压力/kN	循环荷载的最大位移延性系数 μ_{max}	试验荷载循环次数/周	计算荷载循环次数/周
CF-4	29.64	374.9	296.4	4.0	2	2
CF-11	30.93	374.9	545.3	2.0	21	18.5

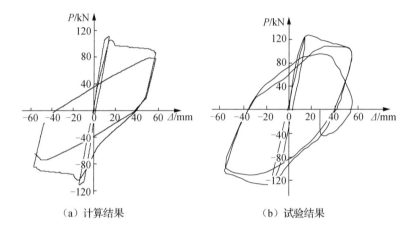

（a）计算结果　　　　　　　（b）试验结果

图 6-16　钢筋混凝土柱试件 CF-4 的 P-$\varDelta$ 曲线

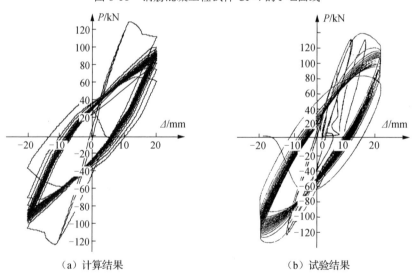

（a）计算结果　　　　　　　（b）试验结果

图 6-17　钢筋混凝土柱试件 CF-11 的 P-$\varDelta$ 曲线

6.6　仿真系统应用

拟静力试验是研究钢筋混凝土柱抗震性能的重要方法之一，通过设计一定的加载制度可再现地震作用下柱可能的受力状况。目前，已通过拟静力试验对柱的抗震性能有了一定的认识，并获得了一些具有较高精度的基于构件层面的恢复力模型。另外，数值仿真技术的发展为结构抗震研究提供了一种新途径，该方法克服了试验方法存在的一系列缺点，具有效率高、成本低、可重复的特点。随着理论模型的不断完善，数值仿真方法已经具有相当高的精度，能在一定范围内实现对结构抗震性能的预测。

本节旨在利用前面已被试验验证的模拟分析方法，采用拟静力试验的加载方法对钢筋混凝土柱抗震性能进行研究与探讨。主要对 4 组参数加以研究：轴压比、加载路径、加载幅值与循环次数、变轴力加载[19]。

均以 6.5.1 节中的柱 A1 为研究对象。表 6-2 给出了钢筋混凝土柱对应各研究参数的加载方式。

表 6-2　钢筋混凝土柱对应各研究参数的加载方式

轴压比	加载路径	初始幅值 /mm	幅值增量、循环次数	变幅至破坏
0.1，0.2，…，0.9	单向加载	2	$\Delta=2mm$；$n=3$	√
0.2	单向、斜向、矩形、菱形加载	2	$\Delta=2mm$；$n=3$	√
0.2	单向加载	2	见表 6-5	√
随柱端弯矩线性变化，见表 6-6	单向加载	2	$\Delta=2mm$；$n=3$	√

注：轴压比为 λ_c；幅值增量为 Δ、循环次数为 n。

分析中涉及柱延性系数 β 和耗能量的计算，其中，延性系数 β 按式（6-45）计算。

$$\beta = \frac{\Delta_u}{\Delta_y} \tag{6-45}$$

式中，Δ_u 为柱极限位移，定义为水平抗力下降到最大峰值抗力 85%时的柱顶位移；Δ_y 为屈服位移，定义为最外层纵向钢筋初始屈服时对应的柱顶位移。

柱单向耗能如图 6-18 所示，由式（6-46）计算（以 x 向为例）。

$$E_x = \int P_x(\Delta_x)\,\mathrm{d}\Delta_x \tag{6-46}$$

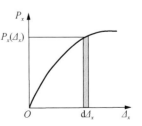

图 6-18　耗能的计算方法

6.6.1 轴压比对钢筋混凝土柱抗震性能的影响

图 6-19 给出了不同轴压比下柱的荷载-位移骨架曲线，表 6-3 给出了柱延性系数（β）、耗能和最大峰值抗力。

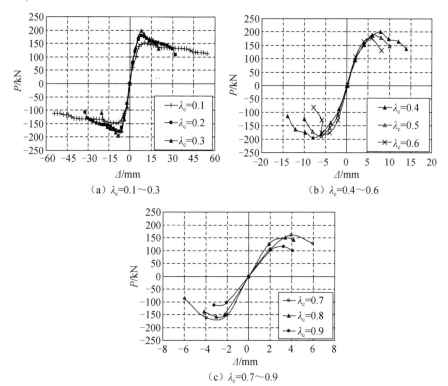

（a）λ_c=0.1～0.3　　　　　　（b）λ_c=0.4～0.6

（c）λ_c=0.7～0.9

图 6-19　不同轴压比下钢筋混凝土柱的荷载-位移骨架曲线

表 6-3　钢筋混凝土柱延性系数、耗能和最大峰值抗力

项目	轴压比								
	0.1	0.2	0.3	0.4	0.5	0.6	0.7	0.8	0.9
延性系数	7.1	3.2	2.0	1.4	1.5	1.4	1.3	1.1	1.2
耗能/（kN·m）	323.0	92.5	29.0	12.9	6.7	4.5	2.5	1.5	0.8
最大峰值抗力/kN	151	180	197	201	189	175	162	150	116

由图 6-19 可知，各轴压比下出现最大峰值抗力的位移值有所不同。轴压比为 0.1～0.4 时，柱在位移为 8mm 处出现最大峰值抗力；而轴压比为 0.5、0.6 及轴压比为 0.7、0.8、0.9 时，柱在位移分别为 6mm 处和不到 4mm 处出现最大峰值抗力。轴压比的增加使柱骨架曲线较早进入下降段。

加载后期，轴压比为 0.1、0.2、0.3 时，柱骨架曲线下降段平缓，柱耗能较充分，具有较好的延性；轴压比为 0.4～0.9 时，柱受压区混凝土破坏迅速，骨架曲线下降段较陡。轴压比为 0.8、0.9 时，柱延性系数接近 1.0，柱屈服后很快破坏，耗能能力未充分发挥，脆性破坏特征明显。轴压比的增加显著降低柱的延性及耗能能力，大轴压比（0.4 以上）对抗震不利。

6.6.2　加载路径对钢筋混凝土柱抗震性能的影响

采用单向、斜向、菱形、矩形 4 种路径加载，后 3 种路径加载下，x 向幅值：y 向幅值=1：1、2：1、4：1。各加载路径下柱 x 向骨架曲线如图 6-20 所示，表 6-4 给出了柱耗能和极限位移等指标。由图 6-20 及表 6-4 可知，相同幅值比下，不同加载路径柱延性系数关系为 $\beta_{斜向}>\beta_{单向}>\beta_{菱形}>\beta_{矩形}$。单向和斜向加载时骨架线下降段平缓，具有较好的延性；矩形和菱形加载在柱达到最大峰值抗力后承载力及刚度退化迅速，延性较差。这主要是因为矩形及菱形加载下，柱截面各部分参与受力较充分，损伤范围广，所以加载后期柱承载力不足，破坏较迅速。

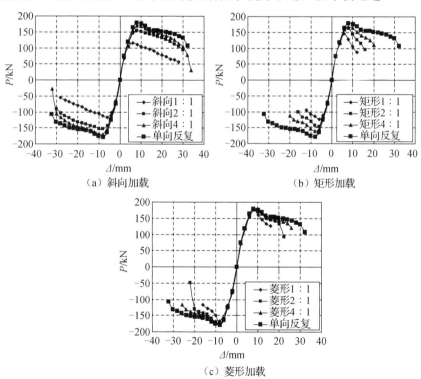

（a）斜向加载　　　　　　　　　　（b）矩形加载

（c）菱形加载

图 6-20　不同加载路径下钢筋混凝土柱在 x 向的荷载-位移骨架曲线

表 6-4　不同加载路径下钢筋混凝土柱耗能和延性系数

加载方式	加载示意图	x 向幅值∶y 向幅值	x 向耗能 / (kN·m)	y 向耗能 / (kN·m)	总耗能 / (kN·m)	延性系数 β
斜向	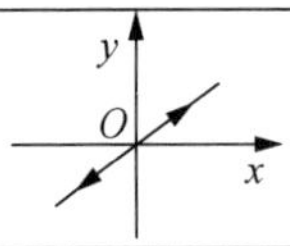	1∶1	53.9	51.6	105.5	3.7
		2∶1	75.4	16.4	91.7	4.2
		4∶1	89.6	4.9	94.6	3.6
菱形	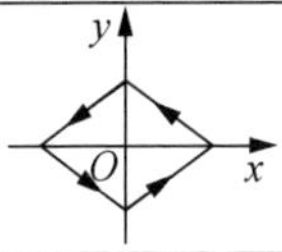	1∶1	13.7	13.2	26.9	1.9
		2∶1	33.5	5.7	39.3	2.2
		4∶1	56.4	2.2	58.6	2.5
矩形	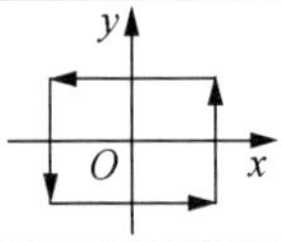	1∶1	13.4	12.4	25.8	2.0
		2∶1	23.6	8.9	32.6	1.8
		4∶1	36.7	4.8	41.5	2.3
单向	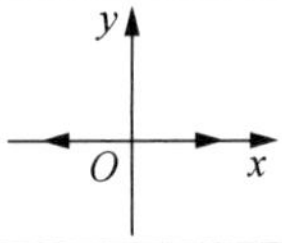	—	92.5	—	92.5	3.2

　　不在同一加载路径下，随着幅值比减小，x 向达到相同位移时，由于 y 向作用增加，x 向循环峰值抗力和耗能均减小，该现象说明柱一个方向作用的增加会削弱其另一个方向的性能。同幅值比下，斜向加载柱骨架曲线下降段均较平缓，具有较好的延性和耗能能力，但最大峰值抗力随幅值比减小而明显降低。矩形及菱形加载下，随着幅值比减小，每个循环内柱截面各部分受力更加充分，承载力和刚度退化加快，极限位移及总耗能减小。矩形加载时该现象最为明显，当幅值比为 1 时，矩形加载柱骨架曲线下降段很陡，呈现出脆性破坏的特征。菱形加载下柱损伤较矩形加载略轻，且不同幅值比下峰值抗力变化不明显，这是因为菱形加载的特点是一个方向位移增加，同时另一个方向位移减小，从而削弱了两个方向作用的相互影响。

　　上述分析表明，矩形加载路径和菱形加载路径下柱性能受两方向幅值比的影响显著，幅值比增加使柱损伤明显加快，延性减小，不利于耗能能力的发挥，矩形加载尤甚；对矩形截面柱而言，若不考虑加载路径只考虑加载方向的影响，则主轴是弱轴方向，故第 1 章中基于主轴方向的单向受力分析仍有意义。

6.6.3　循环幅值及循环次数对钢筋混凝土柱抗震性能的影响

　　考虑 3 种不同加载制度（对应试件编号为 CN-1～CN-3），各加载制度下的幅值增量及同一幅值循环次数如表 6-5 所示，柱骨架曲线如图 6-21 所示。位移幅值不大时，多次循环后柱抗力基本保持不变，具有稳定的滞回性能，此时反复循环引起的损伤对柱性能影响不明显。当位移幅值接近极限位移时，反复循环下柱循环峰值抗力下降明显。表 6-5 中，CN-3 柱耗能大于 CN-1 柱和 CN-2 柱的耗能。
这是由于各加载方式下柱的极限位移基本相同，幅值增量较小和循环次数较多的
柱破坏前的总循环次数多，相应其总耗能也就越多，柱的耗能能力发挥越充分。
由图 6-21 可知，3 种加载方式下，柱骨架曲线基本重合。这说明在轴压比及加载
路径相同的情况下，一定程度上改变加载的幅值增量及循环次数不会对柱极限位
移及峰值抗力产生明显影响。

表 6-5　不同加载制度下的幅值增量、循环次数及柱的耗能能力

试件编号	幅值增量/mm	同一幅值循环次数	耗能/（kN·m）
CN-1	2	3	89.6
CN-2	4	5	79.0
CN-3	2	5	128.7

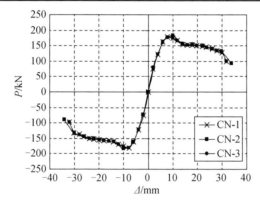

图 6-21　不同幅值增量及循环次数下钢筋混凝土柱荷载-位移关系骨架曲线

　　上述分析表明，钢筋混凝土柱在地震作用下做小幅反复运动时，可以充分发
挥其耗能性能。但若强地震作用引起柱位移幅度较大，柱耗能能力未充分发挥即
破坏。

6.6.4　变轴力对钢筋混凝土柱抗震性能的影响

　　分别取基本轴压比 λ_c=0.2、0.4，每步轴力变化量 ΔN_c=0.002M，则总轴力 N_c=N_{c0}+ΔN_c。其中，N_{c0} 为基本轴压比下的轴压力，M 为上一步计算所得柱端弯矩。
位移往正方向增加时，弯矩为正，轴力随弯矩增加而增加；反之类似；柱端弯矩
为零时轴力变回基本轴压力。表 6-6 给出了两种变轴力加载下轴压比变化规则及
变化幅度。图 6-22 给出了变轴力加载与对应定轴力加载下的滞回曲线对比图。图
中定轴力加载轴压比取对应变轴力加载下的基本轴压比。表 6-7 给出了各加载方
式下柱耗能与极限位移的比较。

表 6-6　　钢筋混凝土柱变轴力加载方式

试件编号	基本轴压比	轴力变化规则	轴压比变化幅度
VN-1	0.2	$\Delta N_c=0.002M$	0.11～0.31
VN-2	0.4		0.25～0.55

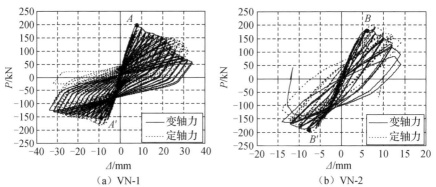

（a）VN-1　　　　　　　　　　　　（b）VN-2

图 6-22　　钢筋混凝土柱变轴力加载与定轴力加载滞回曲线的比较

表 6-7　　变轴力与定轴力加载下钢筋混凝土柱耗能与极限位移

试件编号	变轴力加载		相应定轴力加载（取基本轴压比）	
	耗能/（kN·m）	极限位移/mm	耗能/（kN·m）	极限位移/mm
VN-1	101.3	34	92.5	32
VN-2	15.1	14	12.9	14

　　由图 6-22 可知，变轴力加载下，柱在轴压比较大和轴压比较小两个方向上性能表现出明显的非对称性。在轴压比较大方向，柱循环峰值抗力在达到最大值后下降迅速，该方向所受损伤较大，承载力与刚度退化迅速，表现出与大轴压比柱相似的受力特征，柱在该方向耗能较多；在轴压比较小方向，柱循环峰值抗力下降平缓，与小轴压比柱受力特征相似，柱在该方向所受损伤较小，消耗的能量也较少。

　　由表 6-7 可知，变轴力加载与基本轴压比下定轴力加载时钢筋混凝土柱在耗能和极限位移两个指标上比较接近。由此推测柱一个方向轴力的减小可以抵消另一个方向轴力增加所带来的不利影响。如图 6-22 所示，VN-1 加载分别在 A 点和 A′点出现最大轴压比和最小轴压比；VN-2 加载分别在 B 点和 B′点出现最大和最小轴压比。柱在两个方向上的最大峰值抗力几乎与最大（最小）轴压比同时出现，且最大峰值抗力大小取决于此时柱所受的轴压比（在正位移方向上为最大轴压比，在负位移方向上为最小轴压比）。若此时柱轴压比超过 0.4，根据 6.6.1 节对轴压比的研究，变轴力加载时的最大峰值抗力将低于对应定轴力加载时的最大峰值抗力［如图 6-22（b）中的 B 点］。

由上述分析可以认为，利用定轴力加载的方法推测柱在规则变轴力（如高层建筑倾覆弯矩引起的边柱中的变轴力）下的部分抗震性能指标是可行的。这是因为变轴力加载柱与相应基本轴压比下定轴力加载柱相比，两者在总耗能和极限位移上基本一致，且变轴力加载柱在加载的两个方向上所能提供的最大峰值抗力分别取决于最大轴压比和最小轴压比。

参 考 文 献

[1] 杜洪彪，沈聚敏. 在任意加载路线下的双轴弯曲混凝土柱的非线性分析[J]. 地震工程与工程振动，1990，10（3）：41-45.

[2] 杨晓明，丰定国，杨睿. 不同加载制度下钢筋混凝土柱抗震性能的试验研究[J]. 工业建筑，2005，35（9）：42-45.

[3] 邱法维，李文峰，潘鹏，等. 钢筋混凝土柱的双向拟静力实验研究[J]. 建筑结构学报，2001，22（5）：26-31.

[4] 王立明，顾祥林，沈祖炎，等. 钢筋混凝土柱在地震作用下的损伤累积试验研究[C]//混凝土结构基本设计理论及工程应用. 天津：天津大学出版社，1998：114-119.

[5] 杨红，白绍良. 基于变轴力和定轴力试验对比的钢筋混凝土柱恢复力滞回特性研究[J]. 工程力学，2003，20（6）：58-64.

[6] 杨红，白绍良. 基于结构弹塑性地震反应的柱变轴力加载方法研究[J]. 世界地震工程，2002，18（2）：80-84.

[7] LAI S S, WILL G T, OTANI S. Model for inelastic biaxial bending of concrete members[J]. Journal of structural engineering, 1984, 110(11): 2563-2584.

[8] LAI S S. Post-yield hysteretic biaxial models for reinforced concrete members[J]. ACI structural journal, 1987, 87(3): 235-245.

[9] LI K N. Nonlinear earthquake response of space frame with triaxial interaction[M]//TSUNEO O. Earthquake resistance of reinforced concrete structures-a volume honoring Hiroyuki Aoyama. Tokyo: University of Tokyo Press, 1993: 441-452.

[10] LI K N. Multi-spring model for 3-dimensional analysis of RC members[J]. Structural engineering and mechanics, 1993, 1(1): 17-30.

[11] ROUFAIEL M S L, MEYER C. Analytical modeling of hysteretic behavior of R/C frames[J]. Journal of structural engineering, ASCE, 1987, 113(3): 429-444.

[12] WANG M L. RC hysteresis model based on the damage concept[J]. Earthquake engineering and structural dynamics, 1999, 15: 993-1003.

[13] CHUNG Y S, MEYER C, SHINOZUKA M. Modeling of concrete damage[J]. ACI structural journal, 1989, 86(3): 259-271.

[14] 李翌新，赵世春. 钢筋馄凝土及劲性钢筋馄凝土构件的累积损伤模型[J]. 西南交通大学学报，1994，29（4）：412-417.

[15] MEHANNY S S F, DEIERLEIN G G. Seismic damage and collapse assessment of composite moment frames[J]. Journal of structural engineering, 2001, 127(9): 1045-1053.

[16] 顾祥林，黄庆华，吴周偲. 钢筋混凝土柱考虑损伤累积的反复荷载-位移关系分析[J]. 地震工程与工程振动，2006，26（4）：68-74.

[17] 过镇海，张秀琴. 反复荷载下混凝土的应力—应变全曲线的试验研究[R]//清华大学抗爆工程研究室科学研究报告集（第二集）. 北京：清华大学出版社，1981：38-53.

[18] 刘伯权，白绍良，徐云中，等. 钢筋混凝土柱低周疲劳性能的试验研究[J]. 地震工程与工程振动，1998，18（4）：82-89.

[19] 顾祥林，蔡茂，林峰. 地震作用下钢筋混凝土柱受力性能研究[J]. 工程力学，2010，27（11）：160-165，190.

第7章 考虑剪切作用时钢筋混凝土柱破坏过程仿真分析

试验研究及震害调查发现，地震中钢筋混凝土短柱及抗剪措施不当的长柱会发生剪切破坏（图7-1）。剪切破坏时柱延性较差，在地震作用下滞回曲线捏拢效应明显，抗侧能力退化迅速，属于脆性破坏。由于实际震害中剪切破坏难以避免，为准确反映不同破坏模式下柱的受力性能，建立考虑剪切作用时钢筋混凝土柱破坏过程的仿真分析模型、提出相应的仿真分析方法具有重要的理论意义和工程应用价值。

本章在第6章的基础上建立一种能够考虑单向剪切作用的钢筋混凝土柱受力全过程的计算分析模型，以准确反映地震作用下剪切破坏柱的受力性能，完善钢筋混凝土柱破坏过程的仿真分析理论。

（a）短柱剪切破坏　（b）窗下墙体约束柱剪切破坏　　　（c）长柱剪切破坏

图7-1　汶川地震中钢筋混凝土柱的剪切破坏

7.1 钢筋混凝土柱考虑剪切作用时的破坏特征及仿真分析时的基本假定

钢筋混凝土柱的受剪破坏可能出现在整个柱身，如图7-1（a）、（b）中的短柱；也可能出现在塑性铰区内，如图7-1（c）中的长柱。为此，在第6章的钢筋混凝土柱多弹簧模型中引入剪切弹簧如图7-2所示。

根据钢筋混凝土在考虑剪切作用时的破坏特征，在本章的仿真分析中做如下基本假定[1]。

1）将柱的受弯、受剪视为两种独立的机制，即受弯机制和受剪机制。受弯机制代表柱正截面受弯性能，受剪机制代表柱斜截面抗剪性能。

2）柱受弯、受剪机制串联。在外力作用下，两者所受轴力和水平剪力相同，柱总水平位移反应为两种机制水平位移反应之和。

3）柱受弯满足平截面假定。

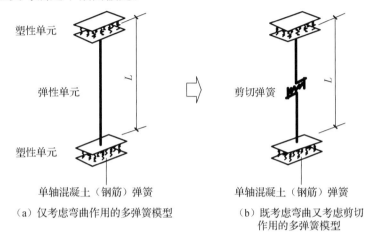

（a）仅考虑弯曲作用的多弹簧模型　　　（b）既考虑弯曲又考虑剪切作用的多弹簧模型

图 7-2　钢筋混凝土柱考虑剪切作用的多弹簧模型

7.2　剪切弹簧的剪力-剪切变形关系

7.2.1　单调加载下剪切弹簧剪力-剪切变形关系

考虑剪切开裂带来的抗剪刚度减小及剪切破坏阶段抗剪强度退化，采用分段线性表示单调加载下剪切弹簧剪力-剪切变形关系[1,2]，并以此作为反复加载下剪切弹簧剪力-剪切变形滞回关系的骨架曲线，如图 7-3 所示。

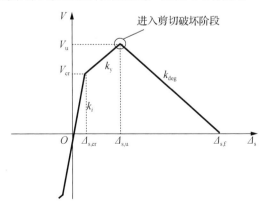

图 7-3　剪切弹簧剪力-剪切变形骨架曲线

　　剪切破坏前，骨架曲线以构件弯剪开裂点 $(V_{cr}, \Delta_{s,cr})$ 为界用两段线性表示，开裂前刚度取混凝土受剪的弹性刚度，即

$$k_i = \frac{GA_g}{L} \tag{7-1}$$

式中，L 为构件长度；A_g 为构件截面面积；G 为混凝土剪切模量，可按式（7-2）计算，其中泊松比 ν 取 0.3。

$$G = \frac{E_c}{2(1+\nu)} \tag{7-2}$$

　　根据 ASCE-ACI 426 委员会（ASCE-ACI Joint Task Committee 426）[3]的建议，构件弯剪开裂剪力 V_{cr} 按式（7-3）～式（7-5）计算。

$$V_{cr} = v_b A_e + \frac{M_d}{a} \tag{7-3}$$

式中，

$$M_d = \frac{N_c}{A_g} \frac{I}{y_t} \tag{7-4}$$

$$v_b = \left(0.067 + 10\rho_s\right)\sqrt{f_c} \leqslant 0.2\sqrt{f_c} \tag{7-5}$$

式中，f_c 为混凝土棱柱体抗压强度；ρ_s 为纵向受拉钢筋的配筋率，对于柱取截面总配筋率的一半；y_t 为截面高度参数，对于矩形及圆形柱分别取 $h/2$ 和 $D/2$，h、D 分别为柱截面高度和直径；I 为未开裂截面惯性矩；N_c 为轴压力；A_g、A_e 分别为构件全截面和有效截面面积，可取 $A_e = 0.8A_g$；a 为构件剪跨。

　　对于矩形截面柱，将 I、A_g、y_t 分别代入式（7-4），再将式（7-4）代入式（7-3），可得产生初始斜裂缝的剪力为

$$V_{cr} = v_b A_e + 0.167 \frac{hN_c}{a} \tag{7-6}$$

　　构件产生弯剪裂缝处的剪切位移可由式（7-7）计算。

$$\Delta_{s,cr} = \frac{V_{cr}}{k_i} \tag{7-7}$$

　　对板式构件的纯剪试验表明，构件开裂后剪切刚度会明显减小，割线刚度仅约为初始刚度的 10%[4]。为反映该现象，采用基于桁架模型推导出充分开裂时构件剪切变形作为峰值剪力处的剪切变形[5]［式（7-8）］，抗剪峰值力采用式（7-9）计算[6]。弯剪开裂后的剪切刚度 k_y 取构件计算抗剪峰值点 $(V_u, \Delta_{s,u})$ 与弯剪开裂点 $(V_{cr}, \Delta_{s,cr})$ 连线的斜率。

$$\Delta_{s,u} = \frac{V_s L}{h_0 b}\left(\frac{1}{\rho_{sv} E_s} + \frac{4}{E_c}\right) \tag{7-8}$$

$$V_{\mathrm{u}} = V_{\mathrm{s}} + \left(\frac{0.5\sqrt{f_{\mathrm{c}}}}{a/h_0} \sqrt{1 + \frac{N_{\mathrm{c}}}{0.5\sqrt{f_{\mathrm{c}}} A_{\mathrm{g}}}} \right) 0.8 A_{\mathrm{g}} \tag{7-9}$$

式中，N_{c} 为构件所受的轴向压力；V_{s} 为桁架机制中横向钢筋所承担的剪力，采用式（7-10）计算。

$$V_{\mathrm{s}} = \tan\alpha \frac{A_{\mathrm{sv}} f_{\mathrm{yv}} h_0}{s} \tag{7-10}$$

式中，α 为斜裂缝倾角，根据试验值可取 $45°$；s 为箍筋间距；A_{sv} 为加载方向上间距 s 范围内的箍筋截面面积；f_{yv} 为箍筋屈服应力。

剪切破坏阶段，构件剪切骨架曲线进入下降段。根据剪切破坏隔离体分析[7]，假定剪切破坏后构件达到轴向失效极限状态时的水平抗力为零，采用式（7-11）计算柱达到轴向失效极限状态时的总位移 Δ_{tot}。此时假定构件总反应以刚度 $k_{\mathrm{deg}}^{\mathrm{t}}$ 指向丧失轴向承载力点 $(0, \Delta_{\mathrm{tot}})$，$k_{\mathrm{deg}}^{\mathrm{t}}$ 按式（7-12）计算。

$$\Delta_{\mathrm{tot}} = \frac{4}{100} \frac{1 + (\tan\alpha)^2}{\tan\alpha + N_{\mathrm{c}} \left(\dfrac{s}{A_{\mathrm{sv}} f_{\mathrm{yv}} h_{\mathrm{c}} \tan\alpha} \right)} L \tag{7-11}$$

$$k_{\mathrm{deg}}^{\mathrm{t}} = \frac{V_{\mathrm{u}}}{\Delta_{\mathrm{tot}} - \Delta_{\mathrm{u}}} \tag{7-12}$$

式中，α 为斜裂缝倾角，此处可取 $65°$；V_{u} 为构件剪切破坏起始点剪力；Δ_{tot} 为按式（7-11）计算得到构件丧失轴向承载力时的总位移；Δ_{u} 为剪切破坏起始点构件总位移。

剪切破坏阶段，构件受力性能由受剪机制主导。继续加载，受剪反应进入加载退化段，受弯机制为与受剪机制保持相同的剪力，以 k_{unload} 的刚度卸载。如图 7-4 所示，在 Δ_{tot} 已确定的条件下，为实现柱总反应在骨架曲线下降段能最终指向总反应的丧失轴向承载力点 $(0, \Delta_{\mathrm{tot}})$，剪切弹簧剪力-剪切变形关系曲线以 k_{deg} 的刚度指向剪切反应的丧失竖向承载力点 $(0, \Delta_{\mathrm{tot}})$[7]，$k_{\mathrm{deg}}$ 采用式（7-13）计算。

$$k_{\mathrm{deg}} = \left(\frac{1}{k_{\mathrm{deg}}^{\mathrm{t}}} - \frac{1}{k_{\mathrm{unload}}} \right)^{-1} \tag{7-13}$$

式中，$k_{\mathrm{deg}}^{\mathrm{t}}$ 为构件剪切破坏阶段总反应的退化刚度；k_{unload} 为构件受弯反应在剪切破坏阶段的卸载刚度，为简化起见，k_{unload} 取剪切破坏阶段受弯反应所处点与坐标原点连线的斜率（图 7-4 中受弯反应的虚线斜率），即

$$k_{\mathrm{unload}} = \frac{V_{\mathrm{u}}}{\Delta_{\mathrm{f,u}}} \tag{7-14}$$

式中，V_{u}、$\Delta_{\text{f,u}}$ 分别为剪切破坏起始点的剪力和受弯位移。

确定了 k_{deg} 以后，$\Delta_{\text{s,f}}$ 可按式（7-15）计算。

$$\Delta_{\text{s,f}} = k_{\text{deg}} V_{\text{u}} + \Delta_{\text{s,u}} \tag{7-15}$$

试验表明，对于单向加载下左右配筋对称的柱，柱两个方向上的骨架曲线基本对称，即两个方向抗剪退化点基本会出现在与原点对称的位置。基于此，对于左右配筋对称的柱，取其剪切弹簧骨架曲线关于原点对称。

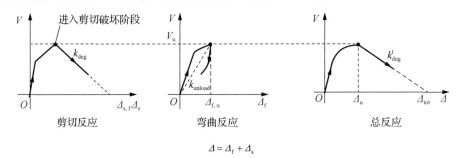

图 7-4　钢筋混凝土柱剪切退化刚度 k_{deg} 的定义

7.2.2　反复加载下剪切弹簧剪力-剪切变形滞回规则

剪切弹簧剪力-剪切变形滞回规则应反映剪切滞回中的捏拢、刚度退化等特征。如图 7-5 所示，为避免出现计算异常的情况，先定义几个控制刚度。其中 k_1 为剪切初始刚度，k_2 为剪切骨架曲线上屈服点（若剪切破坏前未发生受弯屈服则取峰值点，即 $V_{\text{y}} \geqslant V_{\text{u}}$）与反向开裂点连线的斜率，$k_3$ 为在剪切骨架上卸载点与反向开裂剪力连线的斜率，k_4 为卸载至开裂剪力处拐点与反向开裂点连线的斜率，k_{deg} 为剪切骨架曲线进入下降段的刚度。图中 A 点为当前循环由骨架曲线减小剪切位移的起始点。

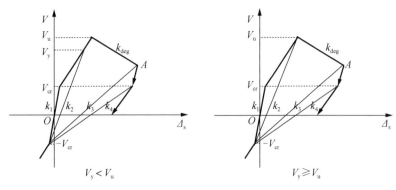

图 7-5　k_1、k_2、k_3、k_4、k_{deg} 的定义

如图 7-6 所示，对卸载段，剪切滞回规则描述如下。

1）如果两个方向上的剪力均未曾超过开裂剪力 V_{cr}，则沿骨架曲线卸载，卸载刚度 $k=k_1$。

2）如果任意一个方向上的荷载超过了开裂剪力 V_{cr}，且未超过屈服剪力 V_y（$V_y<V_u$）或者峰值剪力 V_u（$V_y \geq V_u$），则沿某一直线卸载，直至剪力为零点（如 AB、CD）。该直线斜率 k 由式（7-16）计算。

$$k = k_1 - \frac{k_1 - k_2}{\Delta_{s,y} - \Delta_{s,cr}}(|\Delta_s| - \Delta_{s,cr}) \tag{7-16}$$

式中，$\Delta_{s,cr}$ 为开裂点处剪切变形；$\Delta_{s,y}$ 为屈服点处剪切变形（若柱在剪切破坏前未发生屈服，则取 $\Delta_{s,y} = \Delta_{s,u}$）；$\Delta_s$ 为卸载点处剪切变形。

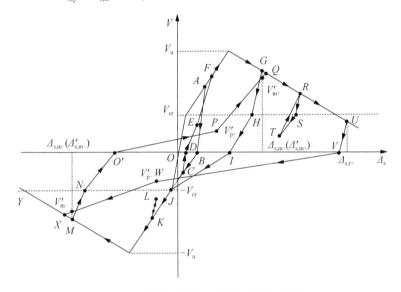

图 7-6　剪切弹簧剪力-剪切变形滞回规则

3）若剪力至少一次超过屈服剪力 V_y，或已进入剪切破坏阶段（且骨架曲线尚未退化至开裂剪力 V_{cr} 之下），进入剪切骨架曲线的下降段，卸载沿以 V_{cr} 为界的二折线指向剪力为零的轴。在 V_{cr} 之上部分的卸载刚度 k 采用式（7-17）计算（如 GH、MN、RS），V_{cr} 之下部分的卸载刚度 k 采用式（7-18）计算（如 HI、NO、ST）。

$$k = k_2\left(1 - 0.05\frac{|\Delta_s|}{\Delta_{s,y}}\right) \geq k_3 \tag{7-17}$$

$$k = 0.6k_2\left(1 - 0.07\frac{|\Delta_s|}{\Delta_{s,y}}\right) \geq k_4 \tag{7-18}$$

若 $V_y \geq V_u$（即剪切破坏前未发生受弯屈服），则式（7-17）和式（7-18）的 $\Delta_{s,y}$

均取 $\Delta_{s,u}$。为避免出现计算异常的情况，上述开裂剪力 V_{cr} 上、下部分的卸载段刚度分别不能小于图 7-5 中定义的 k_3、k_4。

4）对于受剪已退化至开裂剪力 V_{cr} 之下时卸载，卸载路径直接指向剪力为零的轴，卸载刚度 k 取式（7-18）的计算值（如 UV），且卸载刚度不能小于图 7-5 中定义的 k_4。

对加载和反向加载段，剪切滞回规则描述如下。

1）如果两个方向上剪力均未超过开裂剪力 V_{cr}，则沿骨架曲线加载。

2）当某一方向上的剪力尚未超过开裂剪力 V_{cr} 时，不论另一方向是否已超过开裂剪力，该方向上的加载与反向加载均指向该方向的骨架曲线开裂点（如图 7-6 中的 BC、IJ）。

3）当剪力在加载方向已经超越了开裂剪力 V_{cr}，如图 7-7 所示，向该方向反向加载时，反向加载路径分两段分别经过捏拢参考点（$\Delta_{s,p}'$，V_p'）（在正、负方向上分别为 $\Delta_{s,p+}'$、V_{p+}' 和 $\Delta_{s,p-}'$、V_{p-}'）和最大变形参考点（$\Delta_{s,m}'$，V_m'）（在正、负方向上分别为 $\Delta_{s,m+}'$、V_{m+}' 和 $\Delta_{s,m-}'$、V_{m-}'），并指向骨架曲线（如图 7-6 中的 OP、PQ、VW、WX）。与骨架曲线相交后，沿骨架曲线继续加载（如图 7-6 中的 QR、XY）。捏拢参考点（$\Delta_{s,p}'$，V_p'）及最大变形参考点（$\Delta_{s,m}'$，V_m'）分别用式（7-19）～式（7-26）计算。

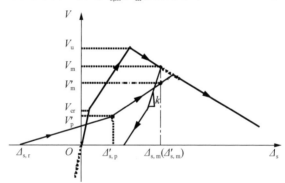

图 7-7　剪切弹簧反向加载路径

$$V_m' = V_m e^{[\beta i+\gamma(|\Delta_{s,m}|+\Delta_{s,y})]} \tag{7-19}$$

$$\Delta_{s,m}' = \Delta_{s,m} \tag{7-20}$$

$$\beta = -0.014\sqrt{\left|\frac{\Delta_{s,m}}{\Delta_{s,y}}\right|} \tag{7-21}$$

$$\gamma = -0.010\sqrt{i} \tag{7-22}$$

$$\Delta_{s,p}' = \Delta_1 + p_x(\Delta_2 - \Delta_1) \tag{7-23}$$

$$V_p' = p_y V_{s,m}' \tag{7-24}$$

$$\Delta_1 = \Delta_{s,r} + p_y\left(\Delta'_{s,m} - \Delta_r\right) \tag{7-25}$$

$$\Delta_2 = \Delta'_{s,m} - \left(1 - p_y\right)\frac{V'_m}{k} \tag{7-26}$$

式中，$\Delta'_{s,p}$、V'_p 分别为捏拢参考点处的剪切变形、剪力；$\Delta'_{s,m}$、V'_m 分别为最大变形参考点处的剪切变形、剪力；$\Delta_{s,m}$、V_m 分别为所有循环的最大剪切变形及其所对应的剪力（在正、负方向上分别为 $\Delta_{s,m+}$、V_{m+} 和 $\Delta_{s,m-}$、V_{m-}）；$\Delta_{s,r}$ 为反向加载起始点处剪切变形（在正、负方向上分别为 $\Delta_{s,r+}$ 和 $\Delta_{s,r-}$）；$\Delta_{s,y}$ 为柱受弯屈服时的剪切变形（若剪切破坏前未发生受弯屈服，取 $\Delta_{s,y} = \Delta_{s,u}$）；$i$ 为同一 $\Delta_{s,m}$ 下的循环次数（初始为 1），反向加载至（$\Delta_{s,m} \pm \Delta_{s,cr}$）范围内时，$i$ 加 1，若变形超过该范围，i 变为 1；k 为剪切卸载刚度，取开裂剪力之上的卸载段刚度（若剪切抗力已退化至开裂剪力以下，则取开裂剪力之下卸载段刚度）；p_x、p_y 分别为与捏拢效应相关的系数，分别取 $p_x = 0.5$，$p_y = 0.4$。

图 7-8 为剪切滞回关系的反复加载规则，在同一最大幅值下，多次反复加载均指向最大幅值点的参考点（$\Delta'_{s,m}, V'_m$）。

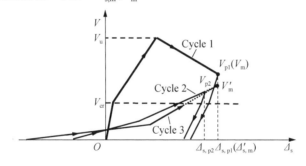

图 7-8　剪切弹簧反复加载规则

图 7-7 和图 7-8 所示反向加载规则较好地体现了剪切滞回中的捏拢效应，且使用简便。

7.2.3　剪切破坏准则

剪切破坏具有突然性，此处认为剪力-剪切变形关系退化段为柱剪切破坏阶段。柱是否发生剪切破坏取决于柱斜截面抗剪能力与正截面抗弯能力的相对大小。根据美国应用技术委员会（Applied Technology Council，ATC）抗剪需求-抗剪能力关系曲线，图 7-9 中类型 1 柱抗剪能力明显小于抗弯能力，剪切破坏脆性特征明显，该类柱何时发生剪切破坏完全取决于柱初始抗剪能力与受弯极限能力的大小关系，柱在水平剪力达到其初始抗剪能力时即进入剪切破坏阶段；图 7-9 中类型 3 柱抗弯能力明显小于抗剪能力，柱发生受弯破坏；图 7-9 中类型 2 柱抗剪能力与抗弯能力接近，柱形成塑性铰，具有一定的延性，但由于反复加载下弯剪裂缝的深入开展，斜截面骨料咬合力、销栓作用等降低，柱抗剪能力出现退化，当柱的抗剪能力退化到抗弯能力以下时发生剪切破坏，此时剪切破坏准则不能仅考虑抗弯与初始抗剪能力的相对强弱关系。

图 7-9 类型 2 中如何判断柱最终发生受剪或者受弯破坏较为复杂。在 ATC 模型的基础上，众多学者已针对钢筋混凝土柱抗剪能力随位移延性增加而减小进行了研究[6, 8, 9]。由于柱形成塑性铰后，抗剪能力退化机理复杂，对于单向受剪的情况，一般认为在位移延性达到 2.0 时柱抗剪能力开始随位移延性增加而线性降低，并最终保持一定的剪切抗力 V_r。

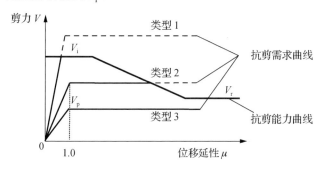

图 7-9　抗剪需求-抗剪能力关系曲线

理论上，计算出钢筋混凝土柱的抗剪能力曲线就可以预测可能发生的剪切破坏。但分析表明[7]，由于抗剪能力曲线随位移延性下降缓慢（下降段坡度较小），抗剪能力计算值较小的偏差将带来剪切破坏初始位移值的较大变化（图 7-10）。当标准差 $\sigma = 0.16$ 时，利用文献[6]的抗剪能力计算模型预测剪切破坏的位移延性差值 $\Delta \mu$ 达到 4.3，误差比较大。

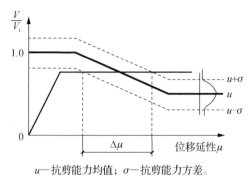

u—抗剪能力均值；σ—抗剪能力方差。

图 7-10　抗剪能力计算偏差引起位移延性的变化

通过对试验数据的回归，得到柱进入剪切破坏阶段的位移随配箍率及轴压比变化的计算式如式（7-27）所示[5]。

$$\begin{cases} \dfrac{\varDelta}{L} = 0.033 + 5\rho_{sv} - 0.047\dfrac{v}{\sqrt{f_c}} \geqslant 0.01 & (\rho_{sv} > 0.004) \\ \dfrac{\varDelta}{L} = 0.03 + 4\rho_{sv} - 0.024\dfrac{v}{\sqrt{f_c}} - 0.025\dfrac{N_c}{A_g f_c} \geqslant 0.01 & (\rho_{sv} \geqslant 0.004) \end{cases} \quad (7\text{-}27)$$

式中，ρ_{sv} 为配箍率；v 为构件所受最大剪应力（MPa）；f_c 为混凝土棱柱体抗压强度（MPa）；$\varDelta$ 为构件进入剪切破坏阶段的位移；L 为构件长度。

根据式（7-27），可得到不同剪力下柱的剪切极限曲线（shear limit curve）。如图 7-11 所示，当剪切极限曲线与反复加载滞回骨架曲线相交时，柱进入剪切破坏阶段。

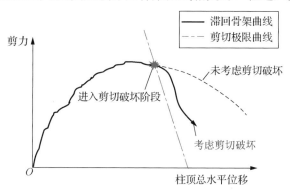

图 7-11　柱剪切极限曲线

该剪切极限曲线反映了柱在一定剪力下发生破坏的总位移，曲线较陡，相对于抗剪能力-位移延性关系曲线具有较高的准确性。

综上所述，可将柱破坏分以下两类情况讨论（图 7-9 和图 7-11）。

1）柱初始抗剪能力小于正截面极限抗弯能力 [$V_i \leqslant V_p$，V_i 对应于式（7-9）中 V_u]。该类柱发生脆性明显的剪切破坏，柱在水平剪力达到初始抗剪能力时即进入剪切破坏阶段。

2）柱初始抗剪能力大于正截面极限抗弯能力（$V_i > V_p$）。该类柱可能发生剪切破坏，采用剪切极限曲线 [式（7-27）] 加以判断。当柱总反应与剪切极限曲线相交时进入剪切破坏阶段，破坏时具有一定的延性。由于抗剪能力随位移延性的退化最终仍然会保持一定的余量（图 7-9 中 V_r），当 V_i 大于 V_p 一定量时（此处认为当 $V_i \geqslant 1.3V_p$ 时），柱将不会发生剪切破坏，该类柱不考虑剪切极限曲线的作用。

7.3 考虑剪切作用时钢筋混凝土柱荷载-位移关系分析模型

在第 6 章的钢筋混凝土柱多弹簧模型中引入剪切弹簧，使新的多弹簧模型能考虑地震作用下柱的剪切反应，如图 7-2 所示。原有的多弹簧模型主要反映柱的受弯性能，体现柱的正截面受弯机制，在此不再赘述；新加入的剪切弹簧反映柱的受剪性能，体现柱的斜截面受剪机制。这两者通过以下基本原则加以组合。

1）受弯、受剪两种机制始终保持相同剪力，等于柱所受外荷载。

2）柱的总位移反应为受弯反应与受剪反应之和。

3）两种机制中弱者主导柱的受力性能，初始阶段规定由受弯机制主导，一旦进入剪切破坏阶段，变为受剪机制主导。

4）柱竖向受力性能与受弯机制耦合，并对受剪机制的抗剪峰值力产生影响［式（7-9）］。

上述"主导柱的受力性能"是指该机制保持与外荷载的加、卸载同步，而非主导机制则根据主导机制的剪力大小（即外荷载大小）进行加载或卸载。对于不同破坏模式的柱（受弯破坏或者受剪破坏），考虑剪切的多弹簧模型中剪切弹簧与原有的拉压弹簧组在遵循上述原则的条件下表现出不同的发展规律，这些规律反映了柱中受弯机制与受剪机制之间的转化。以下按照 7.2.3 节中的两种情况分别进行论述。

7.3.1　初始抗剪能力小于极限抗弯能力

抗剪能力小于抗弯能力，柱发生脆性明显的剪切破坏。如图 7-12 所示，进入剪切破坏阶段时，柱的受弯机制仅处在弹塑性发展的初期。剪切破坏前，受弯、受剪机制同步加、卸载；剪切破坏阶段，受剪机制进入退化段，主导柱受力性能，总反应保持加载，受弯机制通过卸载保持与受剪机制相同的剪力。

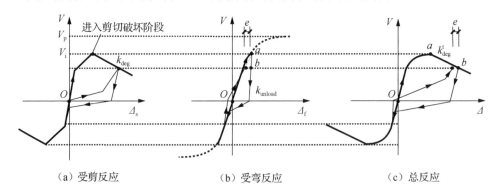

图 7-12　初始抗剪能力小于极限抗弯能力时受弯、受剪的发展

需要注意的是，柱在剪切破坏阶段，反向加载至上一循环卸载点（b 点）处荷载水平时，总位移较上一循环小（图 7-12 中 e 所示的差值），这主要是由于受弯滞回在反向加载时，是指向图中与 a 相关的参考点而非与 b 相关的参考点，而 b 点才是总反应中的卸载点（受弯反应为与受剪反应保持剪力一致，从 a 点提前进入卸载），这与试验现象不符。

7.3.2　初始抗剪能力大于极限抗弯能力

当柱的抗剪能力 V_i 与极限抗弯能力 V_p 较为接近时，柱可能发生受弯破坏，也有可能发生受剪破坏，此时采用式（7-27）来判断柱是否进入剪切破坏阶段。规定柱在加载或反向加载过程中若与式（7-27）给出的剪切极限曲线相交，柱进入剪切破坏阶段。如图 7-13 所示，柱在进入剪切破坏阶段前，受力性能由受弯机制主导，受剪机制保持与受弯机制相同的剪力；进入剪切破坏阶段后，柱的受力性能变为受剪机制主导，若总反应沿骨架曲线增大位移，剪力-剪切变形以 k_{deg} 的刚度进入退化段，受弯机制通过卸载保持与受剪机制相同的剪力。

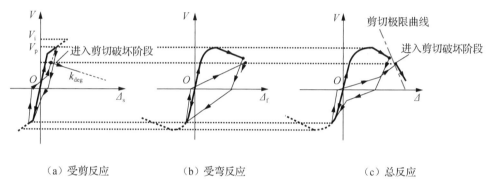

（a）受剪反应　　　　　（b）受弯反应　　　　　（c）总反应

图 7-13　初始抗剪能力与极限抗弯能力接近时受弯、受剪的发展

柱抗剪能力明显大于抗弯能力时，不会发生剪切破坏。以图 7-14 为例，$V_p < V_{cr}$，受弯进入退化段后，受剪仍处在线弹性段。此时受弯机制主导柱的受力性能，若总反应沿骨架曲线增大位移，受弯机制也沿骨架曲线增大位移，但柱的剪力降低，为保持与受弯机制相同的剪力，受剪机制卸载。

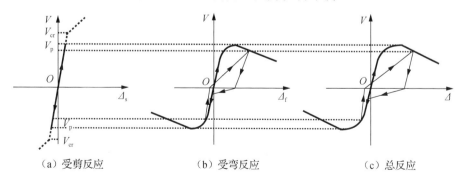

（a）受剪反应　　　　　（b）受弯反应　　　　　（c）总反应

图 7-14　初始抗剪能力明显大于极限抗弯能力时受弯、受剪的发展

7.4　考虑剪切作用时钢筋混凝土柱的
荷载-位移关系的数值模拟分析

　　单向加载下考虑剪切作用时钢筋混凝土柱的荷载-位移关系的计算分为受弯控制和受剪控制两部分。构件在初始加载阶段，默认为受弯控制（图 7-15），受剪反应保持与受弯反应相同的剪力加载和卸载，受弯、受剪反应同步发展，一旦进入剪切破坏阶段，构件转入受剪控制（图 7-16）。受弯进入骨架曲线的下降段后，构件保持受弯控制，在总位移反应的加载及反向加载阶段若进入剪切破坏阶段，则转入受剪控制（图 7-16）。受弯控制阶段以受弯完全失效作为计算终止条件；受剪控制阶段则以剪切弹簧变形大于 $\Delta_{s,f}$ 终止计算（此时认为受剪弹簧完全失效），且只有根据剪切破坏准则判断构件发生剪切破坏方能进入受剪控制阶段。

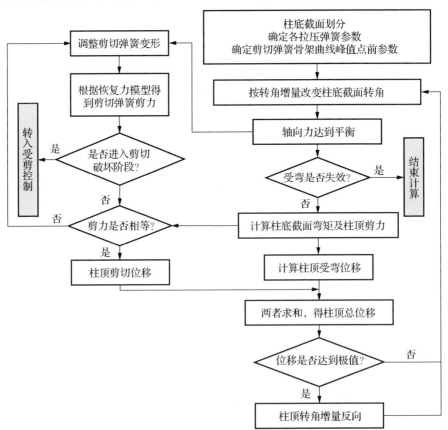

图 7-15　钢筋混凝土柱受弯控制计算流程图

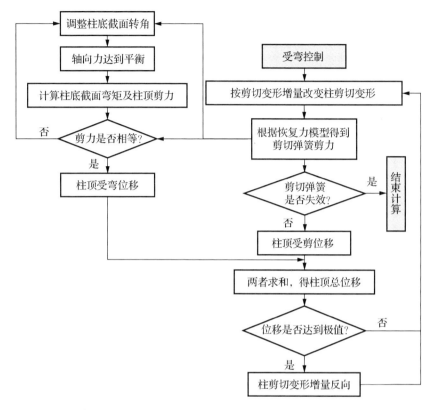

图 7-16　钢筋混凝土柱受剪控制计算流程图

7.5　实　例　验　证

上述多弹簧模型，实现了柱在低周反复加载下不同破坏模式的模拟。本节通过选取受剪控制柱实例，验证模型的准确性。选取实例的参数范围如下：剪跨比为 1.4～3.7；轴压比为 0.15～0.59；配箍率为 0.14%～0.38%；破坏模式为剪切破坏和弯剪破坏。表 7-1～表 7-3 给出了各试件的详细信息。每个算例均采用两种模型计算：考虑剪切作用的多弹簧模型与未考虑剪切作用的多弹簧模型，并将两者与试验结果进行对比，图 7-17～图 7-28 为各构件计算结果。通过对比分析，得出如下结论。

1）考虑剪切作用的多弹簧模型较好地体现了钢筋混凝土柱中受弯及受剪机制的相互关系，剪切破坏准则较为准确地预测了两者之间的转化。

2）考虑剪切作用的多弹簧模型能较精确地反映剪切破坏柱（不论受弯是否已发生屈服）的水平滞回特征，在抗剪峰值力、极限位移、抗剪能力退化趋势上与试验结果符合良好。

3）对于配箍不足的钢筋混凝土柱，仅采用初始抗剪能力为指标来判断是否发生剪切破坏能满足计算精度的要求；对于受弯进入退化段后发生的剪切破坏，采用式（7-27）的剪切极限曲线具有一定的准确度，但仍需用更多的试验验证其可靠性。

4）对于受剪切控制柱，未考虑剪切作用的计算模型往往高估了柱的延性和耗能能力，得到偏于不安全的结果。

另需说明的是本章只考虑了单向剪切的作用，对双向剪切作用尚需进一步研究。

表 7-1　钢筋混凝土柱各计算实例试件信息

柱试件	截面	剪跨/mm	剪跨比	体积配箍率/%	纵筋配筋率/%	轴压比	破坏模式
CRL-AI-4A[10]	350mm×350mm	650	2.1	0.14 （2φ8@200）	3.28 （14φ18）	0.35	S
CRL-AI-2[10]		650	2.1	0.14 （2φ8@200）	3.28 （14φ18）	0.15	S
CRL-AI-4B[10]	350mm×350mm	650	2.1	0.14 （2φ8@200）	3.28 （14φ18）	0.35	S
CRS-AI-2[10]		550	1.8	0.14 （2φ8@200）	3.28 （14φ18）	0.15	S
CRL-BII-2[10]		650	2.1	0.28 （2φ8@100）	2.59 （14φ16）	0.15	FS
No.5[11]		375	1.4	0.38 （2φ6@50）	2.65 （12φ16）	0.21	S
No.12[12]	300mm×300mm	450	1.7	0.13 （2φ6@150）	2.25 （16φ13）	0.21	S
No.14[12]		450	1.7	0.38 （2φ6@50）	2.36 （16φ13）	0.23	FS
No.16[12]		300	1.2	0.38 （2φ6@50）	1.77 （12φ13）	0.23	FS
No.1[6]						0.15	FS
No.2[6]	457mm×457mm	1473	3.7	0.17 （3φ9.5@305）	2.25 （8φ28.7）	0.59	S
No.4[6]						0.15	FS

注：破坏模式中，S 表示剪切破坏、FS 表示弯剪破坏。

表 7-2　钢筋混凝土柱各计算实例混凝土材料性能

柱试件	边缘混凝土			核心混凝土			$E_c^{1)}$
	f_c /MPa	$\varepsilon_{c0}^{1)}$	$\varepsilon_{cu}^{1)}$	f_c /MPa	$\varepsilon_{c0}^{1)}$	$\varepsilon_{cu}^{1)}$	（10^4MPa）
CRL-AI-4A	29.2	0.0013	0.0046	34.0	0.0021	0.0065	3.40
CRL-AI-2	27.3	0.0016	0.0049	32.0	0.0026	0.0070	3.44
CRL-AI-4B							

续表

柱试件	边缘混凝土			核心混凝土			$E_c^{1)}$
	f_c /MPa	$\varepsilon_{c0}^{1)}$	$\varepsilon_{cu}^{1)}$	f_c /MPa	$\varepsilon_{c0}^{1)}$	$\varepsilon_{cu}^{1)}$	$(10^4$MPa$)$
CRS-AI-2	32.0	0.0014	0.0041	36.9	0.0022	0.0062	3.25
CRL-BII-2				39.8	0.0028	0.0130	
No.5	27.4	0.0020	0.0110	36.0	0.0050	0.0420	3.20
No.12	27.1	0.0020	0.0110	32.0	0.0034	0.0163	3.20
No.14	25.1	0.0020	0.0110	36.0	0.0060	0.0410	3.20
No.16	25.1	0.0020	0.0110	36.0	0.0058	0.0415	3.20
No.1	20.3	0.0020	0.0110	24.3	0.0035	0.0156	3.20
No.2	20.3	0.0020	0.0110	24.3	0.0035	0.0156	3.20
No.4	21.0	0.0020	0.0110	25.1	0.0035	0.0156	3.20

1）表中缺乏试验数据时，取 $E_c=3.20\times10^4$MPa、$\varepsilon_{c0}=0.0020$（边缘混凝土）、$\varepsilon_{cu}=0.0038$。核心区混凝土采用 Saatcioglu 等[13]建议受约束混凝土本构计算方法。

表 7-3　钢筋混凝土柱各计算实例钢筋材料性能

柱试件	类型	直径/mm	f_y /MPa	$\varepsilon_{sy}^{1)}$	f_u /MPa	$\varepsilon_{su}^{1)}$	$E_s^{1)}$ $(10^5$MPa$)$
CRL-AI-4A、CRL-AI-2、CRS-AI-2	纵筋	18	398.3	0.0021	571.9	0.140	1.94
	箍筋	8	303.3	0.0014	410.9	0.120	2.18
CRL-BII-2	纵筋	16	354.3	0.0018	526.0	0.140	1.95
	箍筋	8	303.3	0.0014	410.9	0.120	2.18
No.5	纵筋	16	420.0	0.0021	540.0	0.100	2.00
	箍筋	6	410.0	0.0021	531.4	—	2.00
No.12、No.14、No.15、No.16	纵筋	13	415.0	0.0021	600.0	0.100	2.00
	箍筋	6	410.0	0.0021	531.4	—	2.00
No.1、No.2、No.4	纵筋	28.7	434.4	0.0022	644.7	0.100	2.00
	箍筋	9.5	475.8	0.0024	724.0	—	2.00

1）表中无试验数据处，取 $E_s=2.00\times10^5$MPa、$\varepsilon_{su}=0.100$。屈服应变取 $\varepsilon_{sy}=f_y/E_s$。

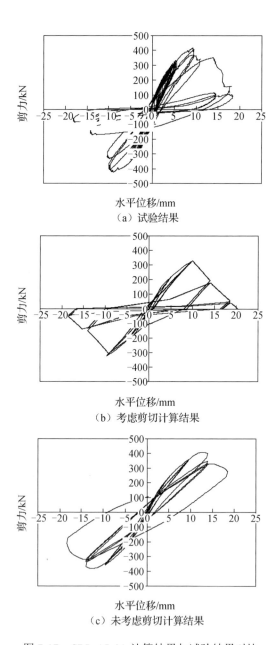

（a）试验结果

（b）考虑剪切计算结果

（c）未考虑剪切计算结果

图 7-17　CRL-AI-4A 计算结果与试验结果对比

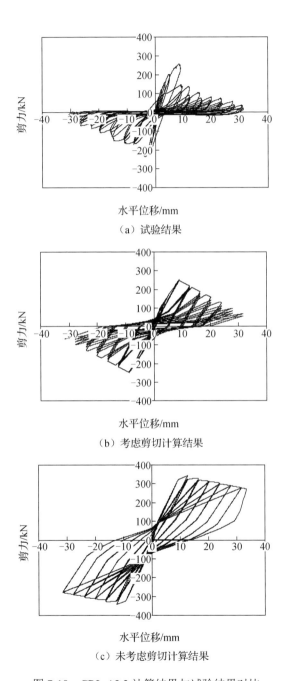

（a）试验结果

（b）考虑剪切计算结果

（c）未考虑剪切计算结果

图 7-18　CRL-AI-2 计算结果与试验结果对比

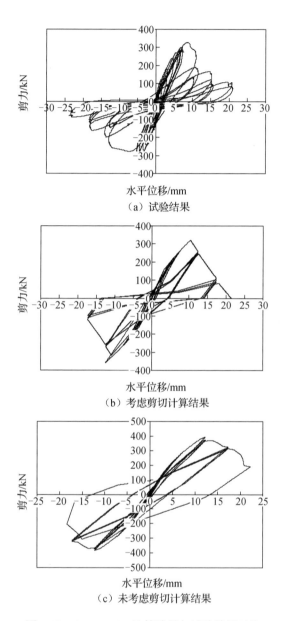

（a）试验结果

（b）考虑剪切计算结果

（c）未考虑剪切计算结果

图 7-19 CRL-AI-4B 计算结果与试验结果对比

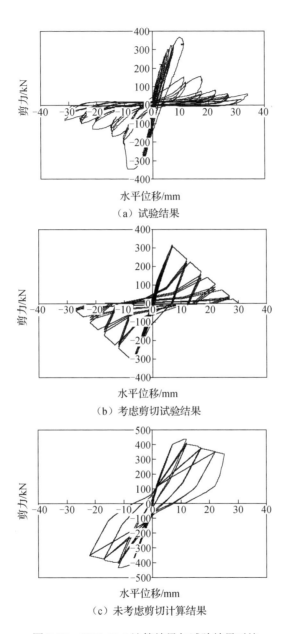

（a）试验结果

（b）考虑剪切试验结果

（c）未考虑剪切计算结果

图 7-20　CRS-AI-2 计算结果与试验结果对比

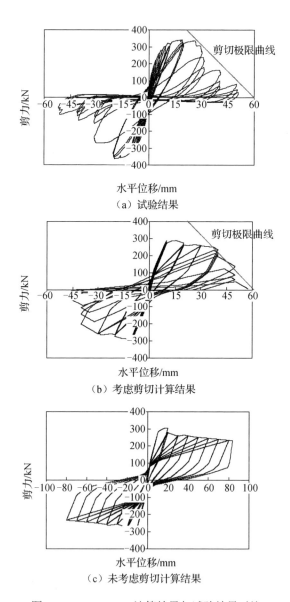

（a）试验结果

（b）考虑剪切计算结果

（c）未考虑剪切计算结果

图 7-21　CRL-BII-2 计算结果与试验结果对比

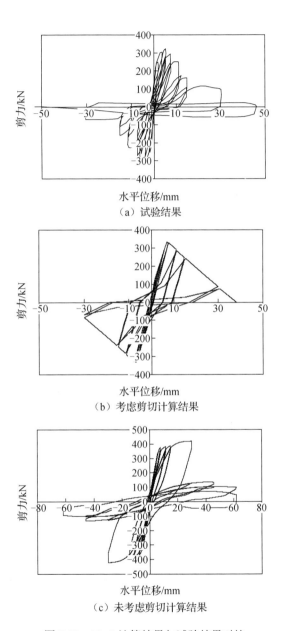

（a）试验结果

（b）考虑剪切计算结果

（c）未考虑剪切计算结果

图 7-22　No.5 计算结果与试验结果对比

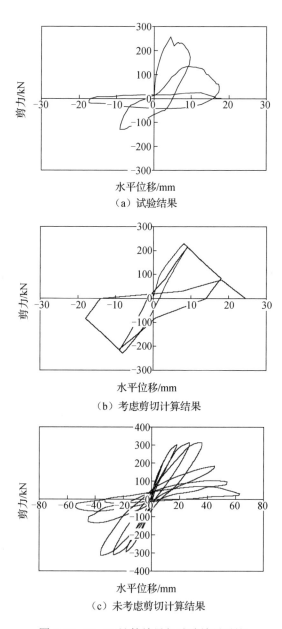

（a）试验结果

（b）考虑剪切计算结果

（c）未考虑剪切计算结果

图 7-23　No.12 计算结果与试验结果对比

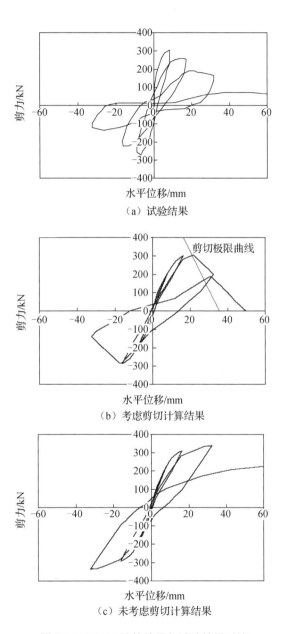

图 7-24　No.14 计算结果与试验结果对比

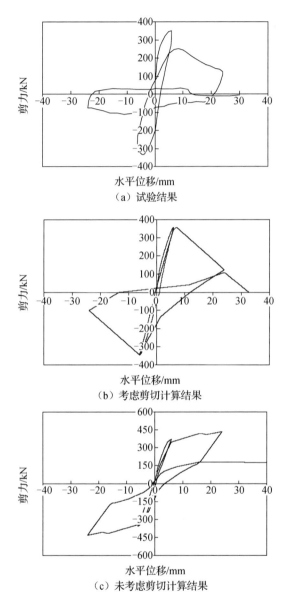

（a）试验结果

（b）考虑剪切计算结果

（c）未考虑剪切计算结果

图 7-25　No.16 计算结果与试验结果对比

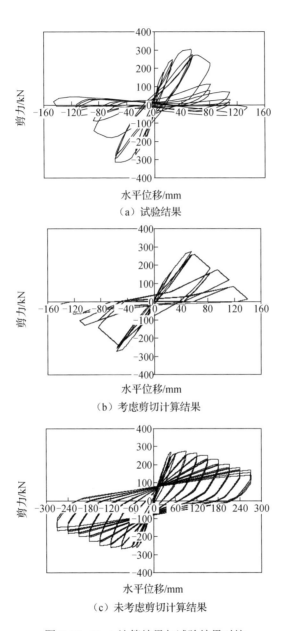

（a）试验结果

（b）考虑剪切计算结果

（c）未考虑剪切计算结果

图 7-26　No.1 计算结果与试验结果对比

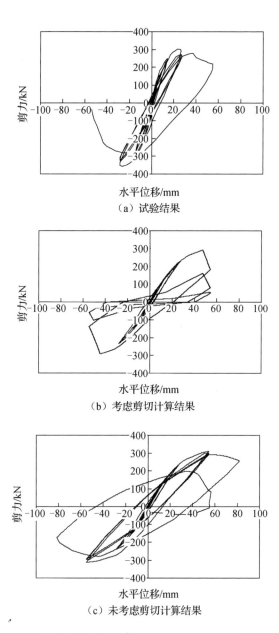

（a）试验结果

（b）考虑剪切计算结果

（c）未考虑剪切计算结果

图 7-27　No.2 计算结果与试验结果对比

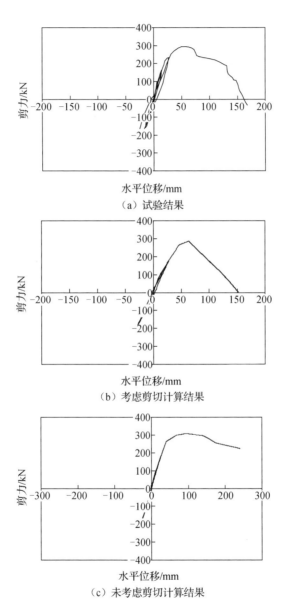

（a）试验结果

（b）考虑剪切计算结果

（c）未考虑剪切计算结果

图 7-28　No.4 计算结果与试验结果对比

参 考 文 献

[1] 蔡茂，顾祥林，华晶晶，等. 考虑剪切作用的钢筋混凝土柱地震反应分析[J]. 建筑结构学报，2011，32（11）：97-108.

[2] CHOWDHURY T. Hysteretic modeling of shear-critical reinforced concrete columns [D]. Columbus: Ohio State University, 2007.

[3] ASCE-ACI Joint Task Committee 426. Shear strength of reinforced concrete members [J]. Journal of structural engineering (ASCE), 1973, 99(6): 1091-1187.

[4] GERIN M, ADEBAR P. Accounting for shear in seismic analysis of concrete structures [C]//13th World Conference on Earthquake Engineering. Vancouver B C, 2004.

[5] PARK R, PAULAY T. Reinforced concrete structures [M]. New York: John Willey and Sons Inc, 1975.

[6] SEZEN H. Seismic behavior and modeling of reinforced concrete building columns[D]. Berkeley: University of California, 2000.

[7] ELWOOD K J. Shake table tests and analytical studies on the gravity load collapse of reinforced concrete frames[D]. Berkeley: University of California, 2002.

[8] ANG B G, PRIESTLEY M J N, PAULAY T. Seismic shear strength of circular reinforced concrete columns [J]. ACI structural journal, 1989, 86(1): 45-59.

[9] PRIESTLEY M J N, VERMA R, XIAO Y. Seismic shear strength of reinforced concrete columns [J]. Journal of structural engineering, 1994, 120(8): 2310-2329.

[10] 蔡茂. 地震作用下钢筋混凝土柱抗剪模型[D]. 上海：同济大学，2011.

[11] MOSTAFAEI H. Axial-shear-flexure interaction approach for displacement-based evaluation of reinforced concrete elements [D]. Tokyo: University of Tokyo, 2006.

[12] WONG Y L, PAULAY T, PRIESTLEY M J N. Response of circular reinforced concrete columns to multi-directional seismic attack [J]. ACI structural journal, 1993, 90(2): 180-191.

[13] SAATCIOGLU M, RAZVI S. Strength and ductility of confined concrete [J].Journal of structural engineering (ASCE), 1992:118(6):1590-1607.

第8章　水平单调加载时钢筋混凝土杆系结构破坏过程仿真分析

一个实际结构一般是由若干构件组合而成的。前面几章研究的是单个钢筋混凝土构件破坏过程的仿真分析。第8章～第10章将基于有限元法研究不同荷载作用下钢筋混凝土结构破坏过程的仿真分析方法。

从结构分析的角度看，给定边界条件的单个构件是一种最简单的结构形式，我们可以用分析整体结构的方法来分析单个构件，也可以将一些单个构件分析的方法推广应用于整体结构的分析。但实际应用中单个构件和整体结构具体分析方法的差异还是十分明显的。在结构中单个构件的破坏并不一定意味着整体结构的破坏，如框架结构中无论是在梁上还是在柱上形成塑性铰，对构件自身而言都意味着破坏，而对整体结构而言柱上形成塑性铰的危险程度要高得多。结构仿真分析的任务是揭示整体结构的破坏机理、模拟整体结构的破坏现象，而不只是去模拟某个构件的破坏现象。因此，在整体结构的仿真分析中出于计算时间和容量等方面的考虑，往往对构件做大幅度的简化。但从本章内容可以看到，这种简化去除了构件破坏的细节描述，仍保留了对构件破坏特征的表征。

杆系结构是一种全部由梁、柱等杆件组成的结构形式，多高层建筑结构中最常见的钢筋混凝土框架结构就属于杆系结构。在科研和实际工程中，作为测试手段之一，常对钢筋混凝土杆系结构模型进行水平单调加载试验，以提供对既有或拟建结构抗侧力性能评估的实测依据。

钢筋混凝土杆系结构水平单调加载试验的方法如下：先预加节点竖向荷载，其值大小在试验过程中保持恒定，然后分级加节点水平荷载，直至结构形成可变机构而破坏（图8-1）。本章以平面杆系结构为对象对这一试验过程的计算机仿真分析方法（常称为推覆分析）做详细的讨论。

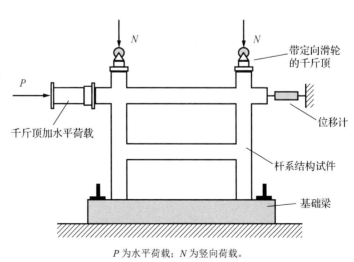

P 为水平荷载；*N* 为竖向荷载。

图8-1　钢筋混凝土杆系结构水平单调加载试验简图

8.1 结构计算简图及平衡方程

由于组成杆系结构的杆件截面的尺寸远比其长度小，一般采用杆系有限元对杆系结构进行数值模拟。杆系有限元的单元形式主要为梁单元，其他的单元形式如桁架单元可以通过释放梁单元的杆端约束来获得。和构件的分析类似，以图 8-2（a）所示的钢筋混凝土框架结构为例，可分别取横向平面框架［图 8-2（b）］和纵向平面框架［图 8-2（c）］分析面内水平加载时平面杆系结构的性能，进而评定整个钢筋混凝土框架结构的受力性能。

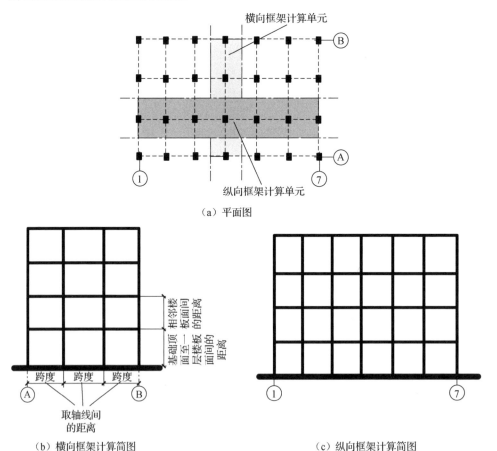

（a）平面图

（b）横向框架计算简图   （c）纵向框架计算简图

节点视具体情况可以是刚接、铰接或半刚接。

图 8-2 钢筋混凝土框架结构的计算简图

如图 8-2（b）和（c）所示，平面杆系结构的每个节点包括水平和竖向两个平动自由度及一个转动自由度。一个杆件单元两端共有两个节点，对于每一个杆件单元，可以写出如下的单元刚度方程：

$$kd = f \tag{8-1}$$

式中，k 为单元刚度矩阵；d 为单元两端的节点位移向量；f 为杆端力向量。

在静力分析中，采用矩阵位移法，可以由所有单元的单元刚度方程集成建立如下的平衡方程：

$$K^0 D^0 = F^0 \tag{8-2}$$

式中，K^0 为由单元刚度矩阵组装形成的结构"总刚度矩阵"［因方程（8-2）中含有刚体位移，严格意义上不能称 K^0 为结构的总体刚度矩阵］；D^0、F^0 分别为总的节点位移向量和总的节点荷载向量，向量的每一个分量对应结构的一个节点自由度。

在引入结构的支座约束条件以后，即得到对应于实际结构的平衡方程：

$$KD = F \tag{8-3}$$

式中，K 为结构刚度矩阵；D、F 分别为节点位移向量和节点荷载向量。

由于钢筋混凝土杆系结构水平单调加载试验的加载速度一般较低，动力效应可以忽略不计，因而可以采用静力分析的方法对试验过程进行模拟。在试验加载的开始阶段，结构处于线弹性状态。随着水平荷载的单调增加，结构构件的内力逐步增加，有的单元出现裂缝，结构进入非线性状态。水平荷载接近极限承载力时，结构的变形大幅度增加，构件的开裂情况趋于严重，结构已经处于显著的非线性状态。因此，必须采用非线性静力分析方法才能模拟结构在试验加载全过程的反应。

引起钢筋混凝土杆系结构非线性性能的因素有两个方面。一方面是由材料的应力-应变关系的非线性引起的，称为材料非线性。由第 1 章可知，混凝土只有在低应力水平时可以被认为是线弹性材料；而钢筋在屈服以前是线弹性材料，在屈服以后是塑性材料。从杆系有限元分析的基本原理上而言，结构的材料非线性分析与弹性分析并无本质的不同。在进行材料非线性分析时，只需要在推导单元刚度矩阵时引入材料的非线性应力-应变关系对构件刚度做不断调整即可。另一方面是由于结构的变位使体系的受力状况发生了非线性的变化，称为几何非线性。几何非线性问题分析的基本特点是必需按照体系变形后的位形建立平衡方程。而线性分析一般是按照体系变形前的位形建立平衡方程的。

由于材料非线性和几何非线性的影响，钢筋混凝土杆系结构的刚度不仅与其当前的位形有关，而且与其加载历史有关。因此，式（8-3）是一个非线性方程组，必须通过迭代法求解。迭代法中用到的结构刚度矩阵为结构的割线刚度。对于材料非线性和几何非线性耦合的问题，结构的割线刚度很难获得，为此可以将式（8-3）变换为增量方程

$$K_{\mathrm{T}} \Delta D = \Delta F \tag{8-4}$$

式中，ΔD、ΔF 分别为节点位移增量向量和节点荷载增量向量；K_T 为结构的切线刚度矩阵，可以在增量法求解过程中通过跟踪结构状态变化过程而获得。

根据钢筋混凝土杆系结构的特点，本章进行数值仿真分析时采用如下基本假定。

1）单元为等截面直杆。对于节点区加强的构件，如大开口剪力墙、牛腿柱和加腋梁等构件，可将节点区视作刚域，此时构件模型为带刚域的等截面直杆单元。

2）单元截面变形满足平截面假定。

3）单元剪切变形的影响忽略不计。

4）等截面直杆只发生弯曲破坏，其受弯弹塑性变形集中在杆端附近的局部区域，塑性铰只是在杆件两端出现（显然，对短柱、深梁，此假定不适合，即本章的方法只适合于由长柱和浅梁组成的杆系结构。另外，需要说明的是，如果一根杆的中部受一集中荷载，则将荷载作用点看作一节点，原杆件一分为二）。

5）分别考虑结构构件的几何非线性和材料非线性影响，且不考虑节点的非线性。

本章的仿真分析仅限于钢筋混凝土平面杆系结构，主要包括：①结构的所有单元均在同一个平面内，且结构的变形只发生在该平面内；②所有的单元皆属于平面梁单元，仅受到绕垂直于结构所在平面的轴线方向的弯矩。

8.2　等截面直杆单元的刚度矩阵

由基本假定 4 可知，等截面直杆单元可简化为由两类区域组成的 3 段变刚度杆：位于中部的线弹性区域和位于两端的定长弹塑性区域（图 8-3）[1-2]。3 段变刚度杆模型的关键技术在于确定杆端塑性铰区段的长度 l_p（即图 8-3 中的 l_{p1} 和 l_{p2}）。国内外学者对这一问题进行过大量的试验研究，并提出了很多计算公式，表 8-1 列出了部分计算公式。确定 l_p 后，可方便地用虚功原理导出单元的刚度矩阵。

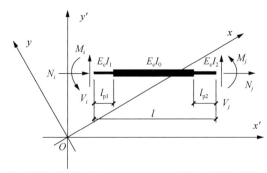

E_cJ_0 为弹性区段的截面抗弯刚度；E_cJ_1 和 E_cJ_2 为塑性铰区段的截面抗弯刚度。

图 8-3　杆件单元的简化模式（3 段变刚度杆）

表 8-1　等截面直杆单元杆端塑性铰区段的长度 l_p

文献作者	弯曲方向	l_p	备注
Baker 和 Amarakone[3]	单向	$k_1 k_2 k_3 (z/d)^{1/4} d$	k_1—软钢为 0.7、冷加工钢为 0.9； k_2—$1+0.5 N_c/N_{cu}$； k_3—$0.6 \sim 0.9$； N_c—轴向压力； N_{cu}—轴心抗压强度； z—临界截面到反弯点的距离； d—截面的有效高度
Corley[4]	单向	$0.5d + 0.2z/d^{1/2}$	z、d 同上
Mattock[5]	单向	$0.5d + 0.05z$	z、d 同上
Sawyer[6]	单向	$0.25d + 0.075z$	z、d 同上
胡德忻[7]	单向	$a + 2h_0/3 < h_0$	a—构件等弯曲区段的长度； h_0—截面有效高度（下同）
坂静雄和 山田稔[8]	单向	$(1 - 0.5\rho_s f_y/f_c) h_0$	f_y—钢筋的屈服强度； f_c—混凝土轴心抗压强度； ρ_s—截面配筋率
朱伯龙和 董振祥[9]	单向	$[1 - 0.5(\rho_s f_y - \rho'_s f'_y + N/bh)/f_c] h_0$	ρ'_s—受压钢筋配筋率； f'_y—受压钢筋屈服强度； N—轴向力
朱伯龙和 董振祥[9]	斜向受力 压弯构件	$h_\beta (1 - k\xi)$	h_β—最外侧受拉钢筋中心点至最外侧受压边缘的距离； ξh_β—中性轴至最外侧受压边缘的距离； $k\xi h_\beta$—压力合力点至最外侧受压边缘的距离
杜宏彪和 沈聚敏[10]	双向	$l_p = \max(l_{yx}, l_{yy})$ $l_{yi} = [1.0 - \phi_{yi}/(\boldsymbol{\Phi}^T \boldsymbol{\Phi})^{1/2}] \times l_{y\max}$ $(i = x, y)$ $l_{y\max} = 1.1 h_0 (1 - \xi)$	$\boldsymbol{\Phi}$—临界截面曲率向量； ϕ_{yx}、ϕ_{yy}—单向加载时截面在 x 轴和 y 轴方向上的屈服曲率； $l_{y\max}$—最大屈服区长度； ξ—截面等效受压区高度

3 段变刚度杆单元共有 6 个平面内自由度，即两端各 2 个平动自由度和各 1 个转动自由度（图 8-3）。单元节点位移向量 $\boldsymbol{d}$ 和杆端力向量 $\boldsymbol{f}$ 可以分别表示为

$$\boldsymbol{d} = \begin{bmatrix} u_i & v_i & \theta_i & u_j & v_j & \theta_j \end{bmatrix}^T \tag{8-5}$$

$$\boldsymbol{f} = \begin{bmatrix} N_i & V_i & M_i & N_j & V_j & M_j \end{bmatrix}^T \tag{8-6}$$

由于沿杆轴的截面刚度产生变化，已不能沿用线性分析中基于均匀刚度的单元刚度矩阵，但单元刚度矩阵在形式上是完全相同的，可以写为

$$\boldsymbol{k} = \begin{bmatrix} k_{11} & 0 & 0 & k_{14} & 0 & 0 \\ & k_{22} & k_{23} & 0 & k_{25} & k_{26} \\ & & k_{33} & 0 & k_{35} & k_{36} \\ & & & k_{44} & 0 & 0 \\ & \text{对称} & & & k_{55} & k_{56} \\ & & & & & k_{66} \end{bmatrix} \qquad (8-7)$$

钢筋混凝土杆件的弹塑性性能主要体现在杆件截面的弯矩-曲率关系上,轴向受力性能仍可以假设为弹性的,故系数 k_{11}、k_{44}、k_{14} 为弹性常量,并有

$$k_{11} = k_{44} = -k_{14} = \frac{E_c A}{l} \qquad (8-8)$$

式中,E_c 为混凝土的弹性模量;A 为杆件截面面积;l 为杆单元长度。

3 段变刚度杆在相邻区域的交界处抗弯刚度有突变,相应地在弯矩作用下曲率也发生突变,因而无法通过假设简单的单元位移模式来建立单元刚度矩阵,下面将借助柔度系数来推导。

首先注意到单元刚度方程表示的是无杆间荷载的单元的节点位移和杆端力之间的关系,由图 8-3 根据平衡条件有

$$V_i = -V_j = \frac{M_i + M_j}{l} \qquad (8-9)$$

于是根据单元刚度矩阵各元素的物理意义,可以得到

$$k_{23} = -k_{35} = \frac{k_{33} + k_{36}}{l} \qquad (8-10)$$

$$k_{26} = -k_{56} = \frac{k_{36} + k_{66}}{l} \qquad (8-11)$$

$$k_{22} = -k_{25} = k_{55} = \frac{k_{23} + k_{26}}{l} = \frac{k_{33} + 2k_{36} + k_{66}}{l^2} \qquad (8-12)$$

因此,只要求出系数 k_{33}、k_{36} 和 k_{66},就可以得到所求的单元刚度方程。考察图 8-4 所示的简支梁,根据虚功原理和基本假设 3),可以得到

$$\theta_{ii} = \int \frac{\bar{M}_i(s)\bar{M}_i(s)}{E_c I} ds = \frac{a_1 l}{3 E_c I_0} \qquad (8-13)$$

$$\theta_{ij} = \int \frac{\bar{M}_i(s)\bar{M}_j(s)}{E_c I} ds = -\frac{b_1 l}{6 E_c I_0} \qquad (8-14)$$

$$\theta_{jj} = \int \frac{\bar{M}_j(s)\bar{M}_j(s)}{E_c I} ds = \frac{a_2 l}{3 E_c I_0} \qquad (8-15)$$

式中,θ_{ii} 为 i 端单位弯矩引起的 i 端转角;θ_{ij} 为 j 端单位弯矩引起的 i 端转角;θ_{jj} 为 j 端单位弯矩引起的 j 端转角;a_1、a_2、b_1 为常数,分别取 $a_1 = p_2 q_2^3 - p_1(1-q_1)^3 + p_1 + 1$,

$a_2 = p_1 q_1^3 - p_2(1-q_2)^3 + p_2 + 1$，$b_1 = p_2 q_2^2(3-2q_2) + p_1 q_1^2(3-2q_1) + 1$，$p_1 = EI_0/(EI_1)$
-1，$p_2 = EI_0/(EI_2)-1$，$q_1 = l_{p_1}/l$，$q_2 = l_{p_2}/l$；$E_c I_0$、$E_c I_1$、$E_c I_2$ 分别为 3 个杆
段的截面抗弯刚度（图 8-3），将在 8.4 节中根据截面的 M-ϕ 关系确定；l_{p_1}、
l_{p_2} 为图 8-3 中定义的塑性铰区段的长度，其数值的确定方法如表 8-1 所示。

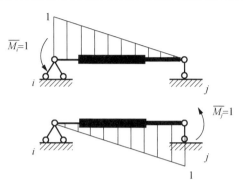

图 8-4　单位荷载法确定 3 段变刚度杆的转角柔度系数

相应的刚度系数可以由柔度矩阵求得，即

$$k_{33} = \frac{\theta_{jj}}{\theta_{ii}\theta_{jj} - \theta_{ij}^2} = 2a_2 b_2 \tag{8-16}$$

$$k_{66} = \frac{\theta_{ii}}{\theta_{ii}\theta_{jj} - \theta_{ij}^2} = 2a_1 b_2 \tag{8-17}$$

$$k_{36} = -\frac{\theta_{ij}}{\theta_{ii}\theta_{jj} - \theta_{ij}^2} = b_1 b_2 \tag{8-18}$$

式中，$b_2 = 6EI_0/(4a_1 a_2 l - b_1^2 l)$。将式（8-16）～式（8-18）代入式（8-10）～式（8-12）
得到

$$k_{22} = k_{55} = -k_{25} = \frac{2(a_1 + a_2 + b_1)b_2}{l^2} \tag{8-19}$$

$$k_{23} = -k_{35} = \frac{(2a_2 + b_1)b_2}{l} \tag{8-20}$$

$$k_{26} = -k_{56} = \frac{(2a_1 + b_1)b_2}{l} \tag{8-21}$$

8.3　带刚域杆单元的刚度矩阵

在杆系结构几何建模时，单元的几何尺寸由杆件截面形心轴线决定，节点则
为相邻杆件的轴线交点。但实际上，杆件相交处不是一个点，而是一个节点区。
当节点区的刚度很大时，如在大开口剪力墙、牛腿柱和加腋梁等情形中，节点区

的刚度对结构整体变形的贡献已不能忽略不计。此时，可将两端的节点区视为刚度无限大的刚域，与中间的等截面直杆组成带刚域的杆单元。如果将带刚域杆单元的端点作为主节点，把刚域与等截面直杆的连接点作为从节点，则从节点与主节点之间的变位关系是刚体上两点之间的运动关系。根据几何关系和平衡关系可以得到

$$\Delta \boldsymbol{d}_{\mathrm{s}} = \boldsymbol{A} \Delta \boldsymbol{d} \tag{8-22}$$

$$\Delta \boldsymbol{f}_{\mathrm{s}} = \boldsymbol{A}^{\mathrm{T}} \Delta \boldsymbol{f} \tag{8-23}$$

式中，$\Delta \boldsymbol{f}$、$\Delta \boldsymbol{d}$ 分别为带刚域杆单元的杆端力向量和主节点位移向量；$\Delta \boldsymbol{f}_{\mathrm{s}}$、$\Delta \boldsymbol{d}_{\mathrm{s}}$ 分别为等截面直杆的杆端力向量和从节点位移向量；$\boldsymbol{A}$ 为刚域的转换矩阵，按式（8-24）计算。

$$\boldsymbol{A} = \begin{bmatrix} 1 & 0 & 0 & 0 & 0 & 0 \\ 0 & 1 & e_1 & 0 & 0 & 0 \\ 0 & 0 & 1 & 0 & 0 & 0 \\ 0 & 0 & 0 & 1 & 0 & 0 \\ 0 & 0 & 0 & 0 & 1 & -e_2 \\ 0 & 0 & 0 & 0 & 0 & 1 \end{bmatrix} \tag{8-24}$$

式中，e_1、e_2 分别为刚域的长度，如图 8-5 所示。

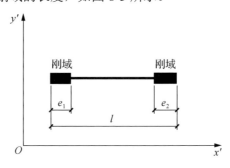

图 8-5　带刚域杆单元

由此，得到带刚域杆单元的刚度矩阵 $\boldsymbol{k}_{\mathrm{r}}$ 为

$$\boldsymbol{k}_{\mathrm{r}} = \boldsymbol{A}^{\mathrm{T}} \boldsymbol{k} \boldsymbol{A} \tag{8-25}$$

式中，$\boldsymbol{k}$ 为 3 段变刚度等截面直杆的刚度矩阵，按式（8-7）计算，但单元长度为 $l - e_1 - e_2$。

8.4　塑性铰区段截面抗弯刚度

在增量法中，单元刚度矩阵中的 $E_c I_0$ 为弹性区段的截面抗弯刚度，为弹性常量，$E_c I_1$ 和 $E_c I_2$ 则为塑性铰区段的截面抗弯刚度，为切线刚度。加载时塑性铰区

段的截面抗弯刚度可以直接根据第 1 章所述的条分法分析得到的截面弯矩-曲率骨架曲线确定。

对于钢筋混凝土杆系结构分析，如果存储每一个单元的截面弯矩-曲率骨架曲线或实时采用条分法计算各单元的截面弯矩-曲率骨架曲线，势必会占用大量的空间或时间，使计算极不经济，甚至难以实施。为此，可以采用将截面弯矩-曲率骨架曲线模型化的方法，只需极少的参数即可近似地描述原始的弯矩-曲率骨架曲线。常见的骨架曲线模型有二折线型、三折线型、四折线型和 Ramberg-Osgood 模型等（详见第 9 章中的相关内容）。最常用的为三折线型 M-ϕ 关系曲线 [图 8-6（a）中的 $OABC$ 三折线]，开裂点 A、屈服点 B 和破坏点 C 的弯矩、曲率值可以根据第 1 章中介绍的方法计算确定。

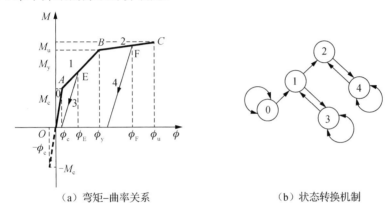

（a）弯矩-曲率关系　　　　　　　　　（b）状态转换机制

图 8-6　钢筋混凝土杆单元截面的弯矩-曲率关系和状态转换机制

即便是单调加载，由于内力重分布（尤其在塑性铰出现之后），结构中部分单元截面也可能会出现卸载。截面在加卸载时刚度会发生变化，这与截面所处状态有关。图 8-6（a）中标出了结构在单调加载方式下杆件单元可能出现的截面状态（图中 0～4）；图 8-6（b）中给出了截面状态的转换机制。各状态下截面的抗弯刚度如表 8-2[2]所示。

表 8-2　钢筋混凝土杆单元塑性铰区段截面在各状态下的抗弯刚度

状态	截面抗弯刚度
0	$\dfrac{M_c}{\phi_c}$
1	$\dfrac{M_y - M_c}{\phi_y - \phi_c}$
2	$\dfrac{M_u - M_y}{\phi_u - \phi_y}$

状态	截面抗弯刚度
3	$\dfrac{M_{\mathrm{E}}+M_{\mathrm{c}}}{\phi_{\mathrm{E}}+\phi_{\mathrm{c}}}$
4	$k_{\mathrm{u}}+\dfrac{(\phi_{\mathrm{u}}-\phi_{\mathrm{F}})(k_{\mathrm{y}}-k_{\mathrm{u}})}{\phi_{\mathrm{u}}-\phi_{\mathrm{y}}}$

注：$k_{\mathrm{y}}=(M_{\mathrm{y}}+M_{\mathrm{c}})/(\phi_{\mathrm{y}}+\phi_{\mathrm{c}})$，$k_{\mathrm{u}}=2.5M_{\mathrm{u}}/\phi_{\mathrm{u}}$。

8.5　单元几何刚度矩阵

杆系结构的几何非线性主要有两个方面的问题：其一是在横向位移情况下，轴力引起的二阶效应，称为 P-Δ 效应；其二是大变形对结构的影响。后者可以按照变形后的几何位置来建立结构平衡方程。

一般而言，钢筋混凝土杆系结构变形直至破坏时的几何非线性主要表现为 P-Δ 效应。对于 P-Δ 效应，可以采用对按照体系变形前位形建立的线性分析引入几何刚度矩阵来考虑：

$$(\boldsymbol{K}_{\mathrm{T}}-\boldsymbol{G})\Delta \boldsymbol{D}=\Delta \boldsymbol{F} \tag{8-26}$$

式中，$\boldsymbol{G}$ 为结构的几何刚度矩阵，由单元几何刚度矩阵组装而成，组装方法与单元刚度矩阵的组装方法相同。

单元几何刚度矩阵又称为单元的初应力矩阵，它表示单元中存在的应力对单元刚度矩阵产生的二阶效应。对于杆单元，初应力即指杆件的轴向应力。单元几何刚度矩阵可由假定的杆件挠度曲线按能量法推导得[9]

$$\boldsymbol{g}=\frac{N}{30l}\begin{bmatrix}0&0&0&0&0&0\\0&36&3l&0&-36&3l\\0&3l&4l^2&0&3l&-l^2\\0&0&0&0&0&0\\0&-36&-3l&0&36&-3l\\0&3l&-l^2&0&-3l&4l^2\end{bmatrix} \quad (\text{两端未出现塑性铰时}) \tag{8-27a}$$

$$\boldsymbol{g}=\frac{N}{5l}\begin{bmatrix}0&0&0&0&0&0\\0&0&0&0&0&0\\0&0&l^2&0&l&-l\\0&0&0&0&0&0\\0&0&l&0&6&-6\\0&0&-l&0&-6&6\end{bmatrix} \quad (i\text{ 端出现塑性铰时}) \tag{8-27b}$$

$$\boldsymbol{g} = \frac{N}{5l}\begin{bmatrix} 0 & 0 & 0 & 0 & 0 & 0 \\ 0 & l^2 & 0 & 0 & l & -l \\ 0 & 0 & 0 & 0 & 0 & 0 \\ 0 & 0 & 0 & 0 & 0 & 0 \\ 0 & l & 0 & 0 & 6 & -6 \\ 0 & -l & 0 & 0 & -6 & 6 \end{bmatrix} \qquad (j \text{ 端出现塑性铰时}) \qquad (8\text{-}27c)$$

$$\boldsymbol{g} = \frac{N}{5l}\begin{bmatrix} 0 & 0 & 0 & 0 & 0 & 0 \\ 0 & 0 & 0 & 0 & 0 & 0 \\ 0 & 0 & 0 & 0 & 0 & 0 \\ 0 & 0 & 0 & 0 & 0 & 0 \\ 0 & 0 & 0 & 0 & 5 & -5 \\ 0 & 0 & 0 & 0 & -5 & 5 \end{bmatrix} \qquad (i, j \text{ 端均出现塑性铰时}) \qquad (8\text{-}27d)$$

式中，$\boldsymbol{g}$ 为单元几何刚度矩阵；N 为杆单元的轴力；l 为杆单元的长度。

8.6　杆系结构破坏准则

在基于有限元法的结构分析中，关于杆系结构的破坏目前尚无统一的准则。为便于仿真分析，判断结构出现塑性铰的数目和位置，当出现足够多的塑性铰（这些塑性铰处均未发生卸载）并能导致结构成为整体瞬变机构时，认为结构已失去承载力而停止计算。

"机构"一词用于钢筋混凝土杆系结构弹塑性分析中，直观地表明了杆系超静定结构在荷载作用下，因产生了一定数量的塑性铰而导致了结构向可变（或瞬变）体系的转化。因而机构常被作为杆系结构极限状态的代名词。然而，与机械运动及几何学的观点不同，"机构"在结构分析中被赋予了特定的力学内涵。杆系结构机构不会像机械那样产生运动，而只是具有那样的运动趋势，最终按照其自身的受力机理产生大变形，直至倒塌。显然，杆系结构的机构模式与其倒塌机理有着内在的联系。

另外，还可以用能量法来判断结构是否破坏，具体方法详见第 9 章中的有关内容。

8.7　框架结构的机构识别算法

8.7.1　机构的模式

框架结构的各杆件单元的截面特性及荷载分布、大小与加载制度制约着塑性铰形成的位置、数量与次序。从而，同一框架在不同工况下可能形成不同的机构。根据塑性铰的分布情况，机构模式可大致分类如下。

1）杆件机构。同一杆件上有 3 个以上的塑性铰。因为实际工况中，一般无柱间荷载，所以杆件机构大多出现在梁上形成梁机构［图 8-7（a）］。

2）侧移机构。由于现浇楼板对梁的加强作用，形成以层为特征的破坏模式。机构的运动趋势为水平侧移。侧移机构可以是一层或多层，尤以底层机构为常见［图 8-7（b）］。

3）节点机构。节点较弱而破坏，或有集中力矩作用于节点上，致使梁、柱端同时破坏［图 8-7（c）］。

4）混合机构。上述 3 种为基本模式，同时有两种以上基本模式的机构则为混合机构［图 8-7（d）］。

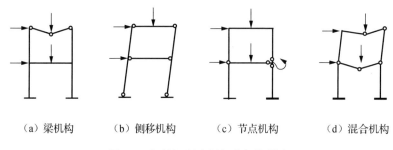

（a）梁机构　　　（b）侧移机构　　　（c）节点机构　　　（d）混合机构

图 8-7　钢筋混凝土框架的机构模式

8.7.2　规则框架的识别算法

1. 识别杆件机构

遍历各杆件，检查是否同时有 3 个塑性铰［图 8-7（a）］。注意：识别算法中的塑性铰指未卸载的塑性铰。

2. 识别侧移机构——去梁层检法

对侧移机构的识别比较复杂。总体来说可以分为去梁、楼层合并及层检 3 个步骤。基本思路是根据侧移机构的特点，在识别过程中先剔除冗余信息，把对侧移机构的搜索限定在局部范围内，再加以识别。

（1）去梁

在侧移机构中，两端有塑性铰的梁单元不能阻止机构的侧移，因而这样的梁单元对于识别工作而言是冗余信息，为便于识别可首先加以剔除。值得注意的是，这种"剔除"仅仅用于识别过程，而识别的对象仍是原框架，而不用顾及去掉那些梁单元以后的框架是否为机构。

梁单元的这种可去性可以推广到其他情形。整体考虑某一梁轴线上的梁，可以认为它是带有塑性铰的连续梁，塑性铰将连续梁分成若干个段，两端都带有塑性铰的称为梁段。在此，先去掉那些两端位于同一跨内的梁段。然后判断其余梁段是否"可去"。显然各梁段均支承于柱上，梁段"可去"的条件为与梁段连接各柱端均应有塑性铰。同时，梁段两端应能绕端部支承点转动。符合下列两种情况的梁段端点均能绕端部支承点转动：①端点位于梁、柱节点，如图 8-8（a）左端点情形；②端点位于跨内且与可去梁段相连，如图 8-8（a）右端点情形。若梁段只有一个支承点，且一端与可去梁段相连，如图 8-8（b）所示，则也为可去梁段。

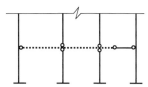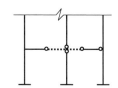

（a）端点位于梁、柱节点　　（b）端点位于跨内且与可去梁段相连

虚线表示可去梁段。

图 8-8　可去梁段

（2）楼层合并

"去梁"的意义在于有助于判定在某一梁轴线上是否仍存在可抵抗结构侧移的梁。若某一梁轴线上的各跨内均有可去梁段，则该轴线的上下两层可以合并为一个广义层。对于规则框架，只有在同一广义层内才可能形成侧移机构，即不可能出现跨广义层的侧移机构。这样就把对侧移机构的搜索限定在各广义层内了。

（3）层检

为搜索侧移机构，遍历各广义层。

对于规则框架，由位移协调关系，广义层内侧移机构只能是层间或多层机构。形成侧移机构的条件如下：在层间或多层内，柱上端及柱下端都可绕相应的梁、柱节点转动。柱端可绕节点转动有两种情形：一是柱端有铰；一是柱端无铰，但与节点连接的另一柱端有铰，且与节点连接的梁端有铰或跨内有可去梁段。以图 8-9（a）的上层中柱为例，其上端有铰（为前一种情况）；而其下端无铰但与之连接的下层中柱的上端有铰，下层左梁的右端有铰，右梁的左端虽无铰，但在跨内有可去梁段（为后一种情况）。

（a）情形a　　　　　　（b）情形b　　　　　　（c）情形c

虚线表示可去梁段。

图 8-9　算例

（4）算例

根据上述步骤可用程序实现整个算法。文献[11]中给出了一个两层两跨框架的全部 40 个主要失效机构，基本覆盖了各种可能的组合情况。现从中挑出 3 个较复杂的情形（图 8-9）做简单分析，识别过程如下。

1）去梁。图 8-9 中用虚线表示的均为可去梁段。其中情形 a 顶层的一根因两端在节点，中间支承柱端有铰，故"可去"。其余大多为跨内有两个铰的情况。

2）楼层的合并。情形 a 不满足合并条件，而情形 b 和情形 c 可合并为一个广义层。

3）层检。以情形 b 为例。下层柱下端无铰，故下层柱不可能参与形成侧移机构，因此侧移机构只可能在上层层间形成。现对上层柱考察其上端绕节点转动能力。左柱上端无铰，但仅有一梁与该端相连接，且在该梁跨内有可去梁段，故该柱端可绕节点转动；中柱上端有铰；右柱上端无铰，仅有一梁与该端相连且该梁端有铰，故该柱端可绕节点转动。类似地可检得上层各柱下端均可绕节点转动，因此可知上层为侧移机构。对另外两个情形可同样识别。比较情形 b 和情形 c，在同样的广义层内，前者形成层间机构，后者形成多层机构。

其余失效机构除去一些简单情形，均与上述 3 种情形相似，故不一一列出。作者及其合作者还验算了文献[12]中给出的一个两跨十层框架的失效机构及其他一些相关文献中的实例，因篇幅关系不予列出。

3. 识别节点机构

遍历各节点，检查节点是否破坏，或各相邻杆端是否均有塑性铰[图 8-7（c）]。

4. 识别混合机构

综合上面 3 种情况即可获得混合机构的识别结果。

8.7.3 局部缺梁框架的识别算法

对于局部缺梁的框架，识别其侧移机构时，可把缺梁轴线上下楼层间的结构取出，即几个相互为并联关系的规则子框架。分别检查各子框架是否为侧移机构，若均为侧移机构，则可确定整个框架结构为侧移机构（图 8-10）。

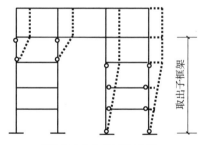

虚线表示变形后的框架位形。

图 8-10 局部缺梁框架的侧移机构

8.8　结构荷载-位移关系的数值模拟分析

杆系结构水平单调加载试验一般采用分级加荷载的试验方法。结构在达到最大抗力以后，已不能维持所承受的荷载，若能卸载则结构的变形会继续发展，结构的 P-Δ曲线进入下降段（图 8-11 中的曲线 a）。在 P-Δ曲线的上升段，结构刚度矩阵是正定的，采用非线性方程组一般的求解方法（如牛顿-拉弗森迭代法、割线刚度迭代法和等刚度迭代法等）都能获得满意的解答。但对于 P-Δ曲线的临近顶点（最大承载力）处及以后的下降段，上述方法都会致使计算发散。针对这种现象，有一些特殊的处理方法，如虚加刚性弹簧法、逐步搜索法、位移控制法、强制迭代法和弧长法等[13]。这里仅介绍虚加刚性弹簧法。

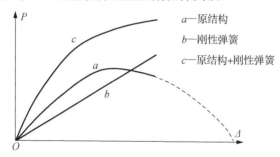

图 8-11　虚加刚性弹簧法计算 P-Δ曲线下降段的原理示意

虚加刚性弹簧法的基本思路是在结构适当的地方加上虚拟的大刚度弹簧。该弹簧的内力与位移的关系总是线性的，如图 8-11 中的曲线 b 所示。加弹簧后，结构的 P-Δ曲线如图 8-11 中曲线 c 所示，该曲线已无负刚度问题，很容易得到良好的结果。由曲线 c 和曲线 b 相减可得曲线 a，这便是原结构的 P-Δ曲线，其上升段和下降段均可达到足够的精度。

虚加刚性弹簧法的关键在于大刚度弹簧的设置。在杆系结构水平单调加载试验过程中，节点竖向荷载保持恒定，节点水平荷载逐级增加。因此，需要在各水平力作用点处分别虚设一大刚度弹簧（图 8-12）。注意到各水平荷载成比例加载，在多于一个水平力时，必须保证扣除弹簧所承担的水平荷载后，结构实际承担的水平荷载仍保持原先的比例。由于弹簧的内力与位移成正比，而各水平力作用点的水平位移不能保持一定的比例关系，因

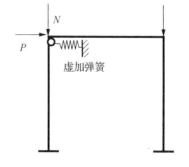

图 8-12　在水平力作用点上虚设大刚度弹簧

此有必要随着荷载的增加，逐步调整各弹簧的刚度。

采用分级加荷载法跟踪试验的加载过程，对于第 i 增量步虚加刚性弹簧后的结构增量刚度方程为

$$(\boldsymbol{K}_\mathrm{T} - \boldsymbol{G} + \boldsymbol{K}_\mathrm{N}^i)\Delta \boldsymbol{D}^i = \Delta \boldsymbol{F} \qquad (8\text{-}28)$$

式中，$\Delta \boldsymbol{D}^i$ 为第 i 增量步的节点位移增量；$\boldsymbol{K}_\mathrm{N}^i$ 为第 i 增量步的弹簧刚度矩阵，为对角矩阵，其第 j 个对角元素 $k_{\mathrm{N}jj}^i$ 由式（8-29）确定。

$$k_{\mathrm{N}jj}^i = \begin{cases} 0 & (\Delta f_j = 0) \\ \eta^i \dfrac{\Delta f_j}{\Delta d_j^{i-1}} & (\Delta f_j \neq 0) \end{cases} \qquad (8\text{-}29)$$

式中，Δf_j 为节点荷载增量向量 $\Delta \boldsymbol{F}$ 的第 j 个分量；Δd_j^{i-1} 为第 $i-1$ 增量步节点位移增量向量 $\Delta \boldsymbol{D}^i$ 的第 j 个分量；η^i 为弹簧刚度系数，其合理的取值可以确保第 i 增量步下添加弹簧后的结构有合适的增量刚度。

在杆系结构荷载-位移关系的数值模拟分析过程中，跟踪记录每级加载后的位移增量和内力增量，经累加后可得任一级加载后的总位移和总内力。而结构所承担的实际荷载在累加之前需从当前的增量荷载中扣除弹簧所承担的部分，如式（8-30）和式（8-31）所示。计算分析的流程图如图 8-13 所示。理论上，如弹簧的刚度合适，可一直算到结构的承载力为 0，如图 8-11 中的虚线段所示。

$$\Delta \boldsymbol{F}^i = \Delta \boldsymbol{F} - \boldsymbol{K}_\mathrm{N}^i \Delta \boldsymbol{D}^i \qquad (8\text{-}30)$$

$$\boldsymbol{F}^i = \boldsymbol{F}^{i-1} + \Delta \boldsymbol{F}^i \qquad (8\text{-}31)$$

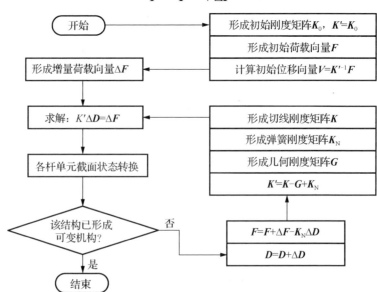

图 8-13　钢筋混凝土杆系结构的仿真分析流程图

8.9 实 例 验 证

作者及其合作者[2]曾经计算了两榀有实测数据（分别取自文献[9]和[14]）的钢筋混凝土试验框架，如图 8-14 所示。由图 8-14 可以看出，荷载-位移（P-Δ）曲线计算值与试验值基本吻合，另外塑性铰出现的位置及顺序与试验结果也基本一致[2]。这表明荷载-位移关系的仿真分析基本能模拟试验过程，反映框架的实际受力和变形性能。

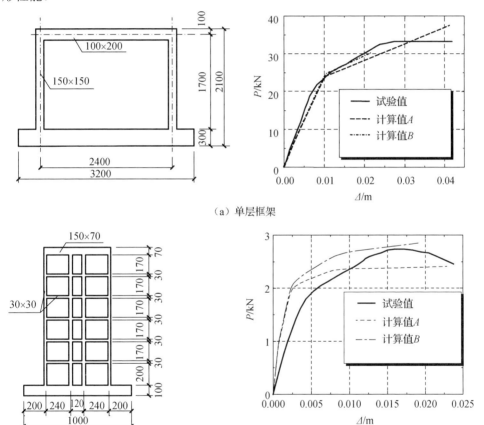

（a）单层框架

（b）多层框架

计算值 A 和计算值 B 分别为考虑和不考虑 P-Δ 效应的计算结果。

图 8-14 钢筋混凝土试验框架及荷载-挠度曲线

参 考 文 献

[1] 顾祥林，张誉. 天窗架承重式锯齿形排架弹塑性地震反应分析及抗震设计建议[J]. 土木工程学报，1991，24（4）：48-57.

[2] 顾祥林, 孙飞飞. 钢筋混凝土框架单调加载试验的计算机仿真系统[J]. 同济大学学报, 1996, 22 (4): 363-368.

[3] BAKER A L L, AMARAKONE A M N. Inelastic hyperstatic frames analysis [C]//Proceedings of the International Symposium on the Flexural Mechanical of Reinforced Concrete. ASCE-ACI, Miami, 1964: 85-142.

[4] CORLEY W G. Rotational capacity of reinforced concrete beams [J]. Journal of structural division, 1966, 92(5): 121-146.

[5] MATTOCK A H. Discussion of "rotational capacity of reinforced concrete beams" by CORLEY W G [J]. Journal of structural division, 1967, 93(2): 519-522.

[6] SAWYER H A. Design of concrete frames for two failure states [C]//Proceedings of the International Symposium on the Flexural Mechanical of Reinforced Concrete. ASCE-ACI, Miami, 1964: 405-531.

[7] 胡德忻. 钢筋混凝土结构塑性铰的试验研究[R]//超静定钢筋混凝土结构塑性内力重分布研究报告集. 中国建筑科学研究院, 1963.

[8] 坂静雄, 山田稔. 铁筋コニヶリリートプテスチッヶヒヅの回坛界限[C]//日本建筑学会论文报告集. 东京: 日本建筑学会, 1958: 58.

[9] 朱伯龙, 董振祥. 钢筋混凝土非线性分析[M]. 上海: 同济大学出版社, 1985.

[10] 杜宏彪, 沈聚敏. 在任意加载路线下双轴弯曲钢筋混凝土柱的非线性分析[J]. 地震工程与工程振动, 1990, 10 (3): 41-55.

[11] 王玉起, 许朝劲, 钱曙珊, 等. 框架体系的可靠度[C]//工程结构可靠性全国第二届学术交流会. 重庆, 1989: 1-6.

[12] 李宏, 吴世伟, 吕泰仁. 框架结构机构的自动生成及体系可靠度[C]//工程结构可靠性全国第三届学术交流会. 南京, 1992: 127-133.

[13] 沈聚敏, 王传志, 江见鲸. 钢筋混凝土有限元与板壳极限分析[M]. 北京: 清华大学出版社, 1993.

[14] 周克荣, 王春武. 钢筋混凝土框架的基础形式与抗震性能[C]//中国建筑学会抗震防灾研究会第四届高层建筑抗震技术交流会. 西安, 1993.

第9章 单向地震作用下钢筋混凝土
结构破坏过程仿真分析

地震是由于地壳内岩体错动而引起的地面运动。地震对建筑结构具有极大的破坏作用。为了模拟地震作用下结构的反应、预测震害、分析结构的倒塌特征，为结构的抗震防灾提供技术依据，常进行结构模型的模拟地震振动台试验。从试验中测得地震作用下结构的位移、速度和加速度反应等重要参数，观察结构在地震中的破坏过程和破坏形态。作为振动台试验的实例，图 9-1 给出了作者[1,2]于 1995年在同济大学土木工程防灾国家重点实验室所进行的多层大开间钢筋混凝土结构模型的振动台试验情况。

（a）模型位于振动台上

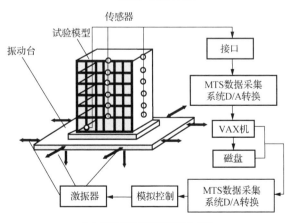

（b）试验的控制及数据采集系统

图 9-1 多层钢筋混凝土结构模型的模拟地震振动台试验

　　但是，振动台试验的费用较大，且小比例模型试验有"失真效应"。若能开发结构模拟地震振动台试验的计算机仿真软件，则可方便地在计算机上进行"实体模型"的模拟地震振动台试验，进而研究结构的破坏机理、发现结构中的薄弱环节和隐患，为新建结构的抗震设计、既有结构的抗震性能评估提供辅助方法。本章以结构的振动台试验过程为目标，介绍单向地震作用下钢筋混凝土结构破坏过程的数值模拟分析方法。

9.1　结构计算简图

　　对于常见钢筋混凝土结构在单向地震作用下的动力分析，一般将结构看作集中质量的多质点体系。结构分析的力学模型主要有层间剪切模型和杆系模型两大类。

　　对高宽比较小的"强梁弱柱"型框架结构，可以忽略结构整体弯曲效应，视框架横梁或楼板为无限刚度体，并假定构件的质量全部集中于楼层及屋面处，把整个结构看作一个下端固定、在各楼层高度处具有集中质量的竖直悬臂杆，即所谓串联多自由度体系，采用层间剪切模型来进行结构的动力分析。对于中低层的剪力墙结构也可采用以层间剪切变形为主的串联多自由度结构体系模型［图 9-2（a）］。Clough、武藤清、尹之潜、杜修力[3]、林加浩等[4]、潘士劼等[5]均曾用这种模型分析钢筋混凝土结构的弹塑性地震反应。此模型的刚度矩阵比较简单，其关键技术就在于如何确定不同荷载作用下结构的层间刚度。

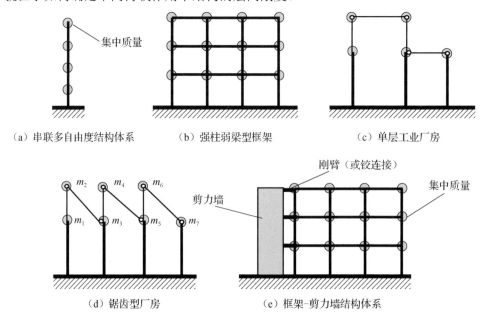

图 9-2　动力分析时结构的计算简图

对"强柱弱梁"型的钢筋混凝土框架结构 [图 9-2（b）] 利用层间剪切模型进行计算分析略显粗糙，而采用杆系模型往往能得出较满意的结果。杆系模型以杆件作为基本单元，将杆件的质量集中于各节点处。其特点是能够较全面地考虑各杆件逐个进入塑性阶段的过程及其对整个结构的影响，结果精确，但计算工作量大。多跨的单层框架及排架结构通常采用杆系模型 [图 9-2（c）和（d）]。带有填充墙和加腋梁的框架或带牛腿的排架柱，计入墙体、加腋或牛腿部分的影响后，可采用带刚域的杆系模型[6]。杆系模型一般不考虑杆件的剪切变形。对短柱或承重墙体单元来说，由于剪切破坏的可能性较大，可以将其看作剪切型的单元。如对于框架-剪力墙结构体系可采用图 9-2（e）所示的计算简图[2]。为考虑节点处钢筋滑移的影响，有的学者建议将滑移性质引入弯曲模型或在杆端引入滑移转动铰[7,8]。

对于钢筋混凝土高层剪力墙结构，可以采用同时考虑单元弯曲和剪切变形的串联多自由度体系 [图 9-2（a）] 来进行动力分析。

9.2　动力平衡方程的建立和求解

9.2.1　结构体系的动力平衡方程

建立在地面上的多质点结构体系，当地面有加速度时（如发生地震时），各质点均发生运动，从而产生惯性力、阻尼力和恢复力。根据达朗贝尔原理可以写出有阻尼强迫振动体系在任一时刻 t 时的动力平衡方程为

$$M\ddot{x}_t + C\Delta\dot{x}_t + K\Delta x_t = -MI\ddot{x}_{gt} \tag{9-1}$$

假定在一很短的时间间隔 Δt 内，结构的物理特性未发生变化，则 $t+\Delta t$ 时刻结构体系的动力平衡方程为

$$M\ddot{x}_{t+\Delta t} + C\dot{x}_{t+\Delta t} + Kx_{t+\Delta t} = -MI\ddot{x}_{gt+\Delta t} \tag{9-2}$$

式中，M 为体系的质量矩阵；K 为体系的刚度矩阵；C 为体系的阻尼矩阵；$\ddot{x}_t$、$\dot{x}_t$、x_t 分别为 t 时刻质点的加速度、速度和位移反应向量；$\ddot{x}_{t+\Delta t}$、$\dot{x}_{t+\Delta t}$、$x_{t+\Delta t}$ 分别为 $t+\Delta t$ 时刻质点的加速度、速度和位移反应向量；$\ddot{x}_{gt}$、$\ddot{x}_{gt+\Delta t}$ 分别为 t 及 $t+\Delta t$ 时刻的地面加速度。

式（9-1）和式（9-2）称为全量方程，常用于弹性分析。

由式（9-2）减去式（9-1）得

$$M\Delta\ddot{x} + C\Delta\dot{x} + K\Delta x = -MI\Delta\ddot{x}_g \tag{9-3}$$

式中，$\Delta\ddot{x}$、$\Delta\dot{x}$、Δx 分别为质点的加速度、速度和位移反应增量向量；$\Delta\ddot{x}_g$ 为地面加速度增量。

式（9-3）称为增量方程，常用于弹塑性分析中。

和第 8 章的方法相似，形成不同单元的刚度矩阵后，根据单元的编号分别进

行总装、凝聚和约束处理便得体系的刚度矩阵 $\boldsymbol{K}$。弹性分析时，$\boldsymbol{K}$ 为定值；弹塑性分析时，式（9-3）中的 $\boldsymbol{K}$ 实际上是切线刚度，$\boldsymbol{K}$ 随时间 t 的变化而变化，计算分析时要不断对其进行调整。

阻尼矩阵常选用瑞利阻尼矩阵：

$$\boldsymbol{C} = \alpha_c \boldsymbol{M} + \beta_c \boldsymbol{K} \tag{9-4}$$

式中，α_c 和 β_c 值反映了第 i 阶阻尼比 ξ_i 和第 i 阶圆频率 ω_i 之间的关系，$\xi_i = \frac{1}{2}\left(\frac{\alpha_c}{\omega_i} + \beta_c \omega_i\right)$。一般，根据前二阶振动特性可得

$$\begin{cases} \alpha_c = \dfrac{2\omega_1 \omega_2 (\xi_1 \omega_2 - \xi_2 \omega_1)}{\omega_2^2 - \omega_1^2} \\ \beta_c = \dfrac{2(\xi_2 \omega_2 - \xi_1 \omega_1)}{\omega_2^2 - \omega_1^2} \end{cases} \tag{9-5}$$

式中，ω_1、ω_2 分别为体系的第一阶、第二阶自振频率（圆频率）；ξ_1、ξ_2 分别为相应于第一阶、第二阶频率的阻尼比，实际应用中常取 $\xi = \xi_1 = \xi_2$，ξ 的值可由试验测得，对钢筋混凝土结构的房屋，一般为 5% 左右。

质量矩阵 $\boldsymbol{M}$ 一般取按质量集中原则换算出的集中质量，且这些质量全部集中于结构的节点处（图 9-2）。于是，$\boldsymbol{M}$ 为对角矩阵。

仿真计算分析中所用的地震波实际上是一条数字化的地面运动加速度随时间的变化曲线，这些波的持续时间一般为 20s 或 30s（图 9-3）。目前常用的地震波有地震现场记录下来的地震波（如美国 El-Centro 波、Taft 波，中国的天津波等），也有根据规范反应谱模拟出的规范化的人工地震波。计算时可根据具体要求选取一条或几条地震波进行分析。

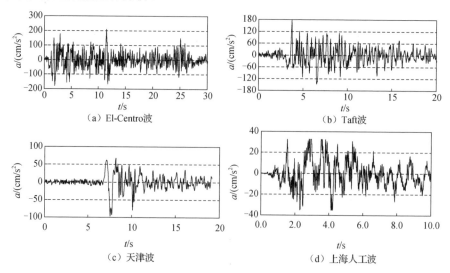

图 9-3　常用的地震波

9.2.2 体系的自振特性

对图 9-2 所示的多自由度结构体系，其自由振动方程用刚度法可表示为

$$Kx = \omega^2 Mx \tag{9-6}$$

由于 M 是对称正定矩阵，因此，总存在一非奇异的下三角矩阵 L 使

$$M = LL^{\mathrm{T}} \tag{9-7}$$

将式（9-7）代入式（9-6），并令 $\lambda = \omega^2$，$y = L^{\mathrm{T}}x$，则

$$By = \lambda y \tag{9-8}$$

$$B = L^{-1}K(L^{-1})^{\mathrm{T}} \tag{9-9}$$

式（9-8）在数学上就是一普通对称矩阵的特征值问题，求解方法很多。例如，可以用 Householder 法求出对称矩阵 B 的全部特征值 λ 和特征向量 y，从而得出体系各阶自振频率和相应的振型。另外还有子空间迭代法、向量迭代法、Ritz 向量迭代法、Lanczos 法和 Jacobi 法等[9]。其中，子空间迭代法是解决大型结构振动问题的富有成效的方法之一。利用这种方法可以计算任意一个振型，可以按任意的精度求得振型坐标。

子空间迭代的目的是求解结构系统的前面最低的 p 个频率及振型，这 p 个频率及振型满足以下方程：

$$K\boldsymbol{\Phi} = M\boldsymbol{\Phi}\boldsymbol{\Omega} \tag{9-10}$$

式中，频率 $\boldsymbol{\Omega}$ 和振型向量 $\boldsymbol{\Phi}$ 分别为

$$\boldsymbol{\Omega} = \mathrm{diag}(\omega_i^2) \tag{9-11}$$

$$\boldsymbol{\Phi} = [\boldsymbol{\Phi}_1 \quad \boldsymbol{\Phi}_2 \quad \cdots \quad \boldsymbol{\Phi}_p] \tag{9-12}$$

对于 n 个自由度系统

$$\boldsymbol{\Phi}_i = [\phi_{1i} \quad \phi_{2i} \quad \cdots \quad \phi_{ni}]^{\mathrm{T}} \qquad (i = 1, 2, \cdots, q) \tag{9-13}$$

此外振型满足正交条件

$$\boldsymbol{\Phi}^{\mathrm{T}}K\boldsymbol{\Phi} = \boldsymbol{\Omega}, \quad \boldsymbol{\Phi}^{\mathrm{T}}M\boldsymbol{\Phi} = \boldsymbol{I} \tag{9-14}$$

满足式（9-10）的向量一定是振型向量，满足式（9-14）的向量未必是振型向量。

子空间迭代的主要思想是，满足式（9-10）和式（9-14）的 p 个以 M 为权的正交特征向量构成一个对矩阵 K 及 M 来说的 p 维子空间的基。这个 p 维子空间称为 E_∞。在解的过程中，把这 p 个线性无关的向量进行迭代可以看作子空间迭代。p 个初始试探向量构成一个初始 p 维子空间称为 E_0。迭代要一直进行到 E_k（k 为迭代的次数）足够接近 E_∞ 为止。

子空间迭代法按下面的步骤进行：

首先，要求系统的前 p 个频率和振型，所取的试探向量的数目 q 要比 p 多一些，但数目 q 不能选取太大，因为这样要增加迭代次数，从而加大计算工作量，所以要全面考虑与收敛所需的循环次数之间的平衡关系。根据实践经验取 $q=\min\{2p, p+8\}$ 是合适的。用上标（0）表示向量是试探向量，位移由试探向量表示为

$$q^{(0)} = \psi^{(0)} z^{(0)} = \psi^{(0)} I \tag{9-15}$$

也就是说，初始向量为单位向量，与位移 $\psi^{(0)}$ 相对的惯性力为

$$f_1 = \omega^2 M \psi^{(0)} \tag{9-16}$$

计算此惯性力产生的挠度矩阵（下式的结果实际上为挠度大小的 $1/\omega^2$），并以挠度形状作为位移的修正值：

$$\bar{\psi}^{(1)} = K^{-1} M \psi^{(0)} \tag{9-17}$$

为了使每一个向量收敛于不同的振型，而不是全部收敛于最低振型，需要对 $\bar{\psi}^{(1)}$ 进行规格化和正交化处理，因此利用 Rayleigh-Ritz 法解决这一问题。进行第一次迭代前，先计算广义的刚度和质量矩阵：

$$\hat{K}_1 = \bar{\psi}^{(1)\mathrm{T}} K \bar{\psi}^{(1)} = \bar{\psi}^{(1)\mathrm{T}} M \psi^{(0)} \tag{9-18}$$

$$\hat{M}_1 = \bar{\psi}^{(1)\mathrm{T}} M \bar{\psi}^{(1)} \tag{9-19}$$

式中，$\hat{K}_1$ 和 $\hat{M}_1$ 的脚标 1 表示第一轮循环。

然后，求下面的特征问题：

$$\hat{K}_1 \hat{z}^{(1)} = \hat{M}_1 \hat{z}^{(1)} \Omega \tag{9-20}$$

得到广义坐标振型 $\hat{z}^{(1)}$ 和频率 Ω_1，并使

$$\hat{z}^{(1)\mathrm{T}} \hat{M}_1 \hat{z}^{(1)} = I \tag{9-21}$$

令

$$\psi^{(1)} = \bar{\psi}^{(1)} \hat{z}^{(1)} \tag{9-22}$$

作为改进的试探向量。可以证明 $\psi^{(1)}$ 满足对 M 的正交条件。因为

$$\psi^{(1)\mathrm{T}} M \psi^{(1)} = \hat{z}^{(1)\mathrm{T}} \bar{\psi}^{(1)\mathrm{T}} M \bar{\psi}^{(1)} \hat{z}^{(1)} = \hat{z}^{(1)\mathrm{T}} \hat{M}^1 \hat{z}^{(1)} = I \tag{9-23}$$

接着再用 $\psi^{(1)}$ 替换式（9-17）右边的 $\psi^{(0)}$，得到一个新的 $\bar{\psi}^{(2)}$，重复式（9-18）～式（9-22）的过程得到正交规格化的

$$\psi^{(2)} = \bar{\psi}^{(2)} \hat{z}^{(2)} \tag{9-24}$$

重复上述迭代改进过程，最终有

$$\begin{cases} \lim_{k \to \infty} \psi^{(k)} = \Phi \\ \lim_{k \to \infty} \Omega_s = \Omega \end{cases} \tag{9-25}$$

从而获得了满足式（9-10）和式（9-14）的 p 个以 M 为权的正交特征向量构成一

个对矩阵 $\boldsymbol{K}$ 及 $\boldsymbol{M}$ 来说的 p 维子空间的基。

子空间迭代法虽然不能避免求式（9-20）的特征问题，但是该特征问题的自由度数 q 比原自由度 n 小得多，从而有效地简化了计算。

9.2.3　体系的动力反应

式（9-1）～式（9-3）的求解一般采用逐步积分法。逐步积分法有很多种，主要有固定加速度法、线性加速度法和其广义形式的 Newmark-β 法、Wilson-θ 法、Houbolt 法、中心差分法、希尔伯特 α 法、二阶近似加速度法、Z 变换法等。本节只介绍其中的一些方法。

设积分步长为 Δt，且 t 时刻的动力反应 $\ddot{\boldsymbol{x}}_t$、$\dot{\boldsymbol{x}}_t$、$\boldsymbol{x}_t$ 已经求得，于是采用泰勒展开式便有

$$\begin{cases} \boldsymbol{x}_{t+\Delta t} = \boldsymbol{x}_t + \dot{\boldsymbol{x}}_t \Delta t + \ddot{\boldsymbol{x}}_t \dfrac{\Delta t^2}{2} + \dddot{\boldsymbol{x}}_t \dfrac{\Delta t^3}{6} + \cdots \\[2mm] \dot{\boldsymbol{x}}_{t+\Delta t} = \dot{\boldsymbol{x}}_t + \ddot{\boldsymbol{x}}_t \Delta t + \dddot{\boldsymbol{x}}_t \dfrac{\Delta t^2}{2} + \boldsymbol{x}_t^{(4)} \dfrac{\Delta t^3}{6} + \cdots \\[2mm] \ddot{\boldsymbol{x}}_{t+\Delta t} = \ddot{\boldsymbol{x}}_t + \dddot{\boldsymbol{x}}_t \Delta t + \boldsymbol{x}_t^{(4)} \dfrac{\Delta t^2}{2} + \boldsymbol{x}_t^{(5)} \dfrac{\Delta t^3}{6} + \cdots \end{cases} \tag{9-26}$$

但由 $\ddot{\boldsymbol{x}}_t$、$\dot{\boldsymbol{x}}_t$、$\boldsymbol{x}_t$ 还不能根据上述 3 式求出 $\ddot{\boldsymbol{x}}_{t+\Delta t}$、$\dot{\boldsymbol{x}}_{t+\Delta t}$、$\boldsymbol{x}_{t+\Delta t}$。为此，还必须采取一些简化措施，利用简化的计算方法进行计算。下面将逐一介绍。

1. 固定加速度法

假定 Δt 时间内的加速度 $\ddot{\boldsymbol{x}}$ 为一定值（图 9-4），于是 $\boldsymbol{x}$ 三阶以上导数均为零，则

$$\begin{cases} \boldsymbol{x}_{t+\Delta t} = \boldsymbol{x}_t + \dot{\boldsymbol{x}}_t \Delta t + \ddot{\boldsymbol{x}}_t \dfrac{\Delta t^2}{2} \\[2mm] \dot{\boldsymbol{x}}_{t+\Delta t} = \dot{\boldsymbol{x}}_t + \ddot{\boldsymbol{x}}_t \Delta t \end{cases} \tag{9-27}$$

将式（9-27）代入（9-2）中，则有

$$\ddot{\boldsymbol{x}}_{t+\Delta t} = -\boldsymbol{I} \ddot{\boldsymbol{x}}_{gt+\Delta t} - \boldsymbol{M}^{-1} \boldsymbol{C} \dot{\boldsymbol{x}}_{t+\Delta t} - \boldsymbol{M}^{-1} \boldsymbol{K} \boldsymbol{x}_{t+\Delta t} \tag{9-28}$$

输入初值和积分步长 Δt，由式（9-27）求出 $\dot{\boldsymbol{x}}_{t+\Delta t}$、$\boldsymbol{x}_{t+\Delta t}$，再由式（9-28）求出 $\ddot{\boldsymbol{x}}_{t+\Delta t}$。此法将三阶以上的导数去掉，显然计算误差较大。

2. 线性加速度法

假定 Δt 时间内的加速度 $\ddot{\boldsymbol{x}}$ 呈线性变化（图 9-5），于是 $\boldsymbol{x}$ 的三阶导数为一常数：

$$\dddot{\boldsymbol{x}}_{t+\Delta t} = (\ddot{\boldsymbol{x}}_{t+\Delta t} - \ddot{\boldsymbol{x}}_t) / \Delta t \tag{9-29}$$

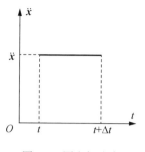

图 9-4　固定加速度

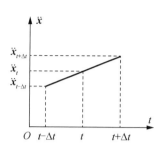

图 9-5　线性加速度

则有

$$\begin{cases} \boldsymbol{x}_{t+\Delta t} = \boldsymbol{x}_t + \dot{\boldsymbol{x}}_t \Delta t + \ddot{\boldsymbol{x}}_t \dfrac{\Delta t^2}{3} + \ddot{\boldsymbol{x}}_{t+\Delta t} \dfrac{\Delta t^2}{6} \\ \dot{\boldsymbol{x}}_{t+\Delta t} = \dot{\boldsymbol{x}}_t + \ddot{\boldsymbol{x}}_t \dfrac{\Delta t}{2} + \ddot{\boldsymbol{x}}_{t+\Delta t} \dfrac{\Delta t}{2} \end{cases} \tag{9-30}$$

利用式（9-2），则有

$$\ddot{\boldsymbol{x}}_{t+\Delta t} = -\boldsymbol{I}\ddot{x}_{gt+\Delta t} - \boldsymbol{M}^{-1}\boldsymbol{C}\dot{\boldsymbol{x}}_{t+\Delta t} - \boldsymbol{M}^{-1}\boldsymbol{K}\boldsymbol{x}_{t+\Delta t} \tag{9-31}$$

这样还不能得出解。为此，做如下简化：如图 9-5 所示，将斜线延长至 $t-\Delta t$ 点，得

$$\ddot{\boldsymbol{x}}_{t+\Delta t} = 2\ddot{\boldsymbol{x}}_t - \ddot{\boldsymbol{x}}_{t-\Delta t} \tag{9-32}$$

　　这是一估算值，将其代入式（9-30），则由（9-31）得出 $\ddot{\boldsymbol{x}}_{t+\Delta t}$，将此值再代入式（9-30）进行迭代运算，直至结果满意为止。

3. Newmark-β 法

　　对上述方法进行改进，直接假定

$$\begin{cases} \dot{\boldsymbol{x}}_{t+\Delta t} = \dot{\boldsymbol{x}}_t + \ddot{\boldsymbol{x}}_t \Delta t + \beta'\left(\ddot{\boldsymbol{x}}_{t+\Delta t} - \ddot{\boldsymbol{x}}_t \right)\Delta t \\ \boldsymbol{x}_{t+\Delta t} = \boldsymbol{x}_t + \dot{\boldsymbol{x}}_t \Delta t + \dfrac{1}{2}\ddot{\boldsymbol{x}}_t \Delta t^2 + \beta\left(\ddot{\boldsymbol{x}}_{t+\Delta t} - \ddot{\boldsymbol{x}}_t \right)\Delta t^2 \end{cases} \tag{9-33}$$

式中，β'、β 分别为 Newmark 引入的两个参数。经分析研究，β' 宜取 1/2，否则将产生"伪阻尼"。当 $\beta = 1/4$ 时，结果无条件收敛，计算精度也较好。

　　由式（9-33）中的第二式解出

$$\begin{aligned} \ddot{\boldsymbol{x}}_{t+\Delta t} &= \frac{1}{\beta \Delta t^2}\left[\boldsymbol{x}_{t+\Delta t} - \boldsymbol{x}_t - \dot{\boldsymbol{x}}_t \Delta t - \left(\frac{1}{2} - \beta \right)\ddot{\boldsymbol{x}}_t \Delta t^2 \right] \\ &= a_0[\boldsymbol{x}_{t+\Delta t} - \boldsymbol{x}_t] - a_2 \dot{\boldsymbol{x}}_t - a_3 \ddot{\boldsymbol{x}}_t \end{aligned} \tag{9-34}$$

式中，$a_0 = 1/(\beta \Delta t^2)$；$a_2 = 1/(\beta \Delta t)$；$a_3 = -1 + 1/(2\beta)$。

　　将式（9-34）代入式（9-33）中的第一式得

$$\dot{\boldsymbol{x}}_{t+\Delta t} = \frac{\beta'}{\beta \Delta t} \boldsymbol{x}_{t+\Delta t} - \frac{\beta'}{\beta \Delta t} \boldsymbol{x}_t - \left(\frac{\beta'}{\beta} - 1 \right) \dot{\boldsymbol{x}}_t - \left(\frac{\beta'}{2\beta} - 1 \right) \Delta t \ddot{\boldsymbol{x}}_t$$

$$= a_1(\boldsymbol{x}_{t+\Delta t} - \boldsymbol{x}_t) - a_4 \dot{\boldsymbol{x}}_t - a_5 \ddot{\boldsymbol{x}}_t \qquad (9\text{-}35)$$

式中，$a_1 = \beta' / (\beta \Delta t)$，$a_4 = \beta' / \beta - 1$，$a_5 = (\beta' / 2\beta - 1)\Delta t$。

将式（9-34）和式（9-35）代入式（9-2）得

$$\boldsymbol{K}^* \boldsymbol{x}_{t+\Delta t} = \boldsymbol{R}^*_{t+\Delta t} \qquad (9\text{-}36)$$

式中，

$$\boldsymbol{K}^* = \boldsymbol{K} + a_0 \boldsymbol{M} + a_1 \boldsymbol{C}$$

$$\boldsymbol{R}^*_{t+\Delta t} = -\boldsymbol{M} \boldsymbol{I} \ddot{x}_{gt+\Delta t} + \boldsymbol{M}(a_0 \boldsymbol{x}_t + a_2 \dot{\boldsymbol{x}}_t + a_3 \ddot{\boldsymbol{x}}_t)$$

$$+ \boldsymbol{C}(a_1 \boldsymbol{x}_t + a_4 \dot{\boldsymbol{x}}_t + a_5 \ddot{\boldsymbol{x}}_t)$$

输入初值后，由式（9-36）求出 $\boldsymbol{x}_{t+\Delta t}$，代入式（9-34）求出 $\ddot{\boldsymbol{x}}_{t+\Delta t}$；代入式（9-35）求出 $\dot{\boldsymbol{x}}_{t+\Delta t}$。

4. Wilson-θ 法

假设两个参数 t'、θ，如图 9-6 所示，有

$$\ddot{\boldsymbol{x}}_{t+t'} = \ddot{\boldsymbol{x}}_t + \frac{t'}{\theta \Delta t}(\ddot{\boldsymbol{x}}_{t+\theta \Delta t} - \ddot{\boldsymbol{x}}_t) \qquad (9\text{-}37)$$

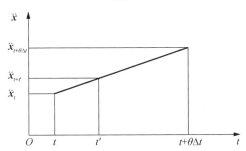

图 9-6　Wilson-θ 法

对式（9-37）进行积分得

$$\begin{cases} \dot{\boldsymbol{x}}_{t+t'} = \dot{\boldsymbol{x}}_t + \ddot{\boldsymbol{x}}_t t' + \dfrac{t'^2}{2\theta \Delta t}(\ddot{\boldsymbol{x}}_{t+\theta \Delta t} - \ddot{\boldsymbol{x}}_t) \\[3mm] \boldsymbol{x}_{t+t'} = \boldsymbol{x}_t + \dot{\boldsymbol{x}}_t t' + \dfrac{1}{2}\ddot{\boldsymbol{x}}_t t'^2 + \dfrac{t'^3}{6\theta \Delta t}(\ddot{\boldsymbol{x}}_{t+\theta \Delta t} - \ddot{\boldsymbol{x}}_t) \end{cases} \qquad (9\text{-}38)$$

当 $t' = \theta \Delta t$ 时，

$$\begin{cases} \dot{\boldsymbol{x}}_{t+\theta \Delta t} = \dot{\boldsymbol{x}}_t + \dfrac{\theta \Delta t}{2}(\ddot{\boldsymbol{x}}_{t+\theta \Delta t} + \ddot{\boldsymbol{x}}_t) \\[3mm] \boldsymbol{x}_{t+\theta \Delta t} = \boldsymbol{x}_t + \theta \Delta t \dot{\boldsymbol{x}}_t + \dfrac{\theta^2 \Delta t^2}{6}(\ddot{\boldsymbol{x}}_{t+\theta \Delta t} + 2\ddot{\boldsymbol{x}}_t) \end{cases} \qquad (9\text{-}39)$$

由式（9-39）中的第二式解出

$$\ddot{x}_{t+\theta\Delta t} = \frac{6}{\theta^2\Delta t^2}(x_{t+\theta\Delta t} - x_t) - \frac{6}{\theta\Delta t}\dot{x}_t - 2\ddot{x}_t \tag{9-40}$$

将式（9-40）代入式（9-39）中的第一式得

$$\dot{x}_{t+\theta\Delta t} = \frac{3}{\theta\Delta t}(x_{t+\theta\Delta t} - x_t) - 2\dot{x}_t - \frac{\theta\Delta t}{2}\ddot{x}_t \tag{9-41}$$

将式（9-40）和式（9-41）代入式（9-2）得

$$\boldsymbol{K}^* x_{t+\theta\Delta t} = \boldsymbol{R}^*_{t+\theta\Delta t} \tag{9-42}$$

式中，

$$\begin{cases} \boldsymbol{K}^* = \boldsymbol{K} + a_0\boldsymbol{M} + a_1\boldsymbol{C} \\ \boldsymbol{R}^*_{t+\theta\Delta t} = -\boldsymbol{M}\ddot{x}_{gt+\theta\Delta t} + \boldsymbol{M}(a_0 x_t + a_2\dot{x}_t + 2\ddot{x}_t) + \boldsymbol{C}(a_1 x_t + 2\dot{x}_t + a_3\ddot{x}_t) \end{cases}$$

式中，$a_0 = 6/(\theta^2\Delta t^2)$；$a_1 = 3/(\theta\Delta t)$；$a_2 = 6/(\theta\Delta t)$；$a_3 = \theta\Delta t/2$。

应用线性插值，则有

$$\ddot{x}_{gt+\theta\Delta t} = \ddot{x}_{gt} + \frac{\theta(\ddot{x}_{gt+\Delta t} - \ddot{x}_{gt})}{\Delta t} \tag{9-43}$$

输入初值，由式（9-42）求 $x_{t+\theta\Delta t}$，代入式（9-40）和式（9-41）后，可求出 $\ddot{x}_{t+\theta\Delta t}$ 和 $\dot{x}_{t+\theta\Delta t}$。但是，求出这些值并不是最终目的，最终必须求出 $x_{t+\Delta t}$、$\dot{x}_{t+\Delta t}$ 和 $\ddot{x}_{t+\Delta t}$。于是，令 $t'=\Delta t$，由式（9-37）得

$$\ddot{x}_{t+\Delta t} = \ddot{x}_t + \frac{1}{\theta}(\ddot{x}_{t+\theta\Delta t} - \ddot{x}_t) = a_4(x_{t+\theta\Delta t} - x_t) + a_5\dot{x}_t + a_6\dot{x}_t \tag{9-44}$$

由式（9-38）得

$$\begin{cases} \dot{x}_{t+\Delta t} = \dot{x}_t + \ddot{x}_{t+\Delta t}\Delta t + \dfrac{\Delta t}{2\theta}(\ddot{x}_{t+\theta\Delta t} - \ddot{x}_t) = \dot{x}_t + a_7(\ddot{x}_{t+\Delta t} - \ddot{x}_t) \\ x_{t+\Delta t} = x_t + \Delta t\dot{x}_t + a_8(\ddot{x}_{t+\Delta t} + 2\ddot{x}_t) \end{cases} \tag{9-45}$$

式中，$a_4 = a_0/\theta$；$a_5 = -a_2/\theta$；$a_6 = 1-3/\theta$；$a_7 = \Delta t/2$；$a_8 = \Delta t^2/6$。

θ 是 Wilson 引入的一个参数，可证明当 $\theta > 1.37$ 时，此法无条件收敛。实际计算时常取 $\theta = 1.4$。

以上各方法均对全量方程加以讨论，对于增量方程可作同样的推导，得出相应的计算公式，如对 Newmark-β 法有下列一些计算公式：

$$\begin{cases} \Delta\dot{x} = (1-\beta')\ddot{x}_t\Delta t + \beta'\ddot{x}_{t+\Delta t}\Delta t \\ \Delta x = \dot{x}_t\Delta t + \left(\dfrac{1}{2}-\beta\right)\ddot{x}_t\Delta t^2 + \beta\ddot{x}_{t+\Delta t}\Delta t^2 \end{cases} \tag{9-46}$$

$$\begin{cases} \Delta\ddot{x} = a_0\Delta x - a_2\dot{x}_t - a_3\ddot{x}_t \\ \Delta\dot{x} = a_1\Delta x - a_4\dot{x}_t - a_5\ddot{x}_t \end{cases} \tag{9-47}$$

式中，$a_0=1/(\beta\Delta t^2)$；$a_1=\beta'/(\beta\Delta t)$；$a_2=1/(\beta\Delta t)$；$a_3=1/(2\beta)$；$a_4=\beta'/\beta$；$a_5=[\beta'/(2\beta)-1]\Delta t$。

$$K^* \Delta x = \Delta R \tag{9-48}$$

式中，

$$K^* = K + a_0 M + a_1 C$$

$$\Delta R = -MI\Delta\ddot{x}_g + M(a_2\dot{x}_t + a_3\ddot{x}_t) + C(a_4\dot{x}_t + a_5\ddot{x}_t)$$

输入初值后，由式（9-48）求出Δx，代入式（9-47）求出$\Delta\ddot{x}$、$\Delta\dot{x}$，逐步累加便得到x、$\dot{x}$、$\ddot{x}$。

9.3　二维单元模型

对钢筋混凝土结构进行弹塑性动力分析的核心是确定单元的刚度矩阵。建立单元的刚度矩阵需要解决两个关键问题：其一是确定单元的刚度随内力的变化关系；其二是确定沿单元长度方向刚度的变化规律。第一个问题可由单元材料、截面或构件层次上的恢复力模型来解决，这将在下一节中讨论。本节主要讨论第二个问题。

9.3.1　平均刚度模拟

平均刚度模拟即不考虑刚度沿单元长度方向的变化，取平均刚度计算单元的刚度矩阵。以剪切变形为主的层单元常采用这种方法建立刚度矩阵。而对于杆系结构模型中的杆单元，这显然只是一种简化的近似的计算方法。

9.3.2　分布刚度模拟

分布刚度模拟即根据内力的分布情况，确定单元的刚度，进而建立单元的刚度矩阵。对于杆系结构模型中的杆单元常用这种模型。1973 年，Takizawa 假定弯曲刚度沿杆长的分布是杆端弯矩的函数。还有人提出过所谓的纤维模型（或条分模型），即先用第 1 章中介绍的条分法确定截面的弯矩-曲率关系，然后沿杆长积分求杆件的刚度，此法需要进行大量的计算，很不经济[3]。实际上由于黏结滑移等因素的影响，杆段塑性铰并不是出现在杆端的一点或一个微小的区域，而是分布在一个相当长的区域内（l_p）[10,11]，并且地震作用下杆单元的塑性变形主要集中在该区段内（图 9-7）。因此动力分析时可采用图 8-3 所示的分段变刚度杆单元模型。潘士劼和许哲明[5]、杜宏彪和沈聚敏[8]、顾祥林和张誉[2,6]等均曾用此分段单元模型计算分析过结构的弹塑性地震反应。采用分段变刚度模型既保证了计算精度，又不过多地增加计算工作量，是一种比较理想的模型。动力分析时的单元刚度矩阵和第 8 章中讨论过的单调加载时的刚度矩阵形式完全一样，只是刚度随外部作用的变化规律不同而已。

图 9-7　汶川地震中钢筋混凝土柱的损伤情况

9.3.3　集中刚度模拟

集中刚度模拟即将塑性变形集中于单元端的一点处建立单元的刚度矩阵。这也主要是针对杆单元而建立的模型。1965 年，Clough、Benusaka 和 Wilson 建议了一种双分量模型，用两个平行的单元来模拟构件，一种是表示屈服特性的弹塑性单元，另一种是表示硬化特性的弹性单元。但它只适应于双线型的恢复力模型，且不考虑刚度退化。1967 年，Giberson 提出了一种单分量模型，利用杆端的弹塑性转角描述杆单元的弹塑性性能，杆件两端的弹塑性参数相互独立。恢复力模型可以是折线型，也可以是曲线型，适用范围较广[3]。第 6 章中分析水平反复加载时柱的破坏过程所建立的多弹簧模型（图 6-1）实际上就是一个杆单元，也属于集中刚度模型。该模型既适合于平面分析，又适合于空间分析。

集中刚度模拟忽略了塑性铰的重要特征，即塑性铰不是一个集中铰，而是分布在一个区间内。

9.4　不同层次上的恢复力模型

钢筋混凝土结构弹塑性动力反应分析时，对于不同的单元模型，可分别在材料、截面和构件 3 个层次上建立恢复力模型。下面逐一介绍。

9.4.1　建立在材料层次上的恢复力模型

对基于截面条分法的分布刚度模拟杆单元及集中刚度模拟杆单元中的多弹簧模型，需要在材料层次上建立相应的恢复力模型，也即分别对钢筋和混凝土建立单向拉、压时的恢复力模型。对于钢筋，如保证受压时不出现稳定问题，则拉压性能相同。钢筋的恢复力模型和一般钢材的恢复力模型相同。对于混凝土材料，其拉、压性能差别很大，且由于混凝土裂缝的齿状特征，当混凝土受拉开裂后又反向受压时，裂缝未完全闭合就能传递压力，即有所谓的"裂面效应"[11]。因此，恢复力模型相对较复杂。第 6 章中在建立钢筋混凝土柱的多弹簧模型时，已在材料层次上详细讨论了钢筋和混凝土弹簧的恢复力模型。这里可直接应用，不再赘述。

9.4.2　建立在截面层次上的恢复力模型

对弯曲变形为主或同时考虑弯剪变形的杆单元，一般采用建立在截面层次上的恢复力模型。单向地震作用下，构件截面一般呈单向弯曲状态。

1. 滞回规则

最早应用的截面恢复力模型是 Ramberg-Osgood 模型[12]，此模型是针对金属材料的恢复力模型而提出的。由于显示出梭形的恢复力曲线［图 9-8（a）］，故它也可以用作钢筋混凝土构件弯曲时的恢复力模型。该模型的骨架曲线为

$$\frac{\phi}{\phi_y} = \frac{M}{M_y}\left(1 + \left|\frac{M}{M_y}\right|^{\alpha_r - 1}\right) \tag{9-49}$$

从（M_0/M_y，ϕ_0/ϕ_y）开始的一条分段曲线按式（9-50）计算：

$$\frac{\phi - \phi_0}{2\phi_y} = \frac{M - M_0}{2M_y}\left(1 + \left|\frac{M - M_0}{2M_y}\right|^{\alpha_r - 1}\right) \tag{9-50}$$

式中，M_y、ϕ_y 分别为屈服弯矩及其相应的曲率；α_r 为确定骨架曲线的经验系数，用作钢筋模型时 $\alpha_r = 5 \sim 10$，用作钢筋混凝土模型时 $\alpha_r = 3 \sim 7$。

Ramberg-Osgood 模型的骨架曲线和卸载曲线均为曲线，为了简化计算又能反映钢筋混凝土构件的受力特征，可采用双线型的恢复力模型。即用两根折线表示骨架曲线，折点对应单调受荷时的屈服点，不管构件损伤与否，认为加、卸荷时刚度不变，如图 9-8（b）所示[13]。由图 9-8（b）可以看出，大变形时该模型的能量消耗过大。因此有的学者建议：对应最大反应变形 ϕ_m，卸荷及反向加荷刚度 k_r 表示为［图 9-8（b）中的虚线所示］[14]：

$$k_r = k_y \left|\frac{\phi_m}{\phi_y}\right|^{-\alpha_k} \tag{9-51}$$

式中，k_y 为初始弹性刚度；α_k 为刚度降低系数，建议取 0.4。

这种修正的模型称为退化双线型模型。双线型模型认为卸载后反向加载时的刚度与变形历史几乎无关，这不符合实际情况。Clough 模型对此做了改进[15]：反向加荷时的滞回曲线指向受荷方向曾经有过的最大变形点［图 9-8（c）］。

钢筋混凝土构件单调加载至受弯（单向受弯）破坏时，一般表现为典型的 3 个阶段：混凝土开裂、钢筋屈服和构件破坏。因此，取开裂点、屈服点为转折点的三折线作为包络线的三线型恢复力模型，对于模拟钢筋混凝土结构从开始受荷到破坏阶段的反应更加合适。Takeda、Sozen 和 Nielson[16]于 1970 年在试验曲线的

基础上提出了一种考虑刚度退化的三线型恢复力模型［图 9-7（d）］。该模型与
Clough 模型相比做了如下的改进。

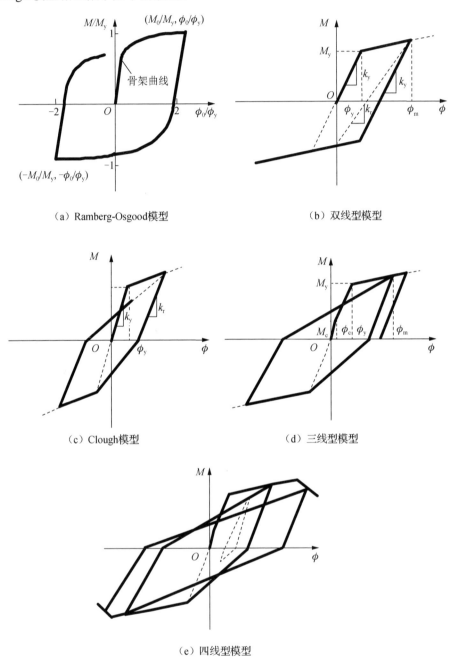

（a）Ramberg-Osgood模型　　　　　　　　（b）双线型模型

（c）Clough模型　　　　　　　　　　（d）三线型模型

（e）四线型模型

图 9-8　钢筋混凝土杆单元截面单向弯曲时的恢复力模型

1）考虑开裂所引起的刚度降低。

2）大幅度反复加荷后进行小幅度反复加荷时，指向外侧滞回曲线的峰点。

3）卸荷时的刚度与退化双线型模型一样，为最大变形值 ϕ_m 的函数，如式（9-52）所示。

$$k_r = \frac{M_c + M_y}{\phi_c + \phi_y} \left| \frac{\phi_m}{\phi_y} \right|^{-\alpha_k} \tag{9-52}$$

式中，M_c、ϕ_c 分别为开裂弯矩及相应的曲率；M_y、ϕ_y 为屈服弯矩及相应的曲率；α_k 为卸荷刚度降低系数。

三线型模型是结构平面动力分析时应用最为广泛的一种恢复力模型，作者在文献[2]和文献[6]中采用考虑刚度退化的三线型恢复力模型计算了大开间墙-框结构房屋及锯齿形排架的弹塑性地震反应，计算结果与振动台试验结果吻合较好。

为了研究结构包括软化段的抗力性能，考虑恢复力模型中下降段对结构反应的影响。冯世平等[17]在研究钢筋混凝土框架结构屈服后性能时使用了具有下降段的恢复力模型，潘士劼和许哲明[5]提出一种考虑刚度退化的四线型恢复力模型，如图 9-7（e）所示。多线型模型的骨架曲线均可用单调荷载下截面 M-ϕ 关系的数值分析方法算出，详见第 1 章中的有关内容。

2. 构件截面的强度退化

9.3 节在讨论钢筋混凝土构件截面的恢复力模型时，都认为骨架曲线是不变化的。实际上正如第 6 章中所分析的那样，在等幅位移反复作用下，钢筋混凝土构件的强度表现出明显的退化性能，并且构件强度的退化程度和等幅位移的大小及反复作用的次数直接相关。Chung 等[18]在进行框架结构的损伤分析时，考虑过构件的强度退化，并且提出了强度退化的计算方法。

如图 9-9 所示，定义强度退化指数 S_d 为

$$S_d = \frac{\Delta M}{\Delta M_f} = \left(\frac{\phi - \phi_y}{\phi_f - \phi_y} \right)^{\omega} \tag{9-53}$$

式中，ΔM 为曲率 ϕ 时的一次荷载循环后强度（抗弯承载力）的退化量；ΔM_f 为破坏曲率 ϕ_f 时的一次荷载循环后假设的强度退化量；ϕ_y 为屈服曲率；ω 为系数，建议取 1.5。

达到曲率 ϕ 时一次荷载循环后的剩余强度按式（9-54）计算。

$$m_1(\phi) = M_y + (\phi - \phi_y)p(EI_e) - [(\phi_f - \phi_y)p(EI)_e + M_y - M_f]S_d \tag{9-54}$$

式中，M_y、M_f 分别为屈服弯矩和破坏弯矩；$p(EI_e)$ 为图 9-9 中 AB 段线的斜率。

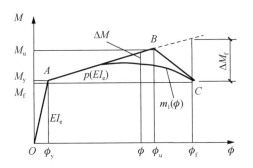

图 9-9 梁、柱截面承载力退化曲线

9.4.3 建立在构件层次上的恢复力模型

对于层间单元模型，一般采用建立在构件层次上的恢复力分析。如钢筋混凝土矮墙，在水平荷载作用下主要发生剪切变形，且一般仅考虑单向受力的作用，可采用图 9-10 所示的用水平荷载（P）和相应的水平位移（δ）关系表示的墙体的恢复力模型。该模型的骨架曲线可用第 4 章或第 13 章中介绍的方法来计算，卸载刚度可按式（9-55）计算[19]。

$$k_0' = k_0 \left(\frac{\delta}{\delta_{\mathrm{cr}}} \right)^{-\alpha_{\mathrm{k}}} \tag{9-55}$$

式中，k_0 为墙体的弹性抗侧刚度；k_0' 为卸载刚度；δ_{cr} 为墙体的开裂位移；α_{k} 为卸载刚度降低系数，可通过试验确定。

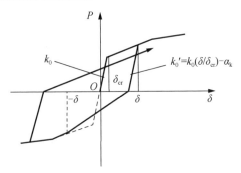

图 9-10 钢筋混凝土矮墙的恢复力模型

9.5 结构的地震反应的数值模拟分析

9.5.1 数值模拟分析的计算步骤

当输入地震波的峰值较小时，各钢筋混凝土构件单元所受的力较小，构件处于弹性工作状态，振动过程中各构件的刚度基本不发生变化。当输入地震波的峰值较大时，钢筋混凝土构件进入弹塑性工作阶段，此时要考虑结构单元的刚度随地震波输入时间的变化而不断发生变化。图 9-11 给出了结构地震反应数值模拟分析的计算框图。图中给出的是一般的分析步骤，对于一些特殊的或大型的结构还要采取一些特殊的措施，如子结构、超级元等，这里从略。

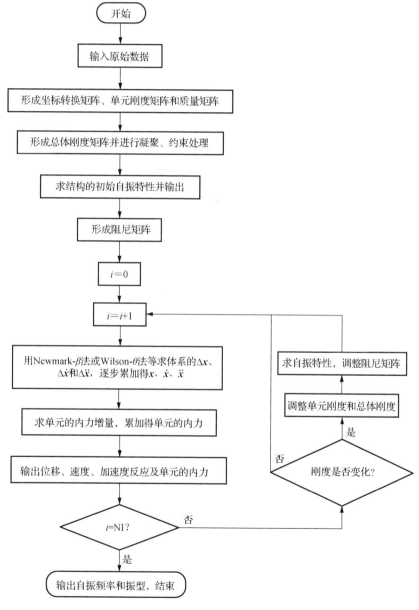

NI 为地震波的数据个数。

图 9-11　结构地震反应数值模拟分析的计算框图

9.5.2　数值分析中几个关键问题的讨论

1. 时间步长的取值

逐步积分的基本原则是假定时间步长 Δt 内结构为线性体系,用分段线性来反映结构的非线性性质。因此,时间步长 Δt 的取值将直接影响到算法的精度和收敛性。另外,现场记录的地震波或按规范生成的人工波皆含有不同的频率成分,若 Δt 过长将会失去地震波中的高频成分,反之又会增加计算机时。因此,Δt 的取值还会影响到输入地震波的完整性。文献[20]中建议时间步长 Δt 取为结构最短周期的 $1/10\sim1/6$。对一个 n 层剪切型结构的第 n 阶自振周期可按式(9-56)近似计算。

$$T_n = \frac{T_1}{2n-1} \tag{9-56}$$

式中,T_1 为结构的基本周期。

例如,对一个 20 层的剪切型结构,有 $T_{20}=0.026T_1$,于是,$\Delta t \leqslant T_{20}/6 = 0.004T_1$。

2. 恢复力模型中转折点的处理

在动力平衡方程的求解过程中,会遇到恢复力图形发生转折(即刚度发生突变)的情况。这会给计算处理带来一些麻烦,处理不好会影响计算结果的精度,甚使计算结果发散。恢复力模型中转折点处理的关键在于要找到 Δt 时间内转折点出现的时刻,通常寻找转折点的方法有优选法[21]、二分法、插值法、台劳展开法等[3]。林加浩等[4]认为对于速度变化方向上的转折点可以不进行处理,理由是这些点的初速度趋于零,因此位移差别也不会大。

3. P-Δ 效应的影响

结构由于重力作用和水平位移影响会产生附加反应,这种现象称为 P-Δ 效应。有关重力对结构反应影响的早期研究工作可追溯到 20 世纪 30 年代。20 世纪 60 年代以来,随着结构非线性地震反应分析方法的发展,几何非线性(P-Δ 效应的影响)已成为其中的一项很重要的内容。众多研究表明,P-Δ 效应对结构弹性地震反应的影响不大,当结构进入弹塑性阶段后,随着结构变形程度的增大,P-Δ 效应的影响越来越明显,但是不同结构受 P-Δ 效应的影响程度各不相同。文献[3]中用无硬化双线型恢复力模型分析了一幢十五层和一幢三十层的建筑,结论是 P-Δ 效应对地震反应无明显影响。潘士劼和许哲明[5]采用考虑退化的四线型模型对在唐山地震中倒塌的两幢框架结构房屋进行了实例分析,认为 P-Δ 效应对单层框架的影响比多层大(这是因为单层框架柱的计算长度系数比多层框架大);当多层框架柱中的轴力不大时,P-Δ 效应对结构位移反应的影响不大,但对杆件的延性系数有明显的影响;P-Δ 效应对框架发生鞭击效应区段的楼层最大相对位移、最大曲率延伸系数和最大塑性转角的影响较大，对鞭击效应区段以外的其他楼层影响较小。因此，对单层框架及轴力较大的多层框架，考虑 P-Δ 效应是必要的[5]。冯世平等[17]在研究钢筋混凝土框架屈服后的性能时，发现 P-Δ 效应对结构变形反应的影响将随着结构层间位移的增大而显著增大，特别是当结构处于不稳定状态时，更需予以考虑，忽视 P-Δ 效应的影响，将会对结构的倒塌反应做出不正确的估计。

4. 变轴力对结构地震反应的影响

框架柱中的轴力变化有两种情况：一是由于水平地震作用产生的倾覆弯矩在柱中引起的轴力变化；二是由于竖向地震分量引起的轴力变化。对第一种情况的理论分析和试验研究表明[22,23]：变轴力对单根杆件单元的反应有明显的影响，并会在结构中产生刚度和强度偏心进而引起扭转反应，但是变轴力对"强柱弱梁"型框架整体反应的影响较小。第二种情况产生的变轴力对框架结构及对剪力墙结构的影响还有待做进一步的研究。

5. 梁、柱节点区域的性能对框架结构地震反应的影响

梁、柱节点区域除了钢筋的滑移外，节点本身的受力情况比较复杂。目前进行框架结构地震反应的数值模拟分析时，一般忽略节点性能的影响，认为节点区域在整个结构的受力过程中不会发生破坏。实际上这只是近似的假设，节点区域在结构的受力过程中完全有可能破坏，且若节点区域发生破坏，对结构的倒塌形式和倒塌过程将起到决定性的作用。

Lai 等[24]根据节点处钢筋的黏结滑移特性确定钢筋弹簧的初始刚度，以此来考虑黏结滑移的影响。青山博之[7]把滑移性质引入了弯曲模型（图 9-12）。该模型的特点如下：当卸荷发展到恢复力变号时，滑移以式（9-57）所示的刚度发展，当反应点与加力方向最大反应点和原点的连线相交时即转向最大反应点移动。

$$k_{\mathrm{s}} = \frac{P_{\mathrm{m}}}{d_{\mathrm{m}} - d_0} \left| \frac{d_{\mathrm{m}}}{d_{\mathrm{y}}} \right|^{-\alpha_{\mathrm{k}}} \tag{9-57}$$

式中，d_0 为恢复力为零时的位移；d_{m} 为加力方向的最大位移；P_{m} 为加力方向的最大恢复力；d_{y} 为加力方向的屈服位移；α_{k} 为滑移刚度降低系数，约为 0.5。

杜宏彪和沈聚敏[8]根据试验结果提出了钢筋黏结滑移的恢复力模型［图 9-13（a）］，并在杆端引入滑移转动铰［图 9-13（b）］，以此来考虑钢筋滑移的影响。文献[25]采用类似的方法建立了考虑节点区域纵向钢筋黏结滑移影响的杆单元模型。

分析认为，梁、柱构件中的受力钢筋在锚固区段的滑移所引起的构件中的附加位移可达构件本身位移的 10%～30%[3,25]。

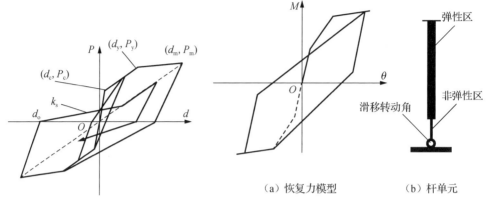

图9-12　武田考虑滑移的恢复力模型　　　图9-13　钢筋黏结滑移恢复力模型及杆单元

（a）恢复力模型　　　　（b）杆单元

6. 具有初始损伤钢筋混凝土结构的地震反应

对于既有钢筋混凝土结构，由于长期使用过程中会受到各种因素（如地震、风、冲撞、爆炸、腐蚀等）的作用，结构内部会产生损伤，要对既有结构进行抗震性能评估，就要涉及损伤结构的地震反应问题[26]。另外，地震往往是以主震-余震的系列出现的，评价结构的抗震性能时应该考虑多次地震连续作用下结构的反应。当地面输入的加速度峰值达到一定的量值时，一次地震作用后结构内部会出现损伤，要评价结构再次受地震作用的性能，也要涉及损伤结构的地震反应问题[27]。

有关钢筋混凝土结构的损伤模型、损伤识别及损伤结构的反应，国内外已取得一些成果，并且已成为目前结构工程领域的热点研究内容之一。作者[26,27]曾以结构自振频率的变化定义结构的整体损伤指标，根据损伤指标修正结构的初始刚度和结构的阻尼比，进而计算具有初始损伤结构的地震反应。下面对该方法做一简要介绍。

如果忽略结构的强度退化，结构中的损伤可以看作结构刚度的降低。由于结构的自振频率和结构的整体刚度直接相关，因此可以用频率的变化定义结构的损伤。设 f_0 为结构的初始基本频率，将结构等效成单自由度体系，则有

$$f_{01} = \frac{1}{2\pi}\sqrt{\frac{K_0}{m}} \tag{9-58}$$

式中，K_0 为结构的等效刚度；m 为结构的等效质量。

结构损伤后 f_{01} 变为 f_{i1}，结构的等效刚度 K_0 变为 K_i，于是

$$f_{i1} = \frac{1}{2\pi}\sqrt{\frac{K_i}{m}} \tag{9-59}$$

$$\eta_i = \frac{K_i}{K_0} = \frac{f_{i1}^2}{f_{01}^2} \tag{9-60}$$

式中，η_i 为等效刚度折减系数。

参考 Shibata 和 Sozen[28] 的损伤模型，定义结构的整体损伤指标为

$$D_{Ti} = 1 - \eta_i = 1 - \frac{f_{i1}^2}{f_{01}^2} \tag{9-61}$$

式中，$D_{Ti}=0$，表示无损伤；$D_{Ti}=1$，表示结构破坏。对于既有结构，可根据现场动力实测结合理论计算分析，用式（9-61）识别出结构的损伤[26]；若结构连续受多次地震的作用，每次地震后可以算出结构的自振频率，再用式（9-61）算出结构的损伤指标。

根据大量钢筋混凝土结构模型的振动台试验结果可知，随着结构刚度的降低，结构的阻尼比不断增大。作者[2]曾研究过结构阻尼比随刚度的变化规律，并提出了下列计算公式：

$$\frac{\xi_{i1}}{\xi_{01}} = \frac{2 - D_{Ti}}{2(1 - D_{Ti})} \tag{9-62}$$

式中，ξ_{i1} 为损伤结构的第一阶阻尼比；ξ_{01} 为未损伤结构的第一阶阻尼比；D_{Ti} 为按式（9-61）算出的结构整体的损伤指标。

具有初始损伤钢筋混凝土结构地震反应的计算分析步骤和一般钢筋混凝土结构基本相同，所不同的是确定了结构的整体损伤指标后，利用式（9-60）和式（9-62）分别对结构的初始刚度和阻尼比进行修正。

9.6　结构体系的破坏准则

结构在地震作用下，当构件承受的荷载值超过其开裂荷载时，构件单元除了产生弹性变形外，还出现塑性变形。此时结构整体的应变能为

$$U = U_e + U_p \tag{9-63}$$

式中，U_e 为弹性变形所产生的应变能；U_p 为塑性变形所产生的应变能。

对于框架结构，式（9-63）可以写为

$$U = \sum_{i=1}^{n} \sum_{j=1}^{N} \int \frac{M_j^2}{2EI} \mathrm{d}x + U_p \tag{9-64}$$

等式右边的第一项为弹性变形引起的应变能，其中 N 为结构的杆件数量，即梁、柱单元的数量，n 为结构所承受的荷载循环的次数，当荷载恢复为 0 时，此项也为 0。等式右边的第二项为构件塑性变形时产生的应变能，由于塑性变形是不可恢复的，因此这部分应变能不会为 0，可以认为是被结构耗散的能量。结构中的塑性应变能可以写为

$$U_{\mathrm{p}} = \sum_{i=1}^{n} U_i = \sum_{i=1}^{n} \sum_{j=1}^{J} \sum_{k=1}^{K} U_{ijk} \tag{9-65}$$

式中，U_{ijk} 为在结构第 i 次加载循环中进行第 j 步加载时，第 k 个塑性铰变形（转动）所耗散的应变能。它可以进一步写为

$$U_{ijk} = \left(M_{\mathrm{p}}\right)_k \left(\theta_{\mathrm{p}}\right)_{ijk} \tag{9-66}$$

式中，$(M_{\mathrm{p}})_k$ 为第 k 个塑性铰的塑性弯矩；$(\theta_{\mathrm{p}})_{ijk}$ 为该塑性铰在结构第 i 次加载循环中进行第 j 步加载时所发生的塑性转角。

对于确定的结构，存在其确定的应变能上限值 U_{f}，若结构不发生破坏，则有

$$U_{\mathrm{p}} \leqslant U_{\mathrm{f}} < \infty \tag{9-67}$$

$$U_{\mathrm{f}} = \sum_{i=1}^{N} M_{ui}\theta_{ui} \tag{9-68}$$

式中，M_{ui} 为第 i 根杆件的极限弯矩；θ_{ui} 为第 i 根杆件的极限转角。

若结构的应变能超过上限值 U_{f}，则结构发生破坏。显然式（9-68）中未考虑构件的剪切破坏及节点区的破坏。若考虑上述破坏，应对式（9-68）做必要修正。

9.7 实 例 验 证

图 9-14 为作者曾经设计制作的天窗架承重式锯齿形厂房振动台试验模型。模型尺寸为原型的 1/6，柱网为 2m×2m，柱顶高度为 0.900m，天窗架顶高度为 1.595m，锯齿方向三跨，天窗架方向一跨。柱的截面尺寸为 110mm×90mm，纵向受力钢筋为 4φ10+2φ6 对称布置。钢筋的屈服强度为 240MPa，混凝土的立方体抗压强度为 35MPa。其中，两铰结构体系的风道梁与柱的连接、天窗架与风道梁的连接均为固接，屋面板两端与天窗架、风道梁的连接为铰接；三铰结构体系除屋面板两端外，天窗架与风道梁的连接也为铰接。$M_1 \sim M_5$ 为附加质量。输入Ⅲ类场地上的人工地震波进行振动台试验，直至结构破坏[29]。

采用图 9-2（d）所示的计算简图，按分段变刚度杆单元对天窗架承重式钢筋混凝土锯齿形厂房进行弹塑性地震反应分析。图 9-15 和图 9-16 给出了部分计算结果和试验结果的比较，可以看出，计算方法可行[6]。

图 9-17 为一个六层横墙纵框钢筋混凝土结构模型。模型墙体的厚度为 40mm，其他参数如表 9-1 和表 9-2 所示。模型结构的模拟地震振动台试验装置如图 9-1 所示。试验时输入Ⅳ类场地土上的人工地震波，时间相似常数为 $C_{\mathrm{t}} = 4.243$。试验顺序如表 9-3[1,2]所示。

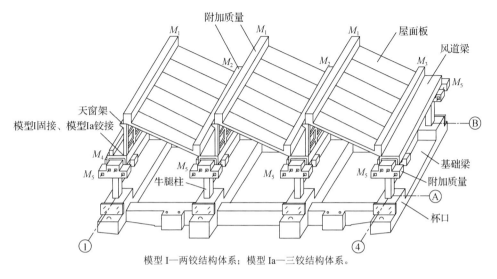

模型 I—两铰结构体系；模型 Ia—三铰结构体系。

图 9-14　天窗架承重式锯齿形厂房振动台试验模型

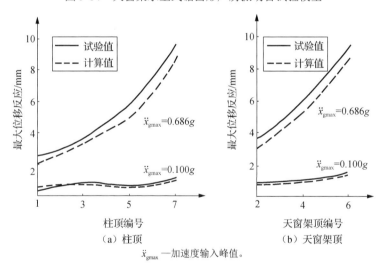

（a）柱顶　　　　　　　　　　（b）天窗架顶

$\ddot{x}_{gmax}$—加速度输入峰值。

图 9-15　单层两铰结构模型柱顶、天窗架顶最大位移反应

在地震波作用下，模型结构的破坏程度及应用式（9-61）算出的结构整体损伤指标也列在表 9-3 中。由表中结果可知，式（9-61）定义的结构的损伤指标能反映结构的损伤情况。模型的 X 向采用类似图 9-2（e）所示的框架-剪力墙结构体系的计算简图，Y 向采用类似图 9-2（a）所示的以剪切变形为主的串联多自由度结构体系的计算简图。以剪切变形为主的剪力墙单元和弯曲变形为主的分段变刚度杆单元，对模型结构进行了动力反应数值模拟分析。图 9-18 和图 9-19 分别给出了模型结构位移反应的理论计算结果及振动台试验结果。由图 9-18 和图 9-19 中的结果可以看出，数值模拟分析方法正确、适用。

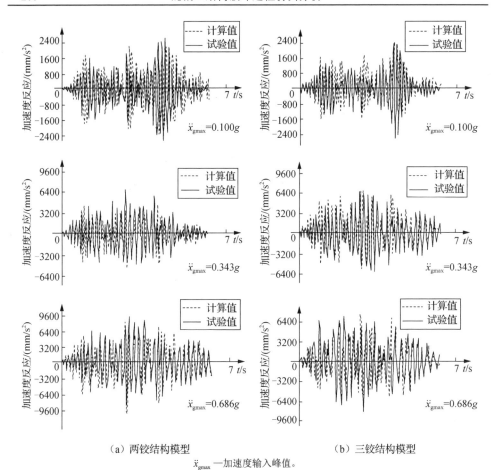

（a）两铰结构模型　　　　　　　　　　　　（b）三铰结构模型

$\ddot{x}_{gmax}$—加速度输入峰值。

图 9-16　单层厂房结构模型锯齿尾部柱顶加速度反应时程曲线

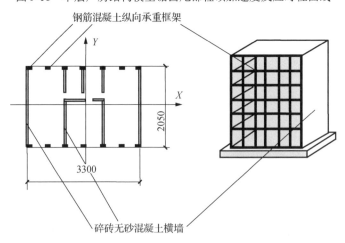

图 9-17　六层横墙纵框钢筋混凝土结构模型

表 9-1　六层横墙纵框钢筋混凝土结构模型的参数

楼层	层高/mm	质量/kg	墙体混凝土抗压强度/MPa	框架混凝土抗压强度/MPa
六	467	3066	7.2	16.3
五	467	2386	9.5	14.9
四	467	2386	10.0	15.3
三	467	2386	12.4	14.5
二	467	2386	11.2	20.5
一	717	2924	10.5	25.0

表 9-2　六层横墙纵框钢筋混凝土框架的配筋

构件	截面尺寸	纵筋	箍筋
边柱	40mm×67mm	2×10 号	20 号@80
中柱	40mm×67mm	2×12 号	20 号@80
二层梁	40mm×67mm	2×10 号（3×10 号）	20 号@80
三层、四层梁	40mm×67mm	2×12 号（3×10 号）	20 号@80
五层、六层梁	40mm×67mm	2×14 号	20 号@80
屋面梁	40mm×67mm	2×14 号	20 号@80

注：纵筋和箍筋均采用钢丝，其抗拉强度为 268～363MPa。10 号钢丝直径为 3.25，12 号钢丝直径为 2.64，14 号钢丝直径为 2.03，20 号钢丝直径为 0.91。

表 9-3　六层横墙纵框钢筋混凝土结构模型的试验顺序、损伤程度及损伤指标

次序	输入方向	加速度峰值	损伤程度	损伤指标
1	X	0.12g	弹性阶段	0.000
2	Y	0.12g	弹性阶段	0.000
3	X/Y	0.10g/0.06g	弹性阶段	0.000
4	X/Y	0.21g/0.12g	底层角柱开裂	0.082
5	X/Y	0.21g/0.12g	底层角柱开裂	0.082
6	X/Y	0.42g/0.24g	梁开裂	0.306
7	X/Y	0.57g/0.33g	底层大部分柱、三层部分梁开裂	0.496
8	X/Y	0.57g/0.33g	底层纵墙开裂，底层柱内钢筋屈服	0.790
9	X/Y	1.04g/0.60g	底层的残余变形角达 1/8	0.915

注：损伤指标为 D_{Ti}。

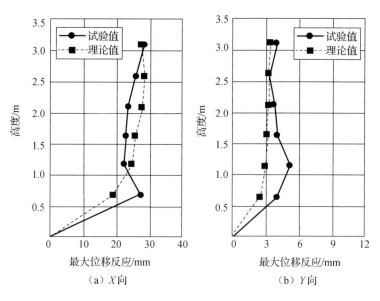

图 9-18　第 9 次地震输入时六层模型结构各楼层的最大位移反应

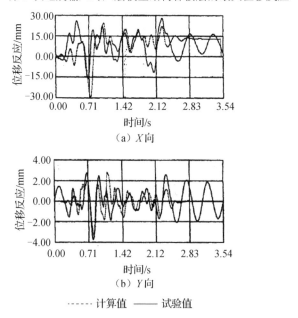

图 9-19　第 9 次地震输入时六层模型结构顶部位移反应的时程曲线

9.8　仿真系统应用

应用本章提出的仿真分析方法对上海市中山东一路 26 号扬子大楼的抗震性能进行分析。扬子大楼位于外滩建筑保护区，建于 1920 年左右，由公和洋行设计。

楼高 36.15m，建筑面积为 4480.88m²，结构形式为钢筋混凝土梁、板、柱体系，其立面图如图 9-20 所示。

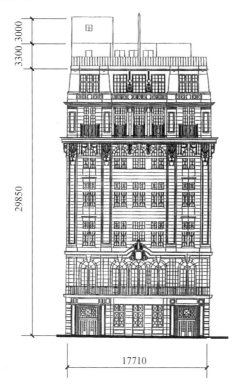

图 9-20　上海市中山东一路 26 号扬子大楼立面图

根据现场检测结果，次梁中纵向钢筋锈蚀后截面的损失率为 18%；柱中纵向钢筋锈蚀后截面损失率为 16%；混凝土的立方体抗压强度为 $f_{cu}=16.5$MPa；钢筋的屈服强度为 $f_y = 210$MPa。构件的截面尺寸和配筋情况如表 9-4 所示。

表 9-4　上海市中山东一路 26 号扬子大楼梁、柱构件截面尺寸和纵筋的截面面积

位置	梁		位置	柱	
	$b \times h$	A_s/mm²		$b \times h$	A_s/mm²
二层	380mm×580mm	1473	一层	620mm×620mm	3928
三层	380mm×580mm	1473	二层	560mm×560mm	3928
四层	380mm×580mm	1964	三层	510mm×510mm	3928
五层	380mm×580mm	1964	四层	460mm×460mm	2264
六层	380mm×580mm	1698	五层	410mm×410mm	2264
七层	300mm×680mm	1698	六层	350mm×350mm	1964
屋面	250mm×620mm	982	七层	300mm×300mm	1132

　　输入Ⅲ类场地土上的人工地震波，对该结构进行仿真分析，图 9-21 给出了当地震波的峰值加速度为 0.182g 时不同楼层位移反应的时程曲线。由图 9-21 可以看出，在输入地震波 12.9s 左右，该结构发生破坏。根据计算结果显示，结构上层的柱子（四～六层）出现受弯破坏，局部形成机构，导致结构的整体破坏。结构动态反应的仿真结果如图 9-22 所示。仿真结果为该大楼的抗震性能评估提供了重要的数值计算依据。

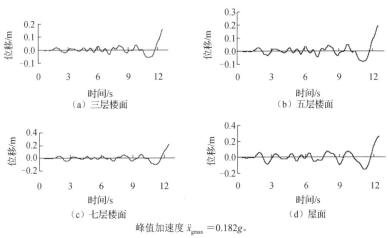

峰值加速度 $\ddot{x}_{gmax}=0.182g$。

图 9-21　上海市中山东一路 26 号扬子大楼结构的位移时程曲线

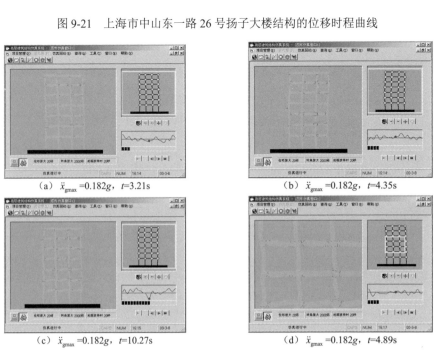

图 9-22　地震作用下上海市中山东一路 26 号扬子大楼结构动态反应

参 考 文 献

[1] 顾祥林，张誉. 横墙纵框多层大开间住宅结构模型的振动台试验研究[J]. 工程力学，1996（s1）：326-321.

[2] 顾祥林，张誉. 多层大开间结构体系及其抗震性能研究[J]. 土木工程学报，1998，31（5）：15-23.

[3] 杜修力. 钢筋混凝土结构弹塑性地震反应分析文献综述[J]. 世界地震工程，1990（4）：1-7.

[4] 林加浩，丁殿明，田玉山. 串联多自由度体系弹塑性地震反应分析[J]. 大连工学院学报，1979（2）：41-53.

[5] 潘士劼，许哲明. 框架结构的非线性地震反应分析[J]. 同济大学学报，1980（2）：43-63.

[6] 顾祥林，张誉. 天窗架承重式锯齿形排架弹塑性地震反应分析及抗震设计建议[J]. 土木工程学报，1991，24（4）：48-57.

[7] 青山博之. 钢筋混凝土结构恢复力特性的模型化及地震反应[R]. 同济大学结构理论研究所，青山博之来华讲学讲义，1983.

[8] 杜宏彪，沈聚敏. 在任意加载路线下双轴弯曲钢筋混凝土柱的非线性分析[J]. 地震工程与工程振动，1990，10（3）：41-55.

[9] 郭长城. 建筑结构振动计算续篇[M]. 北京：中国建筑工业出版社，1992.

[10] PARK P, PAULAY T. Reinforced concrete structures [M]. New York: John Wiley and Sons Inc., 1975.

[11] 朱伯龙，董振祥. 钢筋混凝土非线性分析[M]. 上海：同济大学出版社，1985.

[12] SASHI K K, ANDREI M R. Model for inelastic biaxial bending interaction of reinforced concrete beam-columns [J]. ACI structural journal, 1990, 87(3): 284-291.

[13] JENNINGS P C. Response of simply yielding structures to earthquake excitation [D]. Pasadena: California Institute of Technology, 1963.

[14] OTANI S. Hysterisis model for earthquake response analysis[M]//TSUNEO O. Earthquake resistance of reinforced concrete structures-a volume honoring Hiroyuki Aoyama. Tokyo: University of Tokyo Press, 1993: 387-398.

[15] CLOUGH R W, JOHNSTON S B. Effect of stiffness degradation on earthquake ductility requirements[C]// Proceedings of Second Japan national Conference on Earthquake Engineering. Tokyo, Japan, 1966: 227-232.

[16] TAKIDA T, SOZEN M A, NIELSON N N. Reinforced concrete response to simulated earthquakes [J]. Journal of structural division, 1970, 96, (12): 2557-2573.

[17] 冯世平，翁义军，沈聚敏. 反复荷载作用下钢筋混凝土框架屈服后的性能[J]. 清华大学学报（自然科学版），1988，28（s1）：31-43.

[18] CHUNG Y S, MEYER C, SHINOZUKA M. Modeling of concrete damage [J]. ACI structural journal, 1989, 86(3): 259-271.

[19] 顾祥林，张誉，姚利明. 碎砖无砂混凝土墙体的抗震性能研究[C]//混凝土结构基本理论与工程应用学术会议论文集. 福州：福州大学出版社，1996：197-204.

[20] WALPOLE W R, SHEPHERD R. Elasto-plastic seismic response of reinforced concrete frame [J]. Journal of the structural division, 1969, 95(10): 2031-2055.

[21] SOATCIOGLU M, OZCEBE G. Response of reinforced concrete columns to simulated seismic loading [J]. ACI structural journal, 1989, 86(1): 3-12.

[22] LI K N. Nonlinear earthquake response of space frame with triaxial interaction [M]//TSUNEO O. Earthquake resistance of reinforced concrete structures-a volume honoring Hiroyuki Aoyama. Tokyo: University of Tokyo Press, 1993: 441-452.

[23] DANIEL P ABRAMS. Influence of axial force variation on flexural behavior of reinforced concrete columns [J]. ACI structural journal, 1987, 84(3): 246-254.

[24] LAI S S, WILL G T, OTANI S. Model for inelastic biaxial bending of concrete members [J]. Journal of structural engineering, 1984, 110(11): 2563-2585.

[25] 周湘赟. 地震作用下钢筋混凝土框架结构反应的计算机仿真[D]. 上海：同济大学，2000.

[26] GU X L, ZHANG Y. Earthquake response analysis for old buildings[C]//Proceedings of the First International Civil Engineering "Egypt-China-Canada" Symposium. Cairo, 1997: 121-126.

[27] GU X L, SHEN Z Y. Damage analysis of reinforced concrete structures under earthquake series [C]//Proceedings of the Seventh International Conference on Computing in Civil and Building Engineering. Seoul, 1997: 1019-1024.

[28] SHIBATA A, SOZEN M A. The substitute structure method for seismic design in reinforced concrete [J]. Journal of structural division, 1976, 102(12): 1-18.

[29] 张誉，顾祥林. 天窗架承重式锯齿形厂房模型动力试验分析[J]. 建筑结构学报，1990，11（5）：9-18.

第10章 多向地震作用下钢筋混凝土 框架结构破坏过程仿真分析

钢筋混凝土框架结构以其结构形式简单、传力途径明确、建筑平面布置灵活等优点，受到普遍欢迎，在我国乃至世界上的建筑结构中占有相当大的比例。虽然混凝土结构的设计理论比较成熟，但是在历次大地震中，框架结构的震害仍然相当严重。钢筋混凝土框架结构的主要震害是柱端抗弯能力不足引起的层间破坏，结构竖向刚度和平面不规则引起的结构扭转产生柱的压弯或拉弯破坏，以及其他典型的强梁弱柱型破坏。文献[1]对框架结构构件的破坏情况进行了总结，归纳出图 10-1 中的 7 种破坏形态。

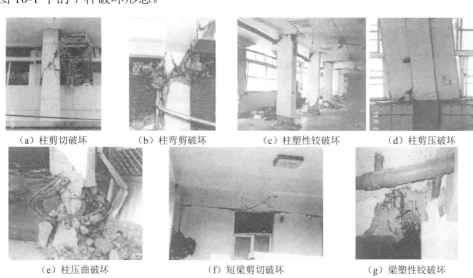

(a) 柱剪切破坏　　(b) 柱弯剪破坏　　(c) 柱塑性铰破坏　　(d) 柱剪压破坏

(e) 柱压曲破坏　　　　(f) 短梁剪切破坏　　　　(g) 梁塑性铰破坏

图 10-1　钢筋混凝土框架结构构件的破坏形态[1]

第 9 章介绍了单向地震作用下混凝土结构破坏过程的平面（或称二维）仿真分析方法。对规则结构，平面分析具有一定的精度。但对不规则结构或虽为规则结构却要考虑由于损伤带来的刚度重分布，平面分析则有一定的局限性。本章以钢筋混凝土框架结构为对象，介绍多向地震作用下钢筋混凝土框架结构破坏过程的空间（或称三维）仿真分析方法，为更准确地认识结构的破坏机理提供分析工具。

10.1　结构计算简图及动力平衡方程的求解

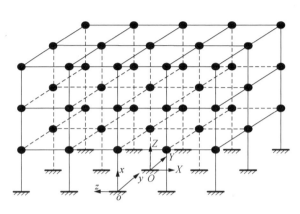

图 10-2　钢筋混凝土框架结构空间地震反应分析计算简图

对多向地震作用下的钢筋混凝土框架结构，一般采用图 10-2 所示的空间杆系计算简图。框架结构中的梁单元和柱单元在模型中均简化为杆件单元，结构中的质量就近集中于杆件节点处。通过输入三向地震波，计算结构的空间地震作用反应。

动力平衡方程的建立与求解和第 9 章中的相关内容类似，不再赘述。

10.2　三维杆单元模型

10.2.1　弹性分析时的刚度矩阵

空间杆件的节点要受到 3 个方向上的力和 3 个转角方向上的弯矩（扭矩）作用[2]。图 10-3 所示为一空间杆单元可能的节点受力和位移情况。每个节点的有 6 个自由度，分别为 3 个方向的线自由度和 3 个方向的转角自由度，合起来共有 6 个广义位移和相应的广义力，分别用以下公式来表达。

$$d = \begin{bmatrix} d_i \\ d_j \end{bmatrix}, \quad F = \begin{bmatrix} F_i \\ F_j \end{bmatrix} \tag{10-1}$$

式中，

$$d_i = [u_i \quad v_i \quad w_i \quad \theta_{xi} \quad \theta_{yi} \quad \theta_{zi}]^T, \quad F_i = [N_{xi} \quad N_{yi} \quad N_{zi} \quad M_{xi} \quad M_{yi} \quad M_{zi}]^T \tag{10-2}$$

$$d_j = [u_j \quad v_j \quad w_j \quad \theta_{xj} \quad \theta_{yj} \quad \theta_{zj}]^T, \quad F_j = [N_{xj} \quad N_{yj} \quad N_{zj} \quad M_{xj} \quad M_{yj} \quad M_{zj}]^T \tag{10-3}$$

两式中，u、v、w 为节点在局部坐标系下 3 个方向的线位移；θ_x、θ_y、θ_z 为节点处截面绕 3 个坐标轴方向的转动，θ_x 代表截面的扭转，θ_y、θ_z 分别代表截面在 xz 和 xy 两个坐标平面内的转动；N_x 为节点的轴向力，N_y、N_z 为节点在 xz 和 xy 两个坐标平面内的剪力；M_x 为节点的扭矩，M_y、M_z 为节点在 xz 和 xy 两个坐标平面内的弯矩。

根据上述局部坐标系 $oxyz$ 下的空间杆单元模型，假设杆单元截面面积为 A，在 xz 平面内截面惯性矩为 I_y，在 xy 平面内的截面惯性矩为 I_z，单元的扭转惯性矩为 J，杆单元长度为 l，材料弹性模量为 E_c，剪切模量为 G。应用虚功原理可推导出局部坐标系下杆单元的刚度矩阵如式（10-4）所示。

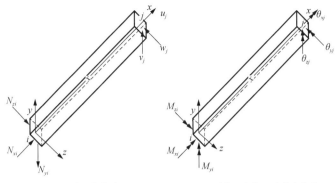

（a）力和线位移　　　　　　（b）弯矩（扭矩）和转角位移

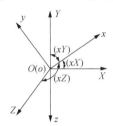

（c）局部坐标系（$oxyz$）和总体坐标系（$OXYZ$）

图 10-3　空间杆单元

$$
k = \begin{bmatrix}
\dfrac{E_c A}{l} & 0 & 0 & 0 & 0 & 0 & -\dfrac{E_c A}{l} & 0 & 0 & 0 & 0 & 0 \\[2mm]
 & \dfrac{12E_c I_z}{l^3} & 0 & 0 & 0 & \dfrac{6E_c I_z}{l^2} & 0 & -\dfrac{12E_c I_z}{l^3} & 0 & 0 & 0 & \dfrac{6E_c I_z}{l^2} \\[2mm]
 & & \dfrac{12E_c I_y}{l^3} & 0 & -\dfrac{6E_c I_y}{l^2} & 0 & 0 & 0 & -\dfrac{12E_c I_y}{l^3} & 0 & -\dfrac{6E_c I_y}{l^2} & 0 \\[2mm]
 & & & \dfrac{GJ}{l} & 0 & 0 & 0 & 0 & 0 & -\dfrac{GJ}{l} & 0 & 0 \\[2mm]
 & & & & \dfrac{4E_c I_y}{l} & 0 & 0 & 0 & \dfrac{6E_c I_y}{l^2} & 0 & \dfrac{2E_c I_y}{l} & 0 \\[2mm]
 & & & & & \dfrac{4E_c I_z}{l} & 0 & -\dfrac{6E_c I_z}{l^2} & 0 & 0 & 0 & \dfrac{2E_c I_z}{l} \\[2mm]
 & & & & & & \dfrac{E_c A}{l} & 0 & 0 & 0 & 0 & 0 \\[2mm]
 & & 对称 & & & & & \dfrac{12E_c I_z}{l^3} & 0 & 0 & 0 & -\dfrac{6E_c I_z}{l^2} \\[2mm]
 & & & & & & & & \dfrac{12E_c I_y}{l^3} & 0 & \dfrac{6E_c I_y}{l^2} & 0 \\[2mm]
 & & & & & & & & & \dfrac{GJ}{l} & 0 & 0 \\[2mm]
 & & & & & & & & & & \dfrac{4E_c I_y}{l} & 0 \\[2mm]
 & & & & & & & & & & & \dfrac{4E_c I_z}{l}
\end{bmatrix}
$$

（10-4）

建立结构的总体刚度矩阵时，需要将上述局部坐标系下的单元刚度矩阵转换至总体坐标系。图 10-3（c）所示即为局部坐标系和总体坐标系的关系图。总体坐标系用 $OXYZ$ 表示，局部坐标系用 $oxyz$ 表示。

根据图 10-3（c）可得出坐标转换矩阵为

$$\boldsymbol{\lambda} = \begin{bmatrix} \boldsymbol{\lambda}_{01} & 0 \\ 0 & \boldsymbol{\lambda}_{01} \end{bmatrix} \tag{10-5}$$

式中，

$$\boldsymbol{\lambda}_{01} = \begin{bmatrix} \lambda_{xX} & \lambda_{xY} & \lambda_{xZ} \\ \lambda_{yX} & \lambda_{yY} & \lambda_{yZ} \\ \lambda_{zX} & \lambda_{zY} & \lambda_{zZ} \end{bmatrix} \tag{10-6}$$

式中，λ_{xX}、λ_{xY}、λ_{xZ} 分别为局部坐标轴 x 对总体坐标轴 X 的 3 个方向余弦，即

$$\lambda_{xX} = \cos(x, X), \quad \lambda_{xY} = \cos(x, Y), \quad \lambda_{xZ} = \cos(x, Z) \tag{10-7}$$

λ_{xX}、λ_{yY}、λ_{yZ}、λ_{zX}、λ_{zY}、λ_{zZ} 分别为局部坐标轴 y、z 对相应总体坐标轴的方向余弦，即

$$\lambda_{yX} = \cos(y, X), \quad \lambda_{yY} = \cos(y, Y), \quad \lambda_{yZ} = \cos(y, Z) \tag{10-8}$$

$$\lambda_{zX} = \cos(z, X), \quad \lambda_{zY} = \cos(z, Y), \quad \lambda_{zZ} = \cos(z, Z) \tag{10-9}$$

10.2.2　弹塑性分析时的刚度矩阵（不考虑剪切变形或受剪破坏）

图 9-7 和图 10-1 中的震害实例表明，大多数情况下钢筋混凝土框架结构中梁、柱的弯曲破坏均集中于端部。根据这一破坏特征，和二维分析类似，采用分段变刚度的杆件单元模型既能反映实际震害保证计算精度，又不过多地增加计算工作量。正如上一章中所讨论的，与多弹簧集中刚度模型相比，分段变刚度模型考虑了塑性铰区的长度，与实际地震或试验中构件的破坏形态更加符合，因此，在框架结构空间动力反应分析时优先采用三段变刚度模型，如图 10-4 所示。

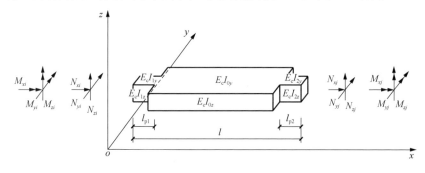

图 10-4　三段变刚度杆

为了既反映杆件的受弯破坏特征，又能方便地建立图 10-4 所示的三段变刚度杆的单元刚度矩阵，和第 8 章中的相关内容类似，做如下基本假定[3,4]。

1）单元为等截面直杆。

2）单元截面变形满足平截面假定。

3）单元剪切变形的影响忽略不计。

4）等截面直杆只发生弯曲破坏，其受弯弹塑性变形集中在杆端附近的局部区域，塑性铰只在杆件两端出现。

5）分别考虑结构构件的几何和材料非线性影响，且不考虑节点的非线性。

由基本假定 4），等截面直杆单元可简化为由两类区域组成的三段变刚度杆：位于中部的线弹性区域和位于两端的定长弹塑性区域（图 10-4）。三段变刚度杆在纵轴方向的关键几何参数是杆端塑性铰区段的长度 l_p（即图中的 l_p1 和 l_p2）。l_p 的具体计算方法可参见第 1 章和第 6 章中的相关讨论。三段变刚度杆的单元刚度矩阵虽然不能用式（10-4）来计算，但单元刚度矩阵的形式完全一样，可写成式（10-10）。

$$
\boldsymbol{k} =
\begin{bmatrix}
k_{11} & & & & & & k_{17} & & & & & \\
& k_{22} & & & & k_{26} & & k_{28} & & & & k_{2,12} \\
& & k_{33} & & k_{35} & & & & k_{39} & & k_{3,11} & \\
& & & k_{44} & & & & & & k_{4,10} & & \\
& & & & k_{55} & & & & k_{59} & & k_{5,11} & \\
& & & & & k_{66} & & k_{68} & & & & k_{6,12} \\
& & & & & & k_{77} & & & & & \\
& & & & & & & k_{88} & & & & k_{8,12} \\
& \text{对称} & & & & & & & k_{99} & & k_{9,11} & \\
& & & & & & & & & k_{10,10} & & \\
& & & & & & & & & & k_{11,11} & \\
& & & & & & & & & & & k_{12,12}
\end{bmatrix}
\quad (10\text{-}10)
$$

在轴力作用下，图 10-4 所示的三段变刚度杆相当于一个由 3 个弹簧串联的单元，假定三段的轴向刚度分别为 $E_\mathrm{c}A_1/l_\mathrm{p1}$、$E_\mathrm{c}A_0/(l-l_\mathrm{p1}-l_\mathrm{p2})$ 和 $E_\mathrm{c}A_2/l_\mathrm{p2}$。整个杆件的轴向刚度则可以写为

$$
k_{11} = k_{77} = -k_{17} = \cfrac{1}{\cfrac{1}{\cfrac{E_\mathrm{c}A_1}{l_\mathrm{p1}}} + \cfrac{1}{\cfrac{E_\mathrm{c}A_0}{l-l_\mathrm{p1}-l_\mathrm{p2}}} + \cfrac{1}{\cfrac{E_\mathrm{c}A_2}{l_\mathrm{p2}}}} \qquad (10\text{-}11)
$$

在第 8 章中借助于柔度系数推导了三段变刚度平面杆件的刚度矩阵中和弯剪刚度相关的各元素。将其推广至空间杆件，可以得到式（10-10）中相应的各元素，即

$$
k_{22} = k_{88} = -k_{28} = \frac{2(a_{1z} + a_{2z} + b_{1z})b_{2z}}{l^2} \qquad (10\text{-}12)
$$

$$k_{33} = k_{99} = -k_{39} = \frac{2(a_{1y} + a_{2y} + b_{1y})b_{2y}}{l^2} \qquad (10\text{-}13)$$

$$k_{26} = -k_{68} = \frac{(2a_{2z} + b_{1z})b_{2z}}{l} \qquad (10\text{-}14)$$

$$-k_{35} = k_{59} = \frac{(2a_{2y} + b_{1y})b_{2y}}{l} \qquad (10\text{-}15)$$

$$k_{2,12} = -k_{8,12} = \frac{(2a_{1z} + b_{1z})b_{2z}}{l} \qquad (10\text{-}16)$$

$$-k_{3,11} = k_{9,11} = \frac{(2a_{1y} + b_{1y})b_{2y}}{l} \qquad (10\text{-}17)$$

$$k_{66} = 2a_{2z}b_{2z} \qquad (10\text{-}18)$$

$$k_{55} = 2a_{2y}b_{2y} \qquad (10\text{-}19)$$

$$k_{6,12} = b_{1z}b_{2z} \qquad (10\text{-}20)$$

$$k_{5,11} = b_{1y}b_{2y} \qquad (10\text{-}21)$$

$$k_{12,12} = 2a_{1z}b_{2z} \qquad (10\text{-}22)$$

$$k_{11,11} = 2a_{1y}b_{2y} \qquad (10\text{-}23)$$

式中，

$$a_{1z} = p_{2z}q_2^3 - p_{1z}(1-q_1)^3 + p_{1z} + 1, \qquad a_{1y} = p_{2y}q_2^3 - p_{1y}(1-q_1)^3 + p_{1y} + 1 \qquad (10\text{-}24)$$

$$a_{2z} = p_{1z}q_1^3 - p_{2z}(1-q_2)^3 + p_{2z} + 1, \qquad a_{2y} = p_{1y}q_1^3 - p_{2y}(1-q_2)^3 + p_{2y} + 1 \qquad (10\text{-}25)$$

$$b_{1z} = p_{2z}q_2^2(3-2q_2) + p_{1z}q_1^2(3-2q_1) + 1, \qquad b_{1y} = p_{2y}q_2^2(3-2q_2) + p_{1y}q_1^2(3-2q_1) + 1$$
$$\qquad (10\text{-}26)$$

$$b_{2z} = \frac{6E_cI_{0z}}{4a_{1z}a_{2z}l - b_{1z}^2 l}, \qquad b_{2y} = \frac{6E_cI_{0y}}{4a_{1y}a_{2y}l - b_{1y}^2 l} \qquad (10\text{-}27)$$

$$p_{1z} = \frac{E_cI_{0z}}{E_cI_{1z}} - 1, \qquad p_{1y} = \frac{E_cI_{0y}}{E_cI_{1y}} - 1 \qquad (10\text{-}28)$$

$$p_{2z} = \frac{E_cI_{0z}}{E_cI_{2z}} - 1, \qquad p_{2y} = \frac{E_cI_{0y}}{E_cI_{2y}} - 1 \qquad (10\text{-}29)$$

$$q_1 = \frac{l_{p1}}{l} \qquad (10\text{-}30)$$

$$q_2 = \frac{l_{p2}}{l} \qquad (10\text{-}31)$$

根据基本假定 4)，杆件不发生扭转破坏，刚度矩阵中扭转刚度可以假设为弹性的，故系数 k_{44}、$k_{10,10}$、$k_{4,10}$ 为弹性常量，并有

$$k_{44} = k_{10,10} = -k_{4,10} = \frac{GJ}{l} \qquad (10\text{-}32)$$

10.2.3　弹塑性分析时的刚度矩阵（考虑剪切变形或受剪破坏）

图 7-1 和图 10-1 所示的地震震害表明，若构件中的箍筋不足或构件较短会出现受剪破坏。参考第 7 章中的相关工作在三段变刚度模型中引入两个相互不影响的剪切弹簧，如图 10-5 所示[5]。剪切弹簧反映构件两正交方向上的受剪性能。

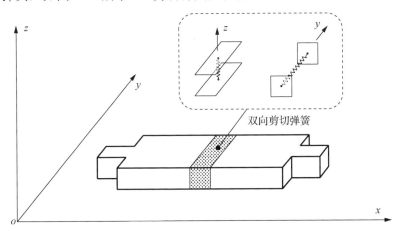

图 10-5　考虑剪切效应的三段变刚度杆（其他信息同图 10-4）

假设剪切弹簧在两个方向的剪切刚度分别为 k_y 与 k_z，同时不考虑两个方向的相互影响，则由虚功原理可以推得式（10-10）中与弯剪刚度相关的各元素。

$$k_{22} = k_{88} = -k_{28} = \frac{c_{1z} + c_{2z} + 2d_z}{e_z l^2} , \quad k_{33} = k_{99} = -k_{39} = \frac{c_{1y} + c_{2y} + 2d_y}{e_y l^2} \quad （10\text{-}33）$$

$$k_{26} = -k_{68} = \frac{c_{2z} + d_z}{e_z l} , \quad k_{59} = -k_{35} = \frac{c_{2y} + d_y}{e_y l} \quad （10\text{-}34）$$

$$k_{2,12} = -k_{8,12} = \frac{c_{1z} + d_z}{e_z l} , \quad k_{9,11} = -k_{3,11} = \frac{c_{1y} + d_y}{e_y l} \quad （10\text{-}35）$$

$$k_{66} = \frac{c_{1z}}{e_z} , \quad k_{55} = \frac{c_{1y}}{e_y} , \quad k_{12,12} = \frac{c_{2z}}{e_z} , \quad k_{11,11} = \frac{c_{2y}}{e_y} , \quad k_{6,12} = \frac{d_z}{e_z} , \quad k_{5,11} = \frac{d_y}{e_y} \quad （10\text{-}36）$$

式中，

$$c_{1z} = 12a_{1z} E_c I_{0z} k_z l^3 + 36 E_c^2 I_{0z}^2 \kappa , \quad c_{1y} = 12a_{1y} E_c I_{0y} k_y l^3 + 36 E_c^2 I_{0y}^2 \kappa$$

$$c_{2z} = 12a_{2z} E_c I_{0z} k_z l^3 + 36 E_c^2 I_{0z}^2 \kappa , \quad c_{2y} = 12a_{2y} E_c I_{0y} k_y l^3 + 36 E_c^2 I_{0y}^2 \kappa$$

$$d_z = 6b_{1z} E_c I_{0z} k_z l^3 - 36 E_c^2 I_{0z}^2 \kappa , \quad d_y = 6b_{1z} E_c I_{0y} k_y l^3 - 36 E_c^2 I_{0y}^2 \kappa$$

$$e_z = \left(4a_{1z} a_{2z} - b_{1z}^2\right) k_z l^4 + 12\left(b_{1z} + a_{1z} + a_{2z}\right) E_c I_{0z} l \kappa$$

$$e_y = \left(4a_{1y} a_{2y} - b_{1y}^2\right) k_y l^4 + 12\left(b_{1y} + a_{1y} + a_{2y}\right) E_c I_{0y} l \kappa$$

κ为剪应力沿界面分布不均匀而引入的与截面形状有关的系数，对矩形截面$\kappa=1.2$，对圆形截面$\kappa=10/9$，对薄壁管$\kappa=2.0$，对 I 形或箱形截面$\kappa=$截面/腹板面积[6]；a_{1z}、a_{1y}、a_{2z}、a_{2y}、b_{1z}、b_{1y}、b_{2z}、b_{2y}分别按式（10-24）～式（10-27）计算。

另外，弹性轴向刚度和扭转刚度为

$$k_{11} = k_{77} = -k_{17} = \cfrac{1}{\cfrac{1}{\cfrac{E_c A_1}{l_{p1}}} + \cfrac{1}{\cfrac{E_c A_0}{l - l_{p1} - l_{p2}}} + \cfrac{1}{\cfrac{E_c A_2}{l_{p2}}}} \qquad (10\text{-}37)$$

$$k_{44} = k_{10,10} = -k_{4,10} = \frac{GJ}{l} \qquad (10\text{-}38)$$

10.3　不同层次上的恢复力模型

10.3.1　建立在材料层次的恢复力模型

对图 10-4 或图 10-5 所示的三段变刚度杆，由于弹性杆段的刚度不变，弹塑性杆段内力和刚度则成了非线性分析时需要着重考虑的问题。第 6 章中介绍的多弹簧模型是非常适合求解弹塑性区杆段内力和刚度的模型，这里可以直接引用。但是，若要提高分析精度，可以对截面做进一步的剖分，如图 10-6 所示。在图 10-6 中，将每块混凝土视作一混凝土弹簧，每一根钢筋视作一钢筋弹簧。截面划分得越细，则计算精度越高，同时耗费的计算时间也更多。因此，一般综合此二因素得出优化的结果。

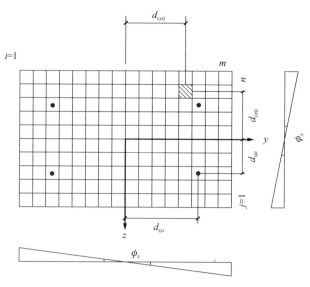

图 10-6　杆截面划分示意图

设截面中心点应变为 ε_c，两方向的曲率分别为 ϕ_y 和 ϕ_z。对于任意一个钢筋或混凝土弹簧，假定其坐标为 d_{yi}、d_{zi}，弹簧长度为 l_p，某一时步内截面中心点应变增量为 $\Delta\varepsilon_c$，两向曲率增量分别为 $\Delta\phi_y$ 和 $\Delta\phi_z$，由平截面假定可知弹簧的变形增量为

$$\Delta d_i = (\Delta\varepsilon_c + \Delta\phi_y d_{zi} + \Delta\phi_z d_{yi})l_p \tag{10-39}$$

假定该时步内弹簧刚度 k_i 未发生变化，则弹簧力的增量为

$$\Delta p_i = k_i \Delta d_i \tag{10-40}$$

弹簧的合力应与杆端力平衡为

$$\begin{cases} \sum_{i=1}^{m}\sum_{j=1}^{n}\Delta p_{cij} + \sum_{i=1}^{q}\Delta p_{si} = \Delta N \\[2mm] \sum_{i=1}^{m}\sum_{j=1}^{n}\Delta p_{cij}d_{czij} + \sum_{i=1}^{q}\Delta p_{si}d_{szi} = \Delta M_y \\[2mm] \sum_{i=1}^{m}\sum_{j=1}^{n}\Delta p_{cij}d_{cyij} + \sum_{i=1}^{q}\Delta p_{si}d_{syi} = \Delta M_z \end{cases} \tag{10-41}$$

式中，第一项为混凝土弹簧的合力或合力矩，第二项为钢筋弹簧的合力或合力矩；m、n 为截面沿两个方向上的划分数；q 为钢筋数目。

将式（10-39）代入式（10-40）中，之后代入式（10-41）可得

$$\begin{cases} \sum_{i=1}^{m}\sum_{j=1}^{n}k_{ij}(\Delta\varepsilon_c + \Delta\phi_y d_{czij} + \Delta\phi_z d_{cyij})l_p + \sum_{i=1}^{q}k_i(\Delta\varepsilon_c + \Delta\phi_y d_{szi} + \Delta\phi_z d_{syi})l_p = \Delta N \\[2mm] \sum_{i=1}^{m}\sum_{j=1}^{n}k_{ij}(\Delta\varepsilon_c + \Delta\phi_y d_{czij} + \Delta\phi_z d_{cyij})l_p d_{czij} + \sum_{i=1}^{q}k_i(\Delta\varepsilon_c + \Delta\phi_y d_{szi} + \Delta\phi_z d_{syi})l_p d_{szi} = \Delta M_y \\[2mm] \sum_{i=1}^{m}\sum_{j=1}^{n}k_{ij}(\Delta\varepsilon_c + \Delta\phi_y d_{czij} + \Delta\phi_z d_{cyi})l_p d_{cyij} + \sum_{i=1}^{q}k_i(\Delta\varepsilon_c + \Delta\phi_y d_{szi} + \Delta\phi_z d_{syi})l_p d_{syi} = \Delta M_z \end{cases} \tag{10-42}$$

若已知杆端力的增量（ΔN，ΔM_y，ΔM_z），求解上述方程组即得截面的变形增量，写成矩阵的形式则为

$$\Delta\boldsymbol{d} = \boldsymbol{\delta}\Delta\boldsymbol{f} \tag{10-43}$$

式中，

$$\Delta\boldsymbol{d} = \begin{bmatrix} \Delta\varepsilon_c & \Delta\phi_y & \Delta\phi_z \end{bmatrix}^{\mathrm{T}} l_p \tag{10-44}$$

$$\Delta\boldsymbol{f} = \begin{bmatrix} \Delta N & \Delta M_y & \Delta M_z \end{bmatrix}^{\mathrm{T}} \tag{10-45}$$

$$\boldsymbol{\delta} = \begin{bmatrix} k_0 & k_z & k_y \\ k_z & k_{zz} & k_{zy} \\ k_y & k_{zy} & k_{yy} \end{bmatrix}^{-1} \tag{10-46}$$

$$\begin{cases} k_0 = \sum k_i, \quad k_z = \sum k_i d_{yi}, \quad k_y = \sum k_i d_{zi} \\ k_{zz} = \sum k_i d_{yi}^2, \quad k_{zy} = \sum k_i d_{yi} d_{zi}, \quad k_{yy} = \sum k_i d_{zi}^2 \end{cases} \tag{10-47}$$

式中，k_i 为弹簧的刚度。

在动力反应分析时，根据计算出的杆端力增量可由式（10-43）计算出杆端截面的变形增量 Δd，根据平截面假定可由式（10-39）计算出各材料弹簧的变形。再根据材料层次上钢筋、混凝土弹簧的恢复力滞回关系，可确定各弹簧的刚度，并据此计算出弹塑性杆段的轴向刚度和两个截面主轴方向上的抗弯刚度分别如式（10-48）和式（10-49）所示。

$$\frac{E_c A}{l_p} = \sum k_i \tag{10-48}$$

$$\begin{cases} E_c I_y = \sum k_i d_{zi}^2 l_p \\ E_c I_z = \sum k_i d_{yi}^2 l_p \end{cases} \tag{10-49}$$

得到弹塑性杆段的截面刚度以后，可根据三段变刚度模型确定单元的刚度矩阵［式（10-10）］。

由上述分析可以看出，要确定截面的刚度变化情况，必须首先知道各材料弹簧的刚度变化情况，而弹簧的刚度变化情况可由材料弹簧的恢复力模型确定。有关材料层次钢筋和混凝土弹簧的恢复力模型在第 6 章中已有详述，可直接引用。

10.3.2　建立在截面层次上的恢复力模型

和第 9 章中的二维分析类似，也可以在截面层次上建立恢复力模型。其中典型的模型有双向弯曲时的屈服面模型和基于黏塑性理论的力-变形关系模型。最简单的屈服面模型是双线型模型。该模型认为截面任一主轴方向的弯矩-曲率骨架曲线为双直线［图 10-7（a）］，并假定杆件中的轴力为常量。因此，在弯矩空间内只有屈服面没有开裂面。屈服面移动时保持尺寸和形状不发生变化［图 10-7（b）］。不考虑刚度退化[7-9]。

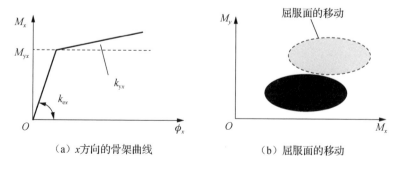

（a）x 方向的骨架曲线　　　　　　（b）屈服面的移动

图 10-7　双线型屈服面模型

Takizawa 和 Aoyama[8]应用塑性理论提出了考虑刚度退化的三线型恢复力模型。该模型认为截面任一主轴方向的弯矩-曲率骨架曲线为三折线（图 10-8），并假定杆件中的轴力为常量。因此，在弯矩空间内既有屈服面又有开裂面。开裂面和屈服面的大小由截面单向弯曲时的开裂弯矩和屈服弯矩确定。当内力反应点位于开裂面内时，模型处于线弹性状态 [图 10-9（a）]；当内力反应点到达开裂面上时，便随开裂面一起在屈服面内移动 [图 10-9（b）]；当开裂面移动到和屈服面相接触且暂不离开屈服面时，开裂面在屈服面边缘上滑动 [图 10-9（c）]；当内力反应点到达屈服面时出现屈服 [图 10-9（d）]。考虑硬化的影响时，屈服面会出现膨胀，开裂面也有相应的膨胀。用退化系数来考虑卸载刚度的退化影响。图 10-9 中内椭圆尽管被称作开裂面，但其主要作用是控制滞回曲线中弹性卸载的范围。因此，可按式（10-50）确定开裂面的大小。

$$
\begin{cases}
M_{\mathrm{c}} = \dfrac{M_y}{3} \\[2mm]
\phi_{\mathrm{c}} = \dfrac{\phi_y}{3}
\end{cases}
\tag{10-50}
$$

式中，M_{c} 为开裂弯矩；M_y 为屈服弯矩；ϕ_{c} 为开裂曲率；ϕ_y 为屈服曲率。

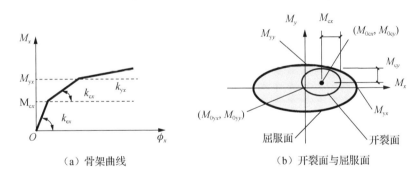

（a）骨架曲线　　　　　　　　　　　（b）开裂面与屈服面

图 10-8　考虑刚度退化的三线型屈服面模型

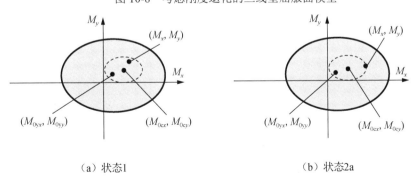

（a）状态I　　　　　　　　　　　　　（b）状态2a

图 10-9　考虑刚度退化的三线型屈服面模型不同的刚度状态

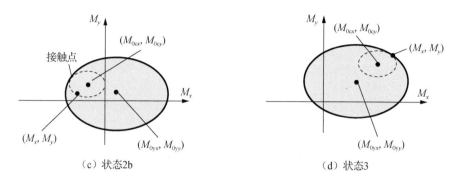

（c）状态2b　　　　　　　　　　　　　　　（d）状态3

图 10-9（续）

Takizawa 和 Aoyama[8]、Lai[7]等均用试验结果验证了该模型的正确性。杜宏彪和沈聚敏[10]也曾用考虑刚度退化的三线型屈服面模型，对双向弯曲的钢筋混凝土柱做过非线性分析，其结果和试验结果比较吻合较好。但是，该模型定义的屈服面形状、开裂面屈服面移动规则及各状态刚度的有关公式相当复杂，且不能考虑变轴力的影响。这在某种程度上限制了该模型的广泛应用。

Kunnath 和 Reinhorn[11]根据黏塑性理论提出了钢筋混凝土柱考虑刚度退化和强度退化的双向弯曲力变形关系模型。该模型由单向弯曲时力变形关系扩展而来，单向弯曲时，恢复力可看作弹性力和塑性力的线性组合，则有

$$F = \alpha_{ky} K u + (1 - \alpha_{ky}) K Z \qquad (10\text{-}51)$$

式中，K 为初始刚度；α_{ky} 为屈服刚度比；u 为位移；Z 为滞回参数，按式（10-52）计算：

$$\dot{Z} = A\dot{u} - \beta' |\dot{u} Z| Z - \gamma' \dot{u} Z^2 \qquad (10\text{-}52)$$

式中，A、β'、γ' 为无量纲参数，它们确定了滞回曲线的形状和大小。

双向弯曲时，可取弯矩和曲率之间的关系为

$$\begin{bmatrix} M_x \\ M_y \end{bmatrix} = \alpha_{ky} \begin{bmatrix} (EI)_x & 0 \\ 0 & (EI)_y \end{bmatrix} \begin{bmatrix} \phi_x \\ \phi_y \end{bmatrix} + (1 + \alpha_{ky}) \begin{bmatrix} M_{xy} & 0 \\ 0 & M_{yy} \end{bmatrix} \begin{bmatrix} Z_x \\ Z_y \end{bmatrix} \qquad (10\text{-}53)$$

式中，M_{xy}、M_{yy} 分别为两主轴方向（x 向和 y 向）上的截面屈服弯矩；Z_x、Z_y 分别为 x 方向和 y 方向的滞回参数，根据 Park 等[12]提出的耦合恢复力微分方程，可得确定 Z_x、Z_y 的一阶偏微分方程组［式（10-55）］，该方程可用 Runge-Kutta 法求解。

$$\begin{bmatrix} \dot{Z}_x \\ \dot{Z}_y \end{bmatrix} = (A\boldsymbol{I} - B\boldsymbol{\Omega})\boldsymbol{\Phi} \begin{bmatrix} \dot{\phi}_x \\ \dot{\phi}_y \end{bmatrix} \qquad (10\text{-}54)$$

式中，$\boldsymbol{I}$ 为单位矩阵，且有

$$\boldsymbol{\Phi} = \begin{bmatrix} 1/\phi_{xy} & 0 \\ 0 & 1/\phi_{yy} \end{bmatrix} \qquad (10\text{-}55)$$

$$\boldsymbol{\Omega} = \begin{bmatrix} Z_x^{\,2} \left[\mathrm{Sgn}\left(\dot{\phi}_x Z_x \right) + 1 \right] & Z_x Z_y \left[\mathrm{Sgn}\left(\dot{\phi}_y Z_y \right) + 1 \right] \\ Z_x Z_y \left[\mathrm{Sgn}\left(\dot{\phi}_x Z_x \right) + 1 \right] & Z_x^{\,2} \left[\mathrm{Sgn}\left(\dot{\phi}_y Z_y \right) + 1 \right] \end{bmatrix} \tag{10-56}$$

$$\mathrm{Sgn}\left(\dot{\phi}_x Z_x \right) = \begin{cases} 1 & (\dot{\phi}_x Z_x > 0) \\ -1 & (\dot{\phi}_x Z_x < 0) \end{cases} \tag{10-57}$$

式中，ϕ_{xy}、ϕ_{yy} 分别为 x 方向和 y 方向的屈服曲率。设任意加载途径为

$$\begin{cases} \phi_x = \phi \cos\alpha \\ \phi_y = \phi \sin\alpha \end{cases} \tag{10-58}$$

将式（10-58）代入式（10-54），并使 Z_x、Z_y 取极大值，则有

$$A = 2B \tag{10-59}$$

式（10-48）和式（10-54）中的 A 值确定了恢复力曲线中的卸载和反向加载刚度，当考虑刚度退化时，任一时刻 t 的 A 值按下式计算：

$$A_t = A_0 \mathrm{e}^{(-s_1 \mu_t)} \tag{10-60}$$

式中，A_0 为初始刚度比例系数；s_1 为控制常数；$\mu_t = (\mu_{\max} + \mu_{t-1})$，$\mu_{\max}$ 为加载历史过程中所达到的最大延性水平，μ_{t-1} 为当前时刻荷载循环开始时的延性水平。当 A 按式（10-60）变化时，B 也按式（10-59）变化。

考虑强度退化时按式（10-61）计算屈服弯矩。

$$M_{iy} = M_{iy} \left(1.0 - s_2 \int Z_i \mathrm{d}\phi \right) \qquad (i = x, y) \tag{10-61}$$

式（10-60）和式（10-61）中的 s_1 和 s_2 值一般可通过试验确定。

Kunnath 和 Reinhorn[11]用文献[7]提供的柱双向受弯时的试验结果对屈服面模型及基于黏塑性理论的力–变形关系模型进行了验证，结果表明后者和试验结果的吻合程度好于前者。

Kunnath 和 Reinhorn[11]的力–变形关系模型，力学概念清楚，只需要构件单轴弯曲时的信息便可进行双轴弯曲耦合的计算分析，可使复杂的问题简单化。但是，该模型应用过程中要解微分方程组，参数 s_1、s_2 要通过试验确定，且不同构件得出的试验值离散性较大，不能考虑变化轴力的影响，这些缺点限制了该模型的广泛应用。

10.3.3　建立在构件层次上的恢复力模型

剪切弹簧的恢复力模型实际上是建立在构件层次上的恢复力模型，详见第 7 章中的相关内容，不再赘述。

10.4　结构空间地震反应的数值模拟分析

第 9 章中介绍的逐步积分法同样适合于钢筋混凝土框架结构空间地震反应分析。但当结构较大、单元较多时，逐步积分法的误差累积会影响计算结果的精度，

甚至会使计算提前终止。为此，本节先对逐步积分法进行改进，再给出空间地震反应的计算步骤。

10.4.1　对逐步积分法的改进

1. 逐步积分法的误差分析

采用第 9 章中介绍的逐步积分法求解结构动力反应时产生计算误差的原因主要有两个：一是用切线刚度或上一时步的割线刚度代替下一时步的割线刚度；二是常数时间步长Δt 推迟了力-变形关系中转折点的发现[13]。

第一个原因与使用切线刚度代替未知的割线刚度有关，如图 10-10（a）中的力-变形关系所示。在时间步开始时刻 i 的位移为图示中的 a 点，在 a 点使用切线刚度，从时刻 t_i 到时刻 t_{i+1} 的数值积分导出位移δ_{i+1}，标识为点 b。但是如果结构刚度在时间步长Δt 内发生改变，那么结构位移响应的精确解应对应图中点 b'。这个偏差经过一系列时间步的积累，会产生非常大的误差。

第二个原因可以借助图 10-10（b）所示的力-变形关系来说明。假设时间步开始时的时刻 i 的位移为δ_i，速度$\dot{\delta}_i$ 是正的（即位移是渐增的），对应图示中的 a 点。在 a 点使用切线刚度，从时刻 t_i 到时刻 t_{i+1} 的数值积分导出位移δ_{i+1} 和速度$\dot{\delta}_{i+1}$，对应图中的标识为 b 点。如果速度$\dot{\delta}_{i+1}$ 是负的，那么在时间步内的某点 b'，速度为零并将改变符号，位移开始减少。在数值方法中，如果不想麻烦找到 b' 点，而是在 b 点开始下一个时间步继续计算，并使用力-变形图的卸载分支相关的切线刚度，那么这个方法将在下一个时间步结束时定位于 c 点，位移为δ_{i+2}，速度为负的。另外，如果能确定 b' 点，那么下一个时间步的计算将从 b' 的状态开始，给出时间步结束时的位移和速度，记为 c' 点。这样的偏差将发生在每一个速度反向处，从而导致数值结果中的误差。

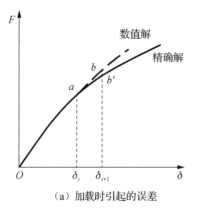

（a）加载时引起的误差

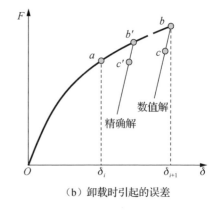

（b）卸载时引起的误差

图 10-10　逐步积分法求解地震反应时产生的误差

当时间步长较大时，容易产生第一类误差；当刚度突变明显或速度反向时，容易产生第二类误差。为减少第一类误差，可通过在时间步长内逐步迭代来逼近精确解。为减少第二类误差，可通过自动调整时间步长来控制增量。下面分别予以介绍。

2. Newton-Raphson 迭代法及其收敛准则

常用的迭代计算方法包括直接迭代法、Newton-Raphson 方法、修正的 Newton-Raphson 方法等。对于 Newton-Raphson 方法，若已获得某非线性方程组 [式（10-62）] 的第 n 次近似解 $\boldsymbol{\delta}=\boldsymbol{\delta}_n$，为了求得改进的近似解 $\boldsymbol{\delta}_{n+1}$，可利用仅保留线性项的泰勒级数展开式，如式（10-63）所示。

$$\boldsymbol{\psi}(\boldsymbol{\delta}) \equiv \boldsymbol{F}(\boldsymbol{\delta}) + \boldsymbol{f} \equiv \boldsymbol{K}(\boldsymbol{\delta})\boldsymbol{\delta} + \boldsymbol{f} = 0 \qquad （10\text{-}62）$$

$$\boldsymbol{\psi}(\boldsymbol{\delta}_{n+1}) \equiv \boldsymbol{\psi}(\boldsymbol{\delta}_n) + \left(\frac{\partial \boldsymbol{\psi}}{\partial \boldsymbol{\delta}}\right)_n \Delta\boldsymbol{\delta}_n = 0 \qquad （10\text{-}63）$$

式中，$\dfrac{\partial \boldsymbol{\psi}}{\partial \boldsymbol{\delta}}$ 为切线矩阵，即

$$\frac{\partial \boldsymbol{\psi}}{\partial \boldsymbol{\delta}} \equiv \frac{\partial \boldsymbol{F}}{\partial \boldsymbol{\delta}} \equiv \boldsymbol{K}_{\mathrm{T}}(\boldsymbol{\delta}) \qquad （10\text{-}64）$$

于是有

$$\Delta\boldsymbol{\delta}_n = -\boldsymbol{K}_{\mathrm{T}n}^{-1}\boldsymbol{\psi}_n = -\boldsymbol{K}_{\mathrm{T}n}^{-1}(\boldsymbol{F}_n + \boldsymbol{f}) \qquad （10\text{-}65）$$

$$\boldsymbol{\delta}_{n+1} = \boldsymbol{\delta}_n + \Delta\boldsymbol{\delta}_n \qquad （10\text{-}66）$$

重复上述迭代过程，直至达到所要求的精度，其计算示意图如图 10-11 所示。

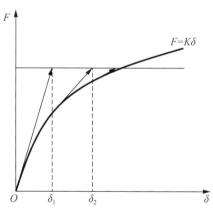

图 10-11　Newton-Raphson 迭代法计算示意图

由于迭代法的近似性，它无法求得结果的精确值，只能在某种程度上无限接近精确解。延伸到建筑结构层次，因为不可能完全消除不平衡力，所以为了既满

足计算结果的精确度又保证计算效率，在迭代计算中，为终止迭代过程，必须确定一个收敛标准。

在数值计算中，数的大小可以用其绝对值来衡量，而为了衡量向量和矩阵的大小需要引入范数的概念。而对于一个结构，无论其节点力还是节点位移都是向量，其"大小"一般就用该向量的范数来表示。迭代计算时对应的收敛准则既可用节点不平衡向量又可以用节点位移增量向量来建立。

当取节点不平衡力向量 $\boldsymbol{F}_{res}$ 作为收敛标准时，可取二范数形式，如式（10-67）。

$$\|F_{res}\| = \left(\sum_{i=1}^{n} \left|F_{res,i}^{2}\right|\right)^{1/2} \leqslant \alpha \|F\| \qquad (10\text{-}67)$$

当取节点位移增量向量 $\Delta\boldsymbol{\delta}_{k}$ 作为收敛标准时，可取无穷范数形式，如式（10-68）。

$$\|\Delta\delta_{k}\|_{\infty} = \max_{n} |\Delta\delta_{ki}| \leqslant \alpha \|\delta_{k}\| \qquad (10\text{-}68)$$

式中，$\|F\|$ 为施加荷载向量的范数；α 为收敛允许值；$\|\delta_{k}\|$ 为在某级荷载作用下经 k 次迭代后的节点总位移向量的范数；$\|\Delta\delta_{k}\|$ 为在同级荷载作用下第 k 次迭代时节点附加位移增量向量的范数，$\|\Delta\delta_{k}\| = \|\delta_{k} - \delta_{k-1}\|$。

收敛允许值 α 的取值，要根据结构计算要求的精度来确定，有时也要与试验所能达到的精度相适应。根据清华大学学者计算研究[14]，钢筋混凝土结构计算与一般均匀连续体介质力学的数值计算方法相比，计算简便、稳定更为重要，精度不必过分苛求，一般取 α=2%～3%即可。

3. 自动增量控制技术

采用迭代法通常可以较好地逼近精确解，但是仍有特殊情况需要处理。如在非线性计算中遇到折点或者虽没有遇到折点，但在反复迭代过程中始终达不到收敛标准要求。这些特殊情况发生时，仅仅采用迭代方法，往往需要耗费大量机时，或者根本不可能收敛（遇到折点的情况），这时，就需要细分荷载增量步。

首先，介绍 3 个概念：荷载增量步、迭代步和子步。

1）在动力弹塑性时程分析中，将施加的地震波按照等间距的时间间隔进行输入，这里"等间距的时间间隔"即荷载增量步，在每个荷载增量步结束时，结构处于（近似的）平衡状态。

2）而迭代步则是在一个荷载增量步中寻找平衡解答的一次试探，在迭代结束时，如果模型不处于平衡状态，那么需要进行新一轮迭代，经过每一次迭代，计算获得的解答应当更接近于平衡状态。当本荷载增量步在一次又一次的迭代计算后，数值解趋近精确解，且误差达到收敛标准时，即停止迭代，停止本荷载增量步的计算，转入下一荷载增量步。迭代步与荷载增量步的关系如图 10-12 所示。

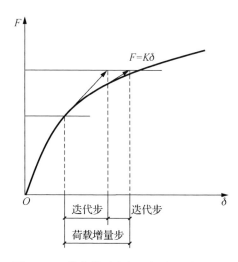

图 10-12　荷载增量步与迭代步关系示意图

3）为避免过度迭代，当迭代次数达到一定数值（如 30 次），且此时数值解的精度不满足收敛标准时，应自动放弃当前荷载增量步，并将荷载增量步的值设置为原来值的一半，重新开始计算，此时的荷载增量步即为子步。显然，在计算过程中实时采用的计算步长即为子步，其数值可以等于地震波的时间间隔或其 1/2、1/4 等。在每一子步内仍然采用迭代算法逼近精确值。

其次，实际分析中，可以先设置“最大迭代次数”及“最小步长”两个参量。如果在当前荷载增量步中，按照“最大迭代次数”迭代计算没有收敛，应启动自动增量控制功能将当前荷载增量步减少一半重新进行分析；如果此时收敛，则继续对剩余荷载增量（步）进行分析；如果荷载增量步减少一半后，按照“最大迭代次数”迭代依然没有收敛，将再次减少荷载增量步进行分析。当然也不能无限制地调整步长。应对最小时间步长做限定，如取为 0.00001s。

以 $i+1$ 步位移 x_{i+1} 为未知量的逐步迭代法可以求解得到每一步的位移解，通过与 Newton-Raphson 方法的结合，并在计算过程中引入收敛准则和自动增量控制技术，可以保证结果的计算精度并提高计算效率。

10.4.2　地震反应的求解步骤

结构空间地震反应的求解步骤和第 9 章中平面地震反应的求解步骤类似，如图 10-13 所示。

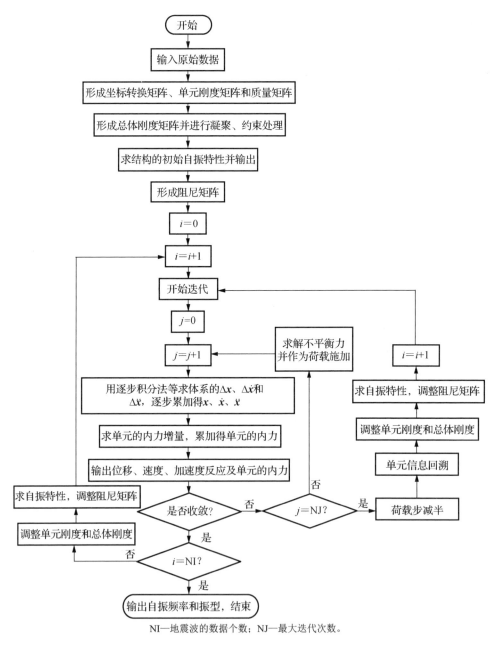

NI—地震波的数据个数；NJ—最大迭代次数。

图 10-13　结构空间地震反应的求解计算流程图

10.5　实　例　验　证

作者及其合作者[15]于 2005 年在同济大学土木工程防灾国家重点试验室进行了一个缩尺比为 1∶4 的三层一跨的钢筋混凝土框架结构模型的振动台试验。对模型结构的空间地震反应进行分析，并与试验结果进行比较以验证本章仿真分析方法的正确性。

该模型几何参数、配筋信息如图 10-14 所示。在模型试验中，楼层的配重通过在模型上安装铁盘来模拟 [图 10-14 (c)]。模型总质量为 7.21t，模型总配重为3.69t。混凝土材料的平均抗压强度为 28.03MPa，弹性模量为 $2.5×10^4$MPa，峰值应变为 0.002。钢筋的力学性能如表 10-1 所示。

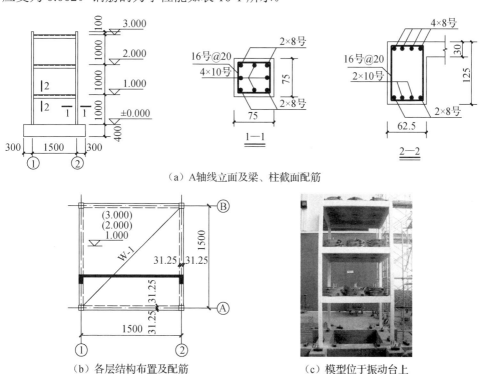

（a）A 轴线立面及梁、柱截面配筋

（b）各层结构布置及配筋　　　　　　　（c）模型位于振动台上

梁、柱：保护层厚度 6mm；板：厚 30mm，保护层 4mm，网片 W-1 由板面和板底网片组成，板面配 16 号@25 镀锌钢丝网片，板底配 10 号@25 镀锌钢丝网片，钢丝网片均伸入梁边缘 55mm。

图 10-14　三层钢筋混凝土框架结构模型

表 10-1　三层钢筋混凝土框架结构模型钢筋材料力学性能

项目	钢筋代号		
	8 号	10 号	16 号
直径/mm	3.94	3.42	1.56
弹性模量/（10^5MPa）	2.0	2.0	1.5
屈服强度/MPa	437	463	395.4
极限强度/MPa	457.7	486.4	415.2

选取三向 El-Centro 波作为地震输入，各工况 X、Y、Z 方向波形及其峰值如表 10-2 所示。考虑到结构材料的不均匀性及多次地震作用会在结构中产生损伤，根据三向白噪声扫描获得的结构自振频率以及按均匀、完好结构所得的自振频率，用式（9-60）对结构的初始刚度进行折减。各工况的折减系数 η_i 如表 10-3 所示。

表 10-2　三层钢筋混凝土框架结构模型振动台试验地震波输入制度

工况	地震波类型		加速度峰值/g		
			X向	Y向	Z向
1	小震	三向白噪声	0.06	0.09	0.12
		三向 El-Centro 波	0.10	0.08	0.06
2	中震	三向白噪声	0.06	0.09	0.16
		三向 El-Centro 波	0.36	0.32	0.28
3	大震及以上	三向白噪声	0.06	0.09	0.14
		三向 El-Centro 波	0.84	0.55	0.54
4		三向白噪声	0.06	0.09	0.15
		三向 El-Centro 波	0.96	1.31	0.57
5		三向 El-Centro 波	0.93	1.19	0.57

注：工况 3 后拆除位移计；在工况 4 中，由于 Y 向位移过大引起系统停机，调整加速度后重做框架；在工况 5 过程中框架彻底倒塌。X、Y 向为水平向，Z 向为垂直向。

表 10-3　三层钢筋混凝土框架结构模型结构初始刚度折减系数

工况	基本频率		η_i
	f_{o1}	f_{i1}	
1	2.56	2.08	0.66
2	2.56	1.89	0.55
3	2.56	1.11	0.19

注：f_{o1} 为计算结果；f_{i1} 为试验结果。

图 10-15～图 10-17 给出了第 1 工况下楼面位移反应计算结果和模型试验结果的比较。通过比较可以发现，计算曲线和试验反应曲线沿时间坐标轴的疏密度几

乎相同，曲线的形状、趋势及幅值的吻合程度均较好。其中 X 方向符合得比 Y 方向更好，Y 方向在结构反应达到幅值最大值（约 7s 时）以后，计算幅值比实际模型反应幅值偏小较多。对试验过程进行分析发现其原因可能是第 1 工况施加前，振动台给模型施加了较大峰值的 Y 向白噪声，其峰值（0.09g）与小震情况下 El-Centro 波的峰值很接近（而对应的 X 向输入的白噪声幅值较小，仅为 0.06g），造成模型 Y 向在白噪声作用下产生一定程度的损伤，故结构 Y 向刚度较 X 向有所降低，从而引起 Y 向振动台试验数据与动力弹塑性时程分析结果的差异性比 X 向大。

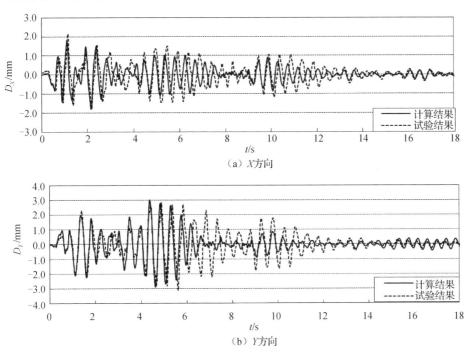

图 10-15　工况 1 下三层钢筋混凝土框架结构模型二层楼面位移反应

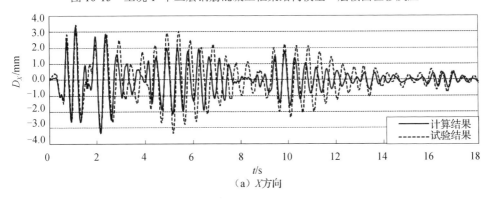

图 10-16　工况 1 下三层钢筋混凝土框架结构模型三层楼面位移反应

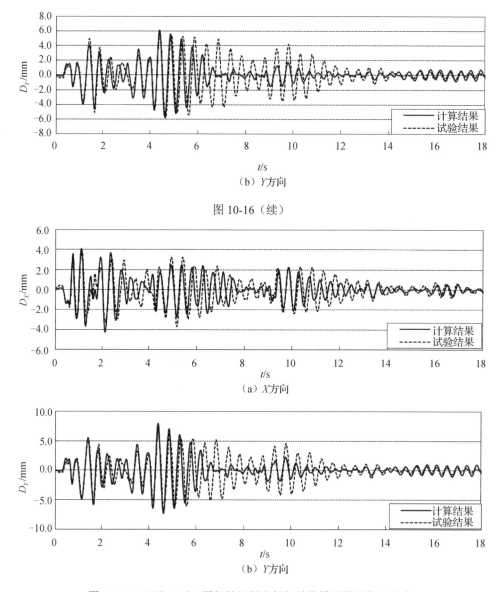

（b）Y方向

图 10-16（续）

（a）X方向

（b）Y方向

图 10-17　工况 1 下三层钢筋混凝土框架结构模型屋面位移反应

　　试验中发现工况 1 后，2 轴线外表面的二层楼面梁靠近跨中底部首先出现竖直裂缝，节点两端出现水平裂缝。相应计算中发现所有构件均未形成塑性铰，此时结构并未进入明显的非线性，与试验现象吻合。

　　工况 2 下的各层位移反应如图 10-18～图 10-20 所示。

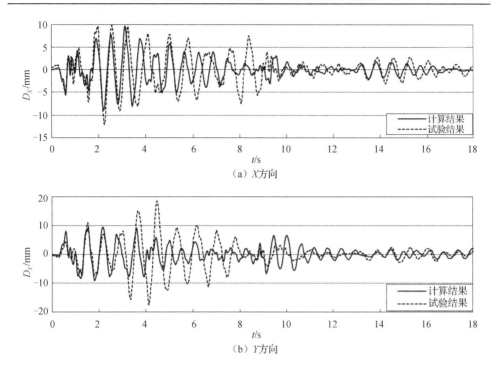

(a) X方向

(b) Y方向

图 10-18　工况 2 下三层钢筋混凝土框架结构模型二层楼面位移反应

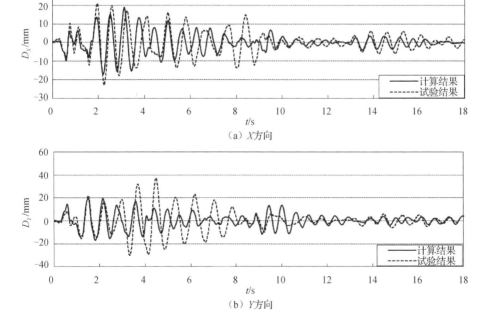

(a) X方向

(b) Y方向

图 10-19　工况 2 下三层钢筋混凝土框架结构模型三层楼面位移反应

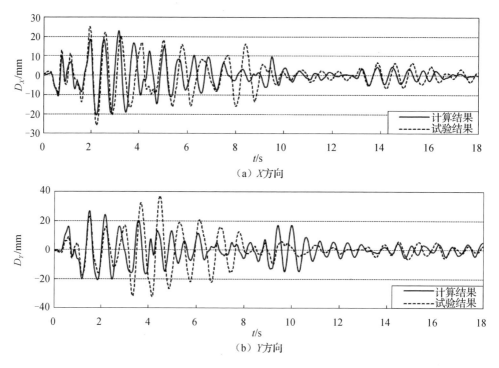

图 10-20　工况 2 下三层钢筋混凝土框架结构模型屋面位移反应

　　和工况 1 下的结果比较发现，工况 2 下的各楼层反应曲线在时间轴上比工况 1 的相应曲线要稀疏，这表明结构进入更明显的非线性阶段。计算值在结构反应后期比试验值偏小。总体来看，数值仿真结果与试验结果在趋势上较为一致，X 向结果要好于 Y 向。对 Y 向结果偏差较大进行分析，发现其原因可能是 X、Y 两向加载历史不同，造成两向损伤不同，虽然在计算中对结构刚度进行了等效折减，但由于折减是根据第一阶自振频率（X 向振动）进行的折减，因此造成 Y 向结构偏差较大。

　　试验中发现工况 2 后，所有节点两端出现水平裂缝，2、A 轴线上柱节点外凸角有混凝土保护层局部脱落，西立面梁北端面与节点连接处出现贯穿整个梁截面的竖向裂缝。相应计算中发现结构在第 232 步时位于一层 2、A 轴线上的柱底形成塑性铰；第 464 步时位于一层 1、B 轴线上的柱底形成塑性铰；第 508 步时位于一层 2、A 轴线上的柱顶形成塑性铰；第 540 步时位于二层 1、A 轴线上的柱底形成塑性铰；仿真计算中所有梁均没有形成塑性铰，这与强梁弱柱试验模型的设计初衷及试验现象吻合。

　　结构在工况 3 下的各层位移反应如图 10-21～图 10-23 所示。计算曲线和试验反应曲线沿时间坐标轴的疏密度几乎相同。曲线的形状、趋势及幅值的吻合程度均较好。总体来看，数值仿真结果与试验结果在趋势上较为一致。

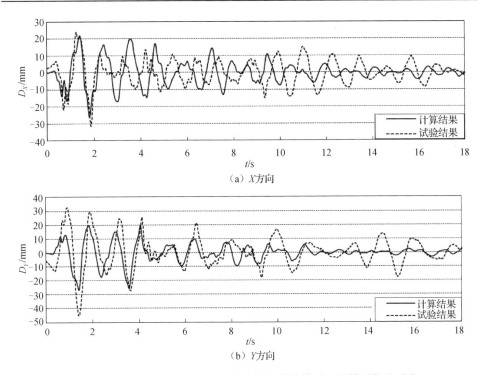

（a）X方向

（b）Y方向

图 10-21 工况 3 下三层钢筋混凝土框架结构模型二层楼面位移反应

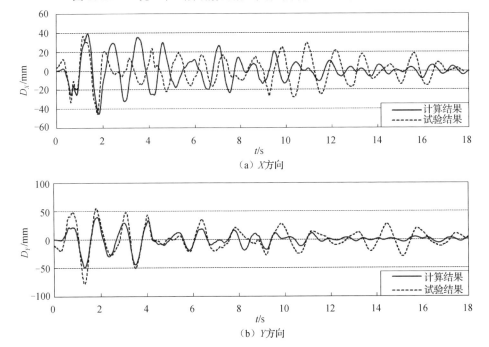

（a）X方向

（b）Y方向

图 10-22 工况 3 下三层钢筋混凝土框架结构模型三层楼面位移反应

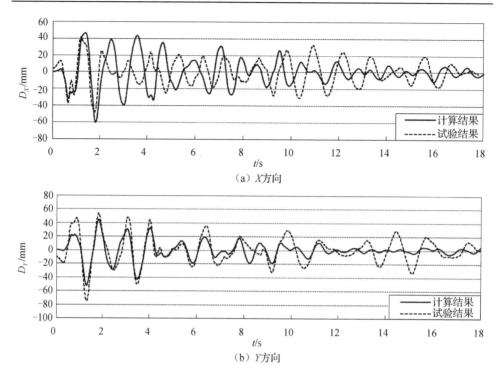

图 10-23　工况 3 下三层钢筋混凝土框架结构模型屋面位移反应

　　试验中发现工况 3 后，底层柱端两端均出现环截面的水平裂缝，二层楼面的节点混凝土破坏更加严重。三层楼面的节点上下端也出现水平裂缝。相应计算中发现仿真结构在第 84 步时位于一层 2、A 轴线上的柱底形成塑性铰；第 114 步时位于一层 2、A 轴线上的柱顶形成塑性铰；第 158 步时位于一层 1、B 轴线上的柱底形成塑性铰；第 168 步时位于二层 1、A 轴线上的柱底和柱顶均形成塑性铰；第 170 步时位于二层 2、B 轴线上的柱顶均形成塑性铰；仿真结束时底层柱端两端均形成塑性铰；二层 2、A 轴线上的柱和 1、A 轴线上的柱两端形成塑性铰；三层 2、A 轴线上的柱两端形成塑性铰；仿真计算中仅有底层一根梁在第 1082 步时一端形成塑性铰，这与强梁弱柱试验模型的设计初衷及试验现象吻合。可见，本章提出的仿真分析方法能够较好地模拟结构在小震、中震、大震下的响应。

10.6　仿真系统应用

10.6.1　剪切变形对框架结构地震反应的影响

　　为考虑剪切变形的影响引入剪切弹簧对图 10-14 所示的结构模型进行计算。图 10-24 和图 10-25 给出了部分计算结果。通过对比发现，剪切变形对模型结构地震反应计算结果的影响很小，可以忽略。这与试验中观察到的现象一致。

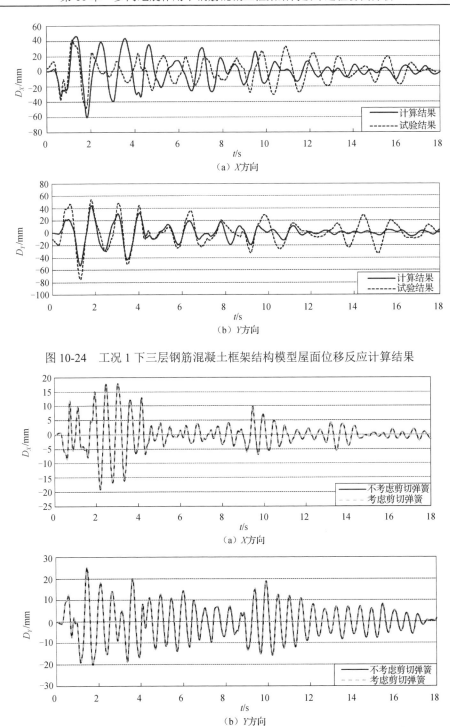

（a）X 方向

（b）Y 方向

图 10-24　工况 1 下三层钢筋混凝土框架结构模型屋面位移反应计算结果

（a）X 方向

（b）Y 方向

图 10-25　工况 2 下三层钢筋混凝土框架结构模型屋面位移反应计算结果

10.6.2 填充墙对框架结构地震反应的影响

为探讨填充墙对框架结构抗震性能的影响，仍采用图 10-14 所示的结构模型。同时为分析方便，假设结构的填充墙分布在结构外围（图 10-26）。其中填充墙砌体性能参数如表 10-4 所示。

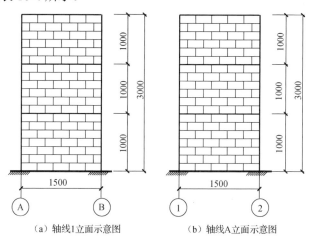

（a）轴线1立面示意图　　　　　　　（b）轴线A立面示意图

图 10-26　填充墙示意图

表 10-4　三层钢筋混凝土框架结构模型填充墙砌体性能参数

厚度/mm	砌体抗压强度平均值/MPa	弹性模量/MPa	剪切模量/MPa
50	3.27	5232	2092.8

注：弹性模量为 E；剪切模量为 G。

用只能受压的斜杆（简称只压杆）来模拟框架梁、柱间的填充墙。只压杆为弹性杆，其几何尺寸和力学性能如表 10-5 所示。输入表 10-2 所示的三向地震波（工况 1），分别计算纯框架和带填充墙框架的地震反应。图 10-27～图 10-29 给出了不同楼（屋）面位移反应的计算结果。通过对比发现，考虑填充墙的作用，可以提高结构的抗侧刚度，明显降低结构的位移反应。

表 10-5　只压杆的几何和力学参数

几何尺寸		力学性能	
t/mm	b/mm	K_{inf}/（N/m）	F_{ce}/N
50	62	24736023.5	10105.3

注：t 为厚度；b 为宽度；K_{inf} 为初始轴向刚度；F_{ce} 为轴向承载力。

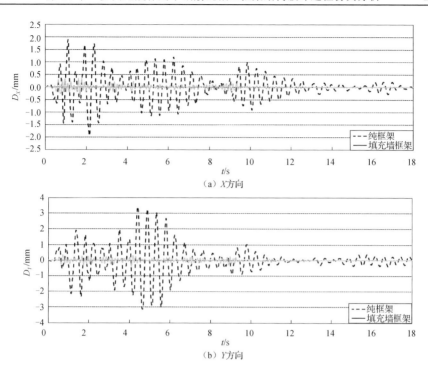

图 10-27　工况 1 下纯框架和填充墙框架二层楼面位移反应的计算结果

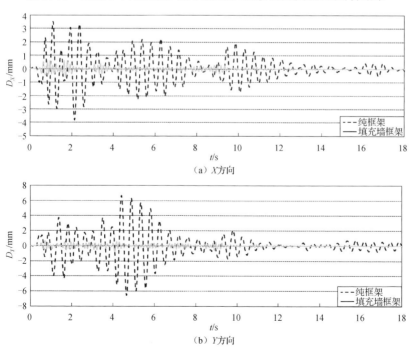

图 10-28　工况 1 下纯框架和填充墙框架三层楼面位移反应的计算结果

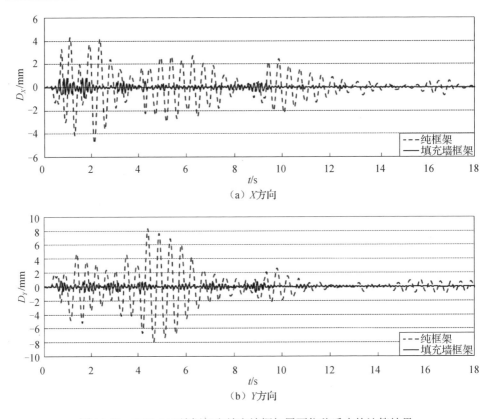

图 10-29　工况 1 下纯框架和填充墙框架屋面位移反应的计算结果

参 考 文 献

[1] 那向谦, 周锡元, 刘志刚. 云南澜沧、耿马地震中建筑物的震害调查[J]. 建筑结构学报, 1991, 12 (4): 62-71.

[2] 王勖成. 有限元法[M]. 北京: 清华大学出版社, 2003.

[3] ZHANG Q, GU X L, HUANG Q H. Computer simulation of 3-dimensional seismic responses for RC frame structures[C]//Proceedings of Joint International Conference on Computing and Dicision Making in Civil and Building Engineering. Montreal, 2006: 2106-2114.

[4] 张强. 地震作用下钢筋混凝土框架结构空间非线性反应分析[D]. 上海: 同济大学, 2007.

[5] 戴博. 既有钢筋混凝土框架结构空间地震反应分析软件开发[D]. 上海: 同济大学, 2015.

[6] 施炳华. 常用截面剪应力分布不均匀系数的计算公式[J]. 建筑结构学报, 1984, 5 (2): 66-70.

[7] LAI S S. Post-yield hysteritic biaxial models for reinforced concrete members [J]. ACI structural journal, 1987, 84(3): 235-245.

[8] TAKIZAWA H, AOYAMA H. Biaxial effects in modeling earthquake response of structures [J]. Earthquake engineering and structural dynamics, 1976, 4(6): 523-552.

[9] TSENG W S, PENZIEN J. Seismic response of long multiple-span highway bridges [J]. Earthquake engineering and structural dynamics, 1976, 4(1): 24-48.

[10] 杜宏彪, 沈聚敏. 在任意加载路线下双轴弯曲钢筋混凝土柱的非线性分析[J]. 地震工程与工程振动, 1990, 10 (3): 41-55.

[11] KUNNATH S K, REINHORN A M. Model for inelastic biaxial bending interaction of reinforced concrete beam-columns [J]. ACI structural journal, 1990, 87(3): 284-291.

[12] PARK Y J, WEN Y K, ANG A H-S. Random vibration of hysteretic systems under bi-directional ground motions [J]. Earthquake engineering and structural dynamics, 1986, 14: 543-557.

[13] CHOPRA A K. 结构动力学：理论及其在地震工程中的应用[M]. 谢礼立, 译. 北京：高等教育出版社，2007.

[14] 江见鲸，陆新征. 混凝土结构有限元分析[M]. 北京：清华大学出版社，2013.

[15] 顾祥林，黄庆华，汪小林，等. 地震中钢筋混凝土框架结构倒塌反应的试验研究与数值仿真[J]. 土木工程学报，2012，45（9）：37-45.

第二篇　基于非连续体力学的仿真分析

第 11 章　混凝土结构仿真分析中的离散单元法

基于连续体力学的仿真分析方法概念清晰、计算步骤明了、计算过程简单。可是，该类方法难以反映材料不均匀性对其宏观力学性能的影响，也难以反映构件、结构临近破坏时的大变形、不连续性能。尤其在结构倒塌过程分析中，基于传统有限元的结构数值模拟分析方法在结构大变形时会出现刚度矩阵奇异，给平衡方程的求解带来了困难，另外这些方法也不能很好地解决单元脱离母体运动这类不连续的问题。基于非连续体力学的仿真分析方法能很好地解决上述问题，且以离散单元法（discrete element method）最具代表性。离散单元法是 20 世纪 70 年代发展起来的一种分析节理岩石的数值计算方法，适用于大变形、不连续问题的求解。这种方法最初是为了解决岩块系统的大规模运动由 Cundall 于 1971 年提出来的，后经 Voegel、Lorig、Brady 等的发展，很快在边坡、基础、巷道稳定、放矿力学研究等各方面得到了应用[1, 2]。和 Kawai 等[3]提出的多刚体-弹簧模型类似，Hakuno[4]将钢筋混凝土框架中的混凝土粗骨料看作刚性的离散单元，将砂浆看成连接弹簧，将离散单元法引入钢筋混凝土结构的倒塌分析。但是，该模型的单元数量过多。另外，混凝土中的粗骨料是随机分布的，按一定规则划分出的离散单元实际上并不能代表粗骨料。Utagawa 等[5]对 Hakuno 的方法进行了大量简化，以杆件中的一段作为离散单元进行了钢筋混凝土框架结构的倒塌分析。但是，该模型中的弹簧本构模型过于简单，不能很好地反映混凝土梁、柱截面的非线性受力性能。本书作者及其合作者[6-10]从 21 世纪初以多刚体-弹簧模型为基础，将离散单元法引入混凝土与砌体结构的破坏分析，分别对材料、构件和结构的破坏过程进行仿真分析。认识了混凝土、砌体材料微细观缺陷及不均匀性对其宏观力学性能的影响，揭示了偶然外部作用下结构的破坏、倒塌机理。

本章介绍离散单元法的基本方法，后面各章将陆续介绍基于离散单元法的材料、构件和结构破坏过程的仿真分析方法。

11.1　离散单元法的基本思路

与基于连续体力学的有限单元法类似，基于非连续体力学的离散单元法也需将区域划分成单元。但是，和有限单元法强调整体分析不同，离散单元法在求解方程时分别对离散的单元进行分析，不强求单元间的连续性。在变形或运动过程中，单元可以分离，即一个单元与其邻近单元既可以接触，也可以分开。

对于有限单元法，在边界条件已知的情况下，要求解 3 组独立的方程，即平衡方程、变形协调方程（物体上各点位移受到位移场函数单值连续的约束，保证介质的变形连续）和本构方程（表征介质应力和应变之间的物理关系）。对于离散单元法，因为介质一开始就被假定为离散单元的集合，所以每一个时步分别分析每一个独立单元，实际上只需在确定的边界条件（初值、边值或前一时步的计算结果）下求解两组方程，即动力学平衡方程和物理方程。

离散单元法在诞生和初始发展阶段主要用于研究静力问题和准静力问题。在静力问题和准静力问题的研究中往往采用两种方法来进行离散单元基本方程的求解：显式的动态松弛法和隐式的静态松弛法。其中，动态松弛法是把非线性静力学问题转化为动力学问题求解的一种数值方法[11]，该方法的实质是对临界阻尼振动方程进行逐步积分。

11.2　离散单元法的基本方程

11.2.1　单元间的连接与相互作用

离散单元法中的单元可以为任意形状，相邻单元在公共边界处可以是连续的，也可以是断开的。借鉴多刚体-弹簧模型[3]，假设单元本身是刚性的，其变形性能由公共边界处弹簧组的变形来反映。相邻单元分离之前，弹簧的变形反映相邻单元材料的变形性能；相邻单元分离之后，弹簧的作用转变为相邻单元间的接触或碰撞。

图 11-1 所示为二维分析中两任意形状的相邻单元之间的连接和相互作用情况。图 11-1 中，每个单元都有两个平动自由度（u,v）和一个转动自由度（θ）。单元与单元之间由位于其公共边中点上的弹簧组来连接。弹簧组由法向弹簧、切向弹簧和弯曲弹簧组成，分别可以在单元上产生法向的拉力或压力、切向的剪力及弯矩。其中，k_n、k_s 和 Δ_n、Δ_s 分别表示法向和切向弹簧的弹簧刚度和变形；k_m 和 θ_m 分别表示弯曲弹簧的弹簧刚度和变形；l 为两单元公共边的长度，也为剪切和弯曲弹簧的"代表长度"；h_1 和 h_2 分别为单元 1 和单元 2 的质心到公共边的垂直距离，（$h_1 + h_2$）为法向弹簧的"代表长度"。为了反映材料的耗能性能，在相应弹簧处还布置有阻尼器，考虑到图面简洁，在此未标示出。

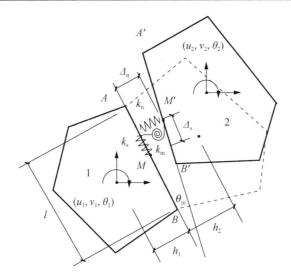

图 11-1　二维分析中两任意形状的相邻单元之间的连接与相互作用

11.2.2　单元的动力平衡方程

针对单个单元建立平衡方程，刚体单元在惯性空间的运动可分解为随质心的平动和绕质心的转动两部分。根据单元形状及其与周围相邻单元的相互作用关系，可以得到作用在某一单元上的合力及合力矩，进而可由牛顿第二定律或达朗贝尔原理，建立单元平动运动方程如式（11-1）所示。

$$m_i \ddot{U}_i(t) + c_t \dot{U}_i(t) = F_i(t) \tag{11-1}$$

式中，m_i 为单元 i 的质量；c_t 为平动阻尼系数；$\dot{U}_i(t)$ 为单元在整体坐标系下的平动位移；$F_i(t)$ 是单元 i 所受合外力，t 为系统时间。

式（11-1）在惯性系中可分解为

$$\begin{cases} m_i \ddot{X}_i(t) + c_t \dot{X}_i(t) = F_{xi}(t) \\ m_i \ddot{Y}_i(t) + c_t \dot{Y}_i(t) = F_{yi}(t) \\ m_i \ddot{Z}_i(t) + c_t \dot{Z}_i(t) = F_{zi}(t) \end{cases} \tag{11-2}$$

对于绕质心的转动，在惯性系中根据动量矩定理有

$$\frac{\mathrm{d}G_i}{\mathrm{d}t} = L_i \tag{11-3}$$

式中，G_i 为单元对于质心的动量矩，$G_i = J_i \times \omega_i$，$J_i$ 为单元对于其主轴的转动惯量，ω_i 为单元的角速度；L_i 为单元所受的合外力矩。

由于局部坐标系 $oxyz$ 相对于静止的整体坐标系 $OXYZ$ 的运动可能是非匀速运动，是非惯性坐标系，因此，式（11-3）可写为

$$\frac{\mathrm{d}\boldsymbol{G}_i}{\mathrm{d}t} + \boldsymbol{\omega}_i \times \boldsymbol{G}_i = \boldsymbol{L}_i \tag{11-4}$$

或

$$\boldsymbol{J}_i \dot{\boldsymbol{\omega}}_i + \boldsymbol{\omega}_i \times \boldsymbol{J}_i \cdot \boldsymbol{\omega}_i = \boldsymbol{L}_i \tag{11-5}$$

写成分量形式为

$$\begin{cases} J_{xi}\dot{\omega}_{xi} + \left(J_{zi} - J_{yi}\right)\omega_{yi}\omega_{zi} = L_{xi} \\ J_{yi}\dot{\omega}_{yi} + \left(J_{xi} - J_{zi}\right)\omega_{xi}\omega_{zi} = L_{yi} \\ J_{zi}\dot{\omega}_{zi} + \left(J_{yi} - J_{xi}\right)\omega_{xi}\omega_{yi} = L_{zi} \end{cases} \tag{11-6}$$

记单元绕质心转动角度为 $\boldsymbol{\theta}_i$，则 $\boldsymbol{\omega}_i = \dot{\boldsymbol{\theta}}_i$。于是式（11-6）可表示为

$$\begin{cases} J_{xi}\ddot{\theta}_{xi} + \left(J_{zi} - J_{yi}\right)\dot{\theta}_{yi}\dot{\theta}_{zi} = L_{xi} \\ J_{yi}\ddot{\theta}_{yi} + \left(J_{xi} - J_{zi}\right)\dot{\theta}_{xi}\dot{\theta}_{zi} = L_{yi} \\ J_{zi}\ddot{\theta}_{zi} + \left(J_{yi} - J_{xi}\right)\dot{\theta}_{xi}\dot{\theta}_{yi} = L_{zi} \end{cases} \tag{11-7}$$

引入黏性阻尼项 $c_{rj}\dot{\theta}_{ji}$，则上述单元随质心转动的动力学方程变为

$$J_{ji}\ddot{\theta}_{ji} + c_{rj}\dot{\theta}_{ji} = \overline{L}_{ji} \quad (j = x, y, z) \tag{11-8}$$

式中，c_{rj} 为 3 个主惯量方向的转动阻尼系数，且

$$\begin{cases} \overline{L}_{xi} = L_{xi} - \left(J_{zi} - J_{yi}\right)\dot{\theta}_{yi}\dot{\theta}_{zi} \\ \overline{L}_{yi} = L_{yi} - \left(J_{xi} - J_{zi}\right)\dot{\theta}_{xi}\dot{\theta}_{zi} \\ \overline{L}_{zi} = L_{zi} - \left(J_{yi} - J_{xi}\right)\dot{\theta}_{xi}\dot{\theta}_{yi} \end{cases} \tag{11-9}$$

综合上述两组平动和转动运动方程，得单元的动力平衡方程为

$$\begin{cases} m_i\ddot{X}_i(t) + c_t\dot{X}_i(t) = \sum F_{Xi}(t) \\ m_i\ddot{Y}_i(t) + c_t\dot{Y}_i(t) = \sum F_{Yi}(t) \\ m_i\ddot{Z}_i(t) + c_t\dot{Z}_i(t) = \sum F_{Zi}(t) \\ J_{xi}\ddot{\theta}_{xi}(t) + c_{rx}\dot{\theta}_{xi}(t) = \sum \overline{L}_{xi}(t) \\ J_{yi}\ddot{\theta}_{yi}(t) + c_{ry}\dot{\theta}_{yi}(t) = \sum \overline{L}_{yi}(t) \\ J_{zi}\ddot{\theta}_{zi}(t) + c_{rz}\dot{\theta}_{zi}(t) = \sum \overline{L}_{zi}(t) \end{cases} \tag{11-10a}$$

$$\begin{cases} \overline{L}_{xi}(t) = L_{xi}(t) - \left(J_{zi} - J_{yi}\right)\dot{\theta}_{yi}(t)\dot{\theta}_{zi}(t) \\ \overline{L}_{yi}(t) = L_{yi}(t) - \left(J_{xi} - J_{zi}\right)\dot{\theta}_{xi}(t)\dot{\theta}_{zi}(t) \\ \overline{L}_{zi}(t) = L_{zi}(t) - \left(J_{yi} - J_{xi}\right)\dot{\theta}_{xi}(t)\dot{\theta}_{yi}(t) \end{cases} \tag{11-10b}$$

式中，m_i 为单元 i 的质量；J_{xi}、J_{yi}、J_{zi} 分别为单元 i 的 3 个方向转动惯量；c_t 为平动阻尼系数；c_{rx}、c_{ry}、c_{rz} 分别为 3 个方向的转动阻尼系数；$\dot{X}_i$、$\dot{Y}_i$、$\dot{Z}_i$ 分别为

单元 i 在整体坐标系 3 个方向上的平动位移反应; $\sum F_{Xi}$、$\sum F_{Yi}$、$\sum F_{Zi}$ 分别为单元 i 所受的 3 个方向的合力（包括单元间的弹簧力、重力、接触力、碰撞力等）。

11.2.3　弹簧的力-变形关系

相邻单元分离前，其公共面上弹簧的力-变形关系由材料的本构关系及弹簧的代表长度确定，后面各章将具体讨论。相邻单元分离后，其公共面上弹簧的作用转变为接触作用或碰撞作用，这将在 11.4 节中专门讨论。

11.3　平衡方程的求解

11.3.1　静态松弛法和动态松弛法

离散单元法最初用来解决岩土力学问题，主要求解的是静力问题与准静力问题。在求解时，有两种方法：隐式的静态松弛法和显式的动态松弛法。

首先来看静态松弛法。若将式（11-1）等号右边的合外力 $F_i(t)$ 分解为系统所受的外力 $F_i^{\mathrm{Ext}}(t)$ 与系统内单元之间的弹簧力 $F_i^{\mathrm{Int}}(t)$，并且有 $F_i^{\mathrm{Int}}(t)=KU_i(t)$，$K$ 为弹簧刚度。于是，式（11-1）可改写为

$$m_i\ddot{U}_i(t)+c_t\dot{U}_i(t)+KU_i\left(t\right)=F_i^{\mathrm{Ext}}(t) \tag{11-11}$$

当系统的反应可认为是静态或准静态时，忽略式（11-11）等号左边前两项，则有

$$KU_i\left(t\right)=F_i^{\mathrm{Ext}}(t) \tag{11-12}$$

式（11-12）所表达的即为离散单元法的静态松弛格式，也就是普通的静力平衡方程。由式（11-12）可以看出，静态松弛格式必须形成刚度矩阵，而此刚度矩阵根据结构特点不同而相异。如果是连续体，则为与分析单元相连的连接弹簧刚度矩阵；如果为非连续体，则为与分析单元相接触的其他单元对其形成的接触刚度矩阵。从这点可以看出，静态松弛法的解决方案与有限元的隐式求解没有本质上的区别，同样继承了其弱点：大变形时易导致刚度矩阵的奇异。因此将离散单元法用于分析结构大变形时，一般不单独采用静态松弛的求解方法。

离散单元法的另一种求解方式为动态松弛法。动态松弛法于 1965 年由 Day 命名，后经 Otter 等[12]的发展用于三维体受静载的应力分析。动态松弛法在提出之初主要解决静态或准静态问题，其实质是对临界阻尼振动方程进行逐步积分。具体来说，是对带有阻尼项的动态平衡方程［式（11-1）］，利用有限差分法按时步逐步迭代求解的方法。

在混凝土结构破坏过程的仿真分析中推荐采用动态松弛法。应用动态松弛法时，松弛顺序主要有两种：逐步松弛与同步松弛。逐步松弛可用图 11-2（a）～（c）

来表示,每个时步仅放松一个单元(依次为 A1、A2 及 A3)。同步松弛如图 11-2(d)~(f)所示,每个时步同时放松所有单元。具体做法是在一个时步内将所有单元同时固定,根据单元所受的合力与合力矩(包括接触或碰撞作用)基于中心差分法计算其位移,将其放松得到本时步末各单元的新位置,然后将此状态作为下一时步初的状态计算。

逐步松弛法在求解过程中存在路径相关性,即求解结果与单元的松弛次序有关,而同步松弛可以有效避免此问题。因此,后面各章的计算分析均用动态同步松弛法。

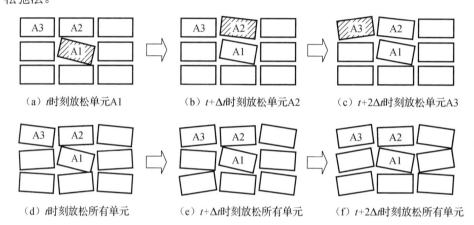

（a）t时刻放松单元A1　　　（b）$t+\Delta t$时刻放松单元A2　　　（c）$t+2\Delta t$时刻放松单元A3

（d）t时刻放松所有单元　　　（e）$t+\Delta t$时刻放松所有单元　　　（f）$t+2\Delta t$时刻放松所有单元

图 11-2　动态松弛的松弛顺序

11.3.2　用中心差分法解平衡方程

应用中心差分法求解的基本思想如下:以每个单元为对象,计算其上的各种作用力,并求出合力与合力矩;列出动力学方程,通过差分格式求解一个微小时段内由除碰撞力外的其他合力与合力矩所引起的单元速度,同时,基于混凝土块体碰撞模型求解一个微小时段内的一次碰撞所引起的单元速度,最终,得到考虑碰撞的一个微小时段内的速度和位移;在空间域上对所有的单元同时进行放松(而后同时固定),并实施上述求解过程,然后对时域积分,从而确定系统的大变形场或大位移场。下面介绍中心差分的求解过程。

1. 不考虑单元间碰撞作用

根据一阶中心差分,$\ddot{U}_i(t)$ 和 $\ddot{\theta}_i(t)$ 可近似表示为

$$\ddot{U}_i(t) = \frac{\dot{U}_i\left(t+\Delta t/2\right) - \dot{U}_i\left(t-\Delta t/2\right)}{\Delta t} \tag{11-13}$$

$$\ddot{\theta}_i(t) = \frac{\dot{\theta}_i\left(t+\Delta t/2\right) - \dot{\theta}_i\left(t-\Delta t/2\right)}{\Delta t} \tag{11-14}$$

将 $\dot{U}_i(t)$ 和 $\dot{\theta}_i(t)$ 用 $t+\Delta t/2$ 和 $t-\Delta t/2$ 时刻的均值近似，则有

$$\dot{U}_i(t) = \frac{\dot{U}_i(t+\Delta t/2) + \dot{U}_i(t-\Delta t/2)}{2} \tag{11-15}$$

$$\dot{\theta}_i(t) = \frac{\dot{\theta}_i(t+\Delta t/2) + \dot{\theta}_i(t-\Delta t/2)}{2} \tag{11-16}$$

接下来，首先将式（11-10b）解耦[11]。由于显式的动态松弛法中，时步 Δt 极小，可近似认为 $\dot{\theta}_i(t) \approx \dot{\theta}_i(t-\Delta t/2)$，于是式（11-10b）可变为

$$\begin{cases} \bar{L}_{xi}(t) = L_{xi}(t) - (J_{zi} - J_{yi})\dot{\theta}_{yi}(t-\Delta t/2)\dot{\theta}_{zi}(t-\Delta t/2) \\ \bar{L}_{yi}(t) = L_{yi}(t) - (J_{xi} - J_{zi})\dot{\theta}_{xi}(t-\Delta t/2)\dot{\theta}_{zi}(t-\Delta t/2) \\ \bar{L}_{zi}(t) = L_{zi}(t) - (J_{yi} - J_{xi})\dot{\theta}_{xi}(t-\Delta t/2)\dot{\theta}_{yi}(t-\Delta t/2) \end{cases} \tag{11-17}$$

将式（11-13）～式（11-17）代入式（11-10a），整理后可得

$$\begin{cases} \dot{X}_i(t+\Delta t/2) = \left[\dot{X}_i(t-\Delta t/2)(m_i - c_t\Delta t/2) + \sum F_{Xi}(t)\Delta t\right] / (m_i + c_t\Delta t/2) \\ \dot{Y}_i(t+\Delta t/2) = \left[\dot{Y}_i(t-\Delta t/2)(m_i - c_t\Delta t/2) + \sum F_{Yi}(t)\Delta t\right] / (m_i + c_t\Delta t/2) \\ \dot{Z}_i(t+\Delta t/2) = \left[\dot{Z}_i(t-\Delta t/2)(m_i - c_t\Delta t/2) + \sum F_{Zi}(t)\Delta t\right] / (m_i + c_t\Delta t/2) \\ \dot{\theta}_{xi}(t+\Delta t/2) = \left[\dot{\theta}_{xi}(t-\Delta t/2)(J_{xi} - c_{rx}\Delta t/2) + \sum \bar{L}_{xi}(t)\Delta t\right] / (J_{xi} + c_{rx}\Delta t/2) \\ \dot{\theta}_{yi}(t+\Delta t/2) = \left[\dot{\theta}_{yi}(t-\Delta t/2)(J_{yi} - c_{ry}\Delta t/2) + \sum \bar{L}_{yi}(t)\Delta t\right] / (J_{yi} + c_{ry}\Delta t/2) \\ \dot{\theta}_{zi}(t+\Delta t/2) = \left[\dot{\theta}_{zi}(t-\Delta t/2)(J_{zi} - c_{rz}\Delta t/2) + \sum \bar{L}_{zi}(t)\Delta t\right] / (J_{zi} + c_{rz}\Delta t/2) \end{cases}$$

$$\tag{11-18}$$

式中，$\bar{L}_{xi}(t)$、$\bar{L}_{yi}(t)$、$\bar{L}_{zi}(t)$ 由式（11-17）计算得到。在 $\sum F_{Xi}(t)$、$\sum F_{Yi}(t)$、$\sum F_{Zi}(t)$、$\sum \bar{L}_{xi}(t)$、$\sum \bar{L}_{yi}(t)$ 和 $\sum \bar{L}_{zi}(t)$ 的计算中都不考虑碰撞力的影响。

由式（11-18），可以根据 $t-\Delta t/2$ 时刻已得到的 $\dot{U}_i$ 和 $\dot{\theta}_i$ 值来求 $t+\Delta t/2$ 时刻的 $\dot{U}_i$ 和 $\dot{\theta}_i$ 值。再以 $t+\Delta t/2$ 时刻对 $\dot{U}_i$ 和 $\dot{\theta}_i$ 进行中心差分，可得到 t 到 $t+\Delta t$ 时段内 U_i 和 θ_i 的增量为

$$\begin{cases} \Delta X_i(t) = \dot{X}_i(t+\Delta t/2)\Delta t \\ \Delta Y_i(t) = \dot{Y}_i(t+\Delta t/2)\Delta t \\ \Delta Z_i(t) = \dot{Z}_i(t+\Delta t/2)\Delta t \\ \Delta \theta_{xi}(t) = \dot{\theta}_{xi}(t+\Delta t/2)\Delta t \\ \Delta \theta_{yi}(t) = \dot{\theta}_{yi}(t+\Delta t/2)\Delta t \\ \Delta \theta_{zi}(t) = \dot{\theta}_{zi}(t+\Delta t/2)\Delta t \end{cases} \tag{11-19}$$

于是，时步结束时的位移为

$$\begin{cases} X_i(t+\Delta t) = X_i(t) + \Delta X_i(t) \\ Y_i(t+\Delta t) = Y_i(t) + \Delta Y_i(t) \\ Z_i(t+\Delta t) = Z_i(t) + \Delta Z_i(t) \\ \theta_{xi}(t+\Delta t) = \theta_{xi}(t) + \Delta\theta_{xi}(t) \\ \theta_{yi}(t+\Delta t) = \theta_{yi}(t) + \Delta\theta_{yi}(t) \\ \theta_{zi}(t+\Delta t) = \theta_{zi}(t) + \Delta\theta_{zi}(t) \end{cases}$$ （11-20）

此时通过弹簧本构方程，得到整体坐标系下的 $\boldsymbol{F}_i(t+\Delta t)$、$\boldsymbol{L}_i(t+\Delta t)$。于是迭代可以继续进行，从而实现循环交错求解。

2. 考虑单元间碰撞作用

在无限小的碰撞时间间隔内，由于单元的速度和角速度均为有限值，可认为单元的位置和方位都保持不变。若已知碰撞时单元 i 所受的冲量，则单元 i 的运动微分方程为

$$\begin{cases} m_i \Delta\dot{\boldsymbol{U}}_i = \boldsymbol{I}_i \\ \boldsymbol{J}_i \Delta\dot{\boldsymbol{\theta}}_i = \boldsymbol{M}_i \end{cases}$$ （11-21）

式中，$\boldsymbol{I}_i$ 表示单元 i 所受碰撞冲量；$\Delta\dot{\boldsymbol{U}}_i$ 表示由碰撞所引起的单元 i 平动速度变化；$\boldsymbol{M}_i$ 表示单元所受的碰撞冲量；$\Delta\dot{\boldsymbol{\theta}}_i$ 表示由碰撞所引起的单元 i 角速度变化；$\boldsymbol{J}_i$ 表示单元 i 的转动惯量。

将式（11-21）写成分量形式，并整理可得

$$\begin{cases} \Delta\dot{X}_i = I_{Xi} / m_i \\ \Delta\dot{Y}_i = I_{Yi} / m_i \\ \Delta\dot{Z}_i = I_{Zi} / m_i \\ \Delta\dot{\theta}_{xi} = M_{xi} / J_{xi} \\ \Delta\dot{\theta}_{yi} = M_{yi} / J_{yi} \\ \Delta\dot{\theta}_{zi} = M_{zi} / J_{zi} \end{cases}$$ （11-22）

将式（11-22）迭加入式（11-18）可得到

$$\begin{cases} \dot{X}_i(t+\Delta t/2) = \left[\dot{X}_i(t-\Delta t/2)(m_i - c_t\Delta t/2) + \sum F_{Xi}(t)\Delta t\right] / (m_i + c_t\Delta t/2) + \sum[I_{Xi}(t)/m_i] \\ \dot{Y}_i(t+\Delta t/2) = \left[\dot{Y}_i(t-\Delta t/2)(m_i - c_t\Delta t/2) + \sum F_{Yi}(t)\Delta t\right] / (m_i + c_t\Delta t/2) + \sum[I_{Yi}(t)/m_i] \\ \dot{Z}_i(t+\Delta t/2) = \left[\dot{Z}_i(t-\Delta t/2)(m_i - c_t\Delta t/2) + \sum F_{Zi}(t)\Delta t\right] / (m_i + c_t\Delta t/2) + \sum[I_{Zi}(t)/m_i] \\ \dot{\theta}_{xi}(t+\Delta t/2) = \left[\dot{\theta}_{xi}(t-\Delta t/2)(J_{xi} - c_{rx}\Delta t/2) + \sum \overline{L}_{xi}(t)\Delta t\right] / (J_{xi} + c_{rx}\Delta t/2) + \sum[M_{xi}(t)/J_{xi}] \\ \dot{\theta}_{yi}(t+\Delta t/2) = \left[\dot{\theta}_{yi}(t-\Delta t/2)(J_{yi} - c_{ry}\Delta t/2) + \sum \overline{L}_{yi}(t)\Delta t\right] / (J_{yi} + c_{ry}\Delta t/2) + \sum[M_{yi}(t)/J_{yi}] \\ \dot{\theta}_{zi}(t+\Delta t/2) = \left[\dot{\theta}_{zi}(t-\Delta t/2)(J_{zi} - c_{rz}\Delta t/2) + \sum \overline{L}_{zi}(t)\Delta t\right] / (J_{zi} + c_{rz}\Delta t/2) + \sum[M_{zi}(t)/J_{zi}] \end{cases}$$

（11-23）

式中，$\sum F_{Xi}(t)$、$\sum F_{Yi}(t)$、$\sum F_{Zi}(t)$、$\sum \overline{L}_{xi}(t)$、$\sum \overline{L}_{yi}(t)$ 和 $\sum \overline{L}_{zi}(t)$ 的计算中都不考虑碰撞力的影响，碰撞作用通过碰撞冲量 $\sum I_{Xi}(t)$、$\sum I_{Yi}(t)$、$\sum I_{Zi}(t)$ 和碰撞冲量矩 $\sum M_{xi}(t)$、$\sum M_{yi}(t)$、$\sum M_{zi}(t)$ 来考虑。

同样应用式（11-19）和式（11-20）可以算得时步结束后单元 i 的位移。再利用弹簧的本构方程得到整体坐标系下的 $\boldsymbol{F}_i(t+\Delta t)$、$\boldsymbol{L}_i(t+\Delta t)$，利用单元间的接触判断和单元碰撞模型得到 $\boldsymbol{I}_i(t+\Delta t)$、$\boldsymbol{M}_i(t+\Delta t)$，于是迭代可以继续进行，从而实现循环交错求解。

11.3.3　单元坐标更新

根据中心差分法的原理，通过式（11-18）或式（11-23）和式（11-19）求得一个时步结束后单元的平均运动速度和单元的位移增量。此时，单元在空间中的位置发生变化。如何根据单元的位移增量来求得单元在空间中的新位置或新坐标，即单元坐标更新，将是一个需要解决的问题。

对单元建立如图 11-3 中的两个坐标系统。其中坐标系 $OXYZ$ 为整体坐标系，此坐标系为绝对静止；坐标系 $oxyz$ 为局部坐标系，其通过块体的形心（也即质心）且固定于块体之上，此坐标系的各个坐标轴恰好为块体单元的中心惯性主轴。假设局部坐标系 $oxyz$ 各轴相对于整体坐标系的方向余弦矩阵为

$$\boldsymbol{T} = \boldsymbol{e}_i \cdot \boldsymbol{e}_j = \begin{bmatrix} \lambda_{xX} & \lambda_{xY} & \lambda_{xZ} \\ \lambda_{yX} & \lambda_{yY} & \lambda_{yZ} \\ \lambda_{zX} & \lambda_{zY} & \lambda_{zZ} \end{bmatrix} \qquad (11\text{-}24)$$

式中，$\boldsymbol{e}_i$、$\boldsymbol{e}_j$ 分别表示局部坐标系和整体坐标系各轴的单位方向向量；$\lambda_{ij}(i=x,y,z; j=X,Y,Z)$ 为 i 轴与 j 轴的夹角余弦。若在整体坐标系 $OXYZ$ 中一个矢量表示为 $\boldsymbol{r}=\begin{bmatrix} r_1 & r_2 & r_3 \end{bmatrix}^{\mathrm{T}}$，在局部坐标系 $oxyz$ 中表示为 $\overline{\boldsymbol{r}}=\begin{bmatrix} \overline{r_1} & \overline{r_2} & \overline{r_3} \end{bmatrix}^{\mathrm{T}}$，则 $\boldsymbol{r}$ 和 $\overline{\boldsymbol{r}}$ 的关系为

$$\overline{\boldsymbol{r}} = \boldsymbol{T}\boldsymbol{r} \qquad (11\text{-}25)$$

相反，则有

$$\boldsymbol{r} = \boldsymbol{T}^{\mathrm{T}}\overline{\boldsymbol{r}} \qquad (11\text{-}26)$$

如果将空间内一点的坐标表示为矢量,若整体坐标系下的坐标矢量 $\boldsymbol{r}=\begin{bmatrix} r_1 & r_2 & r_3 \end{bmatrix}^{\mathrm{T}}$，局部坐标系下的坐标矢量 $\overline{\boldsymbol{r}}=\begin{bmatrix} \overline{r_1} & \overline{r_2} & \overline{r_3} \end{bmatrix}^{\mathrm{T}}$，则 $\boldsymbol{r}$ 和 $\overline{\boldsymbol{r}}$ 存在如下关系：

$$\boldsymbol{r} = \boldsymbol{r}_0 + \boldsymbol{T}^{\mathrm{T}}\overline{\boldsymbol{r}} \qquad (11\text{-}27)$$

式中，$\boldsymbol{r}_0$ 为局部坐标系 $oxyz$ 原点 o 在整体坐标系 $OXYZ$ 下的坐标矢量（图 11-3）。

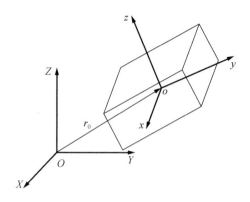

图 11-3　块单元的两个坐标系统

由于局部坐标系为一动坐标系，其固定于块体上且坐标系的各个坐标轴恰好为块体单元的中心惯性主轴，因此式（11-27）中 $\bar{r}$ 为一不变矢量。于是，由式（11-27）可知，对于空间一个单元的坐标更新可分为两部分，即平动位置更新和转动方位更新，在式（11-27）中分别表现为对局部坐标系原点的坐标矢量 $\boldsymbol{r}_0$ 和局部坐标方向余弦矩阵 $\boldsymbol{T}$ 的更新。

通过式（11-19）的前 3 个公式可很方便地实现平动位置更新，即

$$\boldsymbol{r}_0^{t+\Delta t} = \boldsymbol{r}_0^t + \begin{bmatrix} \Delta X_i(t) & \Delta Y_i(t) & \Delta Z_i(t) \end{bmatrix}^{\mathrm{T}} \tag{11-28}$$

根据相对变换即有限转动的交换定理有[13]：绕定轴 x 和 y 连续先后两次转动 α 和 β 角度的结果，与首先绕动轴 η 转动，而后绕动轴 ξ 转动的结果等价。将该定理拓展到 3 次转动：对于绕定轴 x、y 和 z 分别连续 3 次转动 $\Delta\theta_x(t)$、$\Delta\theta_y(t)$ 和 $\Delta\theta_z(t)$，结果等价于绕动轴 ζ、η 和 ξ 分别连续转动 $\Delta\theta_z(t)$、$\Delta\theta_y(t)$ 和 $\Delta\theta_x(t)$ 角度。

根据欧拉定理[13]有，刚性单元由某一方位到另一方位的方位变化等价于绕某轴的一个有限（转角的）转动。设此轴的单位方向向量为 $\boldsymbol{e} = \begin{bmatrix} \alpha_1 & \alpha_2 & \alpha_3 \end{bmatrix}^{\mathrm{T}}$，一次转动的角度为 α，转动参量为 $\begin{bmatrix} \alpha & \alpha_1 & \alpha_2 & \alpha_3 \end{bmatrix}$，转动前后的方向余弦变换矩阵为

$$\boldsymbol{D} = \cos\alpha \begin{bmatrix} 1 & 0 & 0 \\ 0 & 1 & 0 \\ 0 & 0 & 1 \end{bmatrix} + (1-\cos\alpha) \begin{bmatrix} \alpha_1^2 & \alpha_1\alpha_2 & \alpha_1\alpha_3 \\ \alpha_2\alpha_1 & \alpha_2^2 & \alpha_2\alpha_3 \\ \alpha_3\alpha_1 & \alpha_3\alpha_2 & \alpha_3^2 \end{bmatrix} - \sin\alpha \begin{bmatrix} 0 & -\alpha_3 & \alpha_2 \\ \alpha_3 & 0 & -\alpha_1 \\ -\alpha_2 & \alpha_1 & 0 \end{bmatrix}$$

$$\tag{11-29}$$

于是绕动轴 ζ、η 和 ξ 分别连续转动 $\Delta\theta_z(t)$、$\Delta\theta_y(t)$ 和 $\Delta\theta_x(t)$ 角度的 3 个坐标方位变换矩阵可以根据式（11-29）分别以转动参量 $\begin{bmatrix} \Delta\theta_z(t) & 0 & 0 & 1 \end{bmatrix}$、$\begin{bmatrix} \Delta\theta_y(t) & 0 & 1 & 0 \end{bmatrix}$ 和 $\begin{bmatrix} \Delta\theta_x(t) & 1 & 0 & 0 \end{bmatrix}$ 求得，并记为 $\boldsymbol{D}_z'$、$\boldsymbol{D}_y'$、$\boldsymbol{D}_x'$。从而由有限转动的交换定理有，先绕 x 轴转动 $\Delta\theta_x(t)$，再绕 y 轴转动 $\Delta\theta_y(t)$，最后绕 z 轴转动 $\Delta\theta_z(t)$，坐标方位转换矩阵为

$$D = D'_x D'_y D'_z = \begin{bmatrix} \cos\beta\cos\gamma & \cos\beta\sin\gamma & -\sin\beta \\ \sin\alpha\sin\beta\cos\gamma - \cos\alpha\sin\gamma & \sin\alpha\sin\beta\sin\gamma + \cos\alpha\cos\gamma & \sin\alpha\cos\beta \\ \cos\alpha\sin\beta\cos\gamma + \sin\alpha\sin\gamma & \cos\alpha\sin\beta\sin\gamma - \sin\alpha\cos\gamma & \cos\alpha\cos\beta \end{bmatrix}$$

（11-30）

式中，$\Delta\theta_x(t)$ 为 α，$\Delta\theta_y(t)$ 为 β，$\Delta\theta_z(t)$ 为 γ。

假定 t 时刻，单元的方向余弦矩阵为 T_t，同时由式（11-19）求得一个时步内 3 个坐标轴上产生的转动增量，于是根据上述相对变换，$t+\Delta t$ 时刻的方向余弦矩阵更新为

$$T_{t+\Delta t} = T_t D$$

（11-31）

式中，T_t 和 $T_{t+\Delta t}$ 分别为 i 和 $i+\Delta t$ 时刻从整体坐标到局部坐标的转换矩阵；D 为绕局部坐标系 3 个坐标轴方向转动 $\Delta\theta_x(t)$、$\Delta\theta_y(t)$ 和 $\Delta\theta_z(t)$ 角度后的坐标方位转换矩阵，按式（11-30）计算。

式（11-31）即表示单元坐标方向余弦矩阵的更新，其与式（11-28）单元平动位置更新共同实现了一个时步内单元的坐标刷新。

11.3.4　关键参数选择

1. 阻尼

混凝土材料、构件或结构的破坏，其过程都是不可逆的。在动态松弛法的计算中必须通过阻尼逐步消耗动能，否则单元将在平衡位置附近振荡，迭代无法收敛。阻尼可分为黏性阻尼、自适应阻尼和库仑阻尼。

黏性阻尼是与速度成正比的阻尼。工程中常用的黏性阻尼为瑞利（Rayleigh）线性比例阻尼，表示为

$$C = \alpha M + \beta K$$

（11-32）

式中，α、β 分别为质量比例阻尼系数和刚度比例阻尼系数。等式右边第一项称为质量比例阻尼，第二项称为刚度比例阻尼。瑞利阻尼、质量比例阻尼和刚度比例阻尼三者的关系如图 11-4 所示，可见质量比例阻尼对于低频的反应效果明显，而刚度比例阻尼对于高频反应效果明显。

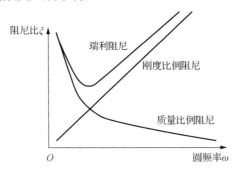

图 11-4　瑞利阻尼、质量比例阻尼和刚度比例阻尼三者的关系

　　离散单元法中，不需也难以获取结构的整体刚度矩阵 $\boldsymbol{K}$，因此不能采用瑞利阻尼系数。同时，由图 11-4 的比较可知，对于低阶振型主导反应的结构系统，可以忽略刚度比例阻尼，采用简化的质量比例阻尼[14]。

　　这一点从瑞利阻尼的物理模型来解释也是合理的：其中质量比例阻尼可以想象为把整个系统浸泡在黏性液体中，在物理意义上等价于用黏性活塞将单元与一不动点相连，使单元的绝对运动受到阻尼，无论系统是连续介质系统或非连续介质系统，同样适用；刚度比例阻尼在物理意义上等价于用黏性活塞把两个接触块体连接起来，使块体单元之间的相对运动受到阻尼，对于非连续介质系统随着块体间的滑移或分离，应用刚度比例阻尼将出现问题。

　　应用黏性阻尼时可能会遇到如下几个困难：引入体力，在某些情况下会得出错误的破坏模式；最佳的阻尼系数一般取决于矩阵的特征值，而求特征值非常耗时（对线性问题）或根本无法求出（对非线性问题）；阻尼系数对所有单元均相同，而实际中，系统的不同区域处于不同的运动状态，应采用不同的阻尼比。Cundall 等[15]基于以上问题提出了两种自适应阻尼。第一种自适应阻尼仍采用黏性阻尼，只是阻尼所吸收的能量与系统的动能变化率之比是定值，采用伺服机理对黏性阻尼系数进行自适应控制。具体方法如下：先计算能量比率，如式（11-33）所示，然后根据能量比率的大小来调整阻尼系数。

$$R = \sum \frac{E_D}{\dot{E}_k} \tag{11-33}$$

式中，E_D 为阻尼所吸收的能量；$\dot{E}_k$ 为系统动能的变化率。

　　第二种自适应阻尼称为局部自适应阻尼。阻尼力的大小与块体所受的不平衡力成正比，其方向取使块体振动衰减的方向，而不是做稳定运动的方向，即

$$F_d \propto |F| \text{sign}(\dot{F}) \tag{11-34}$$

式中，F_d 为块体所受的阻尼力；F 为块体所受的不平衡力。

　　库仑阻尼也即摩擦阻尼，它是由两个干燥表面相对滑动而形成的。库仑阻尼力等于正压力与摩擦系数的乘积，并且假定运动一开始就有摩擦，摩擦系数与速度无关。

　　一个结构阻尼机制的形成和变化是十分复杂的，在结构受荷的不同时刻及结构的不同部位，其阻尼都可能发生较大的变化，要准确获取结构的阻尼目前还具有很大的难度。根据上述几种阻尼机制的对比分析，推荐采用相对简便的质量比例阻尼。只要获取结构的第一阶阻尼比，即可得到单个块体的 1 个平动和 3 个转动方向的阻尼系数，即

$$\begin{cases} c_t = 2\omega_1 \xi_1 m_i \\ c_{rx} = 2\omega_1 \xi_1 J_{xi} \\ c_{ry} = 2\omega_1 \xi_1 J_{yi} \\ c_{rz} = 2\omega_1 \xi_1 J_{zi} \end{cases} \tag{11-35}$$

式中，ω_1 为结构的一阶振型圆频率；ξ_1 为结构的一阶振型阻尼比。

2. 计算时步

基于动态松弛法的中心差分求解方法，是在每一个加载持时内通过差分格式求解一个微小时段内的速度和位移。因此每个加载持时可以分解为若干个小的时段，该时段就称为计算时步。动态松弛法的实质是在一个计算时步内，逐个或同时释放单元的约束，使其产生运动。同时，单个单元在一个时步内的运动，只受其相邻单元的影响，并且只对其相邻单元产生作用力。要满足该假定，时步必须选择得足够小，使在一个时步内应力的传播范围不会超过一个单元的长度范围。从数学上看，实际上是用许多直线段来逼近曲线，为保证收敛，必须严格控制时步的大小。每一时步的绝对误差是时步大小的增函数且非常敏感，稍大的时步就将导致失稳。过大的时步将导致过大的位移增量，这一过程的物理意义是单元在时步内的位移增量如果过大，则开始迭代时，将使连接弹簧或者接触面在第一个时步就超过其强度而破坏，这样弹簧或者接触面的作用实际上没有发挥；在弹簧或者接触面破坏后的大位移还将使单元运动到错误的位置而与别的单元发生叠合，如果以这个错误位置为基础，将使单元的位置与实际情况相差更远，迭代过程的误差不断增大和积累，导致求解的失稳（图 11-5）。

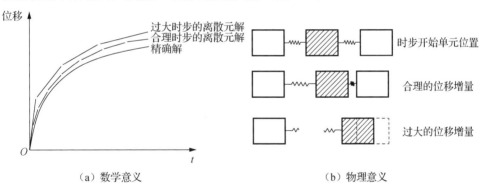

（a）数学意义　　　　　　　　　　　（b）物理意义

图 11-5　离散元模型求解过程的收敛性

时步过小使计算时间过长，效率难以被接受；时步过长又难以保证动态松弛迭代过程的收敛，这是目前在工程领域推广离散单元法的主要障碍之一。但是，由于目前计算机技术及数据处理技术的飞速发展，研究人员可以采用并行算法、多核计算机等措施逐渐改善该方法在计算时间上的不足。

对一个集中质量的单自由度弹性振动系统（不考虑阻尼），对其运动方程用中心差分法进行求解，为了满足解的振荡特性要求，则可得到计算时步为[2,16]

$$\Delta t < 2\sqrt{\frac{m}{k}} = \frac{2}{\omega_n} = \frac{T}{\pi} \tag{11-36}$$

式中，ω_n 为系统的圆频率；T 为其固有振动周期。

理论证明，一个多体系统的最小固有振动周期总是大于其中任何一个单元的最小固有振动周期 T_{min}。故将后者用于时步计算，其结果是安全的，即可认为时步临界值为

$$\Delta t_{cr} = \frac{T_{min}}{\pi} \tag{11-37}$$

式中，

$$T_{min} = 2\pi \cdot \min_{1 \leqslant i \leqslant n} \left(\sqrt{\frac{m_i}{k_i}} \right) \tag{11-38}$$

实际计算时，所采用的时步必须小于这个临界值，可以取步长 $\Delta t \leqslant \Delta t_{cr}/5$。

11.4　单元间的接触判断

对于两个单元是否会发生接触或碰撞，以何种方式接触或碰撞，首先需要进行单元间的接触判断。对发生接触或碰撞的单元，还需确定接触或碰撞的力学模型。

11.4.1　单元接触粗检索

在一个时步内判断单元间的具体碰撞方式之前，应首先找出在系统中哪些单元与该当前研究单元相邻，只有相邻单元才有可能与当前研究单元发生碰撞，进而才能判断具体的碰撞方式。称此步为单元接触粗检索，其目的是寻找当前研究单元的相邻单元集，或称可能接触单元集。

一个分析对象往往拥有众多单元，对整个分析对象的接触粗检索，采用的最简单的方法是对一个单元与其他所有单元的相邻关系进行两两检查。如果总的单元数目为 n，则需要检索判断的总次数为 $n(n-1)/2$ 次。由于单元数目较大，此方法使检索判断次数较大，计算时造成相当大的机时耗费，这显然是不可取的。

文献[17]在基于二维空间的分格检索方法的基础上，提出了适用于三维空间的"空间盒子"法：将整个对象空间细分成若干互无交集的子空间（称为"空间盒子"），只需要在单元跨越的子空间内搜索可能与该单元接触的单元。这样使搜索判断次数与单元总数成正比，且当单元大小较为均匀，盒子的体积与单元的体积相近时，具有较高的效率。

对于一个空间分析对象，在比其外围体积稍大的区域框定一个立方体域，用与坐标面 OXY、OXZ、OYZ 分别平行的 3 组平面将该立方体域等分成 N_C 个立方体盒子，如图 11-6 所示。将立方体域以外的部分，即图中虚线以外区域，划归相应的有虚线的边界盒子。这样整个三维空间就被划分为 N_C 个盒子，其中包括 $\left(N_C^{\frac{1}{3}} - 2 \right)^3$ 个封闭的立方体盒子（图 11-6 中 8～12、36～40 等）和 $N_C - \left(N_C^{\frac{1}{3}} - 2 \right)^3$

个开放式的半无限盒子（图 11-6 中 0～6、42～48 等）。当在盒子空间的四周边界引入半无限盒子时，在结构发生大变形大位移情况下，边界单元在半无限盒子里运动，即使位移再大其地址也会一直保留在相应的盒子里，从而避免了全部采用封闭盒子时，一旦边界单元移动出封闭的盒子空间，就必需对空间进行扩大并重新划分，从而浪费机时。

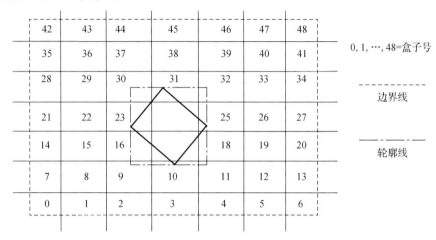

图 11-6　盒子空间划分

完成了空间的盒子划分后，可用 6 个分别平行于 3 个坐标面的平面将单元紧紧包围起来，形成一个长方体轮廓，称为单元的"外接轮廓空间"。"外接轮廓空间"代表了单元上所有点的坐标的最大值和最小值，它所跨越的盒子可近似地表示单元所跨越的盒子，称为单元的"跨越盒子集"。如果一个单元的"外接轮廓空间"或其一部分处于某个盒子中，则称此盒子包含该单元。这样，将每个盒子中包含的所有单元称为盒子的"包容单元集"。于是，某个单元的可能接触单元集，即为该单元的"跨越盒子集"中所有盒子的"包容单元集"的合集。

11.4.2　单元接触精细检索

经"粗检索"得到单元的可能接触单元集后，需要更精细地判断，剔除可能接触单元集中实际没有接触的单元；同时，对于接触的单元，精确判断两个单元的具体接触方式。

对于多面体单元间接触判断的"精细检索"，目前最有效的方法仍然是由 Cundall[18] 提出的公共面（common-plane，C-P）方法。其基本思想如下：假想在逐渐靠近的块体之间有一个由弹性挂绳悬挂的薄板，它随着块体之间相对位置的改变而平移或旋转，当块体最终互相接触停止运动时，薄板将被嵌在一个固定的位置，这时薄板所在的平面即为 C-P（图 11-7）。找到这个位置后，就可以根据各多面体与 C-P 接触点的个数，以及各多面体与 C-P 的相邻表面与 C-P 的夹角来确定两个单元的碰撞方式或类型，进而通过相应的块体碰撞模型实现碰撞处理。这样，单元接触的"精细检索"，即多面体之间的接触分析，实质上就被转化为多面体与C-P之间的接触分析，从而大大减少了判断的次数。

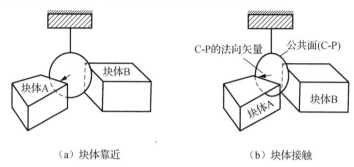

（a）块体靠近　　　　　　　（b）块体接触

图 11-7　C-P 搜索

在空间中 C-P 的位置可以通过两个矢量唯一确定：位于 C-P 上的某个特定点（称为参考点）C 的位置矢量 $\boldsymbol{R}_\mathrm{C}$，以及 C-P 的单位法向矢量 $\hat{\boldsymbol{n}}$。参考点的意义如下：若 C-P 旋转，则旋转轴通过此点；若两个块体恰好接触，则此点即为接触点。公共面方法的基本思想中，给出了 C-P 的形象定义，至于如何寻找或计算得到 C-P，也即它的算法实质可用一句话来概括描述，即"使 C-P 与块体的最近角的间隙最大"。

引入 C-P 后，则空间中两个研究块体之间的相对位置可分为 3 种情况（图 11-8），即负叠合、恰好接触和正叠合[1,17,18]。

设 l_A、l_B 分别为单元 A、B 上距 C-P 最近的点的距离（可能为正值、负值或零），C-P 的单位法向矢量 $\hat{\boldsymbol{n}}$ 由单元 A 指向单元 B，则

$$\begin{cases} l_\mathrm{A} = \max_{i=1\sim n_\mathrm{A}}\left\{\left(\boldsymbol{V}_\mathrm{A}^i - \boldsymbol{R}_\mathrm{C}\right)\cdot\hat{\boldsymbol{n}}\right\} \\ l_\mathrm{B} = \min_{j=1\sim n_\mathrm{B}}\left\{\left(\boldsymbol{V}_\mathrm{B}^j - \boldsymbol{R}_\mathrm{C}\right)\cdot\hat{\boldsymbol{n}}\right\} \end{cases} \tag{11-39}$$

式中，n_A、n_B 分别为单元 A、B 的角点个数；i、j 分别为单元 A、B 的角点号；$\boldsymbol{V}_\mathrm{A}^i$、$\boldsymbol{V}_\mathrm{B}^j$ 分别为单元 A、B 的各角点位置矢量。

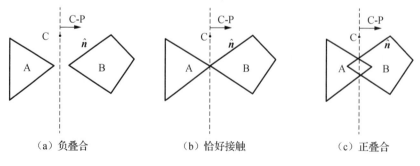

（a）负叠合　　　　　　（b）恰好接触　　　　　　（c）正叠合

图 11-8　块体单元间的相互关系

定义两个单元的叠合为

$$l = l_A - l_B \qquad (11\text{-}40)$$

这样，当 $l < 0$ 时，两个单元间即为"负叠合"；当 $l > 0$ 时，两个单元间即为"正叠合"；当 $l = 0$ 时，两个单元间"恰好接触"。

引入上述单元叠合概念后，上述 C-P 算法"使 C-P 与块体的最近角的间隙最大"则用叠合概念表述为"使 C-P 与叠合最大的角之间的叠合最小"。要实现这一条件，则必须不断变动（平移和旋转）C-P。

1. C-P 初始位置

假定 C-P 的初始位置为

$$\begin{cases} \boldsymbol{R}_C = (\boldsymbol{R}_A + \boldsymbol{R}_B)\,/\,2 \\[2mm] \hat{\boldsymbol{n}} = \dfrac{\boldsymbol{R}_B - \boldsymbol{R}_A}{(\boldsymbol{R}_B - \boldsymbol{R}_A)\cdot(\boldsymbol{R}_B - \boldsymbol{R}_A)} \end{cases} \qquad (11\text{-}41)$$

式中，$\boldsymbol{R}_A$、$\boldsymbol{R}_B$ 分别为单元 A、B 的形心位置矢量。

以上选取 C-P 初值的方式对体积相近的单元较为适用。对于单元体积相差悬殊的情况，确定 C-P 和参考点的初始位置时，应使用两个单元间最近的顶点，否则，C-P 和参考点的初始位置严重偏离真实位置。"最近角点法"在某些情况下也存在问题，如对于两个面面接触的大小相差悬殊的长方体单元，很明显其 C-P 为两个单元的公共接触面所在平面。然而，此法得到的 C-P 位置与实际的位置相差甚远，反倒是式（11-41）的方法较为准确。不过，初始位置一般只会影响接触判断的速度，不会影响其最终的判断结果。

2. C-P 平移

C-P 初值确定后，为使其位置更接近真实位置，对 C-P 进行第一次平移。

若两个块体在 3 个坐标方向的转动惯量相差不大，且体积相近，则可沿 $\hat{\boldsymbol{n}}$ 的方向进行 C-P 的第一次平移，即

$$\boldsymbol{R}_C \coloneqq \boldsymbol{R}_C + \frac{1}{2}\left(l_A + l_B\right)\cdot\hat{\boldsymbol{n}} \qquad (11\text{-}42)$$

否则，则把参考点的位置平移到距当前 C-P 最近的两个角点中央，即

$$\boldsymbol{R}_C = \left(\boldsymbol{V}_A^{\max} + \boldsymbol{V}_B^{\min}\right)/2 \qquad (11\text{-}43)$$

式中，$\boldsymbol{V}_A^{\max}$、$\boldsymbol{V}_B^{\min}$ 分别为块体 A、B 上与当前 C-P 最近角点的位置矢量。

3. C-P 旋转

经过 C-P 平移，实际上确定了 C-P 的当前可能位置及两块体之间可能接触的两个角点。C-P 旋转则是为了更进一步确认并求出 C-P 的正确位置，其做法是通

过各个方向反复旋转扰动 C-P，以使 C-P 和叠合最大角点的叠合最小。这在某种意义上来说也是最小势能原理在接触分析时的体现，认为求出叠合量最小时的 C-P 即为实际的真实位置。

在 C-P 上随意选择两个正交的坐标轴，且它们都与 C-P 的法向单位矢量正交。将 C-P 的法向单位矢量沿其中的每一方向进行正负扰动，就会产生 4 个摄动量。若设 $\hat{p}$ 和 $\hat{q}$ 是两个正交的单位矢量，那么，C-P 的法向单位矢量 $\hat{n}$ 的 4 个摄动量为

$$\begin{cases} \hat{n} := (\hat{n} + k\hat{p})/(1+k^2) \\ \hat{n} := (\hat{n} - k\hat{p})/(1+k^2) \\ \hat{n} := (\hat{n} + k\hat{q})/(1+k^2) \\ \hat{n} := (\hat{n} - k\hat{q})/(1+k^2) \end{cases} \tag{11-44}$$

式中，k 为控制扰动量大小的参数。实际上，扰动参数 k 对应于 C-P 的法向矢量旋转的一个小的角度，$\theta = \arctan k$。一般可取初值对应于 $5°$ 旋转角，最小值对应于 $0.01°$ 旋转角。当两个单元体积相差悬殊或形状奇异时，由于旋转半径很大，k 值的每次微小变化，都会引起两个块体叠合值的很大扰动。因此 k 的初值应适当缩小，而最小值应尽量减小以提高求解的精度。

如果当前的叠合值 $l < 0$，则两块体肯定没有接触，此时直接退出接触判断，不必进行 C-P 旋转；当 $l \geq 0$ 时，则两块体有可能接触，需继续进行 C-P 旋转。

对控制扰动参数赋初值 $k = k_{\max}$，由式（11-44）依次循环进行 4 个方向扰动，每次同时由式（11-39）重新搜索更新 $V_A^{\max}$ 和 $V_B^{\min}$，由式（11-40）计算新的叠合值 l。如果 l 减小，则更新 $\hat{n}$，改变扰动方向，进行下一次扰动；否则，按扰动前的 $\hat{n}$，改变扰动方向，进行下一次扰动。循环 4 个方向的扰动，直至向 4 个方向扰动后，叠合值 l 都不再减小为止。

以上扰动的方向受到 C-P 面上单位正交矢量 $\hat{p}$ 和 $\hat{q}$ 的初始方向的影响，使得由于无法考虑到所有方向，迭代过程可能过早停止在鞍点上[17]。为防止这一现象出现，在扰动过程中，还应将 $\hat{p}$ 和 $\hat{q}$ 轴交替旋转 $45°$，按照同样的方法进行扰动校验，验证是否新的 4 个方向扰动后叠合值 l 也不再减小。

当以上两组 $\hat{p}$ 和 $\hat{q}$ 的方向扰动后，叠合值都不再减小时，将初始扰动参数减半，即 $k_{i+1} = k_i / 2$（i 表示整个扰动循环次数），重新进行上面两组扰动循环，直至扰动控制参数 $k < k_{\min}$。在以上各个步骤中，若任何一步出现叠合值 $l < 0$，则说明两块体不可能接触，循环立即停止，并退出接触判断。以上循环过程的流程图如图 11-9 所示。

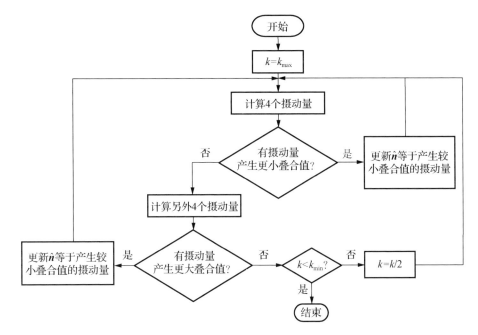

图 11-9 转动迭代流程

4. C-P 再次平移

当转动迭代结束，使叠合值最小时，此时的 C-P 所在位置还不是最终的正确位置，而是与最终所需 C-P 平行的面。于是，按照与式（11-45）完全相同的公式进行 C-P 平面的再次平移，则有

$$\boldsymbol{R}_{\mathrm{C}} := \boldsymbol{R}_{\mathrm{C}} + \frac{1}{2}\left(l_{\mathrm{A}} + l_{\mathrm{B}}\right) \cdot \hat{\boldsymbol{n}} \qquad (11\text{-}45)$$

式中，$\hat{\boldsymbol{n}}$、l_{A}、l_{B} 分别为经过 C-P 的旋转迭代后重新获得的值。

至此，两个块体单元之间的接触检索（"粗检索"和"精确检索"）全部完成，获得了 C-P 平面的位置（参考点）和方向（$\hat{\boldsymbol{n}}$）。

11.4.3 接触与碰撞类型

经单元间的接触检索得到 C-P 平面后，可以通过两个单元上各个角点与 C-P 平面的相对位置，或各个角点到 C-P 平面的距离来判断其是否与 C-P 平面接触。由于规定 C-P 平面的单位方向向量由块体 A 指向块体 B，则对块体 A 上的某角点，如果其到 C-P 平面的距离大于零，可认为该点与 C-P 平面接触；对于块体 B 上的某角点，如果其到 C-P 平面的距离小于零，则认为该点与 C-P 平面接触。通过此条件对两块体上各个角点逐一进行判断，便可得到单元 A 和单元 B 分别与 C-P 平面接触的点的个数。

得到每个单元与 C-P 的接触角点个数后，根据文献[2]中常用的方法便可将两个单元之间的碰撞类型分为 6 种：角-角、角-边、角-面、边-边、边-面和面-面碰撞，如表 11-1 所示。

表 11-1　单元接触或碰撞类型的初步判断

与 C-P 接触的点的个数		碰撞类型
单元 A	单元 B	
0	0	—
1	1	角-角
1	2	角-边
1	>2	角-面
2	1	边-角
2	2	边-边
2	>2	边-面
>2	1	面-角
>2	2	面-边
>2	>2	面-面

对于两个块体的碰撞面之间的夹角为 0 的真实面-面碰撞，实际上是一种极端事件。在表 11-1 中，当单元 A 和单元 B 与 C-P 的接触角点个数都大于 2 时，将其定义为面-面碰撞。实际上，此时两个单元各自的多个接触角点与 C-P 接触的深度，也即前面的叠合值可能并不相同，从而两个单元的碰撞面之间的夹角可能并不是 0。但由于在很小的计算时步内，单元的位移也很小，每个单元的多个接触角点与 C-P 的叠合值相差不大，于是两个单元的碰撞面间的夹角接近于 0，故可近似将此类情况归结为面-面碰撞类型。其原因在于，当两个单元的碰撞面间存在一个小的夹角（小于 5°）时，其碰撞行为更接近于面-面碰撞，用面-面碰撞模型（后面章节将详细介绍各种碰撞模型）描述其碰撞行为更为方便和准确；然而，采用角-面或边-面碰撞模型时，则会出现一个时步内出现两次碰撞（间隔时间很短），存在两个碰撞力作用点，但前述接触检索只得到了一个参考点，即碰撞力作用点，因此对第二次碰撞无法预知和正确处理，使最终的碰撞处理结果存在问题。在面-面碰撞模型中，将出现的两次碰撞合二为一进行处理。

基于上述分析，对表 11-1 中的角-面碰撞，如果一个单元（与 C-P 接触的角点数为 1）的碰撞角的 3 个共享面中，有任一个与另一块体的碰撞面的夹角小于5°，则可将两个单元的碰撞类型归为面-面碰撞，且此共享面便是其碰撞面；对表 11-1 中的边-面碰撞，如果一个单元（与 C-P 接触的角点数为 2）的碰撞边的两个共享面中,有任一个与另一单元的碰撞面的夹角小于 5°,则可将两个单元的碰撞类型归为面-面碰撞,且此共享面便是其碰撞面。

综上,对单元碰撞类型重新划分如表 11-2 所示。在表 11-2 所示的碰撞方式中,角-角、角-边和边-角 3 种接触或碰撞方式可能出现的概率非常低,可认为其为不可能事件,将其忽略不予处理。

表 11-2　单元接触或碰撞类型的最终判断

| 与 C-P 接触的角点个数 | | 夹角描述 | 碰撞类型 | 是否进行 |
单元 A	单元 B			碰撞处理
0	0	—	—	—
1	1	—	角-角	否
1	2	—	角-边	否
1	>2	A 的碰角一共享面与 B 碰面夹角<5°	面-面	处理
		A 的碰角无共享面与 B 碰面夹角<5°	角-面	处理
2	1	—	边-角	否
2	2	—	边-边	处理
2	>2	A 的碰边一共享面与 B 碰面夹角<5°	面-面	处理
		A 的碰边无共享面与 B 碰面夹角<5°	边-面	处理
>2	1	B 的碰角一共享面与 A 碰面夹角<5°	面-面	处理
		B 的碰角无共享面与 A 碰面夹角<5°	面-角	处理
>2	2	B 的碰边一共享面与 A 碰面夹角<5°	面-面	处理
		B 的碰边无共享面与 A 碰面夹角<5°	面-边	处理
>2	>2	—	面-面	处理

在进行结构倒塌过程仿真分析时,会遇到单元和地面间的碰撞问题。由于地面为一无限大空间体,可假定地面单元为一个特殊长方体单元。单元和地面的接触或碰撞形式只能为角-面、面-面及边-面 3 种(图 11-10),具体碰撞类型可根据表 11-3 判定。

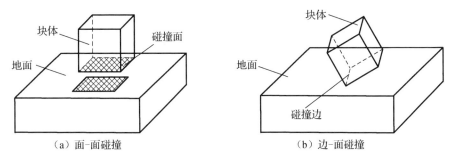

（a）面-面碰撞　　　　　　　　　（b）边-面碰撞

图 11-10　混凝土单元与地面间碰撞类型示意图

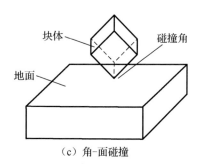

（c）角-面碰撞

图 11-10（续）

表 11-3 块体单元与地面单元碰撞类型的判断

与 C-P 接触的角点个数		碰撞类型	是否进行
块体单元	地面单元		碰撞处理
1	>2	角-面	处理
2	>2	边-面	处理
>2	>2	面-面	处理

11.5 单元间接触作用模型

设单元 i、j 在 C 点接触 [图 11-11（a）]，假定块体之间法向力 F_n 正比于它们之间法向 "叠合" 位移（法向相对位移）$\varDelta_n$，则有

$$F_n = k_n \varDelta_n \qquad (11-46)$$

式中，k_n 为法向刚度系数。

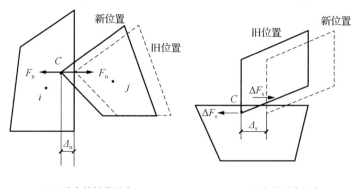

（a）法向接触作用力

（b）切向接触作用力

图 11-11 离散单元间的接触作用力[2]

由于单元所受的剪切力与单元运动和加载的历史或途径有关，因此对于剪切力要用增量 ΔF_s 来表示[2] [图 11-11（b）]，同时假定块体之间切向力的增量正比于

它们之间的切向相对位移 Δ_s，则有

$$\Delta F_s = k_s \Delta_s \qquad (11\text{-}47)$$

式中，k_s 为剪切刚度系数。

　　若要得到单元间的相互作用力，必须先得到块体间的法向相对位移 Δ_n 和切向相对位移 Δ_s。在某一时步内，单元块体可以在整体坐标系中同时发生平动位移和转动位移；在时步结束后，接触点 C 在整体坐标系的位置就发生了相应的改变。若要获得块体 i 和块体 j 在接触点 C 的相对位移，需要将整体坐标系下接触点 C 的相对位移转化到局部坐标系。具体的转化过程将在后面章节中结合所建立的几何模型进行分析。

11.6　基于冲量形式的单元间碰撞作用模型

11.6.1　多体系统中单元间的多点碰撞问题

　　混凝土结构破坏过程尤其是倒塌过程仿真分析时，需要考虑单元间的碰撞问题。对于多体系统中的某一个单元，由于与其相邻的单元一般不止一个，因此在大变形大位移阶段，此单元可能有重叠或同时与数个单元发生碰撞，即数次碰撞的时间存在交集。然而，对于碰撞这一复杂的动力学问题，目前文献中所提出的一些碰撞模型，以及后续章节将提出的冲量形式的碰撞力学模型，都是基于两个块体的一次碰撞进行的。于是，如何处理多体系统中某一块体或单元的多次碰撞问题[19]，便成为一个关键点。

　　解决这一问题需要引入一些附加的假设条件[20]。第一种假设方法通常被称为递次碰撞方法。该方法的基本思路是将一个复杂的多点碰撞问题转化为递次传递的多个两质点碰撞问题。以三质点系统为例，其首先是撞击质点与和它接触的质点发生碰撞，使被撞质点获得一定的速度，进而被撞质点与和它相邻的质点发生碰撞，从而使碰撞的动量递次传递下去。另外一种假设方法被称为瞬时碰撞方法，该方法是将多点碰撞问题简化为只有一次碰撞过程来完成。即将被碰撞的多个质点作为一个整体与碰撞质点发生碰撞，在碰撞过程结束后，被碰撞质点将获得相同的速度。

　　以上两种处理多次碰撞问题的方法必定受到某些参数条件的严格限制，而这些参数条件必然是与块体或单元的质量以及局部接触模型等因素有关。马炜等[20]以三质点弹性碰撞系统为例（图 11-12），考虑质点之间相互作用时局部的接触变形信息，并基于矩阵函数理论得到了三质点弹性碰撞系统 Hamilton 空间中的严格理论解。假定质点 B_1 的初始速度 $v_1 = 1$；B_1 和 B_2 之间的接触刚度为 k，而 B_2 和 B_3 之间的接触刚度为 γk，其中 γ 简称刚度比；质点 B_1 的质量为 $m_1 = m$，质点 B_2 和

B_3 具有同样的质量，且 $m_2 = m_3 = nm$，其中 n 简称质量比。根据理论解可以得到质量比和刚度比对 3 个质点的运动模式的影响如图 11-13 所示，v_1'、v_2' 和 v_3' 指碰撞后 3 个质点的速度。假定 $n=1$ 且 $\gamma=1$ 时，基于理论解 3 个质点碰撞后的速度分别为 $v_1' = -0.1303$，$v_2' = 0.1502$，$v_3' = 0.9801$。如果引入递次碰撞假设，则 3 个质点碰撞后的速度为 $v_1' = 0$，$v_2' = 0$，$v_3' = 1$。若引入瞬时碰撞假设，则 3 个质点碰撞后的速度为 $v_1' = -1/3$，$v_2' = 2/3$，$v_3' = 2/3$。对比上述两假设结果和理论解的结果发现，$n=1$ 且 $\gamma=1$ 时，对于三质点弹性系统，递次碰撞假设更为合理，其结果与理论解更为接近。

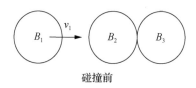

碰撞前

图 11-12　三质点碰撞系统

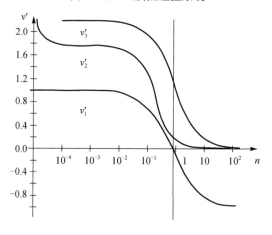

（a）$\gamma=1$ 时依赖于 n

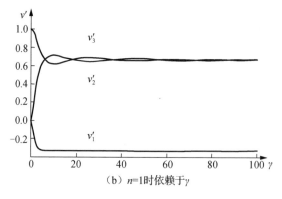

（b）$n=1$ 时依赖于 γ

图 11-13　质量比 n 和刚度比 γ 对质点运动模式的影响

在基于离散单元法的结构倒塌反应分析中，当各个块体或单元的大小相等或相差不大时，即可认为 $n=1$，又由于各个单元的材料属性相同，即可认为 $\gamma=1$。则基于三质点弹性系统的分析结果，认为递次碰撞假设更为合理。于是对于多点碰撞问题，首先采用递次碰撞假设，将其转化为递次传递的多个两体碰撞问题。然后，引入两体碰撞模型进行逐个碰撞处理。

当两个非完全自由的单元碰撞时，可近似认为与其相连的弹簧、阻尼器及类似的其他元件（约束铰除外）都不起任何作用，这是因为它们所产生的力和力矩为有限值，在无限小的碰撞时间间隔内其积分近似为零[21]。

11.6.2　混凝土单元间的碰撞作用模型

为合理描述混凝土单元间的碰撞行为，作者及其合作者利用混凝土块体间碰撞试验（包括单摆和垂直导轨试验，如图 11-14 所示）和数值模拟得到不同碰撞模式下（图 11-15）两混凝土块体间法向碰撞冲量计算模型，如式（11-48）～式（11-52）所示[22]。

（a）单摆试验　　　　　　　（b）垂直导轨试验

图 11-14　混凝土块体间碰撞试验

1. 面面对心碰撞

面面对心碰撞模型为

$$I_n = 1.3 \times 10^{-3} mv(f_c + 246.4)\left[1 - \frac{1}{1 + (n/1.075)^{1.158}}\right]\left[e^{-\theta/1.358} + 3.986\right] \qquad (11\text{-}48)$$

式中，I_n 为法向碰撞冲量；m 为碰撞块体质量；v 为两块体初始相对碰撞速度；f_c 为混凝土棱柱体抗压强度；n 为被碰撞块体与碰撞块体间的质量比；θ 为两块体的初始碰撞夹角（$0 \leqslant \theta \leqslant 5°$），其等于$180° - \arccos\langle \boldsymbol{n}_1, \boldsymbol{n}_2 \rangle$，其中$\boldsymbol{n}_1$和$\boldsymbol{n}_2$为碰撞面和被碰面的法向向量，如图11-15（a）所示。

2. 面面非对心碰撞

面面非对心碰撞模型为

$$I_n = 5 \times 10^{-8} mv(f_c + 246.4)\left[1 - \frac{1}{1 + (n/1.075)^{1.158}}\right][e^{-\theta/1.358} + 3.986]$$
$$\times (8685.7 + 281.4s - s^2) \tag{11-49}$$

式中，s为两块体碰撞面叠合面面积A_1与碰撞块体碰撞面面积A_2之比（%），如图11-15（b）所示。

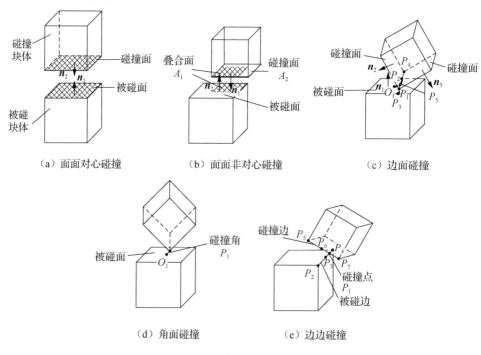

图 11-15　两块体间碰撞模式示意

3. 边面碰撞

边面碰撞模型为

$$I_n = -2.46 \times 10^{-5} mv(f_c + 246.4)\left[1 - \frac{1}{1 + (n/1.075)^{1.158}}\right](d - 1.236)(\theta + 44.55)(l + 1.55) \tag{11-50}$$

式中，$d(\%) = O_1P_5/(P_2P_3)$，O_1为被碰面中心，P_5为碰撞边P_1P_4的中点，P_2和

P_3 为碰撞边 P_1P_4 及其延伸线在被碰面上边界交点；$l(0<l\leqslant1)=P_1P_2/(P_1P_4)$；初始碰撞角 θ（$5°\leqslant\theta\leqslant45°$）为被碰面与碰撞面间较小夹角，其等于 min（$180°-\arccos\langle\boldsymbol{n}_1,\boldsymbol{n}_2\rangle$，$180°-\arccos\langle\boldsymbol{n}_1,\boldsymbol{n}_3\rangle$），其中 $\boldsymbol{n}_1$、$\boldsymbol{n}_2$ 和 $\boldsymbol{n}_3$ 分别为被碰面和碰撞面的法向向量，如图 11-15（c）所示。

4. 角面碰撞

角面碰撞模型为

$$I_{\mathrm{n}}=-4.438\times10^{-3}mv\left(f_{\mathrm{c}}+246.4\right)\left[1-\frac{1}{1+\left(n/1.075\right)^{1.158}}\right]\left(d^2+0.38d-1.07\right) \quad（11-51）$$

式中，d 为无量纲碰撞力臂，其等于实际力臂 O_1P_1 与被碰面长边方向尺寸之比，如图 11-15（d）所示。

5. 边边碰撞

边边碰撞模型为

$$I_{\mathrm{n}}=3.8\times10^{-3}mv\left(f_{\mathrm{c}}+246.4\right)\left[1-\frac{1}{1+\left(n/1.075\right)^{1.158}}\right]\left(d_1^2-1.085\right)\left(d_2^2-1.085\right) \quad（11-52）$$

式中，d_1、d_2 为碰撞块体与被碰块体的无量纲化质心偏差，有 $d_1=P_1P_6/(P_5P_7)$，$d_2=P_1P_3/(P_2P_4)$，其中 P_3 点和 P_6 点分别为被碰边 P_2P_4 和碰撞边 P_5P_7 的中点，如图 11-15（e）所示。

此外，块体间碰撞后除在接触面法向会发生反弹外，在接触面切向平面内也会发生相对滑动。考虑到断裂后粗糙的混凝土构件表面能够抑制这种相对滑动，同时保持碰撞模型的统一性，引入 Whittaker[23] 和 Routh[24] 提出的利用库仑摩擦定律作为联系法向和切向冲量的碰撞理论，来计算不同碰撞模式下块体间的切向碰撞冲量，如式（11-53）所示。

$$I_{\tau}=\mu I_{\mathrm{n}} \quad（11-53）$$

式中，I_{τ} 为切向碰撞冲量，其方向规定为沿碰撞前切向相对滑动速度的逆向；μ 为混凝土块体间滑动摩擦系数，鉴于混凝土构件破坏后其表面较粗糙，建议取值范围为 0.50~0.65。

根据两个单元的碰撞冲量和碰撞力臂，可求得单元所受碰撞冲量矩如式（11-54）所示。

$$\boldsymbol{M}=\boldsymbol{I}d=\boldsymbol{I}\left(\boldsymbol{P}-\boldsymbol{R}_{\mathrm{o}}\right) \quad（11-54）$$

式中，$\boldsymbol{I}$ 为单元所受的碰撞冲量（含法向及切向冲量）；d 为单元的碰撞力臂；$\boldsymbol{R}_{\mathrm{o}}$

为单元的形心或质心；P 为碰撞力作用点。对于表 11-2 和表 11-3 中的角-面或面-角碰撞，其碰撞角点即为碰撞力的作用点；对于边-面或面-边碰撞，其碰撞边的碰撞叠合部分的中点即为碰撞力作用点；对于边-边碰撞，其两碰撞边的交点即为碰撞力作用点；对于面-面碰撞，其碰撞面的形心点即为碰撞力作用点。

11.6.3　混凝土单元和地面间的碰撞作用模型

为建立混凝土单元与地面间的碰撞模型以描述混凝土结构与地面间的碰撞，作者及其合作者通过物理试验（图 11-16）和数值试验，建立了混凝土块体与不同地面间的碰撞冲量模型。

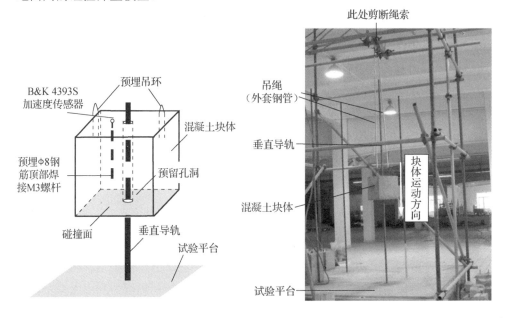

（a）混凝土块体与地面碰撞试验示意　　　　　　（b）现场试验

图 11-16　混凝土块体与地面碰撞试验装置

混凝土块体与地面间面-面正碰撞冲量模型为

$$I_n = \beta \times 5.0 \times 10^{-8} mv \times \left[128.28 e^{\frac{0.4725 - s_A}{0.75}} + 236.25 \right]$$
$$\times (-0.251 f_{cb} + 316.83) \times (0.286 f_{cg} + 305.08) \qquad (11\text{-}55)$$

式中，β 为地面土体类型参数，软土为 0.71，硬土为 0.86，混凝土为 1.0；s_A 为碰撞面积比（碰撞面面积/同体积的立方体侧面面积），$0.5 \leqslant s_A \leqslant 6$；$f_{cb}$ 为块体混凝土抗压强度；f_{cg} 为地面混凝土抗压强度。

混凝土块体与地面间边-面正碰撞冲量模型为

$$I_n = \beta \times 9.0 \times 10^{-8} mv(5.1\theta + 118.2) \times (-0.1074 f_{cg} + 233.08)$$
$$\times (0.726 f_{cb} + 217.16) \tag{11-56}$$

式中，β 为地面土体类型参数，软土为 0.71，硬土为 0.86，混凝土为 1.0；θ 为块体两邻近面的最小夹角。

混凝土块体与地面间角-面正碰撞冲量模型为

$$I_n = \beta \times 9.0 \times 10^{-8} mv(5.2\theta + 109.0) \times (-0.233 f_{cg} + 233.43)$$
$$\times (0.762 f_{cb} + 212.59) \tag{11-57}$$

式中，β 为地面土体类型参数，软土为 0.71，硬土为 0.86，混凝土为 1.0。

11.7　基于动量守恒定律的单元间碰撞作用模型

和 11.6 节中类似，考虑两个单元或单元组合体发生碰撞，其质量分别为 m_1、m_2。当 $0.1 < (m_1 / m_2) < 10$ 时，可以认为两个脱离母结构的单元（简称脱离单元）发生碰撞，如图 11-17 所示。图中，O_1、O_2 为两单元的形心；v_1、v_2 为两单元碰撞前的速度，其中速度分量 v_{1n}、v_{2n} 沿 O_1O_2 连线方向，v_{1s}、v_{2s} 垂直 O_1O_2 方向。当两单元产生碰撞时，可以认为只有沿 O_1O_2 方向的速度分量发生改变，而速度分量 v_{1s}、v_{2s} 不受影响。根据动量定理和能量守恒定理，则有

$$\begin{cases} m_1 v_{1n} - m_2 v_{2n} = -m_1 v'_{1n} + m_2 v'_{2n} \\ \dfrac{1}{2} m_1 (v'_{1n})^2 + \dfrac{1}{2} m_2 (v'_{2n})^2 = \beta \left[\dfrac{1}{2} m_1 (v_{1n})^2 + \dfrac{1}{2} m_2 (v_{2n})^2 \right] \end{cases} \tag{11-58}$$

式中，v'_{1n}、v'_{2n} 分别为碰撞后两单元沿 O_1O_2 方向的速度分量；β 为动能损耗系数，等于碰撞后 O_1O_2 方向动能与碰撞前 O_1O_2 方向动能之比，一般有 $\beta = 0.4 \sim 0.6$。通过联立求解式（11-58），可求得单元碰撞后的运动速度。

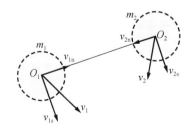

图 11-17　两脱离单元间的碰撞

对面-面对心碰撞问题，如果碰撞物体和被碰撞物体质量分别为 m_1 和 m_2，其碰撞前速度为 v_1 和 v_2，碰撞后速度为 v'_1 和 v'_2，则定义碰撞恢复因数为

$$e_c = \frac{v_2' - v_1'}{v_1 - v_2} \tag{11-59}$$

碰撞力是两物体组成的系统的内力，故碰撞前后其动量守恒为

$$m_1 v_1 + m_2 v_2 = m_1 v_1' + m_2 v_2' \tag{11-60}$$

联立解得两物体碰撞后的速度为

$$v_1' = v_1 - (1 + e_c) \frac{m_2}{m_1 + m_2} (v_1 - v_2) \tag{11-61}$$

$$v_2' = v_2 + (1 + e_c) \frac{m_1}{m_1 + m_2} (v_1 - v_2) \tag{11-62}$$

两物体在碰撞前后的总动能分别为

$$T_1 = \frac{1}{2} m_1 v_1^2 + \frac{1}{2} m_2 v_2^2 \tag{11-63}$$

$$T_2 = \frac{1}{2} m_1 v_1'^2 + \frac{1}{2} m_2 v_2'^2 \tag{11-64}$$

于是有

$$\Delta T = T_1 - T_2 = \frac{m_1 m_2}{2(m_1 + m_2)} (1 - e_c^2)(v_1 - v_2)^2 \tag{11-65}$$

由动能损耗系数的定义，得

$$\beta = \frac{T_2}{T_1} = 1 - \frac{\Delta T}{T_1} = 1 - \frac{m_1 m_2 (v_1 - v_2)^2}{(m_1 + m_2)(m_1 v_1^2 + m_2 v_2^2)} (1 - e_c^2) \tag{11-66}$$

由式（11-66）可以看出，对于两个给定的物体，已知其碰撞前各自的运动速度和质量，则其碰撞恢复因数和动能损耗系数呈对应关系。

由式（11-48）可得

$$e_c = \left(1 + \frac{1}{n}\right) 1.3 \times 10^{-3} (f_c + 246.4) \left(1 - \frac{1}{1 + (n/1.075)^{1.158}}\right) \left(e^{-\frac{\theta}{1.358}} + 3.986\right) - 1 \tag{11-67}$$

在式（11-66）中，取 $m_1 = m$，$m_2 = nm$，令 $\alpha = \dfrac{v_2}{v_1}$ 为块体初始碰撞速度之比，则有

$$\beta = 1 - \frac{n(1 - \alpha)^2}{(1 + n)(1 + n\alpha^2)} (1 - e_c^2) \tag{11-68}$$

将式（11-67）代入式（11-68），可得到混凝土块体面面对心碰撞时的动能损耗系数。显然，β 不是一定值[25]。

当 $m_1 \ll m_2$（或 $m_1 \gg m_2$）时，可以认为脱离单元与母结构间的碰撞，此时的碰撞模型如图 11-18 所示（图中假设 $m_1 \ll m_2$）。图中弹簧和阻尼器的联合力-位移关系为

$$F_{\mathrm{n}} = \begin{cases} k_{\mathrm{n}}\delta_{\mathrm{n}} + c\dot{\delta}_{\mathrm{n}} & (\delta_{\mathrm{n}} \geqslant 0) \\ 0 & (\delta_{\mathrm{n}} < 0) \end{cases} \qquad (11\text{-}69)$$

式中，δ_{n} 为假想的单元碰撞时的相互叠合量；k_{n} 为弹簧常数，可取 $k_{\mathrm{n}} = E_{\mathrm{c}}A$（$E_{\mathrm{c}}$ 为混凝土的弹性模量，A 为碰撞单元的截面面积）；c 为阻尼系数，文献[26]建议按照下式计算：

$$c = 2\ln\left(\frac{1}{e}\right)\sqrt{\frac{k_{\mathrm{n}}m_1 m_2 / (m_1 + m_2)}{\pi^2 + \left[\ln(1/e)\right]^2}} \qquad (11\text{-}70)$$

当 $m_1 \ll m_2$ 时，可对式（11-70）进行简化：

$$c = 2\ln\left(\frac{1}{e}\right)\sqrt{\frac{k_{\mathrm{n}}m_1}{\pi^2 + \left[\ln(1/e)\right]^2}} \qquad (11\text{-}71)$$

式中，e 为碰撞补偿系数，文献[27]建议取 $e = 0.4 \sim 0.6$，也可根据试验数据确定。

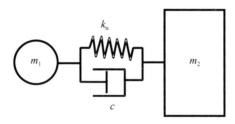

图 11-18　脱离单元与母结构间的碰撞模型

参 考 文 献

[1] LI K N, CANNY C. A computer program for 3D non-linear dynamic analysis of building structures[R]. Report No. 004, National University of Singapore, 1993.

[2] 王泳嘉，邢纪波. 离散单元法及其在岩土力学中的应用[M]. 沈阳：东北工学院出版社，1993.

[3] KAWAI T, TOI Y. A new element in discrete analysis of plane strain problems[J]. 生产研究, 1977, 29(4): 204-207.

[4] HAKUNO M, MEGURO K. Simulation of concrete-frame collapse due to dynamic loading [J]. Journal of engineering mechanics, 1993, 119(9): 1709-1723.

[5] UTAGAWA N, KONDO I, YOSHIDA N, et al. Simulation of demolition of reinforced concrete buildings by controlled explosion [J]. Computer-aided civil and infrastructure engineering, 2010, 7 (2): 151-159.

[6] GU X L, LI C. Computer simulation for reinforced concrete structures demolished by controlled explosion [C]//FRUCHTER R, PEÑA-MORA F, RODDIS W M K. Computing in civil and building engineering, ASCE, 2000: 82-89.

[7] 顾祥林，付武荣，汪小林，等. 混凝土材料与结构破坏过程模拟分析[J]. 工程力学，2015，32（11）：9-17.

[8] 苗吉军，顾祥林，张伟平，等. 地震作用下砌体结构倒塌反应的数值模拟计算分析[J]. 土木工程学报，2005，38（9）：45-52.

[9] 彭斌，顾祥林，苗吉军，等. 砌体结构倒塌反应的图形仿真技术[J]. 同济大学学报，2004，32（10）：1304-1309.

[10] ZHANG H, GU X L, LI X, et al. Numerical simulation of in-plane loaded unreinforced masonry walls based on homogenized discrete element model [C]// LI X K, FENG Y T, MUSTOE G. Proceedings of the 7th International Conference on Discrete Element Methods, Springer Proceedings in Physics, Singapore, 2017, 188: 329-342.

[11] BATHE K J, WILSON E L. Numerical methods in finite element analysis [M]. New Jersey: Prentice-Hall, 1976.

[12] OTTER J R H, CASSEL A C, Hobs R E. Dynanic relaxation [J]. Proceedinsgs of the Institution of Civil Engineers, 1966(35): 633-665.

[13] 贾书惠. 刚体动力学[M]. 北京：高等教育出版社，1987.

[14] PENG B, GU X L, QIAN Y L. Parameter study on computer simulation of collapse responses for masonry structures [C]//MARTENS D, VERMELTFOORT A. Proceedings of 13th IB2Mac (13th International Brick/Block Masonry Conference), Amsterdam, 2004: 1177-1186.

[15] CUNDALL P A, STRACK O D L. A distinct numerical model for granular assemblies[J]. Géotechnique, 1979, 29(1): 47-65.

[16] 王勖成. 有限单元法[M]. 北京：清华大学出版社，2003.

[17] 焦玉勇. 三维离散单元法及其应用[D]. 武汉：中国科学院武汉岩土力学研究所，1998.

[18] CUNDALL P A. Formulation of a three-dimensional distinct element model. Part I: a scheme to detect and represent contacts in a system composed of many polyhedral blocks[J]. International journal of rock mechanics, 1988, 25(3): 107-116.

[19] 蒋小勤，康颖，秦国斌，等. 一维三体碰撞过程的数值实验研究[J]. 海军工程大学学报，2005，17（1）：23-27.

[20] 马炜，刘才山. 三质点共线碰撞问题的理论分析[J]. 力学学报，2006，38（5）：674-681.

[21] 维滕伯格 J. 多刚体系统动力学[M]. 谢传锋，译. 北京：北京航空学院出版社，1986.

[22] 侯健，林峰，顾祥林. 描述混凝土块体间碰撞性能的冲量模型[J]. 振动与冲击，2007，10（26）：1-5.

[23] WHITTAKER E T. A treatise on the analytical dynamics of particles and rigid bodies [M]. Cambridge: Cambridge University Press, 1904.

[24] ROUTH E J. A treatise on dynamics of a system of rigid bodies: with numerous examples [M]. London: MacMillan, 1905.

[25] 侯健，顾祥林，林峰. 混凝土块体碰撞过程中的动能损耗[J]. 同济大学学报（自然科学版），2008，36（7）：880-884.

[26] 刘更. 结构动力学有限元程序设计[M]. 北京：国防工业出版社，1993.

[27] MUSTOE G G W, HUTTELMAIER H P. Dynamic simulation of a rock-fall fence by the discrete element method[J]. Microcomputers in civil engineering, 1993, (8): 423-437.

第12章　单调加载时混凝土材料破坏过程仿真分析

　　普通混凝土是由水泥、砂、石材料用水拌合硬化后形成的人工石材，是一种复杂的多相复合材料。混凝土组成成分中的砂、石、水泥水化产物、未水化水泥颗粒组成了混凝土中错综复杂的能承受外力的弹性骨架，并使混凝土具有弹性变形的特点。水泥胶块中的凝胶、孔隙和结合界面的初始微裂缝在外荷载作用下使混凝土产生塑性变形。试验室中，通常用图12-1所示的试验装置来进行单调加载时混凝土材料的基本力学性能测试。试验时通过材料试验机并辅助以应变计等记录的数据，可以获得混凝土试件的单轴抗压强度、弹性模量、应力-应变关系、劈裂抗拉强度及多轴应力作用下的强度等基本力学指标；通过加荷后试件裂缝的发生、发展情况可以确定试件的破坏形态。和单轴受力相比，多轴受力时的试验难度明显加大、对试验设备的要求明显提高。本章从混凝土的细观结构出发，基于离散单元法和多刚体弹簧模型，对混凝土材料单轴、多轴受力情况下的试验过程和试验结果进行计算机仿真分析。

（a）受压应力-应变全过程曲线试验装置　　　（b）劈裂抗拉强度试验装置　　　（c）弹性模量测量装置

图 12-1　单调受力时混凝土试件基本力学性能试验装置

12.1　混凝土的细观结构特征和数值模拟方法

　　混凝土是一种多相非均质复合材料，一般按照特征尺寸和研究方法的侧重点不同，可将混凝土结构分为微观结构（$10^{-7}\sim10^{-4}$m）、细观结构（$10^{-4}\sim10^{-2}$m）和宏观结构（$>10^{-2}$m）3 个层次或尺度，如图 12-2 所示[1]。Wittmann[2]最先把这种 3 个尺度的研究应用到混凝土材料的研究中，认为混凝土破坏可以分为 3 级：硬化水泥浆、砂浆和混凝土的破坏。硬化水泥浆不是均质的，其中包裹一些未被水化的水泥颗粒及孔隙，水泥浆体的破坏可能从这些缺陷开始。对于砂浆而言，可视水泥浆体为母体，细骨料（砂）为填料，其破坏从骨料和砂浆母体的结合面开始。对混凝土结构而言，其破坏实际上是一个非常复杂的过程，要针对不同层次的问题选择合适量级的单元。例如，以混凝土结构物为研究对象时，其单元量级有梁和柱；以混凝土材料为研究对象时，其单元量级有骨料及其周围的砂浆；以砂浆为研究对象时，其单元量级为砂及其周围的水泥浆体。

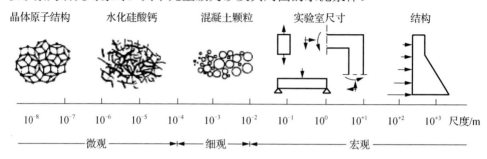

图 12-2　混凝土结构的层次示意图[1]

以工程应用为主要目的的混凝土力学性能研究，往往忽略混凝土内部的复杂结构，而将其看作宏观均质材料，并以试验结果为基础发展了弹性、弹塑性及黏弹塑性的混凝土本构关系，并把室内试验得到的各项物理力学指标用于混凝土结构分析。但实际上，混凝土在微、细观层次上的受力状态与宏观尺度下所反映出的力学性能有很大不同[3]，混凝土材料的宏观破坏过程与其细观（或微观）的非均匀性密切相关。因此在细观尺度范围内进行混凝土材料破坏过程的研究对于了解混凝土的宏观破坏机制及其强度和变形特性非常必要。

试验虽然是研究混凝土破坏过程最基本的方法，但是，其结果受各方面因素的影响，有时不能反映试件的材料特性，而只能是整个试件-加载系统的结构特性[4]。随着计算机技术和数值方法的进步，进行混凝土的细观计算机仿真已成为可能，可以利用材料细观力学的本构关系，借助于计算机的巨大运算能力，对复杂的力学行为进行模拟。在保证准确性和适用性的条件下，数值模拟可以避开条件限制及人为因素等的影响，克服试验结果离散性较大的缺点，研究材料本质问题。

混凝土材料细观尺度上的数值模拟，就是将混凝土看作多相非均质复合材料，选择适当的混凝土细观力学模型，在细观层次上划分单元，考虑骨料单元、固化水泥砂浆单元、界面单元材料力学特性的不同，以相对简单的破坏准则或损伤模型反映单元刚度的退化，利用数值方法计算模拟不同荷载作用下混凝土材料的裂缝扩展过程及破坏形态，揭示材料的破坏机理。由于细观上破坏或损伤单元刚度的退化，混凝土材料所受荷载与变形之间的宏观关系表现为非线性。

混凝土的破坏过程是一个由连续体向不连续体过渡的过程。采用基于连续性材料假设的有限元法对混凝土材料进行细观力学数值模拟时，裂缝用单元节点表述，主要的缺点是裂缝的位置及发展方向需要在分析前预先定义好[5]。该方法虽然可以较好地估计出破坏区，但是不能很好地表现混凝土破坏的局部化特征[6]，也不能准确地模拟出混凝土材料达到破坏以至压溃的全过程。离散单元法较好地克服了基于连续体力学方法的一些缺点。

12.2 细观尺度上混凝土材料二维离散单元模型

12.2.1 单元的划分与连接

在细观尺度上对混凝土材料进行二维仿真分析时，认为混凝土为水泥砂浆、粗骨料及二者的界面层组成的复合材料。其中水泥砂浆作为基体相，粗骨料作为分散相，二者的界面层作为过渡相。假定粗骨料为完全刚性且不发生变形和破坏，则可以将混凝土材料划分成骨料单元和砂浆单元，砂浆单元之间由砂浆弹簧连接，骨料单元和砂浆单元之间由界面弹簧连接，如图 12-3 所示[7,8]。如此进行单元划分就意味着数值模拟时混凝土的裂缝将会出现在这些单元的边界上。

单元划分之后，相邻单元之间通过弹簧进行连接，单元本身都是刚性的且不发生变形，其变形都由周围连接的弹簧组的变形来表示。每个单元都有一个转动和两个平动自由度。相邻单元之间由其公共边上零厚度的弹簧组连接。弹簧组由法向弹簧和切向弹簧组成，相应弹簧处还布置有阻尼器，如图 12-4 所示。其中，u_i、v_i、θ_i 及 u_j、v_j、θ_j 分别表示单元 i 和单元 j 的切向、法向位移及转角；$k_{n,s}$、$k_{s,s}$ 和 Δ_n、Δ_s 分别表示法向弹簧和切向弹簧的刚度及变形；c_n、c_s 分别表示法向阻尼器和切向阻尼器的阻尼系数；l 为相邻单元公共边的长度；h_i 和 h_j 分别为单元 i 和单元 j 的形心到公共边的垂直距离。静态受力过程的数值模拟结果表明[7]，单元产生的转动位移极小，且小于平动位移几个数量级，因此在弹簧组中未考虑弯曲弹簧的作用。

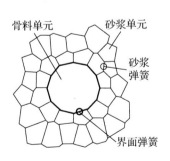

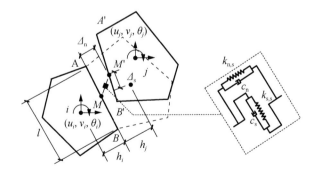

图 12-3 混凝土中单元连接   图 12-4 砂浆或界面弹簧组定义

砂浆弹簧组连接砂浆单元，模拟砂浆的力学行为，法向弹簧的变形代表了与之相连的两个水泥砂浆单元形心连线间部分的变形，因此其代表长度为（$h_i + h_j$）；界面弹簧组连接骨料单元和砂浆单元，模拟骨料与砂浆之间的界面的力学行为。

由于假定骨料单元为完全刚性且不发生变形和破坏，因此界面弹簧的变形仅代表水泥砂浆单元的部分变形。如果图 12-4 中单元 i 为骨料单元，数值模拟分析时相应的 h_i 即为 0，相应的弹簧组的代表长度即为 h_j。

12.2.2　粗骨料单元的生成

1. 粗骨料数量的确定

由于采用的是二维仿真分析，因此首先应将三维富勒级配曲线转化为二维试件截面上骨料的分布数量。假设混凝土采用多级配骨料，其粒径范围为（$D_{i1} \sim D_{i2}$）（i 为级配数）。首先利用 Walraven 公式，将三维富勒级配曲线转化为二维试件截面上任一点具有粒径 D 小于某一指定粒径 D_{ij}（$j=1,2$ 表示粒径范围的上下边界）的骨料的概率 P_{ij} 如式（12-1）所示[9]。

$$P_{ij}\left(D < D_{ij}\right) = P_{k}(1.065d^{0.5} - 0.053d^{4} - 0.012d^{6} - 0.0045d^{8} + 0.0025d^{10}) \quad （12-1）$$

式中，$d = D_{ij}/D_{max}$，D_{max} 为级配中的最大骨料粒径；P_k 为骨料体积率。

根据混凝土骨料级配，选定不同粒级骨料的代表粒径 $D_i^* = \left(D_{i1} + D_{i2}\right)/2$；求出二维混凝土试件面积 A 与代表粒径骨料面积 A_i 之比 A/A_i。由直径为代表粒径 D_i^* 的骨料在二维试件截面上的分布概率 $P_i^* = P_{i2} - P_{i1}$，可以求出截面上代表粒径骨料的分布数量为 $n_i = P_i^* \times \left(A/A_i\right)$。

表 12-1 举例说明了骨料数量的确定过程，其中试件截面尺寸为 100mm×100mm，骨料级配采用 5～10mm、10～16mm、16～20mm 3 种粒径范围，且骨料体积率 P_k=0.474。

表 12-1　二维平面上的骨料数量

级配	D_{ij}/mm	D_i^*/mm	A/A_i	$P_{ij}(D < D_{ij})$	$n_i = \left(A/A_i\right)\left(P_{i2} - P_{i1}\right)$
小石	5	7.5	226	0.250	226×(0.352−0.250)=23.05≈23
	10			0.352	
中石	10	13	75	0.352	75×(0.436−0.352)=6.30≈6
	16			0.436	
大石	16	18	39	0.436	39×(0.469−0.436)=1.29≈1
	20			0.469	

* 计算时认为粗骨料的形状皆为圆形。

2. 任意形状粗骨料的生成

实际工程中，利用破碎技术获得的碎石是混凝土中使用最广泛的粗骨料。作者及其合作者[10]通过对花岗岩碎石骨料表面形状的研究发现，碎石骨料的轮廓既有外凸也有内凹，并且骨料边界拐角变化平缓，很少带有尖锐夹角。因此，在二维平面上可用如图 12-5 所示的任意多边形表示粗骨料。

确定骨料的边数 n、顶点数量 $n+1$ 及骨料中心点 o 到顶点 i 的距离 R_i 之后，可由下式求得骨料顶点 i 在局部坐标系 xoy 下的坐标。

$$\begin{cases} x_i = R_i \cos\left(\dfrac{i\pi}{2} + \theta_i\right) \\ y_i = R_i \sin\left(\dfrac{i\pi}{2} + \theta_i\right) \end{cases} \quad (i = 0, 1, 2, \cdots, n-1, n) \qquad (12\text{-}2)$$

式中，θ_i 为骨料中心点 o 和顶点 i 间的连线与局部坐标 x 轴的夹角。

另外，为避免奇异骨料（图 12-6 所示的带有尖角的多边形）的出现，应对骨料相邻边间的内夹角进行限制。通过试算发现，当内夹角大于 $\pi/2$ 时，可以避免奇异骨料的产生，且不会降低骨料的生成效率。

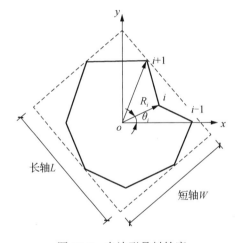

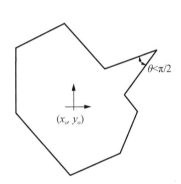

图 12-5　多边形骨料轮廓　　　　　　　　图 12-6　奇异骨料示意图

已知骨料的粒径和面积，由面积等效原则按下列步骤可在局部坐标系下生成多边形骨料。

1）以局部坐标系 xoy 的原点为局部坐标系下骨料的中心点（x_o, y_o）。

2）按照均匀分布规律在[Min，Max]区间随机产生整数作为骨料边数 n。其中，Min、Max 分别为设定的骨料边数的最小值和最大值。

3）选择区间[a，b]，按照在区间[a，b]服从对数正态分布 $X \sim N(\mu, \sigma^2)$ 的规律随机产生骨料颗粒的轴长比 $AR = L/W$[10]。其中，a、b 为骨料轴长比的最小值和最大值；μ、σ 为服从对数正态分布的骨料轴长比的均值和标准差。

4）根据骨料轴长比及粒径，过骨料中心点沿 x 轴和 y 轴分别确定骨料长轴及短轴的两端顶点，即确定了 4 个顶点（图 12-5）。

5）按照均匀分布规律在[$W/2, L/2$]区间随机产生 R_i；根据式 （12-2）计算顶点 i 的局部坐标（x_i，y_i）。

6）重复步骤5），直到 i 大于 n，至此所有顶点坐标确定。

7）检查骨料相邻边的内夹角是否小于 $\pi/2$，若是，认为骨料奇异，转入步骤4）；反之，进入下一步。

8）检查骨料的面积是否满足要求。若不满足要求，转入步骤 3）；反之，进入下一步。

9）连接各个顶点，即生成多边形骨料。

3. 粗骨料的随机定位

所生成的各级配骨料数量满足要求后，按照粒径从大到小的顺序对多边形骨料进行重新排序。在混凝土试件平面区域内形成 $m \times m$ 的背景网格点，且建议网格尺寸为0.25倍的砂浆单元尺寸，如图12-7所示。骨料投放之前，定义所有网格点为初始状态。投放某一骨料后，检查骨料内网格点的状态。若全部为初始状态，说明该骨料没有与其他骨料重叠，则更新骨料内网格点的状态并存储该骨料坐标信息，继续投放下一个骨料；若骨料内存在更新状态的网格点，则说明该骨料与其他骨料重叠，需重调整骨料位置。

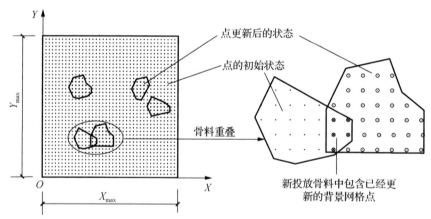

图12-7　基于背景网格点的骨料重叠判断

投放某一骨料时，首先基于蒙特卡罗法在混凝土试件平面区域内随机生成整体坐标系 OXY 下的骨料中心点坐标（X_o, Y_o）。于是，由式（12-3）可确定骨料顶点 i 在整体坐标系下的坐标。

$$\begin{cases} X_i = X_o + x_i \\ Y_i = Y_o + y_i \end{cases} \quad (i = 0, 1, 2, \cdots, n-1, n) \qquad (12\text{-}3)$$

式中，X_i、Y_i 分别为骨料顶点 i 在整体坐标系下的坐标值；x_i、y_i 分别为骨料顶点 i 在局部坐标系下的坐标值，由式（12-2）计算确定。

为保证骨料的所有顶点不超出试件平面区域, 骨料中心点的坐标应满足式（12-4）。

$$\begin{cases} \dfrac{L}{2} + 2d \leqslant X_o \leqslant X_{\max} - \dfrac{L}{2} - 2d \\ \dfrac{L}{2} + 2d \leqslant Y_o \leqslant Y_{\max} - \dfrac{L}{2} - 2d \end{cases} \tag{12-4}$$

式中, L 为骨料长轴长度; $X_{\max}$ 为试件平面区域的宽度; $Y_{\max}$ 为试件平面区域的高度; d 为单元尺寸。

按顺序从骨料库中"取"出骨料, 依据骨料中心点坐标（X_o, Y_o）"放"入目标区域内, 如图 12-8（a）所示。若新投放骨料与已投放骨料之间发生重叠, 则按照"旋转平移法"对骨料进行旋转和平移, 如图 12-8（b）所示。如果用"旋转平移法"对骨料平移次数超过 100 次也未能成功, 则由"旋转平移法"转为"逐步平移法", 即将骨料从区域的最左下方沿垂直方向逐步平移, 当骨料到达区域的左上方还未找到合适的位置时, 沿水平向右平移一个骨料宽度后, 继续沿垂直方向从下向上逐步平移, 每到达一个新的位置都判断骨料是否与其他骨料重叠, 直至骨料不再与其他骨料重叠后停止平移, 如图 12-8（c）所示。

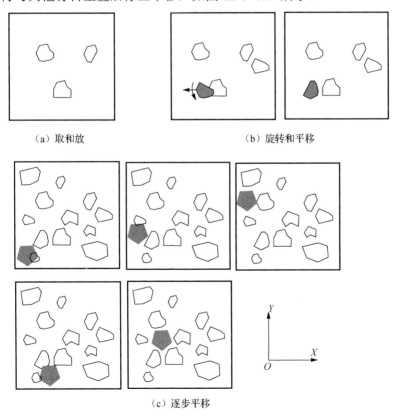

（a）取和放　　　　　　　　　（b）旋转和平移

（c）逐步平移

图 12-8　粗骨料投放方法

12.2.3　砂浆的离散

用离散单元法模拟混凝土材料的破坏过程时，荷载作用下产生的裂缝往往都是沿着单元的边界产生和发展的，因此材料的离散化方式也即单元划分方式在很大程度上会影响裂缝的产生方向。由于粗骨料的强度高于砂浆，故往往将一个粗骨料看作一个单元，而将砂浆细分成若干单元（图 12-3）。因此，砂浆的离散方式或单元形式对材料破坏过程的模拟结果会产生重要影响。在常用的有限元方法及早期的离散元方法中，主要采用三角形单元或者规则的网格划分来模拟混凝土材料，这种划分方式容易导致裂缝的发展形成某一固定方向。采用 Voronoi 多边形分割理论可以大幅度减少单元网格划分的影响，并且已有一些研究结果表明采用 Voronoi 划分方式可以获得更合理和更准确的结果[11,12]。

设有二维欧几里得平面上离散生长点的集合 P 为

$$P = \left\{ p_1, p_2, \cdots p_i, p_j, \cdots, p_n \right\} \quad (3 \leqslant n < \infty) \tag{12-5}$$

式中，任意一点 $p_i(x_i, y_i)$ 的坐标向量表示为 $\boldsymbol{p}_i$。这些离散点互不相同，即 $\boldsymbol{p}_i \neq \boldsymbol{p}_j; i \neq j$; $i, j \in I_n = \{1, \cdots, n\}$。对于欧几里得平面上的任意一点 $p(X_p, Y_p)$ 来说，其与生长点 $p_i(X_i, Y_i)$ 的欧几里得距离为

$$d(p, p_i) = \|\boldsymbol{p} - \boldsymbol{p}_i\| = \sqrt{\left(X_p - X_i\right)^2 + \left(Y_p - Y_i\right)^2} \tag{12-6}$$

如果 p 距生长点 p_i 最近，则有 $\|\boldsymbol{p} - \boldsymbol{p}_i\| \leqslant \|\boldsymbol{p} - \boldsymbol{p}_j\|; i \neq j; i, j \in I_n$。据此可以给出平面普通 Voronoi 图的定义如下[13]：

对 $P = \left\{ p_1, p_2, \cdots, p_i, p_j, \cdots, p_n \right\}$，$\left(3 \leqslant n < \infty; \boldsymbol{p}_i \neq \boldsymbol{p}_j; i \neq j; i, j \in I_n \right)$，由

$$V(p_i) = \left\{ p \mid d(p, p_i) \leqslant d(p, p_j); j \neq i; i, j \in I_n \right\} \tag{12-7}$$

给出的区域称为生长点 p_i 的 Voronoi 多边形，而所有生长点 $p_1, p_2, \cdots, p_n$ 的 Voronoi 多边形的集合为

$$V = \left\{ V(p_1), V(p_2), \cdots, V(p_n) \right\} \tag{12-8}$$

构成了 P 的 Voronoi 图。

用形象的比喻来说，可看作这组生长点以等同速度向四周扩张，直到相遇，扩张过程全部结束，就形成了如图 12-9 所示的 Voronoi 图。从 Voronoi 多边形的生成过程也可以发现，每个生长点的 $V(p_i)$ 其实也就是平面内到生长点 p_i 的距离小于到其他生长点的距离的所有点的集合[14]。

Voronoi 图具有很多数学性质，且这些数学性质往往方便利用于对各类实际问题进行分析，具体如下[13,14]所示。

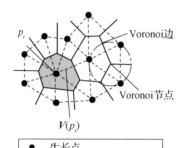

图 12-9　离散生长点的 Voronoi 图

1. 影响范围特性

对于由一组离散生长点生成的 Voronoi 图，每一个空间（平面）生长点都对应一个 Voronoi 多边形。对于某一个生长点，凡是落在其 Voronoi 图内的空间（平面）点都距其最近。因此，该 Voronoi 多边形在一定程度上反映了其影响范围。

2. 侧向邻近特性

由于两个生长点之间不存在任何其他实体（即直接相邻）时，它们的 Voronoi 多边形必然有一条公共的边，因此只要根据这两个生长点是否具有公共的 Voronoi 边，即可以判断两者之间是否侧向相邻。该特性在进行离散单元之间的接触判断时尤其有用。

3. 线性特性

Voronoi 图的大小随着空间生长点的个数成比例增加，具有并不复杂的结构，即生长点、Voronoi 边和 Voronoi 节点的个数之间存在线性关系。

4. 与 Delaunay 三角网对偶

Voronoi 图的直线对偶是一个 Delaunay 三角形剖分。这里的直线对偶是指在 Voronoi 图中的每个生长点对（即共有一条 Voronoi 边的点对）之间加入一个直线段所获得的嵌入平面图（如图 12-9 中虚线所示）。利用该性质，可以间接地生成离散生长点集的 Voronoi 图。方法是首先生成离散生长点集的 Delaunay 三角网，然后根据 Delaunay 三角网与 Voronoi 图的直线对偶性质，做每一条三角边的垂直平分线，所有的垂直平分线的交就可以构成该点集的 Voronoi 图。

5. 节点性质

Voronoi 图中的每个节点正好是图中某 3 条 Voronoi 边的公共交点，且过某个 Voronoi 节点一定能够做出一个最大空圆，该圆通过 3 个或者更多的生长点，但圆内保证不包含其他生长点（如图 12-9 中点画线所示）。最大空圆上包含的 Voronoi 节点形成的 Delaunay 三角形，都有最小角最大化、总边长最小化的特性[15]。

采用 Voronoi 图生成的平面单元均为形状任意的凸多边形。为了便于实际使用时赋予单元质量等相应的参数，需要求出凸多边形的面积。设平面上凸多边形内有任意的一点 P，分别将 P 与多边形的各个顶点连接，就将多边形划分成了多个三角形，对三角形面积求和即可得到凸多边形的面积［图 12-10（a）］为

$$S(A_1, A_2, \cdots, A_n) = S(P, A_1, A_2) + S(P, A_2, A_3) + \cdots + S(P, A_n, A_1) \quad (12\text{-}9)$$

式中，$A_1, A_2, \cdots, A_n$ 为凸多边形的各个顶点（可按顺时针或者逆时针方向排序）。

P 可以取任意的一点，如果直接选取平面图多边形上的点 A_1，则凸多边形的

面积为［图 12-10（b）］

$$S\left(A_1,A_2,\cdots,A_n\right)=S\left(A_1,A_2,A_3\right)+S\left(A_1,A_3,A_4\right)+\cdots+S\left(A_1,A_{n-1},A_n\right) \quad （12\text{-}10）$$

对于任意的三角形[顶点为 $A_1(X_1,Y_1)$，$A_2(X_2,Y_2)$，$A_3(X_3,Y_3)$]面积有

$$S\left(A_1,A_2,A_3\right)=0.5\Big[\left(X_2-X_1\right)\left(Y_3-Y_1\right)-\left(X_3-X_1\right)\left(Y_2-Y_1\right)\Big] \quad （12\text{-}11）$$

将式（12-11）代入式（12-10）可以得到凸多边形面积的具体表达式[14]为

$$S\left(A_1,A_2,\cdots,A_n\right)=0.5\sum_{i=1}^{n}\left(X_iY_{i+1}-Y_iX_{i+1}\right) \quad （12\text{-}12）$$

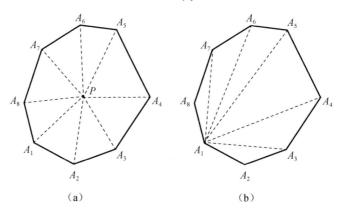

图 12-10　任意凸多边形面积求法

对于平面均质材料或物体，其形心与重心重合。若三角形的顶点坐标为(X_i,Y_i)，$i=1,2,3$，则其重心为

$$\begin{cases} X_c=\left(X_1+X_2+X_3\right)/3 \\ Y_c=\left(Y_1+Y_2+Y_3\right)/3 \end{cases} \quad （12\text{-}13）$$

对于由若干简单图形组合而成的图形系，各组成部分图形的面积为 A_i，形心坐标为 X_{ci} 和 Y_{ci}，则组合图形的形心坐标（X_c,Y_c）为

$$\begin{cases} X_c=\dfrac{\sum A_iX_{ci}}{\sum A_i} \\ Y_c=\dfrac{\sum A_iY_{ci}}{\sum A_i} \end{cases} \quad （12\text{-}14）$$

按图 12-8 所示的方法将粗骨料投放完毕后［图 12-11（a）］，首先在骨料的周边生成对应的离散生长点，然后依次在试件的周边及其他区域按一定距离生成其他离散生长点，如图 12-11(b)所示。对所有离散生长点采用相关算法生成 Delaunay 三角形，如图 12-11（c）所示。最后，根据 Delaunay 三角形与 Voronoi 多边形的对偶性质，将 Delaunay 三角形分割图转化为 Voronoi 多边形分割图，则每一个 Voronoi 多边形都代表一个水泥砂浆刚体单元，如图 12-11（d）所示。砂浆单元的

大小通过生长点间最小距离 d_m 控制，该间距一般应小于数值试件短边长度的 1/10。生长点的数量一般不能太少，并应尽量接近 $\hat{n} \approx 0.68A/d_\mathrm{m}^2$（$A$ 为试件上砂浆所占的面积），以保证划分的网格足够均匀。

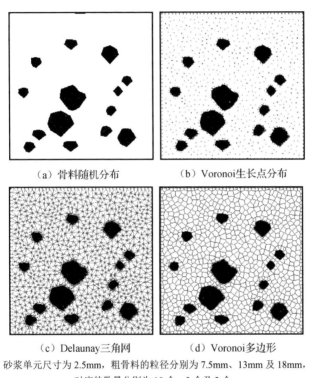

（a）骨料随机分布　　　　　　（b）Voronoi生长点分布

（c）Delaunay三角网　　　　　（d）Voronoi多边形

砂浆单元尺寸为 2.5mm，粗骨料的粒径分别为 7.5mm、13mm 及 18mm，
对应的数量分别为 10 个、2 个及 2 个。

图 12-11　混凝土材料离散实例

12.2.4　砂浆弹簧的本构关系

1. 弹簧刚度

图 12-3 中的砂浆弹簧组连接砂浆单元，模拟砂浆的力学行为，弹簧的变形代表了与之相连的两个水泥砂浆单元形心连线间部分的变形。据此，图 12-12 中定义了砂浆弹簧的刚度。取微分条 P_iP_j，其由微分条段 P_iM_i 和 P_jM_j 串联组成，P_iM_i 和 P_jM_j 的长度分别为 h_i、h_j。设该相邻单元的弹性模量、泊松比、剪切模量分别为 E_i、v_i、G_i，E_j、v_j、G_j；两个微分条段的界面上分别有法向的正应力 $\sigma_{\mathrm{n}i}$、$\sigma_{\mathrm{n}j}$ 以及切向的剪应力 $\tau_{\mathrm{s}i}$、$\tau_{\mathrm{s}j}$；微分条段 P_iM_i 和 P_jM_j 内法向正应变 $\varepsilon_{\mathrm{n}i}$、$\varepsilon_{\mathrm{n}j}$ 和切向剪应变 $\gamma_{\mathrm{s}i}$、$\gamma_{\mathrm{s}j}$ 为均匀分布，且切向的正应变 $\varepsilon_{\mathrm{s}i}$、$\varepsilon_{\mathrm{s}j}$ 为零，则有

$$\begin{cases} \varepsilon_{ni} = \dfrac{\delta_{ni}}{h_i}, \quad \varepsilon_{nj} = \dfrac{\delta_{nj}}{h_j}; \quad \gamma_{si} = \dfrac{\delta_{si}}{h_i}, \quad \gamma_{sj} = \dfrac{\delta_{sj}}{h_j} \\[2mm] \sigma_{ni} = \dfrac{E_i}{1-\nu_i^{\,2}} \varepsilon_{ni}, \quad \sigma_{nj} = \dfrac{E_j}{1-\nu_j^{\,2}} \varepsilon_{nj}; \quad \tau_{si} = G_i \gamma_{si}, \quad \tau_{sj} = G_j \gamma_{sj} \end{cases} \quad (12\text{-}15)$$

式中，δ_{ni}、δ_{nj} 和 δ_{si}、δ_{sj} 分别代表单元微段 P_iM_i 和 P_jM_j 上用局部坐标表示的弹性变形量。

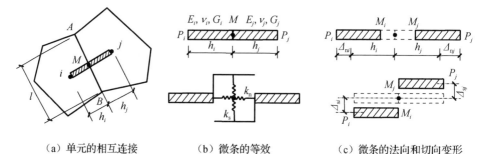

（a）单元的相互连接　　　　（b）微条的等效　　　　（c）微条的法向和切向变形

图 12-12　砂浆弹簧刚度的定义

相邻单元有界面应力连续条件为

$$\sigma_{ni} = \sigma_{nj}, \quad \tau_{si} = \tau_{sj} \quad (12\text{-}16)$$

单元的总的弹性变形量，可以用局部坐标表示的两个微段的相对变形量所代替 [图 12-12（c）]，如式（12-17）所示。

$$\delta_{ni} + \delta_{nj} = \varDelta_{ni} + \varDelta_{nj}, \quad \delta_{si} + \delta_{sj} = \varDelta_{si} + \varDelta_{sj} \quad (12\text{-}17)$$

于是，可以得到不同介质交界面的弹簧应力公式为

$$\begin{cases} \sigma_n = \dfrac{E_i E_j \left(\varDelta_{ni} + \varDelta_{nj} \right)}{E_j \left(1-\nu_i^{\,2}\right) h_i + E_i \left(1-\nu_j^{\,2}\right) h_j} \\[4mm] \tau_s = \dfrac{G_i G_j \left(\varDelta_{si} + \varDelta_{sj} \right)}{G_j h_i + G_i h_j} \end{cases} \quad (12\text{-}18)$$

式（12-18）为通用公式，如果两个相邻单元材料相同，则其细观尺度上单元材料力学性能参数也相同。定义 E_{me}、ν_{me} 分别为细观尺度上单元材料的弹性模量和泊松比，用 $\varDelta_n$、$\varDelta_s$ 分别表示法向和切向弹簧的总变形，并且考虑平面应变问题，则式（12-18）可以简化为

$$\begin{cases} \sigma_n = \dfrac{E_{me}}{1-\nu_{me}^2} \dfrac{\varDelta_n}{h_i + h_j} \\[4mm] \tau_s = \dfrac{E_{me}}{2\left(1+\nu_{me}\right)} \dfrac{\varDelta_s}{h_i + h_j} \end{cases} \quad (12\text{-}19)$$

两相邻单元界面上的法向和切向弹簧力 $F_{n,s}$、$F_{s,s}$（第一个下标代表力的方向，第二个下标代表是由弹簧产生的力，后面同此），可以根据相邻单元公共边的长度 l（并取厚度方向的单位长度）得到

$$
\begin{cases}
F_{n,s} = \dfrac{E_{me}}{1 - \nu_{me}^2} \dfrac{\Delta_n}{h_i + h_j} l \\[3mm]
F_{s,s} = \dfrac{E_{me}}{2(1 + \nu_{me})} \dfrac{\Delta_s}{h_i + h_j} l
\end{cases}
\tag{12-20}
$$

由式（12-20）可知，法向砂浆弹簧和切向砂浆弹簧刚度可以表示为

$$
\begin{cases}
k_{n,s} = \dfrac{E_{me}}{1 - \nu_{me}^2} \dfrac{l}{h_i + h_j} \\[3mm]
k_{s,s} = \dfrac{E_{me}}{2(1 + \nu_{me})} \dfrac{l}{h_i + h_j}
\end{cases}
\tag{12-21}
$$

2. 细观尺度上砂浆力学性能参数

严格来讲，式（12-21）中的 E_{me}、ν_{me} 及计算砂浆弹簧极限荷载的材料强度指标应该从细观试验中获得。但是细观试验难以实现，目前材料力学性能试验中采用的均是宏观尺度的试件，因而得到的相关力学性能参数，如弹性模量、泊松比、抗拉强度及抗压强度等，都属于宏观层次上的材料参数。在数值模拟时，如果直接将试验中得到的宏观材料参数作为细观力学模型中单元的力学性能参数会带来不正确的结果。因此，需要考虑材料的尺寸效应，将宏观尺度上得到的材料的力学性能参数转化为细观尺度上材料的力学性能参数。

在文献[16]中，通过对尺寸效应的相关理论的比较分析和数值试验分析，提出了利用宏观尺度上材料力学参数的试验结果计算细观尺度上材料力学性能参数的相关计算公式，如式（12-22）～式（12-25）所示。

$$
f_{me} = \left(\frac{1}{a} f_{m,D} \right)^{\frac{1}{b}}
\tag{12-22a}
$$

$$
\begin{cases}
a = 0.254 \sqrt{1 + 14.511 \dfrac{d}{D}} \\[3mm]
b = 0.963 \sqrt{1 + 0.195 \dfrac{d}{D}}
\end{cases}
\quad (d \leqslant 5\text{mm})
\tag{12-22b}
$$

式中，d 为单元的尺寸；D 为材料宏观试件的尺寸；f_{me} 表示单元尺寸为 d 时细观尺度上砂浆的抗压强度；$f_{m,D}$ 表示用尺寸为 D 的宏观试件测得的砂浆的抗压强度。

$$
f_{mte} = f_{mt,D} \left(\frac{D}{d} \right)^{\frac{1}{6}}
\quad (D/d \leqslant 20)
\tag{12-23}
$$

式中，f_{mte} 表示单元尺寸为 d 时细观尺度上砂浆的抗拉强度；$f_{\mathrm{mt},D}$ 表示用尺寸为 D 的宏观试件测得的砂浆的抗拉强度。

$$v_{\mathrm{me}} = -91.46v_{\mathrm{m}}^3 + 45.79v_{\mathrm{m}}^2 - 4.51v_{\mathrm{m}} \qquad (12\text{-}24)$$

$$E_{\mathrm{me}} = E_{\mathrm{m}}\left(-34.13v_{\mathrm{m}}^3 - 1.18v_{\mathrm{m}}^2 + 2.18v_{\mathrm{m}} + 1\right) \qquad (12\text{-}25)$$

式中，E_{me}、v_{me} 分别为细观尺度上砂浆的弹性模量和泊松比；E_{m}、v_{m} 分别为宏观尺度上砂浆的弹性模量和泊松比。

3. 弹簧的破坏准则

水泥砂浆的试验结果表明[17]，拉-剪、压-剪复合受力时水泥砂浆的破坏准则可用图 12-13 表示，其计算公式如式（12-26）所示。

$$\begin{cases} \dfrac{\tau_{\mathrm{m}}}{f_{\mathrm{m}}} = 0.092 + 1.181\dfrac{\sigma_{\mathrm{m}}}{f_{\mathrm{m}}} - 0.964\left(\dfrac{\sigma_{\mathrm{m}}}{f_{\mathrm{m}}}\right)^2 & \left(\dfrac{\sigma_{\mathrm{m}}}{f_{\mathrm{m}}} \leqslant 0.6\right) \\[3mm] \dfrac{\tau_{\mathrm{m}}}{f_{\mathrm{m}}} = -0.568 + 3.406\dfrac{\sigma_{\mathrm{m}}}{f_{\mathrm{m}}} - 2.838\left(\dfrac{\sigma_{\mathrm{m}}}{f_{\mathrm{m}}}\right)^2 & \left(0.6 < \dfrac{\sigma_{\mathrm{m}}}{f_{\mathrm{m}}} \leqslant 1\right) \end{cases} \qquad (12\text{-}26)$$

式中，σ_{m}、τ_{m} 分别为水泥砂浆的正应力和剪应力；f_{m} 为水泥砂浆的抗压强度。

数值模拟分析时可以借用式（12-26）来判断砂浆弹簧组是否破坏、何时破坏。

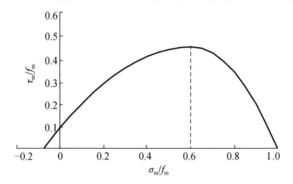

图 12-13　拉-剪、压-剪复合受力时水泥砂浆的破坏准则

4. 弹簧力-位移关系

图 12-4 中的法向砂浆弹簧主要承受拉力和压力，切向砂浆弹簧主要承受剪力，二者的力-变形关系分别如图 12-14 所示。其中，Δ_{n} 及 Δ_{s} 分别为砂浆弹簧的法向和切向变形；$k_{\mathrm{n,s}}$ 和 $k_{\mathrm{s,s}}$ 分别表示砂浆弹簧的法向和切向刚度；$F_{\mathrm{n,s}}$ 和 $F_{\mathrm{s,s}}$ 分别表示砂浆弹簧法向和切向的弹簧力；F_{tmax} 和 F_{cmax} 分别为法向砂浆弹簧所能承受的最大拉力和最大压力，与其对应的法向变形分别为 Δ_{tmax} 和 Δ_{cmax}；w_{max} 为最大裂缝宽度。根据有关砂浆材料的试验结果取水泥砂浆弹簧的最大裂缝宽度为 0.03mm[18]。F_{smax} 表示切向弹簧所能承受的最大剪力，对应的切向变形为 Δ_{smax}。

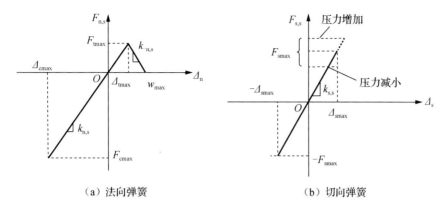

（a）法向弹簧　　　　　　　　（b）切向弹簧

图 12-14　砂浆弹簧的力–变形关系

设定法向砂浆弹簧力受拉为正，受压为负，法向弹簧力可按式（12-27）计算。切向弹簧力按式（12-28）计算。

$$\begin{cases} F_{n,s} = 0 & (\Delta_n \geqslant w_{max}) \\ F_{n,s} = (\Delta_n - w_{max})k_{-n,s} & (\Delta_{tmax} \leqslant \Delta_n < w_{max}) \\ F_{n,s} = k_{ns}\Delta_n & (\Delta_{cmax} \leqslant \Delta_n < \Delta_{tmax}) \\ F_{n,s} = 0 & (\Delta_n < \Delta_{cmax}) \end{cases} \tag{12-27}$$

$$\begin{cases} F_{s,s} = 0 & (\Delta_s \geqslant \Delta_{smax}) \\ F_{s,s} = k_{ss}\Delta_s & (-\Delta_{smax} \leqslant \Delta_s < \Delta_{smax}) \\ F_{s,s} = 0 & (\Delta_s < -\Delta_{smax}) \end{cases} \tag{12-28}$$

当法向弹簧达到最大拉力 F_{tmax} 时，水泥砂浆单元之间开裂。开裂后法向弹簧力不断减小，如图 12-14（a）所示。开裂后法向弹簧的刚度系数 $k_{-n,s}$ 由式（12-29）确定。

$$k_{-n,s} = -F_{tmax} / (w_{max} - \Delta_{tmax}) \tag{12-29}$$

弹簧承受的极限荷载由相应的细观层次上材料的强度算得，如式（12-30）所示：

$$\begin{cases} F_{tmax} = f_{mte} \times l \times 1 \\ F_{cmax} = f_{me} \times l \times 1 \\ F_{smax} = \tau_{me} \times l \times 1 \end{cases} \tag{12-30}$$

式中，l 为两单元公共边的长度；τ_{me} 为复合受力时细观尺度上材料的抗剪强度，可根据正应力 σ_{me} 和细观尺度上砂浆的抗压强度 f_{me} 由式（12-26）计算。

弹簧的法向最大受拉变形 Δ_{tmax}、受压变形 Δ_{cmax} 及切向最大变形 Δ_{smax} 由式（12-31）计算。

$$\begin{cases} \Delta_{tmax} = F_{tmax} / k_{n,s} \\ \Delta_{cmax} = -F_{cmax} / k_{n,s} \\ \Delta_{smax} = F_{smax} / k_{s,s} \end{cases} \tag{12-31}$$

12.2.5　界面弹簧的本构关系

混凝土中水泥砂浆和骨料之间的界面层厚度很小，作者及其合作者在文献[19]中测得粗骨料和水泥砂浆间的界面过渡区（ITZ）厚度为25μm左右。故在混凝土材料细观力学模型中可假定界面层的厚度为零，且界面弹簧的变形仅代表与之相连的水泥砂浆单元的变形。因此界面弹簧的刚度系数和砂浆弹簧的刚度系数相同，两者的主要不同之处在于其强度的不同。

分析表明，粗骨料和水泥砂浆间界面的法向和切向黏结强度主要取决于骨料的表面粗糙度和砂浆的强度。参考机械零件表面粗糙度的测试方法，本书作者及其合作者在文献[20]和[21]中分别用接触式的表面粗糙度测试仪和非接触式的三维激光扫描仪对卵石和碎石的表面粗糙度进行测试，并设计了特殊的试验对卵石/碎石与水泥砂浆间界面的力学性能进行研究。

图 12-15 给出了接触式的表面粗糙度测量装置。根据测得的表面轮廓曲线，用轮廓的算术平均偏差定义表面的粗糙度如式（12-32）所示：

$$\mathrm{Ra} = \frac{1}{l_s} \int_0^{l_s} |z(x)| \mathrm{d}x \tag{12-32}$$

式中，l_s 为取样长度。

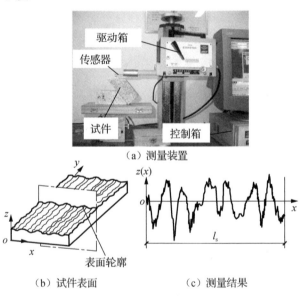

（a）测量装置

（b）试件表面　　　　　　（c）测量结果

图 12-15　表面粗糙度的测量装置（接触式）

粗糙度测试结果表明，天然卵石粗骨料的 Ra 均值为 4.7μm，花岗岩、玄武岩碎石粗骨料的 Ra 均值分别为 446.7μm 和 252.8μm。

单向拉伸试验结果表明，天然卵石粗骨料和水泥砂浆界面之间的黏结抗拉强度为砂浆抗拉强度的 0.4～0.6 倍。石灰岩、玄武岩和花岗岩碎石与水泥砂浆界面之间的黏结抗拉强度可分别按式（12-33）～式（12-35）计算。

$$f_{it}^{L} / f_{m} = -0.078 \times 0.996 Ra + 0.078 \qquad (12-33)$$

$$f_{it}^{B} / f_{m} = -0.039 \times 0.992 Ra + 0.039 \qquad (12-34)$$

$$f_{it}^{G} / f_{m} = -0.061 \times 0.996 Ra + 0.061 \qquad (12-35)$$

式中，f_{it}^{L}、f_{it}^{B}、f_{it}^{G} 分别为石灰岩、玄武岩和花岗岩骨料与水泥砂浆间界面的黏结抗拉强度；f_{m} 为水泥砂浆轴心抗压强度；Ra 为骨料表面粗糙度。

压剪复合受力试验结果表明，修正的莫尔-库仑准则适合于描述粗骨料与水泥砂浆间界面的失效行为，如图 12-16 所示，对应的计算公式如式（12-36）所示。

$$\frac{\tau_i}{f_m} = \frac{c}{f_m} + \tan 35° \frac{\sigma_i}{f_m} \quad \left(-\frac{f_{it}}{f_m} < \frac{\sigma_i}{f_m} < 1.0 \right) \qquad (12-36)$$

式中，σ_i、τ_i 分别为粗骨料与砂浆间界面法向和切向应力；f_{it} 为界面黏结抗拉强度；c 为界面的内黏聚力，按式（12-37）～式（12-39）确定。

$$c_L / f_m = -0.133 \times 0.996 Ra + 0.133 \qquad (12-37)$$

$$c_B / f_m = -0.072 \times 0.991 Ra + 0.072 \qquad (12-38)$$

$$c_G / f_m = -0.140 \times 0.994 Ra + 0.140 \qquad (12-39)$$

式中，c_L、c_B、c_G 分别为石灰岩、玄武岩及花岗岩骨料与水泥砂浆间界面的内黏聚力；f_m 为水泥砂浆轴心抗压强度；Ra 为骨料表面粗糙度。

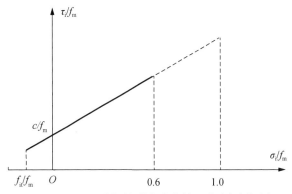

$\sigma_i/f_m > 0.6$ 时，界面由受剪破坏转为受压破坏，故以虚直线示出。

图 12-16 拉-剪、压-剪复合受力时粗骨料和水泥砂浆间界面的破坏准则

确定了骨料的形式和细观尺度上砂浆材料的强度后，可由式（12-36）判断界面弹簧是否破坏、何时破坏。

12.2.6 单元间接触本构关系

弹簧没有发生破坏之前，法向弹簧和切向弹簧分别满足图 12-14 所示的弹簧

的力-变形关系。同一弹簧组中，无论法向弹簧或者切向弹簧，只要发生破坏就认为该弹簧组失效，表示相邻两单元之间开裂或者发生相对滑移。此时，相邻单元之间由连接关系转化为接触关系。

基于弹塑性无张力边-边模型[22]，法向接触刚度 $k_{n,c}$ 和切向接触刚度 $k_{s,c}$ 可由式（12-40）确定[8]。

$$\begin{cases} k_{n,c} = E_{me} \dfrac{1}{h_i + h_j} \\ k_{s,c} = \dfrac{E_{me}}{2(1 + \nu_{me})} \dfrac{1}{h_i + h_j} \end{cases} \tag{12-40}$$

弹簧失效（裂缝产生）后，只有当两单元再次接触，并有"叠合"量时才会产生接触力，因此接触弹簧中法向弹簧只能承受压力，不能再承受拉力，而切向弹簧依然可承受剪力。因此，接触弹簧的力-变形关系可由图 12-17 表示。图 12-17 中，$\varDelta_{n,c}$ 及 $\varDelta_{s,c}$ 分别为接触弹簧的法向变形和切向变形，对应的接触弹簧力分别为 $F_{n,c}$ 和 $F_{s,c}$；$k_{n,c}$ 和 $k_{s,c}$ 分别为接触弹簧的法向刚度和切向刚度；$\varDelta_{ncri}$ 为法向接触深度的最大值，以避免单元之间产生过大的叠合，结合已有的数值模拟分析[8]，取为 0.003mm。另外，当切向接触力达到最大值 $F_{smax,c}$ 时，单元之间就会发生塑性剪切滑移，$F_{smax,c}$ 可由式（12-41）确定。

$$F_{smax,c} = F_{n,c} \tan\theta \tag{12-41}$$

式中，θ 为内摩擦角，根据试验结果取 35°[23]。

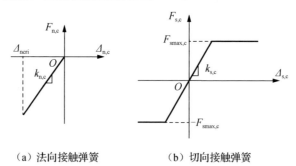

（a）法向接触弹簧 　　　　　　（b）切向接触弹簧

图 12-17　接触弹簧的力-变形关系

12.3　基于二维离散单元法的混凝土材料破坏过程数值模拟分析

12.3.1　动力平衡方程及其求解

离散单元之间连接弹簧的变形实际上反映了相邻单元质心间的变形，因此，可以根据单元质心位置来确定任意两单元之间的相对变形。对于二维问题，单元有一个转动自由度和两个平动自由度。如图 12-18（a）所示，单元 i 有 5 条边，则与其相邻的单元也有 5 个，设单元 i 及与其相邻的一个单元 j 在整体坐标系下的质心坐标分别为(X_i, Y_i)、(X_j, Y_j)，两单元弹簧连接点的坐标为(X_M, Y_M)，$(\Delta u_i, \Delta v_i, \Delta \theta_i)$和$(\Delta u_j, \Delta v_j, \Delta \theta_j)$分别是单元 i 和单元 j 的位移和转角增量。图中所示的位移和力的方向为正方向。先求弹簧点 M 处，单元 i 相对于单元 j 的位移增量 Δu_M 和 Δv_M。

一个矢量可以用复数表示为 $re^{i\theta}$，该矢量旋转 $\Delta\theta$ 的增量为

$$\frac{\mathrm{d}\left(re^{i\theta}\right)}{\mathrm{d}\theta}\Delta\theta = ire^{i\theta}\Delta\theta = \left(-\sin\theta + i\cos\theta\right)r\Delta\theta = \left(-Y + iX\right)\Delta\theta \qquad （12-42）$$

于是，根据已知条件和式（12-42）可得，弹簧点在整体坐标下的位移增量为

$$\begin{cases} \Delta u_M = \left[\Delta u_i - \left(Y_M - Y_i\right)\Delta\theta_i\right] - \left[\Delta u_j - \left(Y_M - Y_j\right)\Delta\theta_j\right] \\ \Delta v_M = \left[\Delta v_i - \left(X_M - X_i\right)\Delta\theta_i\right] - \left[\Delta v_j - \left(X_M - X_j\right)\Delta\theta_j\right] \end{cases} \qquad （12-43）$$

对式（12-43）进行处理，可得单元 i 相对于单元 j 在弹簧点处法向和切向的位移增量为 ［图 12-18（b）］

$$\begin{cases} \Delta_{\text{in}} = -\Delta u_M \sin\alpha + \Delta v_M \cos\alpha \\ \Delta_{\text{is}} = \Delta u_M \cos\alpha + \Delta v_M \sin\alpha \end{cases} \qquad （12-44）$$

式中，α 为两单元公共边与整体坐标下 X 轴的夹角。

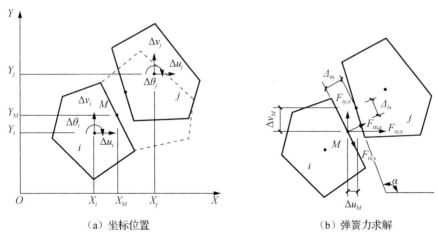

（a）坐标位置　　　　　　　　　　　（b）弹簧力求解

图 12-18　相邻离散单元间的作用力

引入图 12-14 所示的弹簧的力-变形关系，就可以求出弹簧产生的法向力和切向力为

$$\begin{cases} F_{\text{in,s}} = \Delta_{\text{in}} k_{\text{n,s}} \\ F_{\text{is,s}} = \Delta_{\text{is}} k_{\text{s,s}} \end{cases} \qquad （12-45）$$

将弹簧力转化为整体坐标系下的分量有

$$
\begin{cases}
F_{ix,s} = F_{in,s}\sin\alpha - F_{is,s}\cos\alpha \\
F_{iy,s} = -F_{in,s}\cos\alpha - F_{is,s}\sin\alpha
\end{cases}
\tag{12-46}
$$

对所有 i 单元上的弹簧力求和并加上 i 单元所受的外荷载 F_{ix} 和 F_{iy}，可得到作用于其形心上的合力及合力矩：

$$
\begin{cases}
F_{iy\text{sum}} = \sum F_{iy,s} + F_{iy} \\
F_{ix\text{sum}} = \sum F_{ix,s} + F_{ix} \\
M_{i\text{sum}} = \sum\left[-F_{iy,s}\left(x_M - x_i\right) + F_{ix,s}\left(y_M - y_i\right)\right]
\end{cases}
\tag{12-47}
$$

求得作用力后，便可建立单元 i 的动力平衡方程，如式（12-48）所示：

$$
\begin{cases}
m_i\ddot{u}_i + c_t m_i\dot{u}_i = F_{ix\text{sum}} \\
m_i\ddot{v}_i + c_t m_i\dot{v}_i = F_{iy\text{sum}} - m_i g \\
I_i\ddot{\theta}_i + c_r J_i\dot{\theta}_i = M_{i\text{sum}}
\end{cases}
\tag{12-48}
$$

式中，m_i 为单元 i 的质量；c_t、c_r 分别为单元的平动质量阻尼比例系数和转动质量阻尼比例系数；J_i 为单元的转动惯量。

应用第 11 章中介绍的中心差分法求解式（12-48）。具体步骤可用图 12-19 来说明。图 12-19 中填充圆所示节点为本时步的初始已知量，三角形标志的节点为下一个时步 $[t + \Delta t, t + 2\Delta t]$ 的初始已知条件，由此便可循环推进求解，直至计算结束。当求解 $[0, \Delta t]$ 时步时必需用到 $-\Delta t / 2$ 时刻的速度 $\dot{U}(-\Delta t / 2)$，在本章涉及的混凝土试件在静力荷载下的数值模拟过程中，单向荷载作用下主要采用位移加载。因此可以直接认为 $-\Delta t / 2$ 时刻的速度 $\dot{U}(-\Delta t / 2)$ 为零，并根据加载位移的边界条件直接求出合力和加速度，并求出 $\dot{U}(\Delta t / 2)$ [图 12-19（a）]，进而进行中间时步的循环迭代过程。

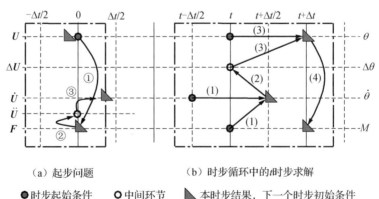

（a）起步问题   （b）时步循环中的时步求解

●时步起始条件   ○中间环节   ▲本时步结果，下一个时步初始条件

图 12-19 单元运动方程的中心差分求解过程

按混凝土材料的骨料级配和分布，在空间上把混凝土试件划分成 m 个单元，在时间上划分为 n 个时步。在每个计算时步内，对 m 个单元均按照前面所述的方法进行一次计算。整个动态松弛法求解流程如图 12-20 所示。

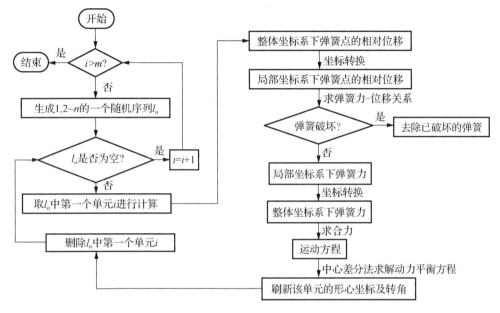

图 12-20　动态松弛法求解混凝土材料破坏过程流程图

12.3.2　计算时步和阻尼参数的选取

经过试算表明，对于常用的混凝土材料，以及单元划分在平均边长约为 5mm 的情况下，计算时步选择 $\Delta t \leqslant 1.25 \times 10^{-5} s$ 即可。通过数值模拟试算发现[7]，只要将平动阻尼系数取得比临界阻尼系数小一点就可以保证一个比较合理的结果，此外将转动阻尼比例系数取得比平动阻尼系数大一个数量级即可。通常对于尺寸小于 5mm 的单元，临界质量阻尼比例系数在 10^5 左右。

12.3.3　边界单元的处理

单向荷载作用下数值模拟时主要采用位移加载方式。为了能够考虑不同的加载板及底板的侧向约束程度，在数值试件的加载端位置增加了一个加载板单元，并在固定端增加了一个底板单元，并将其定义为边界单元（图 12-21）。其中，加载板单元具有独立的位移分量，并且其位移是通过位移荷载直接施加上去的，而不需要经过试件整体的动态松弛法的迭代过程。底板单元的速度、加速度及位移等参量始终都被强制设为 0，以模拟材料试验机中的底板。边界单元与数值试件的单元之间也通过法向弹簧和切向弹簧连接，并且也可以产生对试件单元和边界单元的作用力，只是这些弹簧的力-位移关系取为完全线性的，并且假设弹簧始终不会破坏。在具体的数值模拟中，可以取该类法向弹簧的刚度为混凝土材料中砂浆的法向弹簧刚度，切向弹簧的刚度可以根据研究的需要设置不同的数值，以模拟加载板及底板对试件的侧向约束作用。

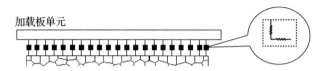

图 12-21　试件的加载板单元的设置（底板单元设置情况与此类似）

12.3.4　计算的初始条件和终止条件

在单向静力荷载作用下主要采用位移加载方式，因此加载板单元的初始位移为第一个位移荷载子步的位移增量，其他单元的位移、速度、加速度均取为 0，并应控制位移加载的速度低于 0.002mm/s 或者保证每荷载步产生的试件的应变率在 $10^{-5}s^{-1}$ 以下。

计算终止条件有单元受力状态和计算时间两类，前者认为当得到的试件的荷载值降为峰值荷载的 1/10 后计算可终止；后者认为可以根据实际的计算情况，在需要终止的时候人为终止以节省计算时间。

12.4　二维仿真系统的实例验证

进行系列不同的混凝土材料受力性能试验，以验证本章建立的基于二维离散单元的混凝土材料破坏过程仿真分析方法。数值模拟结果和试验结果的比较表明所提方法正确、可行，下面分述之。

12.4.1　天然骨料混凝土试件单轴受力试验

设计 4 种强度等级的混凝土，其配合比如表 12-2 所示。表 12-2 中配合比的计算基准如下：水泥密度 ρ_c=3.00g/cm³，水泥标号富余系数 1.08；砂为中砂，级配合格，砂子表观密度 ρ_{os}=2.65g/cm³；石为 5～20mm 卵石（数值分析中采用圆形粗骨料模拟卵石），级配为 5～10mm、10～16mm、16～20mm 的粒径范围内骨料各自的质量分数分别为 70.7%、18.7%、10.6%，石子表观密度 ρ_{og}=2.70g/cm³。混凝土材料的数值模拟参数如表 12-3 所示。

表 12-2　普通混凝土配合比设计（C 系列）

编号	强度等级	水泥（Po425R）用量/kg	砂（中砂）用量/kg	水（自来水）用量/kg	卵石（粒径 5~20mm）用量/kg	水灰比	配合比（水泥：砂：骨料）	每立方米总质量/kg
0	C7.5	218.2	809.9	180	1165	0.825	1：3.71：5.34	2374
1	C15	279	692	180	1231	0.645	1：2.48：4.41	2382
2	C25	370	572	180	1271	0.486	1：1.55：3.44	2393
3	C35	450	496	180	1276	0.400	1：1.10：2.84	2402

表 12-3　混凝土数值模拟参数

强度等级	d_m/mm	计算参数			砂浆单元参数				界面单元参数
		c_t	Δt/ $(10^{-5}s)$	v'/ $(10^{-3}mm/s)$	E_{me}/MPa	v_{me}	f_{me}/MPa	f_{mte}/MPa	f_{ite}/MPa
C7.5	2.5	18000	1	1.5	23134	0.225	84.8	4.13	2.06
C15	2.5	18000	1	1.5	24627	0.225	94.5	4.21	2.11
C25	2.5	18000	1	1.5	28659	0.225	117.4	5.86	2.93
C35	2.5	18000	1	1.5	30293	0.225	193.1	6.12	3.06

注：d_m 为单元大小；c_t 为阻尼系数；Δt 为时步；v' 为位移加载速率。

1. 混凝土立方体试件单轴受压

加载端部无摩擦约束及有摩擦约束作用的混凝土立方体试件抗压强度（f_{cu}）数值模拟结果和试验结果的比较分别示于表 12-4 和表 12-5 中，破坏形态对比分别示于图 12-22 和图 12-23 中。比较表明，抗压强度的数值模拟结果略偏低（这可能与砂浆和粗骨料间的黏结抗拉强度取值偏低等因素有关），破坏形态的模拟结果和试验结果吻合较好。

表 12-4　端部无约束混凝土立方体试件抗压强度数值模拟和试验结果的比较

强度等级	数值模拟结果/ (N/mm²)			试验结果/ (N/mm²)			误差** /%
	立方体抗压强度		均值	立方体抗压强度		均值	
C7.5	17.4	17.6	16.9	17.3	18.5	19.3	19.7	19.2	-9.9
C15	20.5	21.8	19.3	20.5	23.3	20.6	28.9*	22.0	-6.8
C25	23.2	25.3	21.2	23.2	30.7	26.3	26.9	28.0	-17.1
C35	26.0	31.1	27.2	28.1	30.7	34.9	33.7	33.1	-15.1

* 奇异数据，剔除；** 误差=（数值均值−试验均值）/试验均值×100%。

表 12-5　端部有约束混凝土立方体试件抗压强度数值模拟和试验结果的比较

强度等级	数值模拟结果/（N/mm²）				试验结果/（N/mm²）				误差**/%
	立方体抗压强度			均值	立方体抗压强度			均值	
C7.5	21.2	23.8	23.8	22.9	25.1	23.1	25.0	24.4	-6.1
C15	31.1	32.3	23.9*	29.2	31.0	33.2	38.0	34.1	-14.4
C25	35.1	39.8	38.2	37.7	45.4	42.1	38.2	41.9	-10.0
C35	50.4	52.5	50.4	51.1	60.0	37.5	65.3	54.3	-5.8

＊奇异数据，剔除；＊＊误差=（数值均值−试验均值）/试验均值×100%。

 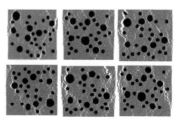

（a）试验结果　　　　　　　（b）数值模拟结果

图 12-22　混凝土立方体抗压试件（无约束）破坏形态对比

 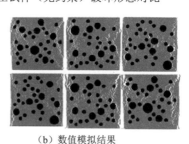

（a）试验结果　　　　　　　（b）数值模拟结果

图 12-23　混凝土立方体抗压试件（有约束）破坏形态对比

2. 混凝土棱柱体试件单轴受压

混凝土棱柱体试件轴心受压时关键力学参数数值模拟和试验结果比较列于表 12-6 中。可以看出，除 C7.5 由于试验结果偏低，误差为正之外，其余强度等级试件通过数值模拟得到的轴心抗压强度都比试验结果偏小，最大相差-15.3%。弹性模量结果比试验结果偏低约 15%。试验中得到的不同强度等级的混凝土泊松比相差比较大，没有规律而言，均值约为 0.198；而数值模拟得到的泊松比基本上比较一致，均值为 0.189。

表 12-6　混凝土棱柱体试件轴心受压时关键力学参数数值模拟和试验结果比较

强度等级	编号	数值模拟结果			试验结果			均值对比			
		f_c'/(N/mm²)	E_c/(N/mm²)	v_c	f_c	E_c	v_c	项目	数值模拟结果	试验结果	误差**/%
C7.5	1	20.6	27064	0.195	20.0	30915	0.191	f_c	21.1	19.4	8.8
	2	21.6	27474	0.185	19.6	29694	0.183	E_c	27265	29396	-7.2
	3	21.0	27257	0.176	18.5	27578	0.196	v_c	0.185	0.190	-2.6
C15	1	23.8	28882	0.175	27.9	34301	0.217	f_c	25.5	29.1	-12.4
	2	26.5	31408	0.189	30.3	35359	0.212	E_c	29805	34477	-13.6
	3	26.2	29125	0.185	29.0	33771	0.226	v_c	0.183	0.218	-16.0
C25	1	27.7	31931	0.179	30.7	38738	0.184	f_c	29.1	33.0	-11.8
	2	28.9	35456	0.196	37.1	37569	0.180	E_c	33218	38154	-12.9
	3	30.7	32268	0.204	31.4	42053*	0.223*	v_c	0.193	0.182	6.0
C35	1	35.9	33218	0.182	46.7	44947	0.218	f_c	38.8	45.8	-15.3
	2	40.0	37493	0.195	44.3	42437	0.193	E_c	34856	41853	-16.7
	3	40.6	33856	0.210	46.4	38175	0.189	v_c	0.196	0.200	-2.0

* 奇异数据，剔除；** 误差=（数值均值-试验均值）/试验均值×100%。

　　数值模拟得到的不同强度等级混凝土轴心受压应力-应变关系曲线的试验结果和数值模拟结果如图 12-24 所示。为与试验结果进行对比，数值模拟结果的应变值选取试件中间段截面上的平均应变。可以看出，数值模拟得到的峰值应变比试验值低，这可能是由于数值模型没有考虑混凝土内部的孔隙及初始缺陷等因素的影响，造成混凝土塑性应变值偏低。由于强度较高的混凝土中水泥砂浆水灰比较小，材料浇筑完成后产生的孔隙、初始缺陷等也偏少，相对来说，比强度较低的混凝土材质更均匀。故高强度等级（C25、C35）混凝土的应力-应变曲线模拟结果要优于低强度等级（C7.5、C15）。图 12-25 为不同强度等级混凝土的泊松比（横向应变/纵向应变）变化试验曲线与数值模拟曲线。两者变化规律一致：刚开始加载时应力较小（$\sigma<0.3f_c$），应变近似按比例增长，此时泊松比变化很小；当应力达到 $\sigma>0.6f_c$ 时，由于裂缝开始产生和扩展，泊松比逐渐增大；当应力达到 $\sigma>0.8f_c$ 时，由于混凝土内部形成非稳定裂缝，泊松比迅速增长。试验与数值模拟获得的试件破坏形态如图 12-26 所示。可以看出，数值模拟试件的破坏形态基本可以涵盖试验中发现的各种破坏情形，破坏形态及裂缝走向主要受粗骨料粒径及分布的影响。

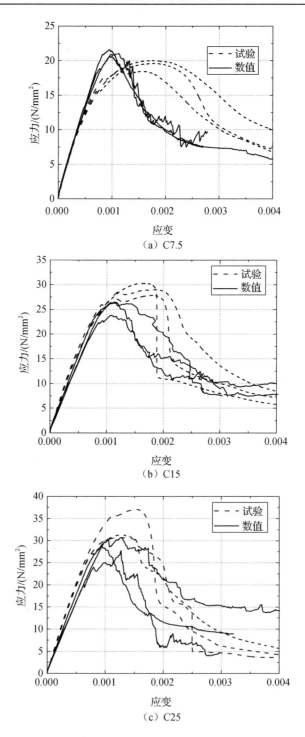

图 12-24　混凝土轴心受压应力-应变关系曲线的试验结果和数值模拟结果

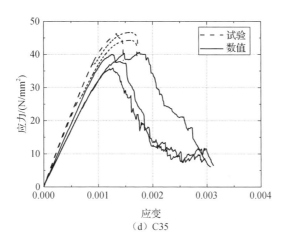

（d）C35

图 12-24（续）

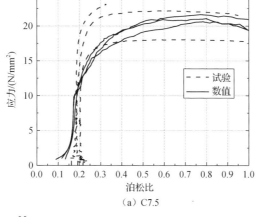

（a）C7.5

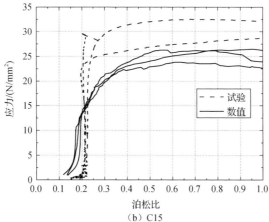

（b）C15

图 12-25　混凝土泊松比变化试验曲线和数值模拟曲线

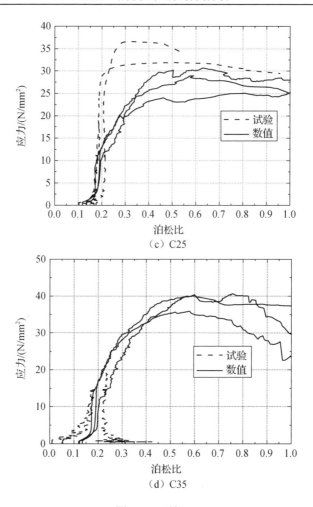

（c）C25

（d）C35

图 12-25（续）

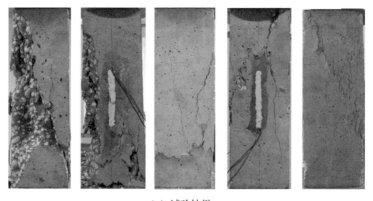

（a）试验结果

图 12-26　混凝土轴心受压试件破坏形态

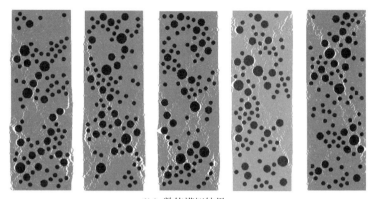

（b）数值模拟结果

图 12-26（续）

3. 混凝土试件单轴受拉

混凝土单轴抗拉强度数值模拟结果与试验结果如表 12-7 所示，数值模拟得到的 C7.5、C15、C25 强度等级混凝土的抗拉强度普遍比试验值低 25%左右，其中直接拉伸强度为 f_t。这个误差比数值模拟得到的立方体抗压强度的误差要大一倍多，发生这种情况除了前节分析的原因外，还可能与受拉试件的破坏机理有关。因为受拉试件总是在受力方向上的某一个薄弱面断开，其承载能力受界面强度的影响较大，一旦界面发生黏结破坏，其周围的水泥砂浆也将迅速开裂。而对于受压试件，则由于材料内部裂缝能够不断开展，可以充分发挥水泥砂浆和界面的强度。由此可以说明，混凝土中界面的力学性能对其抗拉强度的影响要甚于抗压强度，单纯提高水泥砂浆的强度并不能有效提高混凝土的抗拉强度。数值试件与试验试件的破坏形态如图 12-27 所示，可以看出，试验中试件的受拉破坏面上都有至少一个大粒径范围（15～20mm）的粗骨料，且破坏主要由水泥砂浆与该骨料之间的界面黏结破坏引起。在数值模拟中也有同样发现。

表 12-7　混凝土单轴抗拉强度数值模拟结果与试验结果

强度等级	数值模拟结果/（N/mm²）							试验结果/（N/mm²）							误差** /%
	50mm×100mm 试件直接拉伸强度						均值	50mm×100mm 试件直接拉伸强度						均值	
C7.5	1.80	1.77	1.93	1.84	1.87	1.56	1.80	2.58	2.14	2.68	1.87	2.64	—	2.38	−24.3
C15	2.01	2.19	1.95	2.01	2.03	1.64	1.97	1.66	2.36	2.47	2.57	2.72	—	2.36	−16.4
C25	2.35	2.27	2.07	2.26	1.99	1.73	2.11	2.85	3.01	2.45	3.75*	2.88	3.01	2.84	−25.7
C35	3.16	2.75	2.88	3.31	3.10	2.40	2.93	—	—	—	—	—	—	2.72	7.7

* 奇异数据，剔除；** 误差＝（数值均值－试验均值）/试验均值×100%。

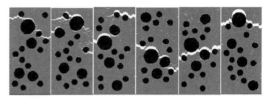

（a）试验结果　　　　　　　　　　　　　（b）数值模拟结果

图 12-27　混凝土直接拉伸试件破坏形态

受试验方法限制试验中没有获得受拉试件应力-应变全过程曲线。图 12-28 为通过数值模拟得到的不同强度等级混凝土单轴受拉试件的应力-应变关系曲线，平均曲线通过应变相等、应力求平均的方法获得。可以看出，应力-应变曲线在超过弹性范围之后表现出明显的非线性。混凝土受拉全过程曲线可以分为上升段和下

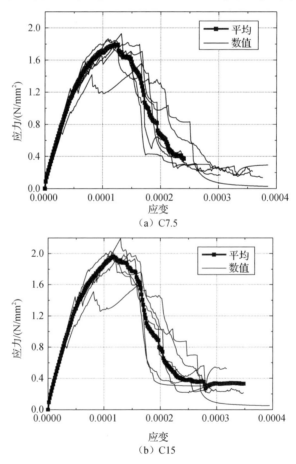

图 12-28　混凝土单轴受拉应力-应变关系曲线数值模拟结果

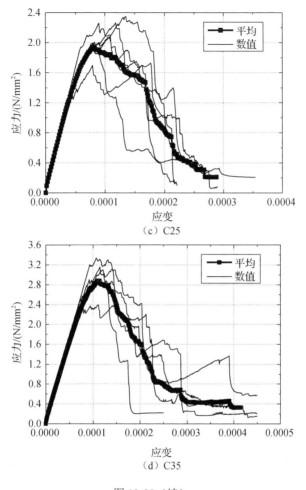

（c）C25

（d）C35

图 12-28（续）

降段，下降段的曲线比较陡，并且随着混凝土强度的提高，曲线下降段变得更陡峭。由于混凝土中粗骨料分布的随机性，以及粗骨料和砂浆的界面黏结强度与砂浆抗拉强度的差别，试件实际上没有真正意义上的中心受拉，数值模拟的结果与试验结果一样具有很大的离散性，不同数值试件得到的应力-应变全过程曲线也有一定差别。

12.4.2　人工骨料混凝土试件单轴受力试验

混凝土中的粗骨料即使粒径相同，其外表面的形状也不尽一致。为避免骨料大小和形状变异对试验结果的影响，设计一些特殊骨料的混凝土试件，以便对数值模拟结果做更精确的验证。用高硼硅玻璃材料制作成球形骨料，粒径统一取为18mm，混凝土的配合比设计如表 12-8 所示。经宏观力学试验测得砂浆的弹性模量为23822MPa,泊松比为0.19,棱柱体抗压强度为26.3MPa,抗拉强度为3.34MPa。高硼硅玻璃主要成分为 SiO_2（占 80%以上），与花岗岩的主要成分相似，因此根据花岗岩骨料的相关计算公式计算不同表面粗糙度的高硼硅玻璃与水泥砂浆界面的黏结抗拉强度 f_{it} 及内黏聚力 c。数值模型的计算参数如表 12-9 所示。

表 12-8　球形骨料混凝土的配合比设计

强度等级	粗骨料（高硼硅玻璃）粒径/mm	水泥（425号）用量/kg	砂（中砂）用量/kg	水（自来水）用量/kg	骨料用量/kg	水灰比	配合比（水泥：砂：骨料）
C25	18	364	567	180	1167	0.495	1：1.56：3.2

表 12-9　数值模型计算参数

受力形式	单元大小/mm	阻尼系数	时步/s	力加载速率/（MPa/s）	位移加载速率/（mm/s）
劈裂受拉	2.5	30000	$1×10^{-5}$	$1×10^{-2}$	—
轴心受压	2.5	30000	$1×10^{-5}$	—	$1.5×10^{-3}$

1. 球形骨料混凝土的劈裂受拉

对 3 种具有不同表面粗糙度的高硼硅粗球形骨料混凝土的劈裂抗拉试件进行了数值模拟，结果列于表 12-10 中。为减小骨料随机分布对数值结果的影响，以 6 个试件劈裂抗拉强度（f_{ts}）的平均值作为混凝土材料的劈裂抗拉强度值。从表 12-10 中可以看出，数值模拟得到的劈裂抗拉强度值与试验结果吻合较好，二者误差介于 −9.0%～6.7%。

表 12-10　具有不同表面粗糙度球形骨料混凝土劈裂抗拉强度数值模拟结果和试验结果的比较

粗糙度/μm		劈裂抗拉强度/MPa						均值	误差*/%
24.0	数值模拟	2.55	2.33	2.22	2.67	2.34	2.61	2.45	6.7
	试验	2.05	1.69	2.41	2.51	2.19	2.59	2.29	
48.3	数值模拟	3.43	3.36	3.05	2.43	3.42	3.56	3.21	−3.3
	试验	2.84	3.17	4.10	3.57	3.01	3.52	3.32	
259.6	数值模拟	3.81	4.22	3.90	3.77	4.08	3.82	3.83	−9.0
	试验	3.93	4.28	4.48	4.13	—	—	4.21	

* 误差=（数值均值−试验均值）/试验均值×100%。

图 12-29 列出了部分试验试件和数值试件的破坏形态。可以发现，与试验所得的裂缝形态相似，数值试件的破坏也沿着加载方向出现一条裂缝，并贯通上下两个加载面，说明数值模拟可以真实反映试件的破坏形态。

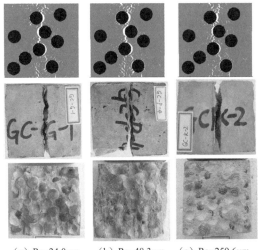

　　（a）Ra=24.0μm　　　（b）Ra=48.3μm　　　（c）Ra=259.6μm

图 12-29　具有不同表面粗糙度球形骨料混凝土劈裂抗拉试件破坏形态对比

2. 球形骨料混凝土的轴心受压

　　具有不同表面粗糙度球形骨料混凝土轴心抗压强度（f_c）数值模拟结果和试验结果示于表 12-11。从表中可以看出，除 Ra=259.6μm 的混凝土误差较大之外，其余试件通过数值模拟得到的轴心抗压强度与试验结果相差较小，分别为-4.7%和-6.4%。这是因为试验中 Ra=259.6μm 骨料的表面粗糙度是通过一个方向有刻痕获得的，而在混凝土内部，骨料的刻痕方向并不一定与压力方向平行，导致实际混凝土中界面的黏结抗剪强度低于从界面黏结抗剪试验获得的值，而数值模型中采用的是从界面黏结抗剪试验中获得的结果，从而导致数值结果比试验结果高。

表 12-11　具有不同表面粗糙度球形骨料混凝土轴心抗压强度数值模拟结果和试验结果

粗糙度 /μm	数值模拟结果/MPa				试验结果/MPa				误差[*] /%
	轴心抗压强度			均值	轴心抗压强度			均值	
24.0	14.76	15.27	17.94	15.99	15.57	17.20	17.53	16.77	-4.7
48.3	20.64	28.77	24.68	24.70	25.56	27.12	26.16	26.28	-6.4
259.6	31.68	31.82	31.82	31.77	27.56	29.38	27.61	28.18	12.7

* 误差=（数值均值-试验均值）/试验均值×100%。

　　图12-30示出了具有不同表面粗糙度球形骨料混凝土轴心受压应力-应变关系的典型曲线。对比分析表明，数值模拟结果与试验结果吻合较好，但是数值模拟得到的峰值应变比试验值略有偏低，这是因为数值模型中没有考虑混凝土内部的初始缺陷及孔隙等导致混凝土应变值偏低。

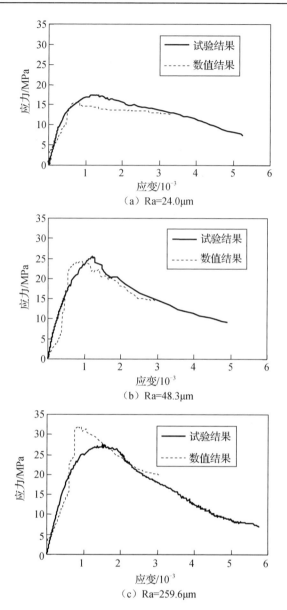

（a）Ra=24.0μm

（b）Ra=48.3μm

（c）Ra=259.6μm

图 12-30 具有不同表面粗糙度球形骨料混凝土轴心受压应力-应变关系曲线

通过轴心受压数值模拟得到的混凝土弹性模量（E_c）及泊松比（ν）分别列于表 12-12 和表 12-13 中。可以看出，数值模拟结果与试验结果的误差绝对值均小于 10%，二者吻合较好。另外，图 12-31 显示了具有不同表面粗糙度球形骨料混凝土轴心受压破坏形态。从图中可以看出，数值模拟结果与试验结果一致，即裂缝主要在界面间发展并最终贯通，破坏时在试件截面上出现一条或多条主要的斜裂缝。

表 12-12　具有不同表面粗糙度球形骨料混凝土弹性模量数值模拟结果和试验结果

粗糙度 /μm	数值模拟结果/MPa				试验结果/MPa				误差* /%
	弹性模量			均值	弹性模量			均值	
24.0	28142	27462	22575	26060	31951	24274**	27591	27942	-7.2
48.3	29011	29049	33303	30454	32301	34134	32090	32842	-7.8
259.6	38338	35758	40196	38097	38717	40502**	—	38717	-1.6

* 误差=（数值均值-试验均值）/试验均值×100%。** 奇异数据，剔除。

表 12-13　具有不同表面粗糙度球形骨料混凝土弹性泊松比模拟结果和试验结果

粗糙度 /μm	数值模拟结果				试验结果				误差* /%
	泊松比			均值	泊松比			均值	
24.0	0.181	0.184	0.196	0.187	0.192	0.201	0.223	0.205	-9.8
48.3	0.196	0.216	0.216	0.215	0.219	0.206	0.221	0.211	1.9
259.6	0.179	0.181	0.192	0.184					

* 误差=（数值均值-试验均值）/试验均值×100%。

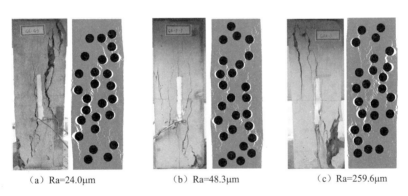

　（a）Ra=24.0μm　　　　　　　（b）Ra=48.3μm　　　　　　　（c）Ra=259.6μm

图 12-31　具有不同表面粗糙度球形骨料混凝土轴心受压破坏形态

12.5　二维仿真系统的应用

工程中或者实验室中配制的混凝土，其强度受到很多因素的综合影响，而计算机仿真系统可以分别考虑单一因素对于混凝土宏观力学性能及其破坏形态的影响，实现试验中无法实现的某些研究要求。下面简单介绍按本章模型和方法开发的仿真系统的一些应用。计算分析时，粗骨料选用三级级配。通过富勒级配曲线表达式确定 5～10mm、10～16mm、16～20mm 粒径范围内骨料各自的质量比为 1.06∶1.87∶7.07。由此，利用式（12-1）确定二维截面上圆形粗骨料的粒径和数量，如表 12-14 所示。其他形状骨料的数量，根据粒径相同、面积相等的原则进行确定。除特殊说明外，水泥砂浆、水泥砂浆和粗骨料间界面的力学性能，以及相关的计算参数同 12.4.2 节，且轴心受拉时的位移加载速率为 0.15mm/s。

表 12-14　考虑骨料级配的混凝土二维数值试件中圆形粗骨料粒径及数量

试件形式	试件尺寸/（mm×mm）	圆形粗骨料的粒径及数量		
		7.5mm	13mm	18mm
轴心受拉试件	50×100	12	3	1
棱柱体受压试件	100×300	69	19	4
立方体试件	100×100	23	6	1

12.5.1　骨料随机分布对混凝土宏观力学性能的影响

按照表 12-2 中 C25 强度等级混凝土的相关信息，选用圆形粗骨料，粗骨料和水泥砂浆间界面的力学指标参考卵石和水泥砂浆间的界面特性确定，利用开发的仿真系统分别随机生成 100 个不同粗骨料分布位置的混凝土立方体受压数值试件（图 12-32），进行端部无约束混凝土单轴受压的数值模拟。图 12-33 给出了考虑骨料随机分布影响的混凝土力学性能指标概率密度分布函数的数值模拟结果。经检验，混凝土各项力学性能指标均满足正态分布形式。由于数值模拟时假设混凝土中无初始缺陷、细观材料强度均匀，且采用的计算参数、材料参数等完全一致，因此排除由于单元网格划分可能导致的细微影响后，数值结果的差异绝大部分是由粗骨料分布的随机性引起的。粗骨料分布的随机性对混凝土力学性能有决定性的影响。作者在文献[8]中分别对随机生成的 100 个不同粗骨料分布位置的混凝土轴心受拉和受压数值试件进行计算分析得到类似的结论。

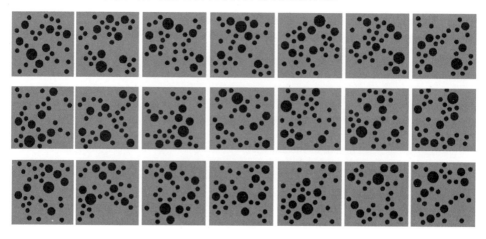

图 12-32　骨料随机分布试件的数值模型（为节约篇幅仅列出 21 个）

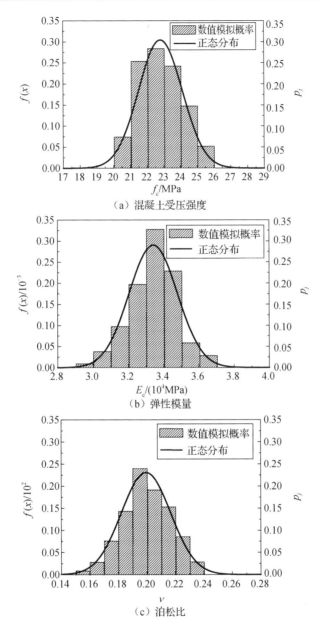

图 12-33　考虑骨料随机分布影响的混凝土力学性能指标概率密度分布函数的数值模拟结果

12.5.2　骨料形状及表面粗糙度对混凝土力学性能的影响

1. 骨料形状对混凝土力学性能的影响

文献[10]中定义骨料表面等效椭圆（面积、一阶矩及二阶矩相等）的长短轴比为轴长比 AR，定义骨料凸面周长及等效椭圆周长比为骨料的棱角性指数 angularity。并认为可以用轴长比 AR 和棱角性指数 angularity 来定量描述骨料的形状。

为分析骨料形状的影响，设计了具有不同形状骨料且考虑骨料级配的混凝土轴心受拉数值试件，如图 12-34（a）所示。骨料 AR 和 angularity 均为 1.00 的试件中，骨料的粒径和级配如表 12-14 所示，然后根据相同粒径骨料的面积相等原则确定其他 AR 或 angularity 的试件中各粒径的骨料含量。每个数值试件中所有骨料的 AR 及 angularity 均相同。另外，为避免骨料位置分布对数值结果的影响，每组包含 6 个试件，并以它们的平均值作为混凝土的数值结果。数值计算得到的混凝土轴心抗拉强度如表 12-15 所示。从表 12-15 中可以看出，混凝土轴心抗拉强度随着骨料轴长比 AR 或棱角性参数 angularity 的增大而降低。这是由于骨料的 AR 或 angularity 的增加使界面的长度增加，产生的裂缝增多且更易连通，最终导致混凝土轴心抗拉强度下降。具有不同轴长比 AR 或棱角性参数 angularity 骨料混凝土轴心受拉时的应力-应变曲线分别如图 12-35 和图 12-36 所示。从图中可以看出，随着骨料轴长比 AR 或棱角性参数 angularity 的增加，混凝土的轴心受拉峰值应力降低，峰值应变增大。配有不同形状骨料混凝土轴心受拉试件的破坏形态如图 12-37 所示。从图中可以看出，试件的破坏裂缝至少都穿过一个大粒径骨料，且主要由水泥砂浆与大粒径骨料之间的界面黏结破坏引起。

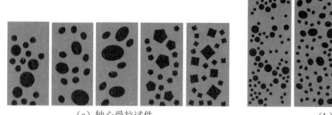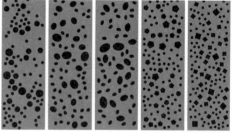

（a）轴心受拉试件 　　　　　　　　　　（b）轴心受压试件

图 12-34　采用不同形状粗骨料的混凝土数值试件

表 12-15　配有不同 AR 或 angularity 粗骨料的混凝土轴心抗拉强度数值模拟结果

AR	angularity	f_t/MPa						均值/MPa	降低幅度*/%
1.00	1.00	2.66	2.52	2.79	3.06	2.93	2.89	2.81	0.0
1.25	1.00	2.57	2.26	2.71	2.75	2.71	2.64	2.61	−7.2
1.50	1.00	2.48	2.09	2.38	2.19	2.62	2.41	2.36	−15.9
1.00	1.11	2.42	2.65	2.47	2.28	3.10	2.35	2.55	−9.4
1.00	1.23	2.52	2.13	2.19	2.79	2.49	2.36	2.41	−14.1

* 指其他骨料试件的轴心抗拉强度均值相对于 AR 和 angularity 均为 1.00 的试件均值的降低幅度。

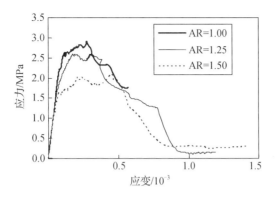

图 12-35　不同 AR 时混凝土受拉应力-应变曲线

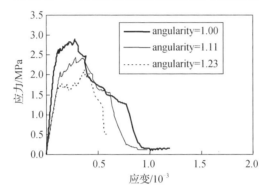

图 12-36　不同 angularity 时混凝土受拉应力-应变曲线

（a）AR=1.00,　　（b）AR=1.25,　　（c）AR=1.50,　　（d）AR=1.00,　　（e）AR=1.00,
angularity=1.00　　angularity=1.00　　angularity=1.00　　angularity=1.11　　angularity=1.23

图 12-37　配有不同形状骨料混凝土轴心受拉试件的破坏形态

具有不同形状粗骨料且考虑骨料级配的混凝土轴心受压试件如图 12-34（b）所示，每种形状骨料计算 6 个试件，最后取平均值作为混凝土材料的轴心抗压强度。数值模拟计算结果列于表 12-16 中。粗骨料轴长比 AR 和棱角性参数 angularity 对混凝土轴心受压应力-应变曲线的影响分别示于图 12-38 和图 12-39 中。可以看出，混凝土的轴心抗压强度随着骨料轴长比 AR 或棱角性参数 angularity 的增大而降低。除了界面长度增加之外，骨料周边应力集中现象更加明显也是 AR 或

angularity 增大而导致的结果，这两个原因使混凝土材料的轴心抗压强度降低。另外，从表 12-16 中还可看出，相对于粗骨料的轴长比 AR，棱角性参数 angularity 对混凝土轴心抗压强度的不利影响更加明显。图 12-40 给出了配有不同形状骨料混凝土轴心受压试件的破坏形态。可以看出，骨料 AR 或 angularity 较大的试件中裂缝更容易连接并形成通缝。

表 12-16　配有不同 AR 或 angularity 粗骨料的混凝土轴心抗压强度数值模拟结果

AR	angularity	f_c/MPa						均值/MPa	降低幅度[*]/%
1.00	1.00	29.69	29.22	28.03	27.24	31.39	28.31	28.98	0.0
1.25	1.00	24.26	28.27	26.70	26.41	26.90	27.35	26.65	−8.0
1.50	1.00	21.37	25.52	22.74	21.11	23.14	23.03	22.82	−21.3
1.00	1.11	27.44	28.55	25.21	25.96	26.22	24.58	26.33	−9.2
1.00	1.23	22.05	26.27	21.76	21.86	21.22	23.12	22.71	−21.6

* 指其他骨料试件的轴心抗压强度均值相对于 AR 和 angularity 均为 1.00 的试件均值的降低幅度。

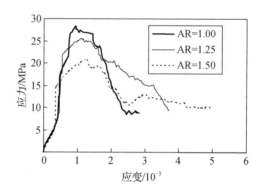

图 12-38　不同 AR 时混凝土受压应力-应变曲线

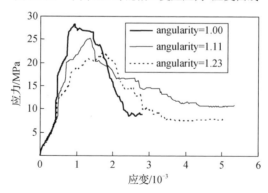

图 12-39　不同 angularity 时混凝土受压应力-应变曲线

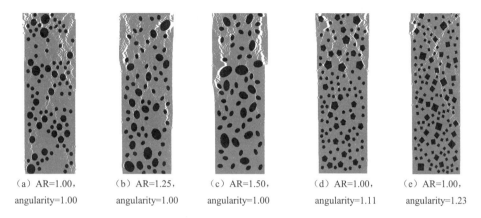

　（a）AR=1.00，　　　（b）AR=1.25，　　　（c）AR=1.50，　　　（d）AR=1.00，　　　（e）AR=1.00，
angularity=1.00　　angularity=1.00　　angularity=1.00　　angularity=1.11　　angularity=1.23

图 12-40　配有不同形状骨料混凝土轴心受压试件的破坏形态

2. 骨料表面粗糙度对混凝土力学性能的影响

和单一粒径骨料混凝土的数值模拟分析类似，骨料表面粗糙度 Ra 分别设为 24.0μm、48.3μm 和 259.6μm。为避免骨料形状的影响，统一选用圆形骨料；为避免骨料随机分布导致数值结果离散性太大，每种骨料表面粗糙度下均计算如图 12-41 所示的 6 个试件，对得到的抗拉强度取平均值作为数值模拟的结果。

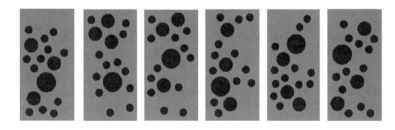

图 12-41　具有相同骨料表面粗糙度的 6 个混凝土轴心受拉数值试件

配有不同表面粗糙度骨料混凝土试件的轴心受拉结果列于表 12-17 中。可以看出，与单一粒径骨料混凝土相同，混凝土的轴心抗拉强度随着骨料表面粗糙度的增加而提高，但提高的幅度逐渐降低。这是因为当骨料表面粗糙度大到一定程度后，界面的破坏取决于砂浆的抗拉强度，混凝土的抗拉强度不再受界面的影响，而是为砂浆抗拉强度所控制，所以不再增大。

表 12-17　配有不同表面粗糙度骨料的混凝土试件轴心抗拉强度数值模拟结果

Ra/μm	f_t/MPa						均值/MPa	提高幅度*/%
24.0	1.95	1.79	1.88	2.63	2.24	1.99	2.08	0.0
48.3	2.66	2.52	2.79	3.06	2.93	2.89	2.81	35.0
259.6	2.78	3.14	3.60	3.25	3.07	3.40	3.21	54.2

* 指 Ra 分别为 48.3μm 和 259.6μm 试件的轴心抗拉强度均值相对 Ra 为 24.0μm 试件均值的提高幅度。

图 12-42 为通过数值模拟得到的配有不同表面粗糙度骨料的混凝土直接拉伸试件的应力-应变曲线（每组取一个试件）。从图中可以看出，随着骨料表面粗糙度的增加，混凝土的抗拉强度提高，但受拉峰值应变的变化却不明显。这可能是

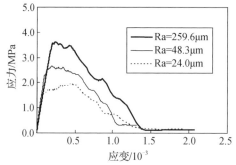

因为，表面粗糙度的增加只是延缓了界面裂缝的开展，随着荷载的不断增大，这些裂缝依然不断扩展并最终导致混凝土破坏，所以骨料表面粗糙度对峰值应变的影响较小。配有不同表面粗糙度骨料的混凝土轴心受拉试件的破坏形态如图 12-43 所示。可以看出，相同骨料分布的混凝土试件随着骨料表面粗糙度的不同，宏观裂缝并不相同。这说明骨料表面粗糙度对混凝土轴心受拉裂缝的开展有影响。

图 12-42　配有不同表面粗糙度骨料的
混凝土直接拉伸试件的应力-应变曲线

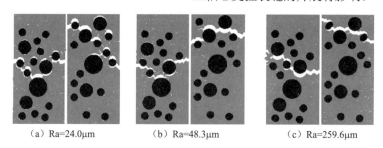

　（a）Ra=24.0μm　　　　　（b）Ra=48.3μm　　　　　（c）Ra=259.6μm

图 12-43　配有不同表面粗糙度骨料的混凝土轴心受拉试件破坏形态

通过数值力学模型还生成了如图 12-44 所示的 6 个轴心受压试件，以分析骨料表面粗糙度对混凝土轴心受压性能的影响。计算所得的混凝土轴心抗压强度列于表 12-18 中。图 12-45 为数值模拟得到的混凝土轴心受压试件的应力-应变全过程曲线，其中应变选取试件中间段截面上的平均应变。可以看出，混凝土的轴心抗压强度随着骨料表面粗糙度的增加而增大。骨料表面粗糙度也会影响数值试件最终的破坏形态，试件的破坏形态如图 12-46 所示。

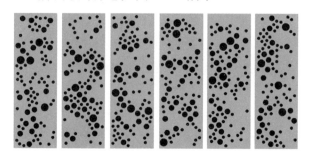

图 12-44　配有相同骨料表面粗糙度骨料的 6 个混凝土轴心受压数值试件

表 12-18　配有不同表面粗糙度骨料的混凝土轴心抗压强度数值模拟结果

Ra /μm	f_t/MPa						均值/MPa	提高幅度*/%
24.0	22.58	20.54	20.06	22.02	20.30	23.79	21.55	0.00
48.3	29.69	29.21	28.03	27.24	31.39	28.31	28.98	34.5
259.6	35.18	33.03	29.93	33.49	33.38	38.24	33.88	57.2

* 指 Ra 分别为 48.3μm 和 259.6μm 试件的轴心抗压强度均值相对 Ra 为 24.0μm 试件均值的提高幅度。

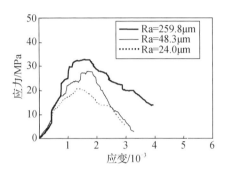

图 12-45　配有不同表面粗糙度骨料的混凝土轴心受压试件应力-应变关系曲线

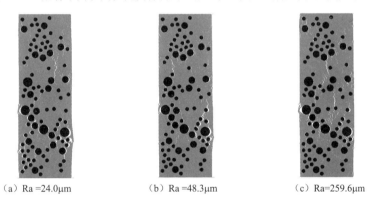

（a）Ra =24.0μm　　　　（b）Ra =48.3μm　　　　（c）Ra=259.6μm

图 12-46　配有不同表面粗糙度骨料的混凝土轴心受压试件破坏形态

12.5.3　骨料轴长比不一致性对混凝土宏观变异性的影响

试验结果表明，花岗岩碎石粗骨料的轴长比 AR 服从对数正态分布：$X\sim$LN（0.293，0.028）[10]。为分析骨料轴长比不一致性对混凝土材料宏观力学指标随机性的影响，分别对 100 个轴心受拉及轴心受压数值试件进行了计算，每个数值试件中粗骨料的轴长比 AR 按照上述对数正态分布规律随机生成，因此同一试件中各骨料的轴长比 AR 不尽相同，不同试件中相同粒径的粗骨料的轴长比 AR 也不尽相同。图 12-47 及图 12-48 中显示了部分轴心受拉及受压数值试件。

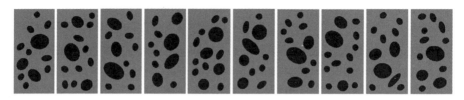

图 12-47　骨料轴长比不一致混凝土轴心受拉试件的数值模型（为节约篇幅仅列出 10 个）

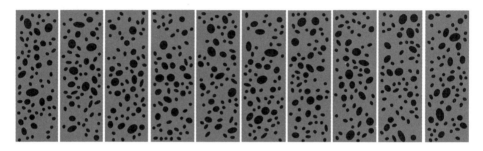

图 12-48　骨料轴长比不一致混凝土轴心受压试件的数值模型（为节约篇幅仅列出 10 个）

　　为避免其他因素的影响，试件中粗骨料的棱角性参数 angularity 均为 1.0，骨料表面粗糙度均设为 48.3μm，计算时的水泥砂浆力学参数、界面力学参数和计算参数完全一致。需要说明的是，由于无法保证骨料分布位置相同，本节所得的结论除了粗骨料轴长比的影响外，还会受到骨料随机分布的影响。

　　通过数值计算，100 个混凝土试件的轴心抗拉强度、轴心抗压强度、弹性模量及泊松比的统计结果如表 12-19 所示。另外，在相同的骨料级配下，文献[8]研究了骨料随机分布对混凝土力学指标变异性的影响，并获得了混凝土各项力学性能指标因骨料随机分布而产生的变异系数，同样列在表 12-19 中。比较发现，骨料轴长比不一致和骨料随机分布共同导致的混凝土各项力学性能指标的变异系数均超过 10%，明显超过骨料随机分布而产生的变异系数，说明粗骨料轴长比的不一致性也是导致混凝土材料宏观力学指标随机性的重要因素。

表 12-19　100 个骨料轴长比不一致试件数值模拟结果统计分析

力学性能指标	最小值	最大值	平均值	标准差	变异系数 1[*]	变异系数 2[**][8]
轴心抗拉强度/MPa	1.61	3.60	2.69	0.41	15.1%	5.0%
轴心抗压强度/MPa	15.58	36.24	25.03	4.50	18.0%	8.5%
弹性模量/MPa	16267	47741	31240	5765	18.5%	7.6%
泊松比	0.147	0.263	0.200	0.020	10.0%	9.7%

* 因骨料轴长比不一致和骨料随机分布共同产生的变异系数。** 因骨料随机分布而产生的变异系数[8]。

　　混凝土各项力学性能指标的概率分布示于图 12-49 中。检验发现，混凝土的轴心抗拉强度、轴心抗压强度、弹性模量及泊松比同样均服从正态分布，各项力学性能指标的概率密度分布函数同样示于图 12-49 中。

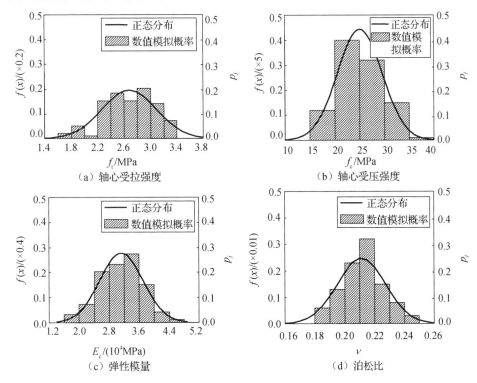

图 12-49　骨料轴长比不一致混凝土各项力学指标的概率分布

12.5.4　骨料棱角性不一致对混凝土宏观变异性的影响

　　采用具有不同边数的正多边形作为粗骨料，以保证这些骨料具有相同的轴长比 AR 及不同的棱角性参数 angularity，并以此研究粗骨料的棱角性对混凝土材料宏观力学性能的影响。

　　试验结果表明，花岗岩碎石骨料的棱角性参数 angularity 服从正态分布：$X \sim N(1.137, 0.001)$，花岗岩碎石骨料的棱角性参数 angularity 介于 1.06～1.26，分界值分别近似于正八边形（angularity=1.04）及正四边形骨料（angularity=1.23）的棱角性参数值[10]。因此，模型中假设正多边形的边数 X 服从（4，8）上的均匀分布，通过随机产生的骨料边数，生成具有不同棱角性参数的粗骨料。为获得统计规律，分别对 100 个轴心受拉及轴心受压数值试件进行了计算。图 12-50 及图 12-51 中显示了部分轴心受拉及受压试件。

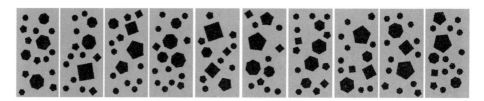

图 12-50　骨料棱角性不一致混凝土轴心受拉试件的数值模型（节约篇幅仅列出 10 个）

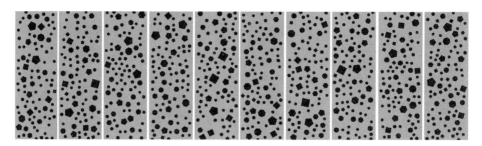

图 12-51　骨料棱角性不一致混凝土轴心受压试件的数值模型（为节约篇幅仅列出 10 个）

为避免其他因素的影响，试件中粗骨料的轴长比 AR 均为 1.00，骨料表面粗糙度均设为 48.3μm，计算时的水泥砂浆力学参数、界面力学参数和计算参数完全一致。另外，由于无法保证骨料分布位置相同，因此本节所得的结论除了粗骨料棱角性的影响之外，还包括骨料随机分布的影响。

混凝土试件的轴心抗拉强度、轴心抗压强度、弹性模量及泊松比的统计结果如表 12-20 所示。从表 12-20 中可以看出，因骨料棱角性不一致和骨料随机分布共同导致的混凝土各项力学性能指标的变异系数介于 14.2%～20.0%，均超过单独由骨料随机分布而产生的变异系数[8]，说明粗骨料的棱角性参数的不均匀性对混凝土材料宏观力学性能有较大影响。混凝土各项力学性能指标的柱状分布如图 12-52 所示。经检验发现，混凝土的轴心抗拉强度、轴心抗压强度、弹性模量及泊松比也均服从正态分布。各项力学性能指标的概率密度分布函数如图 12-52 所示。

表 12-20　100 个骨料棱角性不一致试件数值模拟结果统计分析

力学性能指标	最小值	最大值	平均值	标准差	变异系数 1[*]	变异系数 2[**][8]
轴心抗拉强度/MPa	1.42	3.32	2.47	0.42	17.0%	5.0%
轴心抗压强度/MPa	19.20	39.57	28.62	5.02	17.5%	8.5%
弹性模量/MPa	18796	44341	28921	5786	20.0%	7.6%
泊松比	0.134	0.294	0.202	0.029	14.2%	9.7%

＊ 因骨料棱角性不一致和骨料随机分布共同产生的变异系数。＊＊ 因骨料随机分布而产生的变异系数[8]。

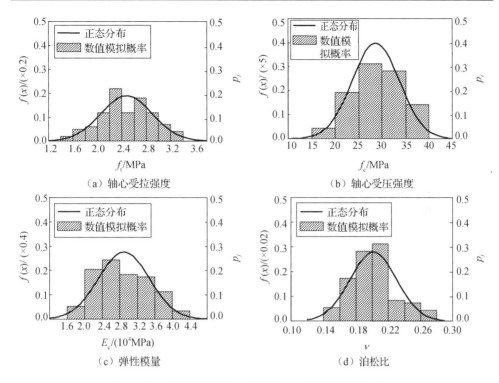

图 12-52　骨料棱角性不一致混凝土力学指标的概率分布

12.5.5　骨料表面粗糙度不均匀性对混凝土宏观变异性的影响

试验研究发现，花岗岩碎石粗骨料的表面粗糙度服从 $X \sim N$（446.7, 19431.2）的正态分布[8]。随机生成 100 个具有不同骨料表面粗糙度圆形骨料混凝土轴心受拉及受压试件。为避免其他因素的影响，试件中骨料形状及骨料分布位置完全一致（图 12-53），计算时的材料参数和计算参数也相同。计算获得混凝土试件的轴心抗拉强度、轴心抗压强度、弹性模量及泊松比的统计结果，如表 12-21 所示。从表 12-21 中可以看出，数值模拟得到的混凝土各项力学性能指标的变异系数介于 4.0%～7.8%，粗骨料的表面粗糙度对混凝土力学性能的影响不可忽视。混凝土各项力学性能指标的柱状分布示于图 12-54。经检验发现，混凝土的轴心抗拉强度、轴心抗压强度、弹性模量及泊松比均服从正态分布。各项力学性能指标的概率密度分布函数如图 12-54 所示。

 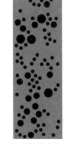

（a）受拉试件　　（b）受压试件

图 12-53　骨料表面粗糙度不均匀
混凝土试件的数值模型

表 12-21　100 个骨料表面粗糙度不均匀混凝土试件的数值模拟结果统计分析

力学性能指标	最小值	最大值	平均值	标准差	变异系数
轴心抗拉强度/MPa	2.45	3.57	3.10	0.24	7.8%
轴心抗压强度/MPa	24.20	40.80	35.04	2.16	6.2%
弹性模量/MPa	35084	42787	38833	1545	4.0%
泊松比	0.168	0.241	0.211	0.016	7.6%

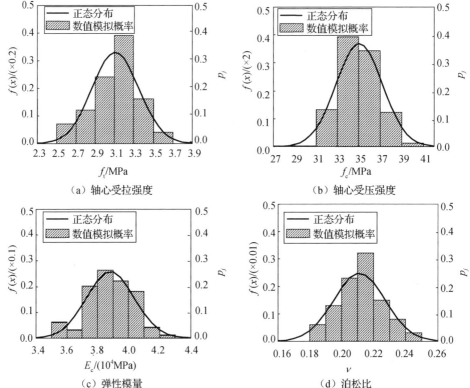

图 12-54　骨料表面粗糙度不均匀混凝土试件的各项力学指标的概率分布

12.5.6　不同因素对混凝土宏观变异性的影响程度

为了解各因素对混凝土材料力学性能随机性的影响程度，假设骨料的随机分布、表面粗糙度、轴长比和棱角性对混凝土材料力学性能的影响相互独立，则因骨料轴长比或棱角性的不一致而导致的混凝土各项力学性能指标的变异系数可由下式计算获得

$$C_v^b = C_v - C_v^a \qquad (12\text{-}49)$$

式中，C_v^b 为因骨料轴长比或棱角性的不一致而产生的混凝土各项力学性能指标的

变异系数；C_v^a 为因骨料随机分布而产生的混凝土各项力学性能指标的变异系数；C_v 为因骨料随机分布和轴长比（或棱角性）不一致共同影响而产生的混凝土各项力学性能指标的变异系数。

图 12-55 显示了分别由骨料的分布位置、表面粗糙度、轴长比及棱角性的不均匀性而导致的混凝土材料各项力学性能指标的变异系数，以此来反映各因素对混凝土材料力学性能随机性的影响程度。图 12-55 中，f_t、f_c、E_c 及 v_c 分别表示混凝土材料的轴心抗拉强度、轴心抗压强度、弹性模量及泊松比。从图 12-55 中可看出，混凝土的各项力学性能指标的离散性均受到骨料的分布位置、表面粗糙度、轴长比及棱角性的影响。对于混凝土的轴心抗拉强度，骨料棱角性对其离散程度的影响最大，其次是骨料轴长比，而骨料分布位置的影响最小。对于混凝土的轴心抗压强度，骨料轴长比对其离散程度的影响稍大于骨料棱角性和骨料分布位置的影响，而骨料表面粗糙度的影响最小。对于混凝土的弹性模量，对其离散程度影响最大的是骨料棱角性，其次是骨料轴长比，而骨料表面粗糙度的影响依然最小。对于混凝土的泊松比，骨料分布位置对其离散程度的影响最大，其次分别是骨料表面粗糙度和棱角性，而轴长比的影响最小。

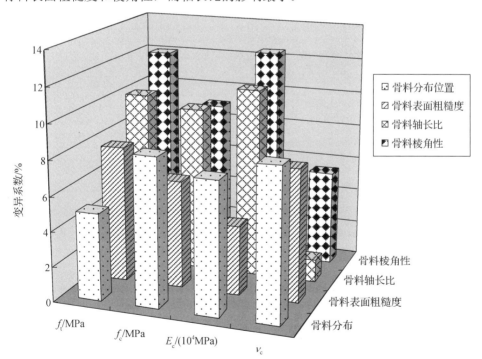

图 12-55 不同因素对混凝土宏观材料力学性能指标离散性的影响程度

12.5.7　混凝土材料双轴受力分析

采用表 12-3 中所示 C7.5 和 C35 混凝土相应的计算参数。试件尺寸为 100mm×100mm，3 种粒径粗骨料的数量如表 12-14 所示。为了与已有试验结果进行比较，采用等比例应力加载模式分别进行了试件双轴拉伸和双轴拉压的数值试验，加载示意图如图 12-56 所示[24]。由于双轴试验中一般采用了减摩措施，因此在数值试验中将试件边界处理为无摩擦的理想状态。图 12-57 为某一数值试件在双轴拉伸、拉压作用下的应力-应变曲线。其中试件在双轴拉压荷载作用下的应力-应变曲线与单轴受压曲线类似，但峰值应变ε_{10}、ε_{20} 随应力比σ_1/σ_2 绝对值的增大而迅速减小，且两个受力方向的应变值和曲线曲率都较小。这可归因于混凝土在拉压状态下的破坏大多属于拉断破坏，塑性变形很小。

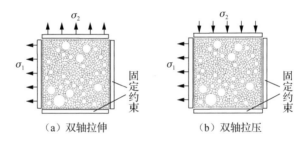

（a）双轴拉伸　　　　　　　　　（b）双轴拉压

图 12-56　混凝土试件双轴加载示意图

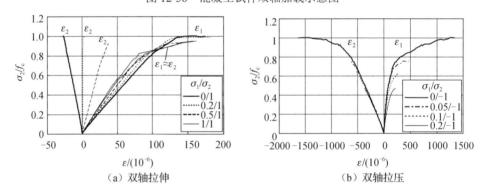

（a）双轴拉伸　　　　　　　　　（b）双轴拉压

图 12-57　双轴荷载作用下混凝土的应力-应变关系曲线

对文献[25]中部分试件的破坏形态进行模拟，结果如图 12-58 所示。数值结果和试验结果吻合很好：双轴拉伸荷载作用下［图 12-58（a）～（c）］，试件沿垂直于最大主拉应力方向产生主裂缝而破坏，随着应力比的增大，主裂缝可能与主拉应力方向成一夹角或发生分叉；双向拉压荷载作用下，一般形成大致平行于压缩荷载方向的宏观拉裂纹［图 12-58（d）和（e）］。

图 12-59 给出了双轴应力下混凝土强度破坏准则的数值模拟结果（拉应力为正）。可以看出，数值模拟得到的混凝土双轴拉伸和双轴拉压时的强度值基本上在

Kupfer 包络线[26]附近。但双轴受压时的计算模拟结果过高地估计了混凝土的强度。产生上述现象的原因是：拉压或拉伸情况下，发生的是面内受拉破坏，因此模拟结果较好；双轴受压时混凝土既可能发生面内劈裂破坏也可能发生面外劈裂破坏，二维模型只能模拟一个劈裂面的破坏，无法考虑面外破坏，所得模拟结果强度偏高。要真实模拟混凝土材料在双轴受压时的受力性能，必须开发三维的细观力学模型。

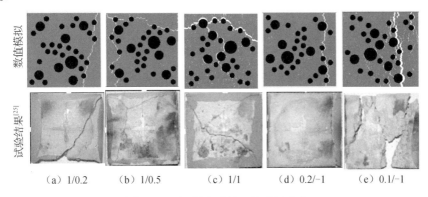

(a) 1/0.2　　　(b) 1/0.5　　　(c) 1/1　　　(d) 0.2/-1　　　(e) 0.1/-1

图 12-58　混凝土试件双轴破坏形态

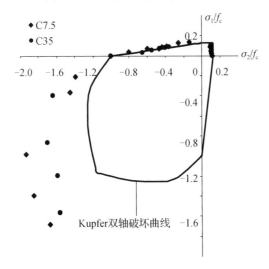

图 12-59　双轴应力下混凝土强度破坏准则的数值模拟结果

12.6　细观尺度上混凝土材料三维离散单元模型

12.6.1　骨料生成

三维模型中，将粗骨料等效为球体。模型中粗骨料的级配形式有 4 种：连续级配、间断级配（三级配）、3 种粒径级配及单粒径级配。连续级配及间断级配满足 Fuller 级配曲线，如式（12-50）所示[27]：

$$P(d) = \left(\frac{d}{d_{max}} \right)^n \tag{12-50}$$

式中，d 为骨料粒径；d_{max} 为骨料最大粒径；$P(d)$ 为粒径为 d 的骨料通过百分率；n 为级配特征系数（$n=0.45 \sim 0.70$）。

为方便数值方法的实现，需确定各粒径范围的骨料颗粒数量。由分形理论将式（12-50）转换为连续级配时骨料颗粒数量的累积频率分布函数如式（12-51）所示：

$$F(d) = \frac{d^{n-3} - d_{min}^{n-3}}{d_{max}^{n-3} - d_{min}^{n-3}} \tag{12-51}$$

式中，d_{max}、d_{min} 分别为骨料最大、最小粒径；n 为级配特征系数，取值同式（12-50）。

由概率统计学原理，已知骨料颗粒数量的累积频率分布函数 $F(d)$，可通过求反函数 $F^{-1}(y)$ 得到粒径 d 的值，如式（12-52）所示。

$$d_i = F^{-1}(y_i) \tag{12-52}$$

式中，y_i 为服从（0，1）均匀分布的随机变量。

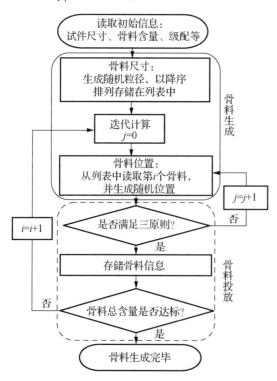

图 12-60　骨料生成算法流程图

由一组变量 $\{y_i\}$ 通过式（12-52），可获得给定粒径范围内的粗骨料集合 $\{d_i\}$。

和二维分析类似，采用传统的"取"和"放"方法在数值模型中生成粗骨料。即从尺寸分布遵循某一给定规律的骨料级配曲线（本章采用 Fuller 级配）中取出骨料颗粒，并把骨料颗粒一个接一个地放入混凝土数值试件区域中。在放的过程中不仅要防止放进去的颗粒与已存在的颗粒重叠，还应使颗粒随机均匀地分布在所设定的空间内。因此，采用蒙特卡罗方法实现"取"和"放"的过程，从而得到粗骨料随机分布的三维模型。粗骨料生成的算法设计流程图如图 12-60 所示。计算时通过已给定的试件尺寸、粗骨料体积含量及骨料级配，计算出粗骨料数量及随机粒径。在投放骨料前，将骨料粒径以降序方式存储在列表中，这将有利于小颗粒填充到大颗粒的空隙中去，提高骨料投放效率和投放质量。在列表中取出第 i 颗骨料，可通过式（12-53）计算出骨料球心的随机位置。

$$\begin{cases} X_{ca} = X_{min} + X'\left(X_{max} - X_{min} \right) \\ Y_{ca} = Y_{min} + Y'\left(Y_{max} - Y_{min} \right) \\ Z_{ca} = Z_{min} + Z'\left(Z_{max} - Z_{min} \right) \end{cases} \qquad (12\text{-}53)$$

式中，(X_{min}, X_{max})、(Y_{min}, Y_{max})、(Z_{min}, Z_{max}) 分别为所给定的试件尺寸在 X、Y、Z 方向的边界范围；X'、Y'、Z' 均为服从（0, 1）均匀分布的随机数；(X_{ca}, Y_{ca}, Z_{ca}) 为球形粗骨料的形心坐标。

骨料投放须满足以下 3 个条件。

1）粗骨料颗粒必须完全位于混凝土模型内部。

2）后投入的颗粒不能与任一已投放完成的颗粒重叠。

3）每一个粗骨料必须被一个最小厚度的砂浆层包裹，这意味着在粗骨料颗粒边界和模型边界之间存在一个最小距离，且两个相邻粗骨料颗粒之间也应有一个最小的距离间隔。这是由于尽管混凝土内有大量的骨料随机堆积在一起，但真正相互接触的很少。

条件 2）与条件 3）可用式（12-54）来约束。

$$\sqrt{\left(X_{ca} - X_{ca'} \right)^2 + \left(Y_{ca} - Y_{ca'} \right)^2 + \left(Z_{ca} - Z_{ca'} \right)^2} \geqslant \left(d + d' + 0.4 d_m \right)/2 \qquad (12\text{-}54)$$

式中，$(X_{ca'}, Y_{ca'}, Z_{ca'})$ 为已投放完成的粗骨料颗粒的形心坐标；d' 为其粒径；d_m 为 Voronoi 生长点之间的最小距离。

若上述任一条件不满足，则此次骨料投放失败，需利用式（12-54）重新给定骨料位置，直至上述 3 个条件都满足，将骨料投入试件范围内，储存已生成骨料信息。判断骨料含量是否满足要求，若不满足则重复上述投放过程，直至满足骨料含量要求，完成骨料投放。随机投放完成的粗骨料分布实例如图 12-61 所示。

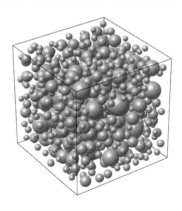

图 12-61　随机投放完成的粗骨料分布实例

12.6.2　砂浆离散

如 12.2.3 节所述，由于离散单元法对单元属性的刚性假定，荷载作用下产生的裂缝往往都是沿着单元的边界产生和发展的。因此，材料的离散化方式在很大程度上会影响裂缝产生的方向。为减少网格划分对数值模拟结果的影响，三维细观模型也采用 Voronoi 多面体网格。基于细观尺度建立的混凝土数值模型将砂浆基质视为均质且各向同性，粗骨料作为一种分散相均匀分布在砂浆基质中。根据 12.2.3 节的讨论，将骨料视为完全刚性体，裂缝只在砂浆区域和界面处产生和扩展，不会从骨料中穿过。因此，在进行 Voronoi 多面体网格划分时，将骨料看作一个单元并等效为多面体空腔。Voronoi 多面体网格划分的关键技术是生成 Voronoi 生长点和 Voronoi 多面体。

1. 生成 Voronoi 生长点

网格单元的大小以粗骨料的等效多面体面数，通过相邻生长点之间的最小距离 d_m 控制。首先在粗骨料表面按最小间距 $0.4d_m$ 随机投放生长点，以保证等效后的多面体尽可能接近球体；然后在试件内部砂浆区域按最小间距 d_m 随机投放生长点，为保证骨料周围网格划分质量，砂浆区域中的生长点距离骨料表面的平均距离为 $0.4d_m$；最后在试件边界面上按最小间距 d_m 随机投放生长点。砂浆基质中生长点的数目不宜过少，为保证网格划分足够均匀，三维模型中砂浆基质中点的数目 $\hat{n}$ 可根据式（12-55）确定。

$$\hat{n} \approx \frac{1.125V\left(1-1.2v_{ca}\right)}{d_m^3} \tag{12-55}$$

式中，V 为混凝土模型体积（m^3）；v_{ca} 为粗骨料体积率。

随机生成的骨料表面 Voronoi 生长点和砂浆基质中 Voronoi 生长点的实例如图 12-62（a）和（b）所示。

2. 生成 Voronoi 多面体

由 12.2.3 节可知，Voronoi 与 Delaunay 三角剖分呈直线对偶关系，这一特性在三维空间内仍然成立。利用该性质，可以间接地生成离散生长点集的 Voronoi 图（图 12-62），具体方法是，首先生成离散生长点集的 Delaunay 三角网即生成 Delaunay 四面体；然后根据 Delaunay 三角网与 Voronoi 图的直线对偶性质，作四面体每一条边的中垂面，以一个 Voronoi 点为中心所有的中垂面的交就可以构成该点的 Voronoi 多面体，而区域内所有中垂面的交则构成 Voronoi 图，如图 12-62（d）所示。

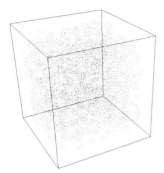
（a）骨料表面 Voronoi 生长点

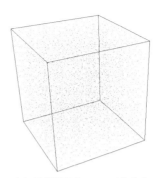
（b）砂浆基质中 Voronoi 生长点

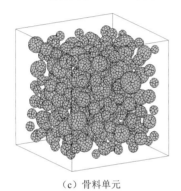
（c）骨料单元

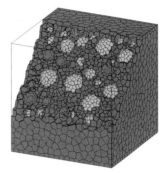
（d）Voronoi 多面体

图 12-62　混凝土材料三维离散实例

在砂浆基质中引入了骨料相，给网格划分带来了难度。对点集进行 Delaunay 三角剖分时，需要依据骨料的球心到四面体各面的垂直距离与该球形骨料半径的关系来判断砂浆基质中的四面体与球形骨料是否有相交的情况。若有，则剔除不合格四面体。最终球形骨料变成由表面点集生成的 Delaunay 三角形围成的等效球体，进而形成由 Voronoi 多边形包围而成的等效多面体的骨料单元如图 12-62（c）所示。

12.6.3　单元的划分与连接

组骨料和离散的砂浆多面体均作为独立的单元，相邻单元之间通过弹簧连接。基于刚性体的假定，单元本身不发生变形，其变形由周围连接的弹簧组的变形来表征。在细观尺度上对混凝土材料进行三维仿真分析时，同样认为混凝土为水泥砂浆、粗骨料以及二者之间的界面层组成的复合材料。其中水泥砂浆作为基体相，粗骨料作为分散相，二者的界面层作为过渡相。假定粗骨料为完全刚性且不发生变形和破坏，则可以将混凝土材料划分成骨料单元和砂浆单元，砂浆单元之间由砂浆弹簧连接，骨料单元和砂浆单元之间由界面弹簧连接，如图 12-63 所示。

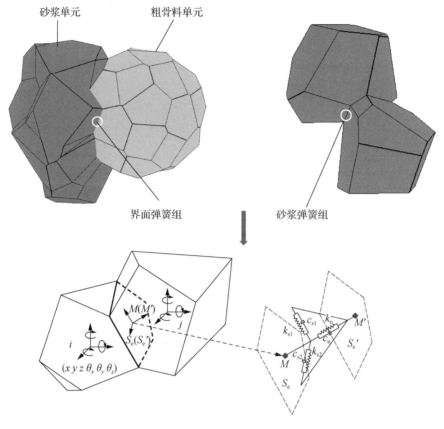

图 12-63　三维单元之间的连接

三维模型中每个刚性体单元都有 3 个平动自由度（x, y, z）和 3 个转动自由度（θ_x, θ_y, θ_z）。为与空间局部坐标系相对应，三维模型中弹簧组由一个法向弹簧和两个切向弹簧组成，相应弹簧处布置有阻尼器，如图 12-63 所示。其中 k_n、k_{s1} 及 k_{s2} 为法向弹簧及两个切向弹簧的刚度；M 和 M' 分别为 i 单元和 j 单元公共面上的弹簧点；S_e 和 S'_e 分别表示 i 单元和 j 单元的公共面上的弹簧代表面积；c_n、c_{s1} 和 c_{s2} 分别为法向阻尼和切向阻尼的阻尼系数。材料的拉压性能由单元之间的法向弹簧来表征，剪切性能由一对剪切弹簧来表征。在静态受力过程，单元产生的转动位移极小，且小于平动位移几个数量级[7]，因此弹簧组中没有考虑弯曲和扭转弹簧的连接和作用。

12.6.4　砂浆弹簧的本构关系

1. 弹簧刚度

三维模型与二维模型除在维度上不同外，其受力问题也不同，三维模型为空间应力问题，而二维模型为平面应变问题。三维模型中弹簧的刚度确定方法与

12.2.4 节中所述二维模型弹簧刚度确定方法原理相同[28]。仍以图 12-12 中所示微分条 P_iP_j 为例，设两个微段 P_iM_i 和 P_jM_j 上有法向正应力 σ_n^p 及切向的剪应力 τ_{sk}^p；并设微段 P_iM_i 和 P_jM_j 内法向正应变 ε_n^p 和切向剪应变 γ_{sk}^p 为均匀分布，且切向的正应变 ε_s^p 为零，由广义胡克定律，且假定砂浆基质各向同性，则有

$$\begin{cases} \varepsilon_n^p = \dfrac{\delta_n^p}{h_p}, \quad \gamma_{sk}^p = \dfrac{\delta_{sk}^p}{h_p} \\[2mm] \sigma_n^p = \dfrac{(1-\nu_p)E_p}{(1+\nu_p)(1-2\nu_p)}\varepsilon_n^p, \quad \tau_{sk}^p = G_p\gamma_{sk}^p \end{cases} \quad p=i,j; k=1,2 \qquad (12\text{-}56)$$

式中，$k=1,2$ 表示两个正交的剪切方向。

相邻单元界面应力连续条件为

$$\sigma_n^i = \sigma_n^j, \quad \tau_{sk}^i = \tau_{sk}^j \qquad (k=1,2) \qquad (12\text{-}57)$$

微分条 P_iP_j 的总的弹性变形量，可以由两个微段用局部坐标表示的相对变形量所代替，如图 12-12（c）中所示，则有

$$\begin{cases} \delta_n^i + \delta_n^j = \Delta_n^i + \Delta_n^j \\[1mm] \delta_{sk}^i + \delta_{sk}^j = \Delta_{sk}^i + \Delta_{sk}^j \end{cases} \qquad (k=1,2) \qquad (12\text{-}58)$$

由式（12-56）～式（12-58）可以得到不同介质交界面的弹簧应力公式为

$$\begin{cases} \sigma_n = \dfrac{(1-\nu_i)(1-\nu_j)E_iE_j\left(\Delta_n^i + \Delta_n^j\right)}{(1+\nu_i)(1-2\nu_i)(1-\nu_j)E_jh_i + (1+\nu_j)(1-2\nu_j)(1-\nu_i)E_ih_j} \\[3mm] \tau_{sk} = \dfrac{G_iG_j\left(\Delta_{sk}^i + \Delta_{sk}^j\right)}{G_jh_i + G_ih_j} \end{cases} \quad (k=1,2) \quad (12\text{-}59)$$

考虑到砂浆基质中两个相邻单元材料相同，则其细观单元材料参数也相同。定义 E_e、ν_e 分别为细观尺度上单元材料的弹性模量和泊松比，用 Δ_n、Δ_s 分别表示法向和切向弹簧的总变形，对于三维空间应力问题，式（12-59）可以简化为

$$\begin{cases} \sigma_n = \dfrac{(1-\nu)E\left(\Delta_n^i + \Delta_n^j\right)}{(1+\nu)(1-2\nu)(h_i + h_j)} \\[3mm] \tau_{sk} = \dfrac{G_iG_j\left(\Delta_{sk}^i + \Delta_{sk}^j\right)}{G_jh_i + G_ih_j} \end{cases} \qquad (k=1,2) \qquad (12\text{-}60)$$

两相邻单元界面上的法向和切向弹簧力 $F_{n,s}$、$F_{sk,s}$（第一个下标代表力的方向，第二个下标代表由弹簧产生的力）可以根据相邻单元公共面的面积得到

$$\begin{cases} F_{n,s} = \dfrac{(1-\nu_{me})E_{me}}{(1+\nu_{me})(1-2\nu_{me})}\dfrac{\Delta_n}{h_i + h_j}S_e \\[3mm] F_{sk,s} = \dfrac{E_{me}}{2(1+\nu_{me})}\dfrac{\Delta_s}{h_i + h_j}S_e \end{cases} \qquad (k=1,2) \qquad (12\text{-}61)$$

则模型中的法向弹簧和切向弹簧刚度可以表示为

$$
\begin{cases}
k_{n,s} = \dfrac{(1-v_{me})E_e}{(1+v_{me})(1-2v_{me})}\dfrac{S_e}{h_i+h_j} \\[3mm]
k_{s,s} = \dfrac{E_{me}}{2(1+v_{me})}\dfrac{S_e}{h_i+h_j}
\end{cases}
\tag{12-62}
$$

2. 细观尺度上砂浆力学性能参数

二维细观模型的研究结果表明，宏观试验获得的各组分材料参数无法直接用于细观模型中，需要考虑宏细观之间的差异。因此，根据文献[16]中提出的确定细观模型中各组分材料力学参数的方法，获得适用于三维模型的材料性能参数计算公式，如式（12-63）～式（12-66）所示[29]。

$$
f_{me} = 1.817 f_{m,70}^{1.170}
\tag{12-63}
$$

式中，f_{me} 为单元尺寸为 5mm 时细观尺度上砂浆的抗压强度；$f_{m,70}$ 为砂浆宏观尺度上由标准试件测得的抗压强度。

$$
f_{mte} = f_{mt,D}\left(\frac{D}{d}\right)^{1/4} \qquad (D/d \leqslant 20)
\tag{12-64}
$$

式中，f_{mte} 为单元尺寸为 d 时，砂浆的抗拉强度；$f_{mt,D}$ 为用尺寸为 D 的宏观试件测得的砂浆的抗拉强度。

$$
v_{me} = 0.5v_m^3 + 11.56v_m^2 - 1.03v_m
\tag{12-65}
$$

$$
E_{me} = E_m\left(-28.781v_m^3 - 12.88v_m^2 + 4.52v_m + 1\right)
\tag{12-66}
$$

式中，E_{me}、v_{me} 分别为细观尺度上砂浆的弹性模量和泊松比；E_m、v_m 分别为宏观尺度上砂浆的弹性模量和泊松比。

3. 弹簧力-位移关系

三维模型中弹簧组与二维模型中弹簧组有所不同，但由于弹簧自身属于一维受力元件的属性，法向弹簧与切向弹簧仍采用二维模型中砂浆弹簧的本构关系，详见图 12-14。

弹簧所能承受的最大拉力 F_{tmax} 和最大压力 F_{cmax} 由细观单元的抗拉强度 f_{mte} 和抗压强度 f_{me} 确定，强度值由单元的材料力学性能决定；最大剪力 F_{smax} 由与正应力有关的最大剪应力 τ_{me} 确定，如式（12-67），式中 S_e 为两单元公共面的面积。法向变形 Δ_{tmax}、Δ_{cmax} 和切向变形 Δ_{smax} 由式（12-68）确定。

$$
\begin{cases}
F_{tmax} = f_{mte}S_e \\
F_{cmax} = f_{me}S_e \\
F_{smax} = \tau_{me}S_e
\end{cases}
\tag{12-67}
$$

$$\begin{cases} \varDelta_{\text{max}} = F_{\text{tmax}} / k_{\text{n,s}} \\ \varDelta_{\text{cmax}} = -F_{\text{cmax}} / k_{\text{n,s}} \\ \varDelta_{\text{smax}} = F_{\text{smax}} / k_{\text{s,s}} \end{cases} \tag{12-68}$$

4. 弹簧的破坏准则

受力过程中，法向弹簧的破坏准则为：弹簧受拉达到最大拉力 F_{tmax} 时，属受拉破坏；或者受压达到最大压力 F_{cmax} 时，属受压破坏。三维模型中，切向弹簧采用两个正交方向的剪切弹簧合力，令 $\tau_{\text{me}} = \sqrt{\tau_{\text{me1}}^2 + \tau_{\text{me2}}^2}$，弹簧所能承受的最大剪力则由压剪耦合状态下弹簧的破坏准则决定，采用式（12-25）计算，详见图 12-13。

12.6.5　界面弹簧的本构关系

如 12.2.5 节中所述，由于模型中假定界面层的厚度为零，且界面弹簧的变形仅代表与之相连的水泥砂浆单元的变形，因此在数值模型中，近似认为界面弹簧的刚度系数和砂浆弹簧的刚度系数相同，两者的主要不同之处在于其强度的不同。

对于法向弹簧，考虑粗骨料表面粗糙度的影响，水泥砂浆与粗骨料之间的界面黏结抗拉强度根据骨料成分不同分别按式（12-33）～式（12-35）计算得到；而抗压强度则取砂浆强度。对于切向弹簧，采用修正的莫尔-库仑准则描述粗骨料与水泥砂浆间界面的失效行为，详见图 12-16 及对应的计算公式：式（12-37）～式（12-39）。

12.6.6　单元间接触本构关系

当单元之间的弹簧组失效（裂缝产生）后，单元之间力的作用由弹簧力转为接触力，且只有当两单元之间再次接触，并有叠合量时才会产生接触力，此时只能承受接触产生的压力和剪力，不能再承受拉力。由于受力过程中单元之间产生的相对位移很小，因此可以假设模型中的接触情形只发生面-面接触一种，对角-角、角-边、角-面、边-边及边-面接触均不予考虑。同时由于单元运动速度很小，也不考虑单元之间可能发生的碰撞作用。

采用弹塑性无张力面-面接触模型，假定接触面上的法向和切向应力均匀分布，则可由弹性力学理论推导得出三维模型中法向接触刚度和切向接触刚度为

$$\begin{cases} k_{\text{n,c}} = E_{\text{me}} \dfrac{S_{\text{e}}}{h_i + h_j} \\ k_{\text{s,c}} = \dfrac{E_{\text{me}}}{2(1 + v_{\text{me}})} \dfrac{S_{\text{e}}}{h_i + h_j} \end{cases} \tag{12-69}$$

接触力-变形关系如图 12-17 所示。法向接触力只有当单元之间有重合时才会产生，同时对法向接触设立一个接触深度的阈值 $\varDelta_{\text{ncri}}$，以避免单元之间产生过大的叠合。结合数值模拟分析，建议该值取为 0.003mm。

当切向接触力达到某一最大值时，就会发生塑性剪切滑移，最大接触力按式（12-41）计算。

12.7　基于三维离散单元法的混凝土材料破坏过程数值模拟分析

12.7.1　动力平衡方程及其求解

刚体单元的运动可以分解为质心的平动及绕质心的转动两部分。为方便描述，对整个材料离散系统和单元建立如图 12-64 所示的两个坐标系统。其中整体坐标系 $OXYZ$ 为绝对静止坐标系，为由所有单元组成的离散系统的整体坐标系；坐标系 $oxyz$ 通过块体形心（假设块体密度均匀，故同时也是质心）o，该坐标系固定于块体之上，为块体单元的局部坐标系。局部坐标系 $oxyz$ 各个坐标轴恰好为块体单元的中心惯性主轴，这样绕各坐标轴的转动惯量有

$$I_x = I_1, \quad I_y = I_2, \quad I_z = I_3, \quad I_{xy} = I_{yz} = I_{zz} = 0 \tag{12-70}$$

式中，I_1、I_2 和 I_3 分别为绕形心轴的转动惯量。

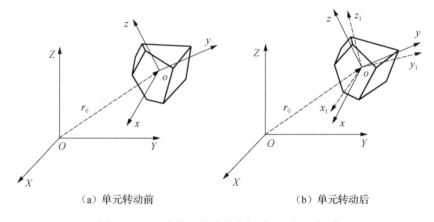

(a) 单元转动前　　　　　　　　　　　　(b) 单元转动后

图 12-64　三维单元的整体坐标系与局部坐标系

基于此坐标系，单元的动力平衡方程可由第 11 章中式（11-10）表示。平衡方程的求解方法采用 11.3 节中的中心差分的动态松弛解法，选择同步松弛的松弛方法求得每一时步结束后单元的位移增量，求解流程图如图 12-20 所示。模型中单元在空间中的位置变化，采用第 11 章中 11.3.3 节中所述的单元坐标更新技术，根据单元的位移增量获得单元在空间中的新位置或新坐标。

12.7.2　计算时步和阻尼参数的选取

通过试算表明，混凝土材料单元划分在平均体积约为 5mm³ 时，计算时步采

用 1×10^{-5}s，临界质量阻尼比例系数取 30000，可得到较稳定的计算结果。

12.7.3　边界单元的处理

边界单元的处理方法与 12.3.3 节中所述二维模型边界处理方法相同。

12.7.4　计算的初始条件和终止条件

静力荷载作用下可采用位移加载或力加载两种方式。对于位移加载，加载板单元的初始位移为第一个荷载子步的位移增量，其他单元的位移、速度、加速度均为 0。对于力加载，第一个荷载子步为加载板所受外力，其他单元所受外力为 0。计算过程中，当混凝土强度小于 30MPa 时，加荷速度取 0.3～0.5MPa/s，混凝土强度在 30～60MPa 时，加荷速度取 0.5～0.8MPa/s，混凝土强度高于 60MPa 时，加荷速度取 0.8～1.0MPa/s。位移加载时的加载速度宜低于 0.002mm/s，同时还应保证每荷载步产生的试件的应变率在 10^{-5}s^{-1} 以下，以保证单元不会在第一个荷载步就发生破坏。

计算终止条件有单元受力状态和计算时间两类，前者认为当得到的试件的荷载值降为峰值荷载的 1/10 后计算可终止；后者认为可以根据实际的计算情况，在需要终止的时候人为终止以节省计算时间。

12.8　实例验证

对混凝土材料单轴受拉及单轴受压破坏过程进行计算分析，通过和试验结果比较验证已建立的基于离散单元法的三维仿真系统的有效性和准确性。

12.8.1　混凝土单轴受拉破坏过程分析

单轴受拉试件的各组分材料参数均来自文献[30]。按 12.6.4 节中的方法将宏观材料参数转化为细观单元的材料参数，如表 12-22 所示。试件尺寸为 70mm×70mm×140mm，骨料粒径为 6.5～23mm，骨料含量为 30%。单元平均体积为 5mm³。加载方式为位移加载，加载端无约束。

表 12-22　单轴受拉时混凝土各组分宏观及细观力学参数

组分	宏观尺度				细观尺度			
	E_m/MPa	ν_m	f_m/MPa	f_{mt}/MPa	E_{me}/MPa	ν_{me}	f_{me}/MPa	f_{mte}/MPa
砂浆	21876	0.18	35	3.48	26873	0.19	116.4	6.73
界面	10938	0.18	35	1.63	13437	0.19	116.4	3.37

注：E_m、ν_m、f_m 及 f_{mt} 分别表示宏观尺度上材料的弹性模量、泊松比、抗压强度及抗拉强度；E_{me}、ν_{me}、f_{me} 及 f_{mte} 分别表示细观尺度上材料的弹性模量、泊松比、抗压强度及抗拉强度。

　　计算得到的 6 个混凝土试件抗拉强度均值为 2.67MPa，将单轴受拉数值模拟得到的应力-应变曲线与文献[30]中试验结果及三维刚体弹簧元模型（RBSM 模型）的计算结果进行对比，如图 12-65 所示。由图中可知，达到峰值前，由三维离散单元法模型计算得到的应力-应力曲线与试验曲线及刚体弹簧元模型计算得到的应力-应变曲线吻合较好。模型较好地模拟了混凝土拉伸软化行为，且与刚体弹簧元模型计算的结果相比，本模型获得的软化段更符合混凝土实际软化行为。

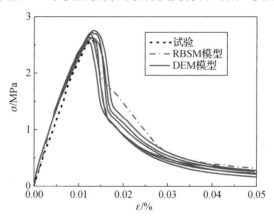

图 12-65　混凝土受拉应力-应变曲线

　　典型的混凝土单轴受拉破坏模式及混凝土材料的破坏过程如图 12-66 所示。由图中可知，细观尺度上，混凝土的破坏始于薄弱相界面层的拉坏或拉剪破坏，随着荷载的增加，破坏的界面数量增多，达到峰值应力的 70%左右时在某个薄弱区域破坏扩展到砂浆区域，之后裂缝迅速发展直至形成宏观裂缝导致材料断裂。

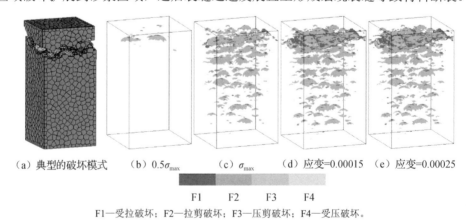

（a）典型的破坏模式　（b）0.5σmax　（c）σmax　（d）应变=0.00015　（e）应变=0.00025

F1—受拉破坏；F2—拉剪破坏；F3—压剪破坏；F4—受压破坏。

图 12-66　单轴受拉时混凝土材料的破坏过程

12.8.2 混凝土单轴受压破坏过程分析

1. 混凝土立方体的破坏过程

混凝土立方体试件受压计算分析所需各组分材料参数如表 12-23 所示。加载端部无摩擦约束及有摩擦约束作用的混凝土立方体试件抗压强度数值模拟结果和试验结果（见 12.4.1 节中 C7.5 等级的混凝土）的比较示于表 12-24 中。破坏形态的数值模拟结果与试验结果的对比如图 12-67 及图 12-68 所示。三维模型模拟无约束立方体受压时，产生的裂缝基本上是沿受力方向的平行裂缝且数量较多；而模拟有约束立方体抗压时，试件的破坏裂缝相对较少，且裂缝方向倾向于呈现对顶椎体破坏形态。比较表明，计算结果与试验结果吻合较好。

表 12-23　单轴受压时混凝土各组分宏观及细观力学参数

组分	宏观尺度				细观尺度			
	E_m/MPa	v_m	f_m/MPa	f_{mt}/MPa	E_{me}/MPa	v_{me}	f_{me}/MPa	f_{mte}/MPa
砂浆	21200	0.21	22.80	2.50	23631	0.30	70.49	5.68
界面	10600	0.21	22.80	1.25	11815	0.30	70.49	2.84

注：E_m、v_m、f_m 及 f_{mt} 分别表示宏观尺度上材料弹性模量、泊松比、抗压强度及抗拉强度；E_{me}、v_{me}、f_{me} 及 f_{mte} 分别表示细观尺度上材料弹性模量、泊松比、抗压强度及抗拉强度。

表 12-24　端部有（无）约束混凝土立方体试件抗压强度的数值模拟结果与试验结果比较

加载端条件	数值模拟结果/MPa				试验结果/MPa				相差/%
	立方体抗压强度			均值	立方体抗压强度			均值	
无约束	20.2	19.8	20.0	20.0	18.5	19.3	19.7	19.2	4.2
有约束	23.3	23.5	23.4	23.4	25.1	23.1	25.0	24.4	−4.1

（a）试验结果

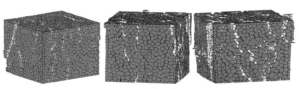

（b）数值模拟结果

图 12-67　单轴受压时混凝土立方体抗压试件（无约束）破坏形态对比

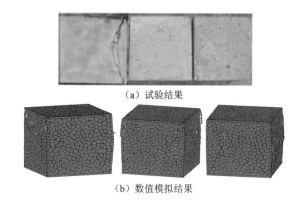

（a）试验结果

（b）数值模拟结果

图 12-68　单轴受压时混凝土立方体抗压试件（有约束）破坏形态对比

2. 混凝土棱柱体的破坏过程

混凝土棱柱体试件轴心受压计算分析所需各组分材料参数如表 12-25 所示，混凝土宏观力学性能试验结果如表 12-6 中 C25 混凝土相关数据所示。数值模拟得到的混凝土轴心受压试件应力-应变全过程曲线如图 12-69 所示。比较表明，数值模拟得到的轴心抗压强度与峰值应变与试验结果吻合较好。数值模拟获得的试

表 12-25　混凝土各组分宏观及细观力学参数

组分	宏观尺度				细观尺度			
	E_m/MPa	v_m	f_m/MPa	f_{mt}/MPa	E_{me}/MPa	v_{me}	f_{me}/MPa	f_{mte}/MPa
砂浆	26300	0.21	29.9	3.55	28937.6	0.30	96.80	7.51
界面	13150	0.21	29.9	1.78	14468.8	0.30	96.80	3.76

注：E_m、v_m、f_m 及 f_{mt} 分别表示宏观尺度上材料弹性的模量、泊松比、抗压强度及抗拉强度；E_{me}、v_{me}、f_{me} 及 f_{mte} 分别表示细观尺度上材料的弹性模量、泊松比、抗压强度及抗拉强度。

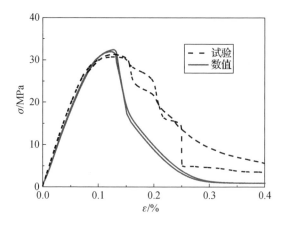

图 12-69　混凝土单轴受压应力-应变关系曲线

件破坏形态如图 12-70 所示，可以看出数值模拟试件的裂缝走向和位置与典型的棱柱体轴心受压试件的破坏形态较为接近。图 12-71 为混凝土泊松比变化数值模拟曲线与试验曲线对比。对比表明，当应力水平较低时（$\sigma<0.3f_c$），应变近似按比例增长，此时数值模拟与试验测得泊松比变化规律一致，且泊松比变化很小；当应力水平达到 $\sigma>0.5f_c$ 时，由于混凝土内部界面处开始产生裂缝并扩展，泊松比逐渐增大；当 $\sigma>0.8f_c$ 时，泊松比迅速增长。

图 12-70　混凝土轴心受压试件破坏形态

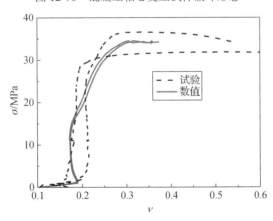

图 12-71　混凝土单轴受压时泊松比变化数值模拟曲线与试验曲线

12.9　仿真系统应用

上节的验证结果表明，三维仿真系统能够有效合理地模拟拉、压荷载作用下混凝土材料破坏全过程。与基于平面问题假设的二维仿真系统相比较，基于空间受力问题的仿真系统更能揭示材料真实受力情况。另外，12.5 节中的分析结果表明，采用二维模型进行双轴受压时混凝土材料的破坏过程分析会过高地估计混凝土的强度，有必要开发三维仿真系统。作为三维仿真系统的应用实例，本节重点模拟双轴荷载下混凝土的力学行为。

混凝土双向受力计算分析时所需各组分材料参数如表 12-3 所示（对应于12.4.1 节中 C7.5 等级的混凝土）。试件尺寸为 100mm×100mm×50mm，骨料级配为连续级配，粒径范围为 5～15mm。单元平均体积约为 5mm³。采用力加载，加载端做无约束处理。计算参数见 12.8.2 节。图 12-72 给出了双轴受力几何模型及加载方式。采用等比例加载，分别计算模拟了试件双轴拉伸、双轴拉压及双轴受压的受力破坏过程。

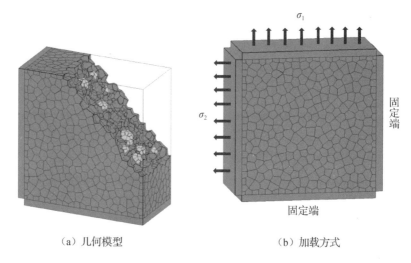

（a）几何模型　　　　　　　　　　（b）加载方式

图 12-72　基于三维模型的双轴受力几何模型及加载方式

进行双轴受力计算时，各向应力按比例增加（$\sigma_2 \leqslant \sigma_1$），当 σ_1 达到最大值时结束计算。双轴受力强度值的三维模型计算结果、二维模型计算结果及文献[26]中的试验结果如图 12-73 所示（拉应力为正）。图 12-73 中，f_c 为混凝土轴心抗压强度，数值分析时标注的轴心抗压强度值为表 12-6 中 C7.5 混凝土材料试验结果的平均值。对比结果表明，三维模型对混凝土双轴拉-拉、拉-压及压-压计算得到的双轴受力强度值与 Kupfer 双轴受力强度包络线[26]吻合较好。基于离散单元法的二维细观模型在计算双轴受拉和双轴拉压时的强度值与 Kupfer 包络线吻合较好，但双轴受压时则过高地估计了混凝土的强度。如 12.5.7 节中所述，由于混凝土双轴拉压或双轴拉伸发生的破坏均为面内受拉破坏，因此二维模型可以获得较好的模拟结果；而混凝土双轴受压时既可能发生面内劈裂破坏也可能发生面外劈裂破坏，由于二维模型空间维度的限制，无法考虑面外破坏，因此模拟强度结果偏高。将三维细观模型计算得到的拉-压、拉-拉受力时混凝土的破坏形态与文献[25]中试验得到的破坏形态进行对比，可以看出数值模拟结果与试验结果吻合很好。双轴受拉时，混凝土材料沿最大主拉应力方向产生主裂缝而破坏 [图 12-74（a）～（c）]；双向拉压时，形成的宏观拉裂缝大致平行于压力方向 [图 12-74（d）、（e）]。

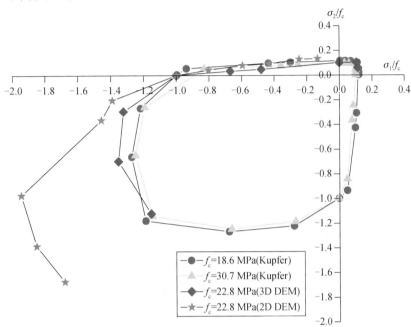

图 12-73 双轴受力下混凝土强度破坏准则的数值模拟结果

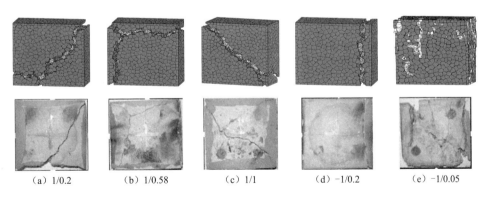

（a）1/0.2　　　（b）1/0.58　　　（c）1/1　　　（d）-1/0.2　　　（e）-1/0.05

图 12-74 双轴受力时混凝土试件破坏形态

参 考 文 献

[1] VAN MIER J G M. Fracture process of concrete: assessment of material parameters for fracture models [M]. Boca Raton: CRC Press, Inc., 1997.

[2] WITTMANN F H. Structure of concrete with respect to crack formation [M]//WITTMANN F H. Fracture mechanics of concrete. London: Elsevier Science Publisher, 1989.

[3] UEDA T. Prediction of structural performance during service life from microstructure[R]//Workshop proceedings: microstructure and durability to predict service life of concrete structures. Sapporo, Japan: Hokkaido University, 2004: 39-48.

[4] 朱万成. 混凝土断裂过程的细观数值模型及应用[D]. 沈阳：东北大学，2000.

[5] OKAMURA H, MAEKAWA K. Nonlinear analysis and constitutive models of reinforced concrete [M]. Tokyo: Gihodo Co. Ltd., 1991.

[6] CAMBORDE F, MARRIOTTI C, DONZÉ F V. Numerical study of rock and concrete behavior by discrete element modeling [J]. Computers and geotechnics, 2000, (27): 225-247.

[7] WANG Z L, LIN F, GU X L. Numerical simulation of failure process of concrete under compression based on mesoscopic discrete element model [J]. Tsinghua science and technology, 2008, 13(S1):19-25.

[8] GU X L, HONG L, WANG Z L, et al. A modified rigid-body-spring concrete model for prediction of initial defects and aggregates distribution effect on behavior of concrete [J]. Computational materials science, 2013(77): 355-365.

[9] WALRAVEN J C, REINHARDT H W. Theory and experiments on the mechanical behavior of cracks in plain and reinforced concrete subjected to shear loading [J]. Heron, 1981, 26(1A): 26-35.

[10] GU X L, TRAN Y, HONG L. Quantification of coarse aggregate shape in concrete [J]. Frontiers of structural and civil engineering, 2014, 8(3): 308-321.

[11] 刘凯欣，高凌天. 离散元法研究的评述[J]. 力学进展，2003，33（4）：483-490.

[12] NAGAI K, SATO Y, UEDA T. Mesoscopic simulation of failure of mortar and concrete by 2D RBSM [J]. Journal of advanced concrete technology, 2004, 2(3): 359-374.

[13] 陈军. Voronoi 动态空间数据模型[M]. 北京：测绘出版社，2002.

[14] O'ROURKE J. Computational geometry in C [M]. 2nd ed. London: Cambridge University Press, 1994.

[15] OKABE A, BOOTS B, SUGIHARA K, et al. Spatial tessellations: concepts and applications of Voronoi diagrams [M]. New York: John Wiley & Sons, Ltd., 2000.

[16] GU X L, JIA J Y, WANG Z L, et al. Determination of mechanical parameters for elements in meso-mechanical models of concrete [J]. Frontiers of structural and civil engineering, 2013, 7(4): 391-401.

[17] 王卓琳，顾祥林，林峰. 水泥砂浆复合受力破坏准则的试验研究[J]. 建筑材料学报，2011，14（4）：437-442.

[18] GOPALARATNAM V S, SHAH S P. Softening response of plain concrete in direct tension [J]. Journal of ACI, 1985, 82(3): 310-323.

[19] JIANG Z L, HUANG Q H, XI Y P, et al. Experimental study of diffusivity of interfacial transition zone between cement paste and aggregate [J]. Journal of materials in civil engineering, ASCE, 2016, 28(10): 04016109.

[20] GU X L, HONG L, WANG Z L, et al. Experimental study and application of mechanical properties for the Interface between cobblestone aggregate and mortar in concrete [J]. Construction and building materials, 2013(46):156-166.

[21] HONG L, GU X L, LIN F. Influence of aggregate surface roughness on mechanical properties of interface and concrete [J]. Construction and building materials, 2014(65): 338-349.

[22] 王泳嘉，邢纪波. 离散单元法及其在岩土力学中的应用[M]. 沈阳：东北工学院出版社，1991.

[23] 邢纪波. 梁-颗粒模型导论[M]. 北京：地震工程出版社，1999.

[24] 顾祥林，付武荣，汪小林，等. 混凝土材料与结构破坏过程模拟分析[J]. 工程力学，2015，32（11）：9-17.

[25] LEE S K, SONG Y C, HAN S H. Biaxial behavior of plain concrete of nuclear containment building [J]. Nuclear engineering and design, 2004, 227(2): 143-153.

[26] KUPFER H, HILSDORF H K, RUSCH H. Behavior of concrete under biaxial stresses [J]. Journal of ACI, 1969, 66(8): 656-666.

[27] WRIGGERS P, MOFTAH S O. Mesoscale models for concrete: homogenisation and damage behavior [J]. Finite elements in analysis and design. 2006, 42(7): 623-636.

[28] 卓家寿. 不连续介质力学问题的界面单元法[M]. 北京：科学出版社，2000.

[29] JIA J Y, GU X L. A 3D mesoscopic model for simulating failure process of concrete based on discrete element method[C]//LI X K, FENG Y T, MUSTOE G. Proceedings of the 7th International Conference on Discrete Element Methods, Springer Proceedings in Physics. Singapore, 2017, 188: 497-513.

[30] NAGAI K, SATO Y, UEDA T. Mesoscopic Simulation of Failure of Mortar and Concrete by 3D RBSM[J]. Journal of advanced concrete technology, 2005, 3(3): 385-402.

第 13 章　单调加载时钢筋混凝土剪力墙破坏过程仿真分析

钢筋混凝土剪力墙是现代高层建筑中重要的承重和抗侧力构件，对其进行加载试验（图 13-1）可深入认识剪力墙的破坏机理。但试验本身会受到各种条件的限制，如特定的加载模式在实验室条件下难以实现、构件破坏对试验设备和场地的损毁、重复试验所花费的时间成本和经济成本等。如能建立一种剪力墙破坏过程的数值仿真方法，则可以扩充试验数据、扩展试验范围，甚至在某种意义上减少试验中的人为误差，可随时动态地、重复地显示破坏过程，为钢筋混凝土剪力墙性能研究提供一种重要的辅助手段。采用第 4 章的方法可以较好地进行剪力墙的面内受力分析，但难以进行空间受力分析。另外，由于钢筋混凝土剪力墙破坏过程涉及大变形、裂缝的发生发展、裂面的接触摩擦等强非线性问题，采用有限单元法进行分析时收敛问题比较突出，而离散单元法却能克服这一缺点。本章在宏观尺度上将混凝土看作匀质材料，建立墙体的三维离散单元模型，开发相应的数值仿真系统，模拟空间复合受力状态下钢筋混凝土剪力墙的破坏过程，并用试验对仿真系统进行验证。

（a）面内加载

（b）斜向加载

（c）面外加载

图 13-1　钢筋混凝土剪力墙的水平加载试验

13.1　宏观尺度上剪力墙的三维离散元模型

13.1.1　剪力墙体的离散

利用 12.2.3 节中类似的方法在钢筋混凝土剪力墙面上生成 Voronoi 图。具体步骤如下：首先生成离散生长点集的 Delaunay 三角网 ［图 13-2（a）和（b）］；然后根据 Delaunay 三角网与 Voronoi 图的直线对偶性质，做每一条三角边的垂直平分线，所有的垂直平分线的交点就构成了该点集的 Voronoi 图 ［图 13-2（c）和（d）］。以图 13-2 中不规则多边形为底面，沿墙厚度方向拉伸得到混凝土棱柱体单元，如图 13-3 所示。将棱柱体的每个侧面平分为若干个小的面积元，每个面积元的"形心"处生成一个弹簧点，这样，在棱柱体的母线方向，也就是墙的厚度方向，即生成若干个混凝土弹簧。混凝土弹簧代表其所属混凝土材料的性能。厚度方向的弹簧点取得过少时（如取 2 个），会影响计算结果的精度；取得过多时（如 16 个），则会造成计算时间过长。一般建议厚度方向取 4 个弹簧点。图 13-3（b）即是混凝土棱柱单元体生成弹簧之后的效果图。剪力墙面内受剪时棱柱单元体绕着自身的轴线转动，面外受弯时则绕垂直于轴线的方向转动。

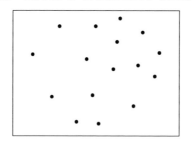

（a）离散生长点集　　　　　　　　（b）生成 Delaunay 三角网

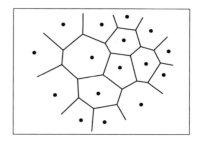

（c）Delaunay 三角网生成 Voronoi 图　　　　　（d）最后生成的 Voronoi 图

图 13-2　钢筋混凝土剪力墙面 Voronoi 图的生成过程

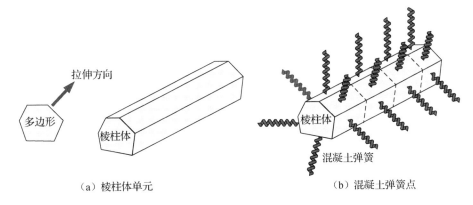

（a）棱柱体单元　　　　　　　　　　（b）混凝土弹簧点

图 13-3　混凝土棱柱体单元及混凝土弹簧点

　　对于钢筋混凝土剪力墙中实际存在的钢筋网［图 13-4（a）］，建模时按照每一根钢筋的空间位置，从起点到终点形成矢量，生成空间的矢量钢筋网。每根钢筋均表示为一钢筋弹簧。当某根钢筋与混凝土单元有交点时，则在交点生成钢筋弹簧点，钢筋与混凝土连接于钢筋弹簧点处［图 13-4（b）和（c）］。这样，随着划分单元时混凝土棱柱体尺寸的不同，某一个混凝土棱柱体单元上可能没有钢筋弹簧点，也可能有多个钢筋弹簧点。

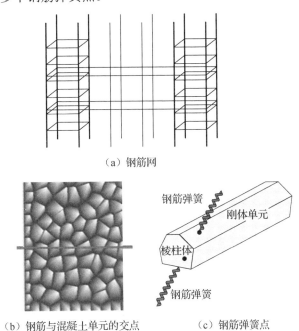

（a）钢筋网

（b）钢筋与混凝土单元的交点　　　（c）钢筋弹簧点

图 13-4　钢筋网及钢筋弹簧点的位置示意图

钢筋弹簧点生成过程中，可能会出现一种特殊情况，即某钢筋正好穿过混凝土棱柱体单元的某条棱边［图 13-5（a）］，因为棱边处于两个面的交线位置，所以此时会在同一个空间点上多次生成钢筋弹簧点，与实际不符。故对于此类情形，强制钢筋矢量的各个分量在此偏移 10^{-5}mm 左右［图 13-5（b）］。这样处理，避免了仿真失真，且因为偏移量极小，在宏观上造成的误差可忽略不计。

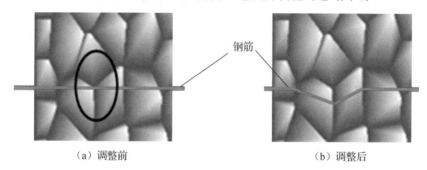

（a）调整前　　　　　　　　　　　　　　　　　　　（b）调整后

图 13-5　钢筋穿过混凝土单元棱边时的处理

13.1.2　单元的几何特性

1. 混凝土弹簧的代表面积与代表长度

混凝土弹簧代表相邻两接触单元形心之间混凝土材料的性能，混凝土弹簧的代表面积取两相邻单元间的接触面积（图 13-3）。

假定两个相邻单元，形心点分别为 O_A 和 O_B，当两单元交界面的弹簧代表厚度为 t、长度为 B 的弹簧面积时，代表长度 L 最简单直观的取值方式便是取两单元的形心间的距离 L_0，如图 13-6（a）所示。然而，这种取法会造成材料的重复利用，造成失真。因此，将形心与各角点连接，形成虚拟的三角形，如图 13-6（b）所示，每个弹簧代表的材料的面积为上下两个三角形面积之和。这样，当单元各个面均生成弹簧时，每一部分材料都不会被重复利用。然后将两个三角形的面积等效为一个长方形，此长方形长为 B，高度为 $L=L_0/2$，即为弹簧的代表长度 L。

为了检验等效之前和等效之后的区别，进行了一个轴压数值试验。试件尺寸采用表 13-1 中所列的剪力墙试件的尺寸。去除钢筋，在试件上部竖向位移加载直到试件破坏。单元强度取 $f_{ce}=59.2\,\text{MPa}$，混凝土代表长度分别按 L_0 和 $L_0/2$ 取值，得到截面的平均应力和平均应变之间的关系如图 13-7 所示。由图 13-7 中可见，混凝土弹簧代表长度的两种取法所造成的宏观差异体现在构件受压破坏时的峰值应变相差一倍。事实上，对比图 13-6（a）和（c）可见，弹簧点所代表的混凝土面积不变，但弹簧的代表长度由 L_0 减小为 $L_0/2$。体现在图 13-7 中即为，弹簧代表长度减小将使平均应力-平均应变关系曲线变"瘦"，且弹簧代表长度取为 L_0 时得到的计算结果更加合理。故建议混凝土弹簧的代表长度仍取 L_0。

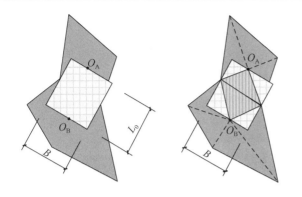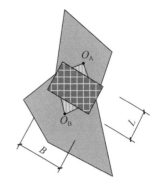

（a）代表长度取形心距离时　　　（b）三角形划分后的代表面积　　　（c）等效后的矩形

图 13-6　混凝土弹簧代表长度

表 13-1　钢筋混凝土剪力墙试件情况总表

试件编号	加载角度/（°）	截面尺寸	墙体高度/mm	竖向配筋	水平配筋	轴压比
W1-1	0	900mm×80mm	690	φ6.5@180	φ6.5@250	0.10
W1-2	0	900mm×80mm	690	φ6.5@180	φ6.5@250	0.21
W1-3	0	900mm×80mm	690	φ6.5@180	φ6.5@250	0.31
W2-1	45	900mm×80mm	690	φ6.5@180	φ6.5@250	0.10
W2-2	45	900mm×80mm	690	φ6.5@180	φ6.5@250	0.21
W2-3	45	900mm×80mm	690	φ6.5@180	φ6.5@250	0.31
W3-1	90	900mm×80mm	690	φ6.5@180	φ6.5@250	0.10
W3-2	90	900mm×80mm	690	φ6.5@180	φ6.5@250	0.21
W3-3	90	900mm×80mm	690	φ6.5@180	φ6.5@250	0.31

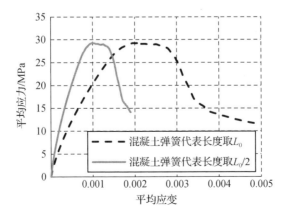

图 13-7　混凝土弹簧代表长度对平均应力-平均应变关系的影响

2. 混凝土弹簧变形计算

离散单元法中，相邻单元之间是以弹簧连接的，弹簧的受力状态随着单元上弹簧点的相对位置变化而变化。但是，不管两个单元发生了怎样的位移，两个连接单元所受弹簧内力总是大小相等、方向相反，且与单元相对变形相协调。

对于混凝土弹簧，由于其代表的混凝土材料既可以承受轴向应力也可以承受剪切应力，因此，计算混凝土弹簧变形时，选取两个单元相邻面的中间面作为弹簧变形计算的参考面，以弹簧变形矢量在参考面法向上的投影为轴向变形矢量，在参考面上的投影为剪切变形矢量，如图 13-8 所示。

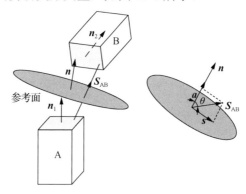

图 13-8   混凝土弹簧变形计算

图 13-8 中暗色椭圆区域是参考面。设某弹簧所连接的两个面的法向矢量分别为 n_1 和 n_2，则取单元 A、B 相邻面的中间面作为参考面，其法向矢量 n 为

$$n = n_1 + n_2 \qquad (13\text{-}1)$$

记弹簧变形以后的矢量为 S_{AB}，S_{AB} 在参考面上的投影向量为 s，在参考面法向的投影向量为 a。当弹簧点间为纯轴向变形时，如图 13-9（a）所示，弹簧变形矢量 S_{AB} 在参考面上的投影为 0，即剪切变形为 0；当弹簧点间为纯剪切变形时，如图 13-9（b）所示，弹簧变形矢量 S_{AB} 在参考面的法向上的投影为 0，即轴向变形为 0；当弹簧点间既有轴向变形又有剪切变形时，如图 13-9（c）所示，对弹簧变形矢量 S_{AB} 进行投影分别得到轴向变形 $|S_{AB}| \times \cos\theta$ 和剪切变形 $|S_{AB}| \times \sin\theta$。

采用动态松弛法进行刚体运动计算时，每一次迭代步中所有单元同步放松。此时，同一根弹簧两端的两个弹簧点具有相互平行但法向向量相反的参考面。这样，每一次迭代过程中，相邻两个单元共有弹簧的变形矢量大小相等，弹簧力方向相反，弹簧变形具有明确的物理意义，且满足内力平衡条件。

3. 钢筋弹簧的代表长度与变形计算

钢筋弹簧的代表长度 L 取为钢筋弹簧点所附着的两个相邻单元中包裹的钢筋长度的一半。

忽略钢筋弹簧的抗剪和销栓作用,仅考虑其沿着钢筋方向的受压和受拉性能。因此在计算变形时不考虑弹簧变形矢量在参考面上的投影,而直接将弹簧变形矢量的变形 S_{AB} 作为钢筋弹簧的变形,受拉时取正值,受压时取负值。

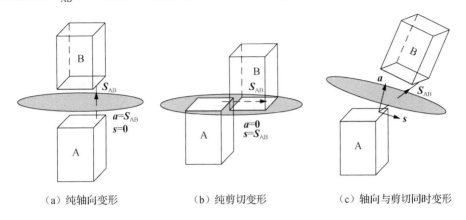

(a) 纯轴向变形　　　　　　(b) 纯剪切变形　　　　　　(c) 轴向与剪切同时变形

图 13-9　混凝土弹簧不同变形状态时的轴向与切向分量计算

13.1.3　混凝土弹簧的力学性能

混凝土弹簧代表的是一定区域内混凝土材料的性能,因此,弹簧性能应该尽可能地与所代表的材料的性能一致。如图 13-10 所示,将混凝土弹簧分解为两部分,一部分代表轴向性能,另一部分代表切向性能。实际工程中,材料的轴向性能和切向性能互相耦合,剪力会降低抗压、抗拉强度,而一定范围内压力会提高抗剪强度。与 11.2.1 节中的相关内容类似,图 13-10 中 k_n 和 k_s 分别表示轴向弹簧和剪切弹簧的刚度。为保证动态松弛过程中单元尽快趋于平衡状态且反映材料的耗能性能,在轴向和剪切弹簧处分别设置剪切和轴向拉压阻尼器 c_s 和 c_n。

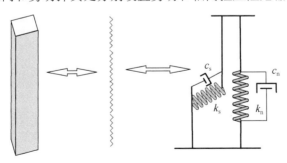

图 13-10　混凝土弹簧性能示意图

1. 混凝土弹簧轴向本构关系

混凝土弹簧的轴向力和变形可以表示为

$$\begin{cases} p_{\text{ca}} = A_{\text{c}}\sigma_{\text{c}} \\ d_{\text{ca}} = L\varepsilon_{\text{c}} \end{cases} \tag{13-2}$$

式中，p_{ca} 为混凝土弹簧轴向力；A_{c} 为混凝土弹簧的代表面积；σ_{c} 为混凝土弹簧轴向应力；d_{ca} 为混凝土弹簧的轴向变形；L 为弹簧代表长度；ε_{c} 为混凝土弹簧正应变。

混凝土弹簧轴向应力-应变骨架曲线参考 Li[1]建议的模型，如图 13-11 所示。图中，ε_{c0}、ε_{cu} 分别为混凝土极限抗压强度所对应的应变和极限压应变；ε_{t0} 为极限抗拉强度对应的拉应变；f_{t}、f_{c} 分别为混凝土的抗拉、抗压强度；E_{c}、E_{c1}、E_{dec} 分别为弹性段、强化段和下降段的切线模量。

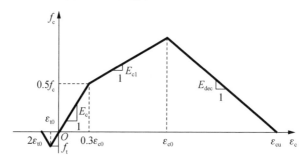

图 13-11　混凝土弹簧轴向应力-应变关系

2. 混凝土弹簧切向本构关系

假定混凝土弹簧破坏之前在任一方向的受剪性能均相同，且与其他方向的剪应力历史无关，也就是加载路径对材料破坏之前的抗剪性能没有影响，混凝土弹簧的力和变形可以表示为

$$\begin{cases} p_{\text{ct}} = A_{\text{c}}\tau_{\text{c}} \\ d_{\text{ct}} = L\gamma_{\text{c}} \end{cases} \tag{13-3}$$

式中，p_{ct} 为混凝土弹簧切向力；τ_{c} 为混凝土弹簧剪应力；d_{ct} 为混凝土弹簧的切向变形；γ_{c} 为混凝土弹簧剪应变。

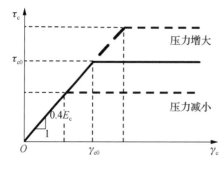

图 13-12　混凝土弹簧切向应力-应变关系

混凝土弹簧切向的骨架曲线取为双折线模型，如图 13-12 所示。最大剪应力之前呈线性，剪切模量取为初始弹性模量的 0.4 倍[2]，达到最大剪应力之后，剪应力将转变为摩擦力，随着轴向压力的大小而变化，摩擦系数取 0.55[3]。

3. 混凝土弹簧轴向与切向的耦合

实际受力变形中，弹簧除了仅受压和仅

受剪这两种特殊的状态之外，更多更普遍的是拉压和剪切两种变形同时存在。这就要求模型中必须考虑混凝土弹簧的抗压性能与抗剪性能的耦合。

不考虑变形之间的耦合关系，只考虑混凝土轴向和切向强度间的耦合关系。参考岗岛达雄试验结果，由混凝土中压应力和剪应力的复合状态决定某一应力状态下混凝土是否破坏[4]（图 13-13）。压应力较小时，压应力会提高抗剪强度，但压应力超过一定值以后，继续增大的压应力将减小抗剪强度。轴向和切向强度间的耦合关系由式（13-4）表示。

$$\frac{\tau}{f_c} = \sqrt{0.00981 + 0.112\left(\frac{\sigma}{f_c}\right) - 0.122\left(\frac{\sigma}{f_c}\right)^2} \tag{13-4}$$

式中，f_c 为混凝土的棱柱体抗压强度。

混凝土弹簧的关键力学指标可以通过试验获得，也可以采用第 12 章中的细观离散单元模型而算得。无论是切向断裂还是轴向断裂均表示混凝土弹簧断裂。混凝土弹簧切向断裂后，再接触时仍能承受剪力和压力。混凝土弹簧轴向受拉断裂后，再接触时也能承受剪力和压力。混凝土弹簧轴向压碎后，既不能承受剪力也不能再承受压力。

和第 12 章所讨论的情况类似，在采用离散元法进行数值仿真时，单元与标准宏观材料性能试件处于不同的尺度，存在尺寸效应[5]。因此，需要将试验室尺度上得到的混凝土材料的力学性能参数转化为离散单元尺度上的力学性能参数。

按照混凝土材性试验中标准棱柱体试块的尺寸建立宽 150mm、高 300mm 的抗压数值模型，随机划分时母点 [图 13-2（a）] 最大间距取 25mm，其余参数为弹性模量 21000MPa、泊松比 0.21、时步 10^{-5}s。参照分形几何理论所得出的结论[6]以及文献[7]的方法对单元强度和标准试件测得的强度之间的关系进行试算，结果如图 13-14 所示。由图 13-14 可见，不同的单元强度对应不同的宏观材料强度，在划分方式确定的情况下，要得到不同的宏观材料强度，需要输入不同的单元强度，两者之间近似满足线性关系，如式（13-5）所示。

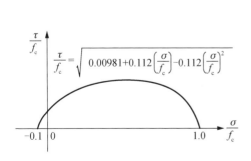

图 13-13　混凝土弹簧破坏准则[4]

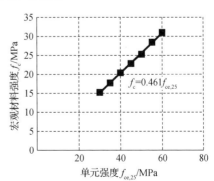

图 13-14　母点距离 25mm 时单元强度
与宏观强度的关系

$$f_{c} = 0.461 f_{ce,25} \qquad (13\text{-}5)$$

式中，f_c 为标准试件的宏观材料强度；$f_{ce,25}$ 为母点距离为 25mm 时的单元强度。

可见，当母点距离为 25mm 时，要得到标准试件的宏观材料强度为 26.48MPa，则应取单元强度 $f_{ce,25}$=57.44MPa。

13.1.4　钢筋弹簧的性能

忽略钢筋的销栓作用，仅考虑其沿钢筋方向的受压和受拉性能。钢筋弹簧的内力和变形可以表示为

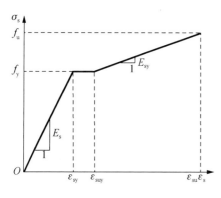

图 13-15　钢筋弹簧应力-应变关系

$$\begin{cases} p_{s} = A_{s}\sigma_{s} \\ d_{s} = L\varepsilon_{s} \end{cases} \qquad (13\text{-}6)$$

式中，p_s 为钢筋弹簧内力；A_s 为钢筋弹簧的代表面积；σ_s 为钢筋弹簧应力；d_s 为钢筋弹簧的变形；L 为钢筋弹簧的代表长度；ε_s 为钢筋弹簧正应变。

钢筋弹簧的应力-应变关系采用如图 13-15 所示的三折线模型。各力学参数可由试验测得。

13.2　单调加载时剪力墙破坏过程的数值模拟

13.2.1　动力平衡方程及其求解

对每个单元建立动力平衡方程，按 11.3.4 节的方法选择合适的阻尼参数和时间步长，采用中心差分法求解动力平衡方程。每获得一个单元的新位置时，暂将其固定。待同一时步内所有单元的新位置全部确定后，再用同步松弛技术逐个求解新时步内每一单元的新位置。单元分离前，相邻单元间的作用由弹簧来反映；分离后的单元间会发生接触作用。接触作用的具体计算方法详见第 11 章和第 12 章中的相关内容，不再赘述。

13.2.2　加载与输出

对于剪力墙受轴压力后的单调水平加载试验，将底部基础部分看作一个整体单元保持静止，顶部加载梁同样看作一个整体单元，但承受竖向荷载和水平荷载。整个加载过程计算流程图如图 13-16 和图 13-17 所示。

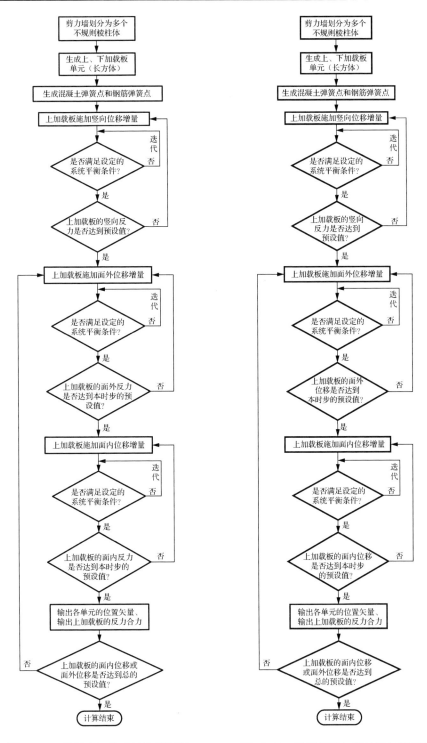

图 13-16　采用力加载时的计算流程　　　　图 13-17　采用位移加载时的计算流程

先在加载梁上施加一定的竖向位移，整个系统开始迭代平衡，逐步累加竖向位移直到加载梁所受到的弹簧合力在竖向的分量达到预定值时开始施加水平荷载，逐步对加载梁施加一定的水平位移（或者力）。经过试算，当采用位移加载时建议采用的加载步为 0.01mm。

当一次加载完成并且系统平衡之后，将加载梁的水平位移值和弹簧合力在水平向的分量输出，即为构件荷载-位移曲线上的一个数值点。值得说明的是，在离散元法的计算过程中，并不存在绝对的平衡，每个时刻每个单元都处于运动状态，因此，进行下一步加载之前的"平衡"判定，是指系统中所有的单元都处于近似静止的状态，其平动和转动的加速度、速度都极小。

13.3　实　例　验　证

采用位移加载，按上节建议的数值模拟方法对文献[8]中各剪力墙试件进行模拟。将数值模拟结果和试验结果比较，对数值模型进行验证。

13.3.1　钢筋混凝土剪力墙水平加载试验

文献[8]共设计 3 组试件，每组 3 个，如表 13-1 所示。墙体两端设暗柱，暗柱截面沿墙肢方向的高度为 180mm，纵筋采用 $4\phi8$，纵筋配筋率 1.478%，箍筋采用 $\phi6.5@100$。经实测，混凝土抗压强度 f_c= 26.48MPa，峰值应变 ε_{c0}=0.0016，极限应变 ε_{cu}=0.0076，弹性模量 E_c=2.76×10^{4}MPa；钢筋实测屈服强度 f_y=292.6MPa，极限强度 f_u=374.6MPa，最大延伸率 A_{gt}=9%，弹性模量 E_s=2.2×10^{5}MPa。

不同加载角度下试件的水平反复加载装置如图 13-1 所示。对 W1 组面内加载的试件，分别由已有的方法计算试件的面内抗剪承载力[2, 9-12]，并取大值作为各试件破坏时所对应的试验机水平反力；对 W3 组面外加载的试件，按受弯构件计算试件面外的抗弯承载力[2]，并取对应的水平力作为预估的最大水平反力；对 W2 组 45°方向加载的试件，假定加载时墙体的破坏由面外受弯承载力控制，则由 W3 组试件（90°）的预估水平反力可得到 W2 组对应试件所需的水平反力。试件开裂荷载按文献[2]和[13]估算，并根据文献[14]进行加载。

13.3.2　面内受力剪力墙计算结果与试验结果的比较

面内加载试件破坏形态的对比如图 13-18 所示。由 13-18 图可见，不同轴压比下破坏形态的模拟结果与试验结果吻合较好。随着轴压比从 0.10 增大到 0.31，斜裂缝与水平面的夹角逐渐增大。

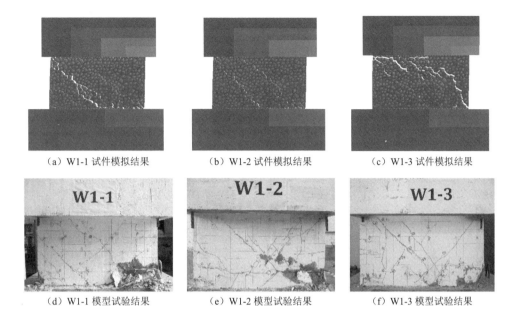

（a）W1-1 试件模拟结果　　　　　（b）W1-2 试件模拟结果　　　　　（c）W1-3 试件模拟结果

（d）W1-1 模型试验结果　　　　　（e）W1-2 模型试验结果　　　　　（f）W1-3 模型试验结果

图 13-18　面内受力剪力墙破坏形态模拟结果与试验结果

面内受力剪力墙水平荷载-位移曲线的对比如图 13-19 所示。由图 13-19 可见，对于不同轴压比的剪力墙，采用建议的离散元模型均能较好地得到其初始的刚度和峰值剪力。剪力墙剪切破坏过程是一个涉及开裂、闭合、摩擦、接触、滑移的复杂过程，而在数值模拟时做了较多简化，这些都会影响到开裂之后剪力墙的整体表现，仍需进一步完善和改进。各试件的承载力及对应位移的比较情况如表 13-2 所示，表中实测承载力及对应位移取试验中两个方向实测值的平均值。

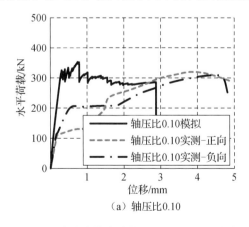

（a）轴压比 0.10

图 13-19　面内受力剪力墙的水平荷载-位移曲线对比

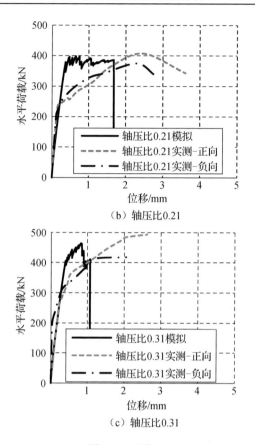

（b）轴压比0.21

（c）轴压比0.31

图 13-19（续）

表 13-2　各试件承载力及对应位移的比较

试件编号	加载角度/（°）	轴压比	破坏模式	实测承载力/kN	对应位移/mm	计算承载力/kN	对应位移/mm
W1-1		0.10	面内剪切破坏	313.97	4.05	352.77	0.75
W1-2	0	0.21	面内剪切破坏	390.93	2.38	397.96	0.64
W1-3		0.31	面内剪切破坏	455.75	2.34	464.32	0.22
W2-1		0.10	面外弯曲破坏	25.63	7.37	17.36	4.84
W2-2	45	0.21	面外弯曲破坏	48.08	4.82	23.77	5.02
W2-3		0.31	面外弯曲破坏	75.63	4.49	28.58	7.42
W3-1		0.10	面外弯曲破坏	20.35	8.98	15.99	2.05
W3-2	90	0.21	面外弯曲破坏	34.40	4.88	21.05	3.97
W3-3		0.31	面外弯曲破坏	59.15	4.80	26.07	5.72

13.3.3　面外受力剪力墙计算结果与试验结果的比较

将上部加载梁上的位移加载的方向改为面外方向，对面外受力的剪力墙进行模拟。破坏形态的对比如图 13-20 所示。由图 13-20 可见，数值试验所得到的面外受力剪力墙的破坏形态与模型试验的破坏形态吻合。另外，从图 13-21 中面外受力时的荷载-位移曲线对比可见，离散元模拟结果可以较好地反映实际面外受弯过程中的剪力墙的性能。实际加载时轴向力是用千斤顶在墙的顶部施加竖向力，当竖向力较大时，千斤顶上部滚轮与反力梁间的摩擦力增大，因此试验所得到的荷载-位移曲线比数值模拟得到的曲线更高，轴压比越大越明显。

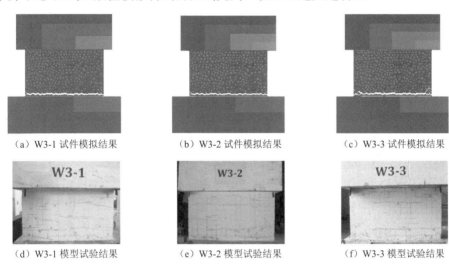

（a）W3-1 试件模拟结果　　　　（b）W3-2 试件模拟结果　　　　（c）W3-3 试件模拟结果

（d）W3-1 模型试验结果　　　　（e）W3-2 模型试验结果　　　　（f）W3-3 模型试验结果

图 13-20　面外受力剪力墙破坏形态模拟结果与试验结果

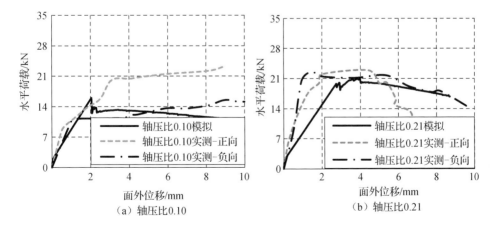

（a）轴压比 0.10　　　　　　　　　　　　　（b）轴压比 0.21

图 13-21　面外受力剪力墙的荷载-位移曲线对比

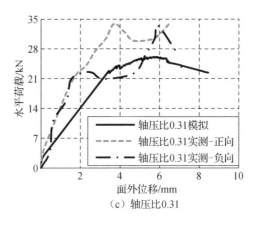

（c）轴压比0.31

图 13-21（续）

13.3.4　斜向受力剪力墙计算结果与试验结果的比较

　　将上部加载梁上的位移加载的方向改为 45°方向，对 W2 组斜向受力的剪力墙进行模拟。模型试验中，由于面内的位移极小，因此这里仅取墙面外方向的荷载-位移曲线来对比。

　　45°受力剪力墙的破坏形态如图 13-22 所示。由图 13-22 可见，数值试验所得到的斜向受力剪力墙的破坏形态与模型试验的破坏形态吻合，破坏均发生在面外方向。

（a）W2-1 试件模拟结果

（b）W2-2 试件模拟结果

（c）W2-3 试件模拟结果

（d）W2-1 模型试验结果

（e）W2-2 模型试验结果

（f）W2-3 模型试验结果

图 13-22　45°受力剪力墙破坏形态模拟结果与试验结果

　　从图 13-23 中 45°受力时剪力墙面外荷载-位移曲线对比可见，数值试验所得到的荷载-位移曲线的形式与模型试验的结果接近，曲线不能完全吻合的原因在于加载装置的摩擦力。因为试验装置上部摩擦力的存在，轴压比从 0.10 增加到 0.31时，试验实测的墙端反力与数值模拟的结果相比越来越大。由此可以判断，数值模拟结果是可信的。

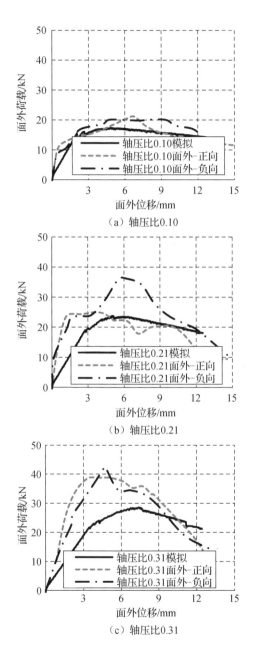

（a）轴压比0.10

（b）轴压比0.21

（c）轴压比0.31

图 13-23　45°受力时剪力墙面外的荷载-位移曲线对比

13.4 仿真系统应用

13.4.1 剪力墙非面内受力性能数值模拟分析

实际结构中的剪力墙在地震作用下轴压比和面外弯矩均不断变化，甚至当与其相交的剪力墙破坏后，受力模式也可能发生转变。为了研究高轴压比和面外弯矩对剪力墙破坏过程的影响，进行了一批数值加载试验。数值加载方案如表 13-3 所示。数值试验中试件尺寸和材料信息均与模型试验完全相同（表 13-1）。

表 13-3　钢筋混凝土剪力墙数值试验方案

试件编号	加载方向/（°）	加载方式	轴压比
W-0-D-（0.1～0.9）	0	等比例位移加载	0.1～0.9
W-15-F-（0.1～0.9）	15		0.1～0.9
W-30-F-（0.1～0.9）	30		0.1～0.9
W-45-F-（0.1～0.9）	45	等比例力加载	0.1～0.9
W-75-F-（0.1～0.9）	75		0.1～0.9
W-90-D-（0.1～0.9）	90		0.1～0.9
W-30-D-（0.1～0.9）	30	等比例位移加载	0.1～0.9
W-45-D-（0.1～0.9）	45		0.1～0.9
W-60-D-（0.1～0.9）	60		0.1～0.9

数值试验按加载方式不同共分为两类：第一类是沿某一方向力加载；第二类是沿某一方向位移加载。每一种加载形式都设计了不同的轴压比。

数值试验结果如表 13-4～表 13-13 所示。其中，$V_{in\text{-}0°}$ 表示面内受力剪力墙的抗剪承载力，$V_{out\text{-}90°}$ 表示面外受力剪力墙所能承受的最大水平力，V_{in} 和 V_{out} 则分别代表该试件面内和面外所能承受的最大水平力。

表 13-4　面内受力剪力墙数值的抗剪承载力

试件编号	加载方向/（°）	加载方式	轴压比	$V_{in\text{-}0°}$/kN
W-0-D-0.1			0.1	352.77
W-0-D-0.2			0.2	397.957
W-0-D-0.3			0.3	464.32
W-0-D-0.4			0.4	427.69
W-0-D-0.5	0	位移加载	0.5	445.169
W-0-D-0.6			0.6	432.554
W-0-D-0.7			0.7	434.477
W-0-D-0.8			0.8	380.622
W-0-D-0.9			0.9	189.024

表 13-5　面外受力剪力墙所能承受的最大水平力

试件编号	加载方向/（°）	加载方式	轴压比	$V_{out\text{-}90°}$/kN
W-90-D-0.1			0.1	15.986
W-90-D-0.2			0.2	21.055
W-90-D-0.3			0.3	26.073
W-90-D-0.4			0.4	36.304
W-90-D-0.5	90	位移加载	0.5	35.6097
W-90-D-0.6			0.6	33.5123
W-90-D-0.7			0.7	27.8021
W-90-D-0.8			0.8	18.6287
W-90-D-0.9			0.9	10.4411

表 13-6　15°方向力加载时剪力墙所能承受的最大水平力

试件编号	加载方向/（°）	加载方式	轴压比	V_{in}/kN	V_{out}/kN	$V_{in}/V_{in\text{-}0°}$	$V_{out}/V_{out\text{-}90°}$
W-15-F-0.1			0.10	63.55	17.57	0.18	1.10
W-15-F-0.2			0.20	85.88	23.86	0.22	1.13
W-15-F-0.3			0.30	104.20	28.58	0.22	1.10
W-15-F-0.4			0.40	112.34	30.46	0.26	0.84
W-15-F-0.5	15	力加载	0.50	108.61	29.97	0.24	0.84
W-15-F-0.6			0.60	104.31	29.05	0.24	0.87
W-15-F-0.7			0.70	96.57	26.78	0.22	0.96
W-15-F-0.8			0.80	74.93	20.79	0.20	1.12
W-15-F-0.9			0.90	30.24	8.97	0.16	0.86

表 13-7　30°方向力加载时剪力墙所能承受的最大水平力

试件编号	加载方向/（°）	加载方式	轴压比	V_{in}/kN	V_{out}/kN	$V_{in}/V_{in\text{-}0°}$	$V_{out}/V_{out\text{-}90°}$
W-30-F-0.1			0.10	29.01	17.36	0.08	1.09
W-30-F-0.2			0.20	39.81	23.74	0.10	1.13
W-30-F-0.3			0.30	48.55	28.49	0.10	1.09
W-30-F-0.4			0.40	51.62	30.28	0.12	0.83
W-30-F-0.5	30	力加载	0.50	52.62	30.49	0.12	0.86
W-30-F-0.6			0.60	50.76	29.69	0.12	0.89
W-30-F-0.7			0.70	45.23	26.40	0.10	0.95
W-30-F-0.8			0.80	34.82	20.18	0.09	1.08
W-30-F-0.9			0.90	17.69	10.71	0.09	1.03

从表 13-6～表 13-10 中的数值计算结果可见，当采用力加载时，加载角度从 15°变化到 75°，破坏形式均属于面外破坏。究其原因，面外承载力与面内承载力相比数值很小。在本次数值试验中，面外承载力与面内承载力的比值为 1/25～

1/12。因此，这就使只要面外有一个很小的分力，就可能使面外先行破坏，构件失去承载能力。以 1/20 估算，则由反正切函数可以得到面内面外同时破坏时的受力夹角为 2.86°。这就说明，力加载这种形式对于剪力墙承载力的发挥极为不利，只要很小的角度偏差就可能造成剪力墙过早发生面外破坏。在实际结构中，当剪力墙厚度和配筋率一定时，剪力墙越长，则面外承载力相对于面内承载力的比值越小，在力加载的受力模式下其所能承受的加载角度误差也就越小。

表 13-8　45°方向力加载时剪力墙所能承受的最大水平力

试件编号	加载方向/（°）	加载方式	轴压比	V_{in}/kN	V_{out}/kN	$V_{in}/V_{in\text{-}0°}$	$V_{out}/V_{out\text{-}90°}$
W-45-F-0.1			0.10	17.50	17.36	0.05	1.09
W-45-F-0.2			0.20	23.33	23.77	0.06	1.13
W-45-F-0.3			0.30	28.43	28.58	0.06	1.10
W-45-F-0.4			0.40	30.70	30.29	0.07	0.83
W-45-F-0.5	45	力加载	0.50	30.13	30.34	0.07	0.85
W-45-F-0.6			0.60	29.45	29.36	0.07	0.88
W-45-F-0.7			0.70	26.49	26.36	0.07	0.95
W-45-F-0.8			0.80	18.40	18.44	0.05	0.99
W-45-F-0.9			0.90	10.62	10.82	0.06	1.04

表 13-9　60°方向力加载时剪力墙所能承受的最大水平力

试件编号	加载方向/（°）	加载方式	轴压比	V_{in}/kN	V_{out}/kN	$V_{in}/V_{in\text{-}0°}$	$V_{out}/V_{out\text{-}90°}$
W-60-F-0.1			0.10	12.04	17.32	0.03	1.08
W-60-F-0.2			0.20	14.69	23.79	0.04	1.13
W-60-F-0.3			0.30	16.48	28.56	0.04	1.10
W-60-F-0.4			0.40	17.68	30.20	0.04	0.83
W-60-F-0.5	60	力加载	0.50	17.72	30.50	0.04	0.86
W-60-F-0.6			0.60	17.33	29.54	0.04	0.88
W-60-F-0.7			0.70	14.91	25.74	0.03	0.93
W-60-F-0.8			0.80	11.23	19.22	0.03	1.03
W-60-F-0.9			0.90	6.11	10.36	0.03	0.99

表 13-10　75°方向力加载时剪力墙所能承受的最大水平力

试件编号	加载方向/（°）	加载方式	轴压比	V_{in}/kN	V_{out}/kN	$V_{in}/V_{in\text{-}0°}$	$V_{out}/V_{out\text{-}90°}$
W-75-F-0.1			0.10	12.79	17.28	0.04	1.08
W-75-F-0.2			0.20	10.03	23.73	0.03	1.13
W-75-F-0.3	75	力加载	0.30	10.37	28.57	0.02	1.10
W-75-F-0.4			0.40	8.51	30.26	0.02	0.83
W-75-F-0.5			0.50	8.69	30.52	0.02	0.86

试件编号	加载方向/(°)	加载方式	轴压比	V_{in}/kN	V_{out}/kN	$V_{in}/V_{in\text{-}0°}$	$V_{out}/V_{out\text{-}90°}$
W-75-F-0.6			0.60	8.13	29.38	0.02	0.88
W-75-F-0.7	75	力加载	0.70	7.08	26.52	0.02	0.95
W-75-F-0.8			0.80	5.30	18.63	0.01	1.00
W-75-F-0.9			0.90	3.69	10.44	0.02	1.00

当采用位移加载方式时，数值试验中加载角度从 30° 变化到 60°，破坏均发生在面内。由表 13-11～表 13-13 的数值计算结果可见，即使数值试验中施加在墙上部的位移与墙面夹角较大，比如达到 60°，墙体仍产生面内的破坏。这是因为墙的面外刚度很小，较大的面外变形在墙面外产生的内力很小，并没有超出墙的面外承载能力，最终墙的面内先达到承载能力，因而墙产生了面内的破坏。从这个角度可见，实际结构中的纵横墙布置正是把剪力墙的受力模式由力加载变为位移加载，从而有效发挥了剪力墙的作用。

表 13-11　30°方向位移加载时剪力墙所能承受的最大水平力

试件编号	加载方向/(°)	加载方式	轴压比	V_{in}/kN	V_{out}/kN	$V_{in}/V_{in\text{-}0°}$	$V_{out}/V_{out\text{-}90°}$
W-30-D-0.1			0.10	329.37	1.64	0.93	0.10
W-30-D-0.2			0.20	390.49	4.64	0.98	0.22
W-30-D-0.3			0.30	432.21	4.66	0.93	0.18
W-30-D-0.4			0.40	467.59	5.33	1.09	0.15
W-30-D-0.5	30	位移加载	0.50	475.86	3.83	1.07	0.11
W-30-D-0.6			0.60	454.45	3.16	1.05	0.09
W-30-D-0.7			0.70	464.59	3.98	1.07	0.14
W-30-D-0.8			0.80	385.82	3.04	1.01	0.16
W-30-D-0.9			0.90	104.49	2.43	0.55	0.23

表 13-12　45°方向位移加载时剪力墙所能承受的最大水平力

试件编号	加载方向/(°)	加载方式	轴压比	V_{in}/kN	V_{out}/kN	$V_{in}/V_{in\text{-}0°}$	$V_{out}/V_{out\text{-}90°}$
W-45-D-0.1			0.10	289.61	2.74	0.82	0.17
W-45-D-0.2			0.20	353.37	3.88	0.89	0.18
W-45-D-0.3			0.30	382.04	5.26	0.82	0.20
W-45-D-0.4			0.40	401.72	5.22	0.94	0.14
W-45-D-0.5	45	位移加载	0.50	419.55	4.73	0.94	0.13
W-45-D-0.6			0.60	421.70	4.89	0.97	0.15
W-45-D-0.7			0.70	405.80	4.08	0.93	0.15
W-45-D-0.8			0.80	366.55	3.67	0.96	0.20
W-45-D-0.9			0.90	45.75	2.24	0.24	0.21

表 13-13　60°方向位移加载时剪力墙所能承受的最大水平力

试件编号	加载方向/(°)	加载方式	轴压比	V_{in}/kN	V_{out}/kN	$V_{in}/V_{in-0°}$	$V_{out}/V_{out-90°}$
W-60-D-0.1			0.10	289.67	4.52	0.82	0.28
W-60-D-0.2			0.20	353.62	6.62	0.89	0.31
W-60-D-0.3			0.30	388.67	6.40	0.84	0.25
W-60-D-0.4			0.40	423.40	6.77	0.99	0.19
W-60-D-0.5	60	位移加载	0.50	445.87	6.30	1.00	0.18
W-60-D-0.6			0.60	466.14	6.41	1.08	0.19
W-60-D-0.7			0.70	420.60	4.70	0.97	0.17
W-60-D-0.8			0.80	330.87	4.08	0.87	0.22
W-60-D-0.9			0.90	76.25	2.50	0.40	0.24

13.4.2　轴压比对剪力墙承载力的影响分析

30°~60°范围内位移加载模式下的剪力墙均发生面内破坏，不同轴压比、不同加载角度时墙体所能承受的面内最大水平力呈现如图 13-24 所示的规律。从图 13-24 中可见，在位移加载角度一定的情况下，随着轴压比的增大，面内承载力先逐步增大，直到轴压比为 0.5~0.6 时承载力达到峰值，其后开始降低，在轴压比达到 0.9 时急剧降低。这表明轴力在轴压比不大时对抗剪承载力有利，在轴压比过大时则对抗剪承载力不利。并且，不同的加载角度下轴压比对面内承载力的影响规律基本相同，即加载角度对面内承载力的影响不显著。这是因为在位移加载模式下，只要加载角度不是接近于面外加载，墙面内的变形虽不如面外变形大，但面内的峰值点位移比面外的峰值点位移小得多，因而仍发生面内破坏。

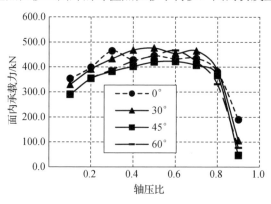

图 13-24　轴压比对面内破坏剪力墙面内承载力的影响

图 13-25 反映轴压比对面外破坏时面外承载力的影响。从图 13-25 中可见，发生面外破坏的剪力墙，在轴压比 0.5 以内时面外承载力与轴压比正相关，轴压

比超过 0.5 以后负相关，曲线呈抛物线形，在轴压比 0.5 时面外承载能力最大。另外，不同的角度对面外承载力影响不大，表明在面外破坏模式下，面内剪力对面外性能造成的影响不大。

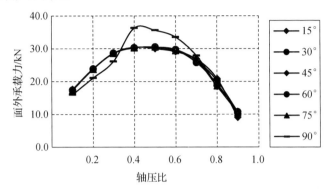

图 13-25　轴压比对面外破坏剪力墙面外承载力的影响

13.4.3　轴压比对剪力墙峰值位移的影响分析

发生面内受剪破坏的剪力墙的峰值位移统计结果如表 13-14 所示。

表 13-14　剪切破坏剪力墙的峰值位移

试件编号	加载角度/（°）	加载方式	轴压比	极值点对应的位移值/mm
W-0-D-0.1	0	等比例位移加载	0.1	0.746
W-0-D-0.2			0.2	0.638
W-0-D-0.3			0.3	0.824
W-0-D-0.4			0.4	0.597
W-0-D-0.5			0.5	0.653
W-0-D-0.6			0.6	0.585
W-0-D-0.7			0.7	0.559
W-0-D-0.8			0.8	0.503
W-0-D-0.9			0.9	0.192
W-30-D-0.1	30		0.1	0.459
W-30-D-0.2			0.2	0.918
W-30-D-0.3			0.3	0.563
W-30-D-0.4			0.4	0.587
W-30-D-0.5			0.5	0.552
W-30-D-0.6			0.6	0.514
W-30-D-0.7			0.7	0.512
W-30-D-0.8			0.8	0.418
W-30-D-0.9			0.9	0.082

续表

试件编号	加载角度/（°）	加载方式	轴压比	极值点对应的位移值/mm
W-45-D-0.1			0.1	0.476
W-45-D-0.2			0.2	0.551
W-45-D-0.3			0.3	0.508
W-45-D-0.4			0.4	0.613
W-45-D-0.5	45		0.5	0.613
W-45-D-0.6			0.6	0.591
W-45-D-0.7			0.7	0.526
W-45-D-0.8			0.8	0.538
W-45-D-0.9		等比例位移加载	0.9	0.0362
W-60-D-0.1			0.1	0.320
W-60-D-0.2			0.2	0.769
W-60-D-0.3			0.3	0.581
W-60-D-0.4			0.4	0.566
W-60-D-0.5	60		0.5	0.611
W-60-D-0.6			0.6	0.675
W-60-D-0.7			0.7	0.492
W-60-D-0.8			0.8	0.379
W-60-D-0.9			0.9	0.061

将位移加载模式下剪力墙剪切破坏时的峰值位移列于图 13-26，可以看出轴压比越大，峰值位移越小，拟合曲线呈直线，如式（13-7）所示。

$$\Delta = 0.75\lambda_{N} + 0.875 \tag{13-7}$$

式中，Δ 为剪力墙破坏时的峰值位移；λ_{N} 为轴压比。

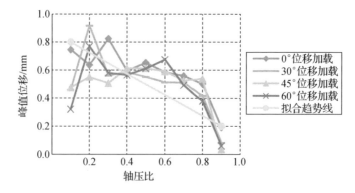

图 13-26　轴压比对面内破坏剪力墙峰值位移的影响

13.4.4　加载角度对剪力墙的影响分析

1. 等比例力加载模式

等比例力加载模式下，15°～75°加载的剪力墙均发生面外受弯破坏。将同一轴压比下施加纯面外荷载所得到的承载力记为 V_{out-90}，将对应轴压比下非面内力加载时面外的最大水平反力记为 V_{out}，则 V_{out}/V_{out-90} 表示面内影响之后面外承载能力的变化，大于 1 表明面内剪力对面外承载力有利，小于 1 表示不利。

图 13-27 表示加载角度对发生面外破坏剪力墙面外承载能力的影响。从图 13-27 中可见，同一轴压比时，不同加载角度对墙体破坏时的面外最大水平反力影响很小，曲线呈水平直线形状。这表明，当墙的破坏模式为面外破坏时，面内剪力对面外性能产生影响，或提高面外承载能力或降低面外承载能力，轴压比小时提高面外承载力，轴压比大时降低面外承载力，但这种影响不随着面内剪力的大小而发生改变。

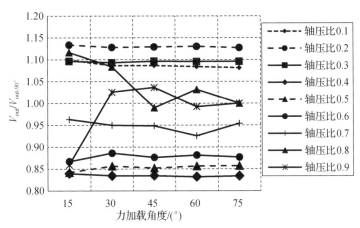

图 13-27　加载角度对面外破坏剪力墙的面外承载能力的影响

2. 等比例位移加载模式

等比例位移加载模式下，30°～60°加载的剪力墙均发生面内受剪破坏。将同一轴压比下施加纯面内荷载所得到的承载力记为 V_{in-0}，将对应轴压比下非面内位移加载时面内所能承受的最大水平力记为 V_{in}，则 V_{in}/V_{in-0} 表示面外影响之后面内承载能力的变化，大于 1 表明面外受弯对面内抗剪承载力有利，小于 1 表示不利。

从图 13-28 可见，轴压比 0.8 以内时，发生面内破坏的剪力墙所能承受的面内最大水平力受面外影响有一定程度的降低，但随位移加载角度的增大这种降低趋势变化不大，曲线基本呈水平状态。这表明，当剪力墙发生面内受剪破坏时，面外的水平力降低面内的承载能力，但降低的幅度并不太大。

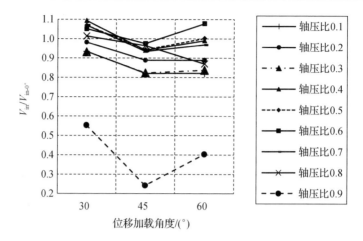

图 13-28　加载角度对面内破坏剪力墙面内承载能力的影响

13.4.5　剪力墙面内外受力的相互影响分析

由表 13-4～表 13-13 所列出的数值试验结果，将不同轴压比下不同加载模式的剪力墙的面内或面外最大水平反力列于同一图中，可以得到不同加载模式下，面内和面外承载力之间的相互影响。

图 13-29 为位移加载模式下轴压比、位移加载角度和面内承载能力相对值之间的关系。从图 13-29 中可见，当采用位移加载时，轴压比 0.3 以内剪力墙破坏时面内所承担的水平力相比无面外影响时的数值有所降低，降低幅度在 20%以内。轴压比 0.4～0.8 时，面外的弯矩对面内的抗剪承载力影响不大，处于无面外影响时的 0.9～1.1 倍。而轴压比超过 0.8 时，面外的影响将使面内承载力急剧下降。这是由于轴压比过大时，混凝土中主压应力已经接近峰值，较小的面外弯矩也将使材料迅速破坏，因而面内承载力迅速降低。

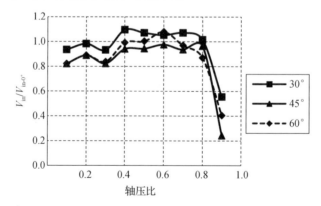

图 13-29　剪力墙面外受力对面内承载力的影响

图 13-30 所示为力加载模式下轴压比、位移加载角度和面外承载能力相对值之间的关系。由图 13-30 可见，在轴压比 0.3 以内时，面内的剪力可将面外的承载力提高到 1.1 倍左右，但轴压比继续增大时面内影响将使面外的承载力迅速降低至 0.85 倍，然后逐步回升，在轴压比 0.8 时回到 1。总体来说，轴压比在 0.3 以内时面内对面外的影响不大，而轴压比大于 0.3 时面内受剪将降低面外的承载能力。

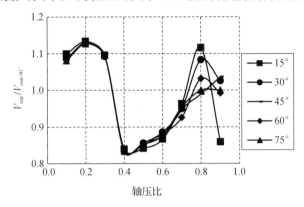

图 13-30　剪力墙面内受力对面外承载力的影响

13.4.6　剪力墙面外位移对面内受剪性能的影响

为了更为全面地了解实际工作状态下剪力墙的性能，设计另一种工况，即先在墙上部施加一定的面外位移，然后固定此位移，再在面内施加水平位移，以了解不同的面外受力状态时面内的受剪性能。这里数值模型不变，仅仅改变加载状态。数值模拟结果如表 13-15 和图 13-31 所示。

表 13-15　剪力墙受面外位移影响之后的面内承载力和峰值位移

试件编号	加载顺序	加载方式	轴压比	F_{in}/kN	峰值位移/mm
W-1mm-D-0.1			0.10	323.35	0.470
W-1mm-D-0.2	先面外加载 1mm 后再面内加载		0.20	395.77	0.770
W-1mm-D-0.3			0.30	436.42	0.536
W-2mm-D-0.1			0.10	274.47	0.460
W-2mm-D-0.2	先面外加载 2mm 后再面内加载		0.20	366.05	0.536
W-2mm-D-0.3			0.30	404.12	0.516
W-3mm-D-0.1			0.10	241.73	0.410
W-3mm-D-0.2	先面外加载 3mm 后再面内加载	位移加载	0.20	316.93	0.422
W-3mm-D-0.3			0.30	406.58	0.562
W-4mm-D-0.1			0.10	242.89	0.412
W-4mm-D-0.2	先面外加载 4mm 后再面内加载		0.20	303.50	0.520
W-4mm-D-0.3			0.30	370.89	0.600
W-5mm-D-0.1			0.10	242.78	0.564
W-5mm-D-0.2	先面外加载 5mm 后再面内加载		0.20	279.18	0.498
W-5mm-D-0.3			0.30	322.57	0.440

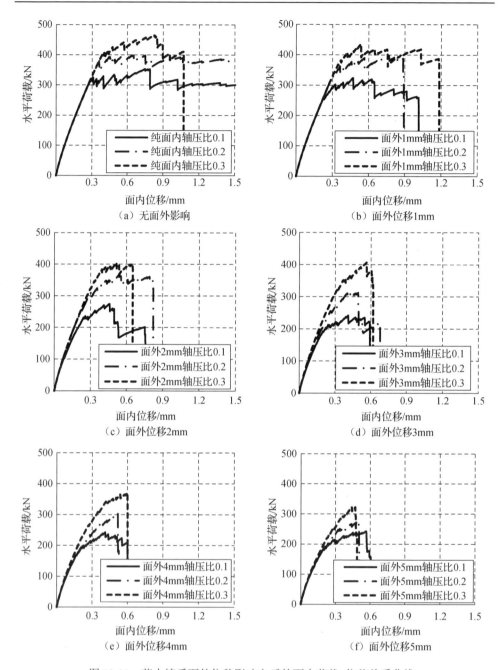

图 13-31　剪力墙受面外位移影响之后的面内荷载-位移关系曲线

由表 13-15 和图 13-31 可见，轴压比不大时，轴压比增大会提高试件的承载力；面外先施加一定的位移之后，面内受力性能发生改变。面外位移越大，面内的承载能力降低得越多，面内变形能力降低得也越多。

参 考 文 献

[1] LI K N. Nonlinear earthquake response of space frame with triaxial interaction[M]//TSUNEO O. Earthquake resistance of reinforced concrete structures-a volume honoring Hiroyuki Aoyama. Tokyo: University of Tokyo Press,1993,441-452.

[2] 中华人民共和国住房和城乡建设部. 混凝土结构设计规范: GB 50010—2010[S]. 北京：中国建筑工业出版社，2010.

[3] 中交水运规划设计院. 港口及航道护岸工程设计与施工规范：JTJ 300—2000[S]. 北京：人民交通出版社，2000.

[4] 过镇海. 混凝土的强度和变形试验基础和本构关系[M]. 北京：清华大学出版社，1997.

[5] PLANAS J, GUINEA G V, ELICES M. Generalized size effect equation for quasi-brittle materials[J]. Materials and structures, 1997, 20(5): 671-687.

[6] CARPINTERI A. Scaling laws and renormalization groups for strength and toughness of disordered materials[J]. International journal of solids and structures, 1994, 31(3): 291-302.

[7] GU X L, HONG L, WANG Z L, et al. A modified rigid-body-spring concrete model for prediction of initial defects and aggregates distribution effect on behavior of concrete[J]. Computational materials science, 2013(77): 355-365.

[8] 付武荣. 双向地震作用下钢筋混凝土剪力墙的破坏机理及破坏过程模拟[D]. 上海：同济大学，2016.

[9] ACI Committee 318. Building code requirements for structural concrete ACI 318-08[S]. Detroit: American Concrete Institute, 2008.

[10] ASCE-ACI Joint Task Committee 426. Shear strength of reinforced concrete members[J]. Journal of structural engineering, ASCE, 1973,99(6): 1091-1187.

[11] 刘航，庞同和，蓝宗建. 用软化桁架理论计算钢筋砼低剪力墙的承载力[J]. 东南大学学报, 1997, 27（增）：58-64.

[12] ALFREDO S A, SERGIO M A. Shear strength of squat reinforced concrete walls subjected to earthquake loading-trends and models[J]. Engineering structures, 2010,32(8): 2466-2476.

[13] 郝锐坤. 剪力墙结构的性能和截面设计[R]. 北京：中国建筑科学院建筑结构研究所，1985.

[14] 中华人民共和国住房和城乡建设部. 建筑抗震试验规程：JGJ/T 101—2015[S]. 北京：中国建筑工业出版社，2015.

第 14 章　局部爆炸作用下钢筋混凝土
结构倒塌过程仿真分析

近年来，建筑结构的连续性倒塌问题逐渐得到学术界的关注。连续性倒塌是指工程结构在偶然作用下发生局部破坏，并扩散到其他构件引发连锁反应，最终造成与初始破坏不成比例的倒塌[1,2]。造成结构连续性倒塌的偶然作用多样且复杂，如 1968 年伦敦煤气爆炸导致 22 层 Ronan Point 公寓的连续倒塌[3,4]，2001 年纽约飞机撞击引发大火燃烧导致世贸双塔的倒塌[5]。但在所有的偶然作用中，局部爆炸最具有代表性。一方面，局部爆炸引起结构倒塌的例子较多，且局部爆炸和碰撞引起的倒塌过程极为相似。另一方面，控制爆破拆除正作为广泛应用的建筑结构拆除的方法之一，其拆除过程实际上就是局部爆炸作用下结构的倒塌过程。爆破拆除的基本原理是用炸药破坏结构的传力体系，使结构在重力作用下向预定的方向在预定的范围内倒塌，而不是用炸药"炸毁"整个结构，如图 14-1 所示[6]。因此，对局部爆炸作用下结构倒塌过程进行仿真分析在结构抗倒塌设计、灾害预测、区域防灾规划、事故原因分析、结构控制拆除方案优化设计等方面均具有重要的理论意义和应用价值。但是，结构的倒塌过程是一个大变形的过程，且倒塌时结构中部分构件或构件中的部分单元可能会脱离主体结构而独立运动，分离的结构构件或单元间还可能会出现碰撞，仿真分析过程非常复杂。

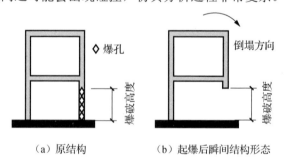

（a）原结构　　　（b）起爆后瞬间结构形态

图 14-1　结构爆破拆除原理示意

图 14-1（a）示意了控制爆破拆除时爆孔的布置，图 14-1（b）示意了爆孔起爆后的结构。从图 14-1（b）所处的时刻开始，结构的变形和运动情况（倒塌过程）基本上是一个在重力作用下的单调加载过程。因此，可以用单调加载下结构倒塌反应的模拟分析方法来分析爆破拆除时结构的倒塌过程。本章以钢筋混凝土框架结构、剪力墙结构和框架-剪力墙结构为对象，先研究爆炸荷载及局部爆炸作用下

钢筋混凝土结构的破坏准则，再基于离散单元法介绍结构倒塌过程的仿真分析方法。弄清第一个问题，可以确定爆炸作用下是否会引起结构构件破坏。弄清第二个问题，可以确定局部破坏后结构是否会倒塌及具体的倒塌过程。为简化分析过程，将上述两个问题分开独立考虑：根据爆炸荷载和结构抗爆性能确定构件是否会破坏；若构件会破坏则将其去除采用类似图 14-1（b）所示的模型对结构进行倒塌分析。

14.1　爆炸荷载的确定

爆炸最重要的一个特征就是在爆炸点周围介质中发生急剧的压力突跃，这种突跃是造成周围介质破坏的直接原因。当炸药在空气中爆炸时，爆炸气体产物便会向周围迅速膨胀做功，同时高速冲击着周围的空气，从而形成空气冲击波。典型的冲击波超压-时间曲线如图 14-2 所示。爆炸冲击波作用到建筑物表面后，便形成爆炸荷载。爆炸荷载可以通过经验公式或者数值模拟两种方法来确定，当爆炸发生在自由空气中时，若距离目标结构较远，用经验公式也能满足精度要求；但当爆炸周边环境较复杂时，爆炸冲击波的多重反射等效应则不能忽略[7]，这时通过数值模拟可以得到较好的结果[8,9]。

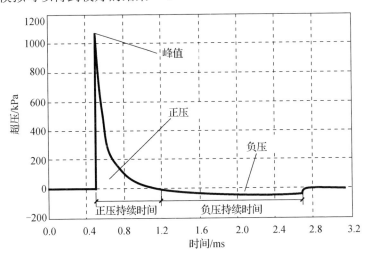

图 14-2　自由空气爆炸冲击波超压-时程曲线

14.1.1　爆炸荷载的经验公式

1. 冲击波超压

在目标处，自由场爆炸冲击波的超压是随时间而变化的，在某些范围内，曲

线的方程可以表示为

$$\Delta p(t) = \Delta p_s (1 - t/\tau) e^{-at/\tau} \tag{14-1}$$

式中，τ 为冲击波超压持续时间，基于 Henrych[10]的试验研究，τ 可按式（14-2）确定；Δp_s 为峰值超压；a 为系数，按式（14-3）取值。

$$\frac{\tau}{\sqrt[3]{W}} = 10^{-3} \left(0.107 + 0.444Z + 0.264Z^2 - 0.129Z^3 + 0.0335Z^4 \right) \quad (\text{s}/\text{kg}^{1/3}) \tag{14-2}$$

$$\begin{cases} a = 1/2 + \Delta p_s & (\Delta p_s \leqslant 98.07) \\ a = 1/2 + \Delta p_s \left[1.1 - (0.13 + 0.20\Delta p_s)(t/\tau) \right] & (98.07 < \Delta p_s \leqslant 294.20) \end{cases} \tag{14-3}$$

由于爆炸作用不仅取决于爆炸距离，而且与炸药量有关，故引入比例距离 Z 将两者综合考虑。当炸药为 TNT 时，$Z = R/W^{1/3}$，R 是从炸药中心至目标处的距离，W 是等效 TNT 炸药当量。

Henrych 根据自己的试验得到了不同比例距离 Z 内的爆炸冲击波峰值超压值 Δp_s 的计算公式，如式（14-4）所示。

$$\begin{cases} \Delta p_s = \dfrac{1379.96}{Z} + \dfrac{543.26}{Z^2} - \dfrac{35.03}{Z^3} + \dfrac{0.613}{Z^4} & (0.05 \leqslant Z \leqslant 0.3) \\[2mm] \Delta p_s = \dfrac{607.40}{Z} - \dfrac{31.99}{Z^2} + \dfrac{209.12}{Z^3} & (0.3 < Z \leqslant 1.0) \\[2mm] \Delta p_s = \dfrac{64.92}{Z} + \dfrac{397.17}{Z^2} + \dfrac{322.44}{Z^3} & (1.0 < Z \leqslant 10) \end{cases} \tag{14-4}$$

Науменко 与 Петровский 总结出[10]：

$$\Delta p_s = \frac{1049.31}{Z^3} - 98.07 \quad (Z \leqslant 1) \tag{14-5}$$

Садовский 得出[10]：

$$\Delta p_s = \frac{74.61}{Z} + \frac{250.07}{Z^2} + \frac{637.43}{Z^3} \quad (1 \leqslant Z \leqslant 15) \tag{14-6}$$

Brode 提出对于近场与远场爆炸分别按式（14-7）和式（14-8）计算 Δp_s[10]。

$$\Delta p_s = \frac{657.05}{Z^3} + 98.07 \quad (\Delta p_s \geqslant 980.665) \tag{14-7}$$

$$\Delta p_s = \frac{95.61}{Z} + \frac{142.69}{Z^2} + \frac{573.69}{Z^3} - 1.86 \quad (0.9807 \leqslant \Delta p_s \leqslant 980.665) \tag{14-8}$$

Kinney 与 Graham[11]则采用式（14-9）描述化学爆炸冲击波超压与大气压比值。

$$\frac{\Delta p_s}{p_0} = \frac{808 \left[1 + \left(\dfrac{Z}{4.5} \right)^2 \right]}{\sqrt{1 + \left(\dfrac{Z}{0.048} \right)^2} \sqrt{1 + \left(\dfrac{Z}{0.32} \right)^2} \sqrt{1 + \left(\dfrac{Z}{1.35} \right)^2}} \tag{14-9}$$

式中，p_0 为大气压。

如图 14-3 所示，将这些经验公式进行比较可发现，在离炸药较远处（$Z>1\ \mathrm{m/kg}^{1/3}$），不同经验公式间的结果比较接近；但随着离炸药距离的减小，不同公式间的差别逐步增大。这个结果是可以理解的，因为距离爆炸源越近的地方，冲击波的突变越强，因而测量的误差也越大。

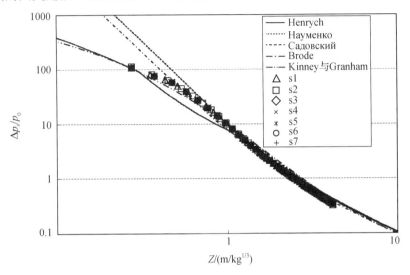

图 14-3　峰值超压-比例距离曲线

2. 冲击波冲量

结构受到爆炸冲击波作用的效应不仅与爆炸冲击波的峰值有关，而且与冲击波正压作用的时间长短有关，因此爆炸冲击波冲量也是描述爆炸荷载大小的一个比较重要的参数。冲击波冲量 i_m 一般指超压-时间关系曲线所包的面积。Kinney与 Granham[11]采用式（14-10）描述化学爆炸冲击波冲量。

$$i_{\mathrm{m}}=\frac{0.067\sqrt[2]{1+\left(Z/0.23\right)^4}}{Z^2\sqrt[3]{1+\left(Z/1.55\right)^3}}\times10^5 \tag{14-10}$$

根据 Henrych[10]的试验研究，有如下结论：

$$\frac{i_{\mathrm{m}}}{\sqrt[3]{W}}=65040.3-\frac{109381.5}{Z}+\frac{61704.9}{Z^2}-\frac{9849.24}{Z^3}\quad(0.4\leqslant Z\leqslant0.75) \tag{14-11}$$

$$\frac{i_{\mathrm{m}}}{\sqrt[3]{W}}=-3158.82+\frac{20699.1}{Z}-\frac{21189.6}{Z^2}+\frac{7857.81}{Z^3}\quad(0.75\leqslant Z\leqslant3) \tag{14-12}$$

3. 反射冲击波

爆炸产生的冲击波在自由空气中以入射波的形式传播，当碰到密度大于空气的建筑结构时，会发生冲击波的反射，先前的入射波会以反射波的形式向爆源回弹。而结构所受到的爆炸荷载正是这个反射冲击波。反射波的超压比入射波来得大，一般可达到入射波超压的 2 倍以上，不同的入射角也会造成反射波超压的不同。一般将反射波与入射波的超压比值 $\Delta p_r/\Delta p_s$ 定义为反射系数 $C_{r\alpha}$，入射超压不同时，反射系数与入射角度的关系如图 14-4 所示[10]。

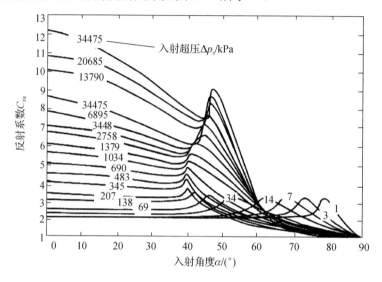

图 14-4　反射冲击波参数

Henrych[10]认为，正反射的冲击波超压可用式（14-13）计算。

$$\Delta p_r = 2\Delta p_s + \frac{6\Delta p_s^2}{\Delta p_s + 7p_0}\qquad（14\text{-}13）$$

式中，Δp_r 为反射冲击波超压，其余变量意义同前。

4. 爆炸荷载简化计算模型

直接采用式（14-1）在实际应用时不是很方便。当爆炸距离目标较远或者研究对象为单个结构构件时，可以使用简化的折线形式描述构件所受到的爆炸荷载。一般而言，爆炸冲击波的负压区对刚度较大的结构构件，特别是钢筋混凝土构件的影响可以忽略不计，因此分析时可以不考虑负压区。最方便的简化就是认为爆炸荷载是从峰值随时间线性衰减到 0 的脉冲荷载［图 14-5（a）］[12]；如果考虑爆炸冲击波的升压时间，可以采用两折线来表示［图 14-5（b）］[13-15]；若考虑爆炸荷载的逐步衰减，可以采用三折线的形式［图 14-5（c）］[16,17]；甚至有时可以直接将爆炸荷载当作一个均布荷载施加在研究对象上［图 14-5（d）］[18]。另外，在研究爆炸冲击对玻璃幕墙等刚度不大的结构的影响时，则必须考虑负压区［图 14-5（e）］[19]。

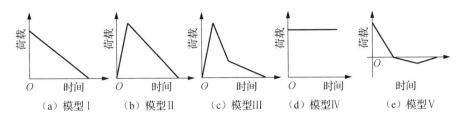

图 14-5　爆炸荷载简化模型

在后续的爆炸荷载作用下构件反应分析时，为简化起见，采用图 14-5（a）所示的爆炸荷载形式。

14.1.2　爆炸荷载的数值模拟

1. 爆炸荷载的分析软件

当研究较复杂结构内部发生的爆炸，或者建筑群中发生的爆炸时，由于此时爆炸冲击波会在结构的多个表面发生不同程度的反射，而不同方向反射回来的冲击波再彼此叠加，因此实际作用到某构件表面的爆炸荷载变得异常复杂。在这种情况下，仅仅使用爆炸荷载的经验公式很难得到令人满意的结果。为此，不少学者与研究机构针对爆炸荷载计算的不同需求相继开发了相应的计算软件，如表 14-1 所示。

表 14-1　常用的爆炸荷载分析软件

软件名称	主要功能
3DBlast	由 GSA（General Services Administration）开发。用于快速分析作用在结构上的爆炸荷载，可分析压力及冲量随空间和时间的变化
Air3D	由 Cranfield University 开发。基于流体动力学编程，用于模拟爆炸冲击波传播
AT Planner	基于比例爆炸参数并集成经验算法，用于评估爆炸距离、结构损伤、窗户及人员危险性
ATBlast	由 Applied Research Associates 开发。用于评估自由空气爆炸中的冲击波载。用户输入最小与最大范围、炸药当量及入射角，软件可得到冲击波前速度、冲击波到达时间、压力、冲量及持续时间
AUTODYN3D	通用有限元动力分析软件，用于模拟爆炸冲击波
BEEM	用于评估恐怖武器袭击下的结构损坏情况
Blast/FX	由 Northrop Grumman 公司为 Transportation Security Administration's (TSA) Systems Engineering Branch 设计的爆炸效应分析软件
Blast Effects Computer	由美国国防部开发的计算爆炸荷载的 Excel 工具
CBARCS	由 Ferritto J M 等开发。用于爆炸荷载作用下钢筋混凝土板的非线性动力优化设计
ConWep	用于计算高级炸药的爆炸效应
DISPRE2	用于计算爆炸荷载及炸后碎片损伤
Eblast	用于评估爆炸灾害的专家系统

续表

软件名称	主要功能
FACEDAP	用于评估房屋结构及构件在爆炸荷载下的破坏（Facility and Component Explosive Damage Assessment Program）。基于 DOS 开发，现已由软件 BEEM 代替
FEFLO98	用于计算防爆墙后冲击波的衍射效应
FRAGPROP	用于预测爆炸传播及燃烧反应
FRANG	由 NCEL 开发。用于计算室内气体爆炸的压力及冲量
LS-DYNA	大型非线性有限元软件。用于爆炸分析
OURANOS	用于计算房屋内爆炸荷载
PSADS	由美国军队防护设计中心开发。用于结构抗爆设计
SHAMRC	用于计算足尺办公楼荷载及室内爆炸
SHOCK	由 NCEL 开发的爆炸荷载分析软件。用于计算爆炸表面压力及冲量

在上述众多的爆炸荷载计算软件中，以 ANSYS 公司的 AUTODYN3D 和 LS-DYNA 较为著名。这两款软件除了可以计算爆炸荷载外，还具有强大的有限元计算核心，可以对复杂的结构进行分析。另外，软件具备的流固耦合分析功能也有助于进行爆炸过程与结构反应的一体化分析。很多学者使用这两款软件分析了爆炸荷载作用下构件或结构的反应[20-27]。在此，也使用 LS-DYNA 对爆炸冲击波在自由场空气及有障碍墙阻挡下的传播进行数值模拟，并与经验公式的结果进行对比，以确定数值模拟的相关算法及材料参数[28]。

在利用有限元分析爆炸产生的空气冲击波与建筑结构的相互作用时，采取一种既能分析流体又能有效分析固体的方法，以便顺利地解决它们之间的耦合作用，即任意拉格朗日欧拉（arbitrary Lagrangian Eulerian，ALE）算法。ALE 方法的基本实现过程如下。

1）先执行一个或几个 Lagrange 时步计算，此时单元网格随材料流动而产生变形，保持变形后的物体边界条件，对内部单元进行重分网格，网格的拓扑关系保持不变，称为 Smooth Step。

2）将变形网格中的单元变量（密度、能量、应力张量等）和节点速度矢量输运到重分后的新网格中，称为 Advection Step。输运步的成本比起 Lagrange 步要大很多。大多数输运步的时间用于计算相邻单元之间的材料运输，只有小部分时间耗在计算何处的网格应如何被调整，且可以用较粗糙的网格来获得较高的精确度。在计算过程中，一般每个单元解的各种变量都要进行输运，要输运的变量数量取决于材料模型。对于包含状态方程的单元，只输运密度、内能和冲击波黏性。

2. 空气数值模型

由于爆炸冲击波是通过空气传播出去的，因此必须将空气作为一种重要的材料建立在有限元模型中。模型中主要采用国际标准大气的性质：①假定大气是静止的，空气为干燥洁净的理想气体，在规定温度-高度曲线和海平面上的温度、压力和密度初始值后，通过对大气静力方程和气体状态方程的积分获得压力和密度数据。②海平面温度 $t_0=15℃$；海平面热力学温度 $T_0=288.15K$；海平面空气密度 $\rho_0=1.225kg/m^3$；海平面空气压力 $p_0=101325Pa$；海平面音速 $a_0=340.294m/s$；标准重力加速度 $g_0=9.80665m/s^2$。

在爆炸数值模拟中对无限大的空气域进行建模是不现实的。因此，只能建立有限的空气域，并辅以合理的边界处理以模拟无限大的空间，同时对空气域边界进行无反射处理，以保证空气可以自由流动。

因为空气具有初始内能，即空气域的初始压力不为零，所以在有限的空气域边界需增加一个大气压（101.3kPa）的外部荷载以保持压力平衡。在冲击波波前到达边界之前，边界上的大气压总是存在的，而且应该一直存在，因此选择持续加载的方式。

3. 炸药数值模型

爆炸源即高性能炸药，同样是有限元模型中非常重要的一个元素。LS-DYNA 提供了用于模拟炸药作用的数值模型，即高能炸药材料模型结合一个描述爆炸生成气体压力-体积关系的状态方程模型。高能炸药结合状态方程控制了化学能量的瞬间爆炸。在起爆期，通过单元中心与爆炸中心的距离除以爆炸速度 v_e 得到点火时间。爆炸前高能炸药材料的表现如同完全弹塑性实体，一旦发生爆炸，则表现为理想气体的特征。

高能炸药爆轰产物压力-体积关系采用 JWL（Jones-Wilkins-Lee）状态方程描述，如式（14-14）所示[29]。

$$p = A\left(1 - \frac{\omega}{R_1 V}\right)e^{-R_1 V} + B\left(1 - \frac{\omega}{R_2 V}\right)e^{-R_2 V} + \frac{\omega E_0}{V} \qquad (14\text{-}14)$$

式中，V 为比体积（即材料单位质量所占的体积，等于密度的倒数）；e 为比内能[系统单位质量下的内能，因此其量纲为（能量/质量）]；E_0 为系统的内能，由其热力学特性如压力及温度决定；A、B、R_1、R_2、ω 分别为材料常数。

一般情况下，初始相对体积 V 均取 1.0。根据相关文献[25, 30-38]，各参数的取值范围为：炸药密度 $\rho=1.0\sim2.13g/cm^3$；爆速 $v_e= 0.3600\sim0.8862cm/\mu s$；材料常数 $A = 1.789\sim9.348$；$B = 0.00182\sim0.1272$；$R_1 = 3.50\sim5.66$；$R_2 = 0.90\sim1.49$；$\omega = 0.15\sim1.30$；初始内能 $E_0 = (0.023\sim0.091)\times10^{11}Pa$。

4. 自由空气爆炸冲击波数值模拟

对炸药及空气采用空间球体进行建模。为减少计算量，采用 1/8 实体建模，在 3 个对称面设置相应约束。由于爆炸具有从起爆点瞬间爆发并向外扩散的特点，因此相对空气单元而言，对炸药单元采用更为细密的网格划分。为降低空间网格划分的不均匀性，对紧贴炸药的外包空气层进行网格加密，加密范围 r_{a1} 长度取炸药半径 r_e 的 4 倍（图 14-6）。

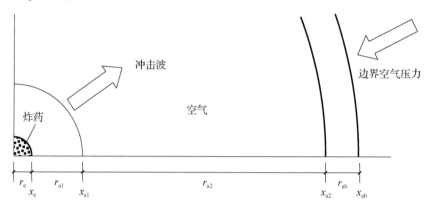

图 14-6　自由场冲击波数值计算模型

自由空气爆炸中最重要的参数是冲击波峰值超压 Δp_s。因此，通过变化炸药的 TNT 当量及爆心到目标点的距离（即等效于变换比例距离 Z），设计了一系列数值试验，如表 14-2 所示，以验证数值模型的准确性。

表 14-2　自由场爆炸数值模拟试验

试验编号	TNT 当量/g	炸药半径/cm	空气尺寸/cm	关键点坐标/cm
s1	436.975	4	$r_{a1} = 4r_e = 16$, $r_{a2} = 300$, $r_{ab} = 1$	$x_e = 4$, $x_{a1} = 20$, $x_{a2} = 320$, $x_{ab} = 321$
s2	1474.789	6	$r_{a1} = 4r_e = 24$, $r_{a2} = 400$, $r_{ab} = 2$	$x_e = 6$, $x_{a1} = 30$, $x_{a2} = 430$, $x_{ab} = 432$
s3	3495.797	8	$r_{a1} = 4r_e = 32$, $r_{a2} = 600$, $r_{ab} = 3$	$x_e = 8$, $x_{a1} = 40$, $x_{a2} = 640$, $x_{ab} = 643$
s4	11798.314	12	$r_{a1} = 4r_e = 48$, $r_{a2} = 900$, $r_{ab} = 4$	$x_e = 12$, $x_{a1} = 60$, $x_{a2} = 960$, $x_{ab} = 964$
s5	27966.374	16	$r_{a1} = 4r_e = 64$, $r_{a2} = 1200$, $r_{ab} = 6$	$x_e = 16$, $x_{a1} = 80$, $x_{a2} = 1280$, $x_{ab} = 1286$
s6	54621.824	20	$r_{a1} = 4r_e = 80$, $r_{a2} = 1500$, $r_{ab} = 7$	$x_e = 20$, $x_{a1} = 100$, $x_{a2} = 1600$, $x_{ab} = 1607$
s7	436974.594	40	$r_{a1} = 4r_e = 160$, $r_{a2} = 3000$, $r_{ab} = 15$	$x_e = 40$, $x_{a1} = 200$, $x_{a2} = 3200$, $x_{ab} = 3215$

注：上述所有模型采用同等比例的网格划分，r_e 为炸药半径，则对于炸药单元：$r_e/20$，圆弧/20；对空气网格：$r_{a1}/20$，$r_{a2}/200$，$r_{ab}/1$，圆弧/20。

将不同比例距离 Z 下数值模拟试验 s1~s7 所得的峰值超压和环境压力的比值 $\Delta p_s/p_0$ 与式（14-4）~式（14-9）计算的结果进行对比，如图 14-3 所示。由图 14-3 可知，当 Z 较小时，数值模拟结果与经验公式稍有区别；随着 Z 的逐步增大，自由场空气爆炸数值试验结果与经验公式吻合较好。进一步的数值模拟分析表明，分析钢筋混凝土构件时，可将空气域划分为边长 1.5cm 的网格；在小尺寸炸药爆炸的模拟中，提高炸药初始内能 E_0 可以减小空气初始压力的影响，提高峰值超压；在爆炸建模时，必须在空气的边界施加合理的初始压力，以防止发生初始空气的"泄漏"现象。

5. 反射冲击波数值模拟

当爆炸发生在实际结构中时，冲击波遇到结构体会发生反射。采用刚性板来模拟空气中的障碍物，以考察空气中爆炸冲击波碰到障碍墙后的反射现象，计算模型如图 14-7 所示。在 ALE 算法中，代表流体的 Eluer 网格与代表固体的 Lagrange 网格无须重合，故采用球形炸药及球形空气场建模，以保证计算精度与效率。采用固定炸药当量，变换刚性墙的位置以达到变换爆炸比例距离 Z 的目的。在计算反射超压 Δp_r 时，自由场超压 Δp_s 由经验公式算出并代入。计算模型中的空气及炸药材料等参数与自由场空气爆炸的数值试验相同，刚性墙采用 LS-DYNA 中的 MAT_RIGID 材料进行模拟。

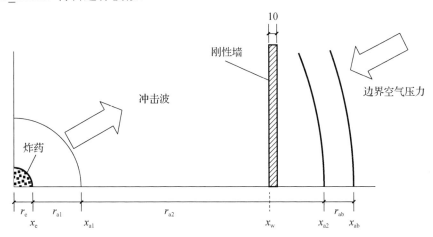

图 14-7　反射冲击波超压数值计算模型（单位：cm）

设计 18 组数值模拟试验，如表 14-3 所示。计算结果如表 14-4 所示。结果同样表明，随着比例距离 Z 增大数值计算与经验公式拟合度增大的趋势。进一步参数分析表明，采用 20mm×20mm×2mm 等分划分刚性墙体较合适，而若再加密网格划分，除了增加计算时间外，并不能带来更高的计算精度。

表 14-3　冲击波超压正反射数值试验

试验编号	r1	r2	r3	r4	r5	r6	r7	r8	r9
x_w/cm	20	40	60	80	100	120	140	160	180
试验编号	r10	r11	r12	r13	r14	r15	r16	r17	r18
x_w/cm	200	220	240	260	280	300	320	340	360

注：TNT 当量 436.975g，炸药半径 $r_e = 4$cm，刚性墙位置为 x_w；空气尺寸 $r_{a1} = 4r_e = 16$cm，$r_{a2} = 400$cm，$r_{ab} = 2$cm，关键点坐标 $x_e = 4$cm，$x_{a1} = 20$cm，$x_{a2} = 420$cm，$x_{ab} = 422$cm；炸药网格划分为边长的 1/20，空气加密区网格 $r_{a1}/20$ 等份，圆弧边 1/20 等份，最外层划分尺寸 r_{ab}。

表 14-4　冲击波超压正反射数值试验结果与经验公式比较

试验编号	Z	Δp_s/kPa	Δp_r/kPa	Δp_{rN}/kPa	相对误差/%
	$R/W^{1/3}$	式（14-4）	式（14-13）	数值计算	$(|\Delta p_{rN} - \Delta p_r|/\Delta p_r) \times 100$
r1	0.26	11270.31	86159.82	71044.00	17.54
r2	0.53	2465.03	16415.80	18803.01	14.54
r3	0.79	1140.13	6497.61	5376.52	17.25
r4	1.05	694.16	3448.43	2561.78	25.71
r5	1.32	418.92	1771.07	1497.04	15.47
r6	1.58	281.48	1042.64	1120.00	7.43
r7	1.84	203.21	678.10	754.00	11.20
r8	2.11	154.52	475.02	535.00	12.64
r9	2.37	122.16	351.97	394.00	12.00
r10	2.64	99.46	272.21	246.22	9.56
r11	2.90	82.91	217.87	240.01	10.19
r12	3.16	70.42	179.03	159.22	11.10
r13	3.43	60.82	150.40	162.00	7.71
r14	3.69	53.27	128.61	136.01	5.73
r15	3.95	47.19	111.70	95.10	14.82
r16	4.22	42.02	98.22	100.01	1.86
r17	4.48	37.90	87.21	87.00	0.26
r18	4.74	34.48	78.28	77.53	0.92

14.2　局部爆炸作用下钢筋混凝土构件的破坏准则

　　根据对爆炸荷载的分析可知，爆炸冲击产生的动力荷载比建筑物常规设计荷载大得多，构件在如此大的荷载作用下很容易失效。关键构件的失效将导致结构局部甚至整体倒塌。因此研究构件在爆炸荷载作用下的动力响应，得到构件在一定爆炸荷载作用下是否破坏的判断准则，是进一步分析结构连续倒塌的基础工作。

14.2.1　爆炸荷载作用下材料力学性能

爆炸荷载作用下建筑材料的特性与缓慢加载下的特性有着显著的区别。常规静载材料试验的应变率仅为 $10^{-5}\mathrm{s}^{-1}$ 左右，而在爆炸荷载作用下，结构材料的应变率可能会达到 $10\sim10^{3}\mathrm{s}^{-1}$。材料快速加载试验表明，随着应变率的提高，材料的应力–应变关系更为复杂，其他材性参数，如强度、延性、弹性模量等也均有不同程度的变化。

作者及其合作者[39]采用图 14-8 所示的装置进行了钢筋的静力试验与快速拉伸试验，得到了不同应变率下钢筋拉伸典型应力-应变关系曲线，如图 14-9 所示。对试验数据进行回归分析后建议：若不考虑温度的影响，在塑性阶段，钢筋的应力-应变关系为

$$\sigma_{\mathrm{s}}=\left[A+B\left(\varepsilon^{\mathrm{p}}\right)^{n}\right]\left(1+C\ln\frac{\dot{\varepsilon}^{\mathrm{p}}}{\dot{\varepsilon}_{1}}\right)\qquad(14\text{-}15)$$

式中，A、B、n 和 C 为参数，如表 14-5 所示；ε^{p} 和 $\dot{\varepsilon}^{\mathrm{p}}$ 分别为塑性应变和塑性应变率；$\dot{\varepsilon}_{1}$ 为参考塑性应变，一般取 $\dot{\varepsilon}_{1}=1\mathrm{s}^{-1}$。

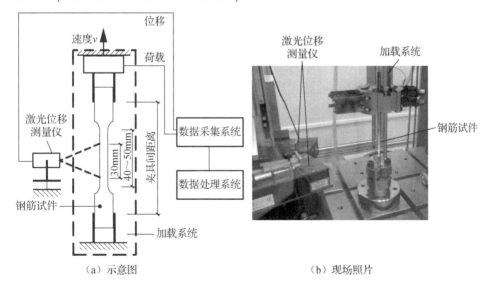

（a）示意图　　　　　　　　　　　（b）现场照片

图 14-8　HS160/100-20 试验机高应变率拉伸试验系统示意[39]

式（14-15）适合作为 $1\mathrm{s}^{-1}\leqslant\dot{\varepsilon}_{1}\leqslant50\mathrm{s}^{-1}$ 时钢筋的本构模型。在分析爆炸荷载作用下钢筋混凝土构件的动力反应时，本书即采用式（14-15）所示的钢筋本构模型。

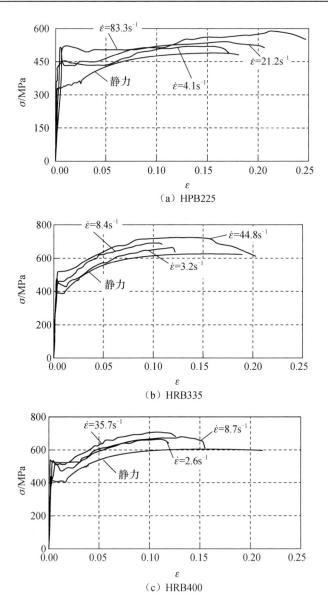

图 14-9 不同应变率作用下钢筋拉伸典型应力-应变关系曲线[39]

表 14-5 不同应变率下钢筋应力-应变关系中材料参数回归结果

材料参数	HPB235	HRB335	HRB400
A/MPa	411.59	455.62	480.39
B/MPa	8.36×10^{11}	1.34×10^{12}	1.07×10^{12}
n	11.28	11.50	11.34
C	0.018	0.020	0.020

1917 年，Abrams 发现动态荷载作用下混凝土抗压强度要比静态荷载作用下高。Bischoff 等[40]较为全面地总结了高应变率下混凝土单轴受压试验技术和数据测量方法、混凝土动力抗压强度及其变形等方面的研究结果，给出了混凝土动力抗压强度相对值与应变率的关系，如图 14-10 所示。Malvar 等[41]在大量试验数据的基础上提出了混凝土抗拉强度动力提高系数（DIF）的双线性表达式。Barpi[42]总结了混凝土动力抗拉强度动力提高系数与应变率的关系，如图 14-11 所示。另外有研究表明，加载历史对高应变率作用下混凝土材料力学性能也有影响[43]。

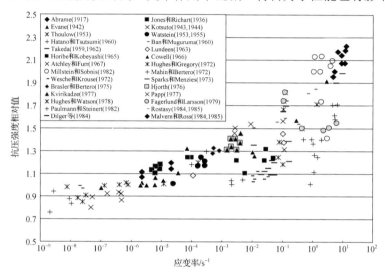

图 14-10　混凝土动力抗压强度相对值与应变率的关系[40]

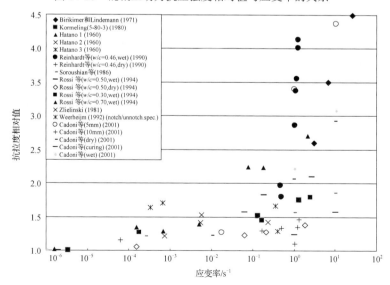

图 14-11　混凝土动力抗拉强度相对值与应变率的关系[42]

14.2.2 爆炸荷载下钢筋混凝土构件受力性能试验研究

为了揭示爆炸荷载作用下钢筋混凝土柱和墙构件的破坏机理，并研究构件在爆炸荷载下的破坏准则，作者及其合作者进行了爆炸荷载作用下钢筋混凝土构件动力响应的试验。由于试验条件的限制，柱、墙构件的轴力及边界条件无法实现，也不考虑墙平面内受力，在试验中采用梁、板构件分别代替柱、墙。梁试件尺寸为 150mm×150mm×1400mm，设计保护层厚度为 25mm。板试件尺寸为 1300mm×1300mm×50mm，设计保护层厚度为 15mm。梁试件和板试件编号与配筋信息分别列于表 14-6 和表 14-7。试件的几何尺寸及配筋详情如图 14-12 和图 14-13 所示。

表 14-6　爆炸荷载下梁试件尺寸及配筋情况

编号	尺寸	配筋情况			配筋率/%	备注
		受压钢筋	受拉钢筋	箍筋		
L1		2φ10	2φ10	非加密区	0.70	
L2	150mm×150mm×1400mm	2φ12	2φ12	φ8@100，加密	1.01	ρ_{min}=0.21%，ρ_b=2.62%
L3		2φ16	2φ16	区φ8@50	1.79	

表 14-7　爆炸荷载下板试件尺寸及配筋情况

编号	尺寸	双向配筋	配筋率/%	备注
B1		双向φ8@200	0.50	
B2a		双向φ10@200	0.78	
B2b	1300mm×1300mm×50mm			ρ_{min}=0.21%，ρ_b=2.62%
B3a		双向φ10@120	1.31	
B3b				

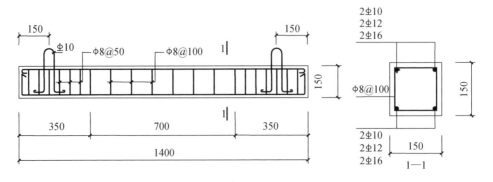

图 14-12　爆炸荷载下梁试件尺寸与配筋

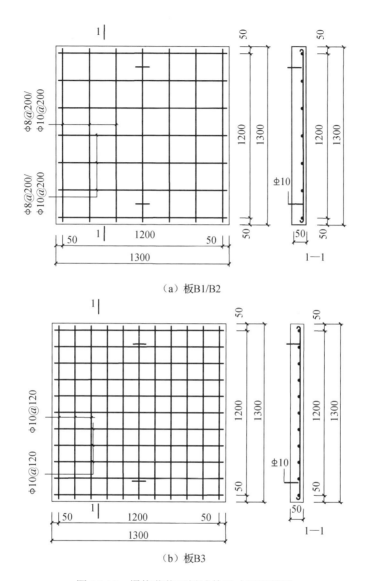

（a）板B1/B2

（b）板B3

图 14-13　爆炸荷载下板试件尺寸及配筋图

试验装置采用爆炸压力模拟器（直径 1.9m，以下简称模爆器）及 DH5939N 高速数据采集记录仪。试验装置如图 14-14 所示（应变片位置为示意图）。通过模爆器可在试验构件加载面上施加类似于爆炸压力的均布荷载。试验中记录的荷载时程曲线如图 14-15 和图 14-16 所示（其中，B2a 未采集到冲击波压力时程曲线）。梁、板构件破坏形态分别如图 14-17 和图 14-18 所示。典型应变时程曲线如图 14-19 所示。

　　试验结果表明，爆炸荷载瞬间升至峰值，随后呈三角形下降，持续时间为 0.8s 左右；试验中钢筋最大应变率约为 $2.5s^{-1}$，混凝土最大应变率约为 $1.2s^{-1}$；不同于静载破坏时，板出现对角裂缝，当荷载峰值较大时，板中间出现较大的方形裂缝，并伴有对角裂缝；当荷载峰值较小时，对角裂缝发展充分，方形裂缝面积较小。

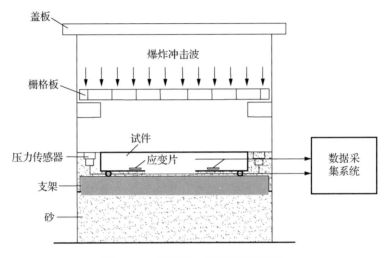

图 14-14　爆炸压力模拟装置示意图

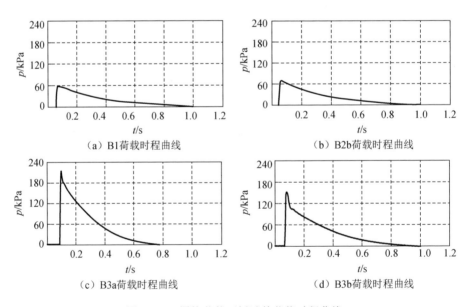

（a）B1荷载时程曲线　　　　　　　　　（b）B2b荷载时程曲线

（c）B3a荷载时程曲线　　　　　　　　　（d）B3b荷载时程曲线

图 14-15　爆炸荷载下板试件荷载时程曲线

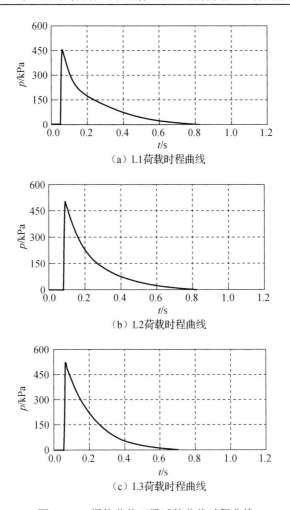

（a）L1荷载时程曲线

（b）L2荷载时程曲线

（c）L3荷载时程曲线

图 14-16　爆炸荷载下梁试件荷载时程曲线

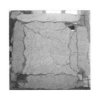

（a）B1、B2b、B3b 试件试验结果

（b）B1、B2b、B3b 试件计算模拟结果

图 14-17　爆炸荷载下典型板试件的破坏形态

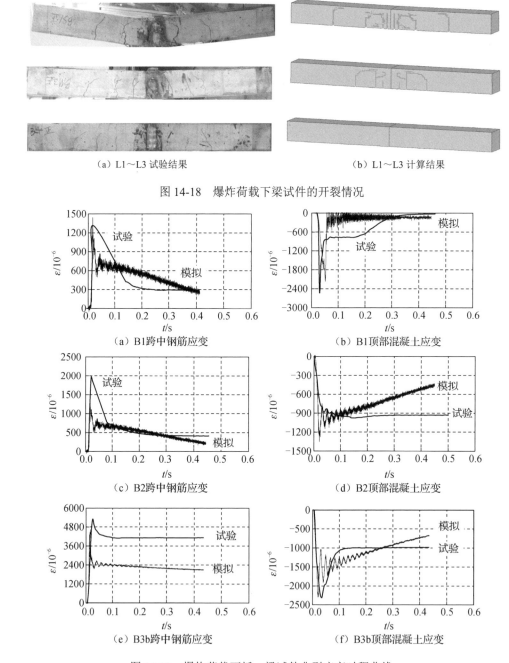

（a）L1～L3 试验结果　　　　　　　　（b）L1～L3 计算结果

图 14-18　爆炸荷载下梁试件的开裂情况

（a）B1跨中钢筋应变

（b）B1顶部混凝土应变

（c）B2跨中钢筋应变

（d）B2顶部混凝土应变

（e）B3b跨中钢筋应变

（f）B3b顶部混凝土应变

图 14-19　爆炸荷载下板、梁试件典型应变时程曲线

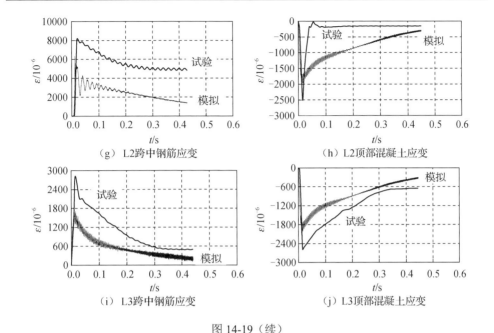

（g）L2跨中钢筋应变　　　　　　　　　（h）L2顶部混凝土应变

（i）L3跨中钢筋应变　　　　　　　　　（j）L3顶部混凝土应变

图 14-19（续）

14.2.3　爆炸荷载作用下钢筋混凝土构件受力性能数值模拟分析

受试验条件的限制，在爆炸荷载作用下钢筋混凝土构件受力性能试验中只对8 个试件进行了研究。为更加全面地考虑其他影响因素，采用三维有限元显式动力分析软件 LS-DYNA 对构件进行进一步研究，将计算结果与试验结果进行比较以验证有限元分析方法的准确性和可靠性，并以此为基础进行系列扩展数值试验。

在有限元分析时，采用分离式模型将混凝土与钢筋作为不同的单元来处理。按照混凝土和钢筋各自的力学性能，选择不同的单元形式分别计算混凝土单元（SOLID164 单元）刚度矩阵 K_c 和钢筋单元（LINK160 单元）刚度矩阵 K_s，然后再统一集成到整体刚度矩阵 K 中去[44]。采用此方式，可严格按照实际配筋划分单元，必要时可在钢筋与混凝土之间插入黏结单元来模拟钢筋和混凝土之间的黏结滑移。

钢筋本构模型采用式（14-15）。混凝土采用 LS-DYNA 中的 MAT_JOHNSON_HOLMQUIST_CONCRETE（H-J-C）模型[45]。该材料模型专门针对混凝土在冲击荷载作用下的性能而开发，考虑了大应变、高应变率和高压情况，同时结合损伤理论考虑了材料的拉伸脆断行为，以及材料压溃后的体积压缩量与压力的函数关系[45]。研究表明该模型适用性较好[46,47]。

H-J-C 模型的强度模型和损伤模型分别如式（14-16）和式（14-17）所示。

$$\sigma^* = [A(1-D) + BP^{*N}](1 + C\ln\dot{\varepsilon}^*) \tag{14-16}$$

$$D = \sum \frac{\Delta \varepsilon_{\mathrm{p}} + \Delta \mu_{\mathrm{p}}}{D_1 \left(P^* + T^* \right)^{D_2}} \tag{14-17}$$

式中，$\sigma^* = \sigma / f_{\mathrm{c}}'$，为无量纲的等效应力（$\sigma^* \leqslant \mathrm{SMAX}$，SMAX 为混凝土所具有的最大强度，为无量纲）；$P^* = P / f_{\mathrm{c}}'$，为无量纲的单元内静压；$\dot{\varepsilon}^* = \dot{\varepsilon} / \dot{\varepsilon}_0$，为无量纲的应变率；$T^* = T / f_{\mathrm{c}}'$，为无量纲的材料最大拉伸强度；$P$ 为单元内的静压；T 为材料的最大拉伸强度；$\dot{\varepsilon}$ 为应变率，$\dot{\varepsilon}_0$ 为参考应变率（$\dot{\varepsilon}_0 = 1\mathrm{s}^{-1}$）；$f_{\mathrm{c}}'$ 为材料的圆柱体抗压强度；A、B、C、N、D_1 和 D_2 为混凝土的材料参数，其中 A 为无量纲的内聚强度，B 为无量纲的抗压硬化系数，C 为应变率系数，N 为抗压硬化指数，D_1 和 D_2 为材料的损伤系数和损伤指数；D 为损伤度（$0 \leqslant D \leqslant 1.0$，且 $D_1 \left(P^* + T^* \right)^{D_2} \geqslant$ EFMIN，EFMIN 为混凝土的最小断裂应变）；$\Delta \varepsilon_{\mathrm{p}}$ 和 $\Delta \mu_{\mathrm{p}}$ 分别代表在一个积分步长内单元的等效塑性应变和塑性体积应变。单元的变形分为抗压和抗拉两种情况。单元压力与单元体积应变的关系由状态方程给出，如图 14-20 所示。

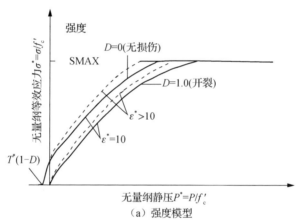

（a）强度模型

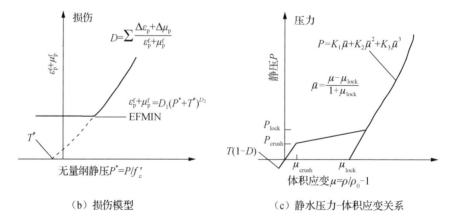

（b）损伤模型 　　　　　　（c）静水压力-体积应变关系

图 14-20　H-J-C 混凝土本构模型

　　输入图 14-15 和图 14-16 所示的荷载时程曲线可以模拟板和梁在爆炸荷载作用下开裂直至破坏的全过程。与试验结果比较表明（图 14-17 和图 14-18），数值模拟结果能真实反映构件在爆炸荷载作用下的破坏形态。

　　表 14-8 给出了试验梁板的跨中残余变形。与试验值比较，数值模拟结果的相对误差在 ±30% 左右，说明数值模拟基本能反映试验的真实情况。

表 14-8　爆炸荷载下试验板、梁跨中残余变形

试件类型	试件编号	跨中残余变形		误差[*]/%
		试验值/mm	模拟值/mm	
板	B1	45	61	35
	B2b	45	56	24
	B3b	235	157	−33
梁	L1	65	56	−14
	L2	20	24	20
	L3	8	10	25

* 误差 =（模拟值–试验值）/ 试验值。

　　和试验中测得的板、梁构件材料的应变时程曲线比较表明（图 14-19），数值模拟结果和试验结果基本吻合，峰值应变最大误差为 50% 左右，同样残余应变也存在一定的误差。试验中材料的应变不仅同材料本身有关，还与应变片的性能有关，同时有限元模拟的是完全理想条件，两者结果存在一定误差是可以理解的。

　　由此可知，按本节模型建立的三维有限元方法可为后续的破坏准则研究提供数值验证手段。

14.2.4　以压力-冲量图（p-I 图）表示的构件破坏准则

　　对结构的倒塌分析来讲，构件受力的最终结果比时间历程更为重要。因此，有必要建立简单实用的构件破坏准测。本节从爆炸荷载作用下单自由度弹性体的反应入手，引出以压力-冲量图（p-I 图）表示的构件破坏准则。

　　由于冲击荷载作用时间较短，结构会在很短的时间内达到最大反应，在系统产生最大位移之前，阻尼还来不及吸收太多的能量。因此，冲击荷载作用下的计算，不计阻尼的影响。

　　假定构件为单自由度弹性体系，如图 14-21（a）所示，在一般荷载 $p(t)$ 作用下构件的运动方程为

$$m\ddot{y} + ky = p(t) \tag{14-18}$$

式中，m 为构件质量；k 为构件刚度；y 为位移。

　　取荷载 $p(t)$ 的一小段作用时间 $d\tau$ 作为研究对象，如图 14-21（b）所示。任意荷载作用下单自由度体系的反应可用 Duhamel 积分表示为[48]

$$y(t) = \frac{\dot{y}_0}{\omega}\sin(\omega t) + y_0\cos(\omega t) + \frac{1}{m\omega}\int_0^t p(\tau)\sin\left[\omega(t-\tau)\right]\mathrm{d}\tau \quad (14\text{-}19)$$

式中，y_0、$\dot{y}_0$ 分别为结构的初始位移和初始速度。

假设爆炸荷载为三角形冲量，荷载峰值为 p_s，爆炸荷载持续时间为 t_d，如图 14-21（c）所示，荷载可表示为

$$p(t) = \begin{cases} p_s(1 - t/t_d) & (0 \leqslant t \leqslant t_d) \\ 0 & (t > t_d) \end{cases} \quad (14\text{-}20)$$

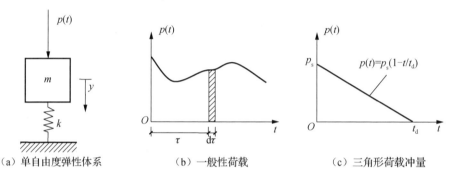

（a）单自由度弹性体系　　　　　（b）一般性荷载　　　　　（c）三角形荷载冲量

图 14-21　承受一般荷载及三角形爆炸荷载的单自由度弹性体系

按式（14-19）进行分部积分可得爆炸荷载作用下单自由度体系的位移响应为

$$y(t) = \begin{cases} \dfrac{p_s}{k}[1 - \cos(\omega t)] + \dfrac{p_s}{kt_d}\left(\dfrac{\sin(\omega t)}{\omega} - t\right) & (0 \leqslant t \leqslant t_d) \\ \dfrac{p_s}{k\omega t_d}\left\{\sin(\omega t) - \sin\left[\omega(t - t_d)\right]\right\} - \dfrac{p_s}{k}\cos(\omega t) & (t > t_d) \end{cases} \quad (14\text{-}21)$$

若仅考虑爆炸荷载正压区（$0 \leqslant t \leqslant t_d$），当构件反应达到最大值 y_{max} 时，构件速度为 0，设此时刻为 t_m，则 $\dot{y}(t_m) = 0$，即

$$0 = (\omega t_d)\sin(\omega t_m) + \cos(\omega t_m) - 1 \quad (14\text{-}22)$$

此时的最大反应为

$$y_{max} = \frac{p_s}{k}[1 - \cos(\omega t_m)] + \frac{p_s}{kt_d}\left(\frac{\sin(\omega t_m)}{\omega} - t_m\right) \quad (14\text{-}23)$$

即

$$\frac{y_{max}}{p_s/k} = 1 - \cos(\omega t_m) + \frac{\sin(\omega t_m)}{\omega t_d} - \frac{\omega t_m}{\omega t_d} \quad (14\text{-}24)$$

由式（14-22）可知，ωt_m 是 ωt_d 的函数，即

$$\omega t_m = f(\omega t_d) \quad (14\text{-}25)$$

结合式（14-24）可知，$\dfrac{y_{max}}{p_s/k}$ 也可表示为 ωt_d 的函数，即

$$\frac{y_{\max}}{p_s / k} = \psi\left(\omega t_d\right) = \psi'\left(\frac{t_d}{T}\right) \tag{14-26}$$

式中，ψ 与 ψ' 分别为 ωt_d 和 t_d/T 的函数。

当爆炸荷载持续时间 t_d 远大于构件自振周期 T 时，可近似认为荷载持续不变，即相当于准静态荷载，当构件达到最大变形时爆炸荷载尚未发生明显衰减，如图 14-22（a）所示（图中，t_m 为构件达到最大变形的时间）。因此可近似认为荷载作用到结构上的可能最大功都转化为结构的应变能。

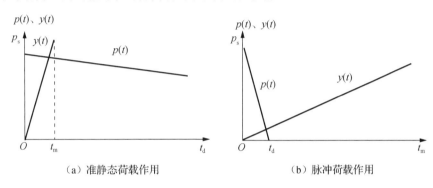

（a）准静态荷载作用　　　　　　　（b）脉冲荷载作用

图 14-22　爆炸荷载与构件位移随时间变化规律示意

当刚度为 k 的构件达到最大变形 $y_{\max}$ 时，构件中的应变能为

$$S_e = \frac{1}{2} k y_{\max}^2 \tag{14-27}$$

准静态爆炸荷载所做功的上限为

$$W_k = p_s y_{\max} \tag{14-28}$$

令 $W_k = S_e$ 得

$$p_s y_{\max} = \frac{1}{2} k y_{\max}^2 \tag{14-29}$$

即

$$\frac{y_{\max}}{p_s / k} = 2 \tag{14-30}$$

可见，在这种情况下，构件的最大变形 $y_{\max}$ 仅与荷载峰值 p_s 以及构件刚度 k 有关，与荷载持续时间 t_d 或构件质量 m 均无关。

通常在分析时，习惯于将结构的动力反应与静力反应进行比较，由于结构在静荷载 p_s 作用下的反应为 $y_{st} = p_s / k$，因此可将式（14-30）改写为

$$\frac{y_{\max}}{y_{st}} = 2 \tag{14-31}$$

式（14-31）的意义即为准静态荷载作用下，单自由度体系的最大动位移为静

位移的 2 倍。

当爆炸荷载的持续时间 t_d 远小于构件自振周期 T 时,构件尚未发生明显变形,爆炸荷载已经衰减消失,如图 14-22(b)所示。此时可近似认为爆炸荷载冲量 $I = p_s t_d / 2$ 全部转化为构件动量,因此构件起始速度为 I/m,对应于起始速度的动能

$$K_e = \frac{1}{2} m \left(\frac{I}{m} \right)^2 = \frac{I^2}{2m} \qquad (14\text{-}32)$$

零时刻构件的动能 K_e 最终被应变能 S_e 吸收掉,令 $K_e = S_e$ 得

$$\frac{I^2}{2m} = \frac{1}{2} k y_{\max}^2 \qquad (14\text{-}33)$$

即

$$y_{\max} = \frac{I}{\sqrt{km}} = \frac{\frac{1}{2} p_s t_d}{\sqrt{km}} \qquad (14\text{-}34)$$

此时,构件最大变形 $y_{\max}$ 与荷载冲量 I、构件刚度 k 以及质量 m 有关。引入静位移 p_s / k 得

$$\frac{y_{\max}}{p_s/k} = \frac{\frac{1}{2} p_s t_d}{\sqrt{km}\,(p_s/k)} = \frac{1}{2} \omega t_d \qquad (14\text{-}35)$$

以 ωt_d 为横坐标,以 $\dfrac{y_{\max}}{p_s/k}$ 为纵坐标,可根据式(14-30)及式(14-35)分别得到准静态荷载及脉冲荷载作用下构件反应的渐近线,这样,爆炸荷载作用下构件的反应曲线就如图 14-23 所示。通常可认为 $\omega t_d \geqslant 40$ 为准静态受载区,$\omega t_d \leqslant 0.4$ 为脉冲受载区,$40 > \omega t_d > 0.4$ 为动态受载区[49]。

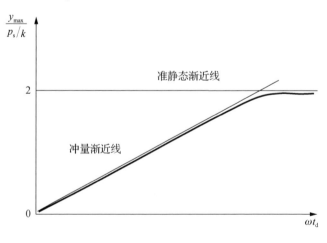

图 14-23 爆炸荷载作用下单自由度体系的动力响应

　　虽然从图 14-23 中可大致预测构件的最大反应，但在评估爆炸荷载作用下构件的破坏情况时，更通常的做法是以构件的最大变形 y_{max} 为标准，考虑在特定爆炸冲击波压力 p_s 及冲量 I 的组合下构件的反应。因此有必要对图 14-23 进行转换，使其纵坐标与横坐标分别表示为 p_s 及 I 的形式。转换后的图称为压力-冲量图（p_s-I 图）。同样，还是先分析准静态受载区以及冲量受载区。

　　由式（14-30）得

$$\frac{2p_s}{y_{max}k} = 1 \qquad\qquad (14\text{-}36)$$

　　由式（14-34）得

$$\frac{I}{y_{max}\sqrt{km}} = 1 \qquad\qquad (14\text{-}37)$$

　　以 $X = \dfrac{I}{y_{max}\sqrt{km}}$ 为横坐标，$Y = \dfrac{2p_s}{y_{max}k}$ 为纵坐标，做出准静态受载区渐近线与冲量受载区渐近线，并使用双曲正切平方的关系 $Y = \dfrac{1}{\tan h^2 \sqrt{X-1}}$ 将动态受载区的过渡部分整理成流线型，即可绘制出构件的压力-冲量图，如图 14-24 所示。

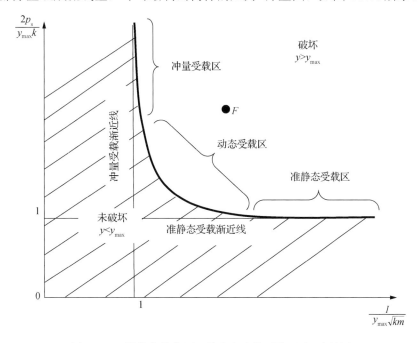

图 14-24　爆炸荷载作用下单自由度体系的压力-冲量图

　　一旦确定构件的极限变形 y_{max}，压力-冲量图中的曲线就是一条等破坏线。当结构受到该曲线左下方区域中（图 14-24 中阴影部分）的较小荷载与冲量作用时，该结构不会破坏；当结构受到曲线右上方的较大荷载和冲量作用时，发生的变形大于临界破坏值，如图 14-24 中 F 点所示，则该结构就会破坏。

14.2.5　钢筋混凝土构件的破坏准则

1. 梁的破坏准则

对于图 14-25 所示简支梁，选取式（14-38）作为均布静力荷载作用下梁的变形形状曲线。

$$y = \frac{16}{5} y_m \left[\frac{x}{l} - 2 \left(\frac{x}{l} \right)^3 + \left(\frac{x}{l} \right)^4 \right] \tag{14-38}$$

式中，y_m 为梁跨中最大挠度。

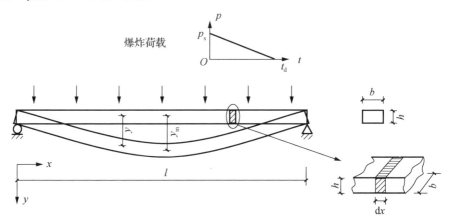

图 14-25　爆炸荷载下简支梁的变形

由梁的挠曲线近似微分方程 $\dfrac{\mathrm{d}^2 y}{\mathrm{d}x^2} = -\dfrac{M}{EI}$ 得梁的弯矩

$$M = \frac{192}{5} \frac{EI y_m}{l^2} \left[\frac{x}{l} - \left(\frac{x}{l} \right)^2 \right] \tag{14-39}$$

由梁的应变能 $S_e = \displaystyle\int_0^l \frac{M^2}{2EI} \mathrm{d}x$ 得

$$S_e = \frac{192^2 EI y_m}{50 l^4} \int_0^l \left[\left(\frac{x}{l} \right)^2 - 2 \left(\frac{x}{l} \right)^3 + \left(\frac{x}{l} \right)^4 \right] \mathrm{d}x$$

$$= 24.576 \frac{EI y_m^2}{l^3} \tag{14-40}$$

准静态爆炸荷载 p_s 所做的最大功为

$$W_{\mathrm{p}} = \int_0^l p_{\mathrm{s}} by \mathrm{d}x \tag{14-41}$$

将式（14-38）代入式（14-41）得

$$W_{\mathrm{p}} = \frac{16}{5} p_{\mathrm{s}} by_{\mathrm{m}} \int_0^l \left[\frac{x}{l} - 2\left(\frac{x}{l}\right)^3 + \left(\frac{x}{l}\right)^4 \right] \mathrm{d}x$$

$$= \frac{16}{25} p_{\mathrm{s}} bly_{\mathrm{m}} \tag{14-42}$$

令 $W_{\mathrm{p}} = S_{\mathrm{e}}$，得

$$24.576 \frac{EIy_{\mathrm{m}}^2}{l^3} = \frac{16}{25} p_{\mathrm{s}} bly_{\mathrm{m}} \tag{14-43}$$

由式（14-32）得构件初始动能

$$K_{\mathrm{e}} = \frac{1}{2} m \left(\frac{I}{m} \right)^2 = \frac{I^2}{2m} = \frac{i^2 b^2 l}{2\rho A} \tag{14-44}$$

令 $K_{\mathrm{e}} = S_{\mathrm{e}}$，得

$$\frac{i^2 b^2 l}{2\rho A} = 24.576 \frac{EIy_{\mathrm{m}}^2}{l^3} \tag{14-45}$$

式中，i 为单位面积冲量。

在实际分析中，一般以材料的极限应变作为评判破坏的标准，因此需将跨中最大变形 y_{m} 以材料的极限应变 $\varepsilon_{\max}$ 替换。

构件的最大弯矩出现在跨中，将 $x=l/2$ 代入式（14-39）得

$$M_{\max} = \frac{192}{20} \frac{EIy_{\mathrm{m}}}{l^2} \tag{14-46}$$

由 $\sigma_{\max} = \varepsilon_{\max} E = \dfrac{M_{\max} \dfrac{h}{2}}{I}$ 得

$$y_{\mathrm{m}} = \frac{5}{24} \frac{\varepsilon_{\max} l^2}{h} \tag{14-47}$$

将式（14-47）代入式（14-43），经整理得到准静态受载区渐近线，即

$$p_{\mathrm{s}} \frac{bhl^2}{EI} = 8.0 \varepsilon_{\max} \tag{14-48}$$

将式（14-47）代入式（14-45），经整理得到脉冲受载区渐近线，即

$$i \frac{bh}{\sqrt{\rho EIA}} = 1.461 \varepsilon_{\max} \tag{14-49}$$

以无量纲 $p_{\mathrm{s}} \dfrac{bhl^2}{EI}$ 为纵坐标、$i \dfrac{bh}{\sqrt{\rho EIA}}$ 为横坐标建立梁的压力–冲量曲线图。

当构件为素混凝土或少筋构件时，以混凝土的开裂应变 0.00015 作为极限应变；

当构件为适筋构件或超筋构件时，取混凝土极限压应变 0.0033 为极限应变。根据式（14-48）可计算出梁在准静态受载区的渐近线，即 $p_s \dfrac{bhl^2}{EI}=8.0\varepsilon_m=0.0012$（当 $\varepsilon_m=0.00015$ 时）及 0.0264（当 $\varepsilon_m=0.0033$ 时）；根据式（14-49）得梁在脉冲受载区的渐近线，即 $i\dfrac{bh}{\sqrt{\rho EIA}}=1.461\varepsilon_m=0.000219$（当 $\varepsilon_m=0.00015$ 时）及 0.00482（当 $\varepsilon_m=0.0033$ 时）。在图中做出两组渐近线，并使用双曲正切平方的关系将动态受载区的过渡部分整理成流线型（图 14-26）。

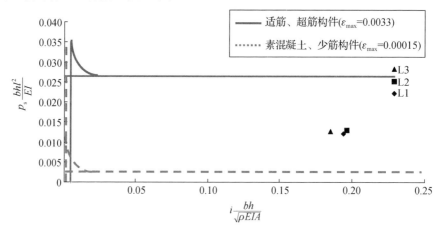

图 14-26   简支梁压力–冲量图

图 14-26 中同时示出了表 14-6 中所示的 3 根试验梁（L1～L3）在试验中测得的压力-冲量图。由图 14-26 可知，3 个试验点均位于静态加载区。这主要是由于试验中采用封闭的模爆器致使高压气体难以及时消散，从而延长了加载时间；另外，3 个试验点均位于少筋构件和适（超）筋构件的准静态受载渐近线之间，说明 3 根梁均开裂，但受压区混凝土并未被压碎，这也与试验现象相符（图 14-19）。由此可知，所建议的破坏准则实用、可行。

2. 柱的破坏准则

承受轴向压力的柱在水平冲击荷载作用下发生的破坏主要为正截面的压弯破坏，因此可以沿用梁的分析方法对柱的破坏进行分析。对图 14-27 所示的水平均布静荷载作用下两端固支柱，其挠曲变形曲线可用式（14-50）表示。

$$y = 16 y_m \left[\left(\frac{x}{l} \right)^2 - \frac{x}{l} \right]^2 \tag{14-50}$$

式中，y_m 为柱最大挠曲变形（在柱中部，即 $x=l/2$ 处，l 为柱计算长度）。

取微单元体 *AB*，假定其长度 d*x* 保持不变。柱体发生挠曲变形后，*AB* 的新的位置变为 *A′B′*，如图 14-27 所示。于是，有

$$\overline{AB} = \overline{A'B'}\cos\theta + \mathrm{d}\delta \tag{14-51}$$

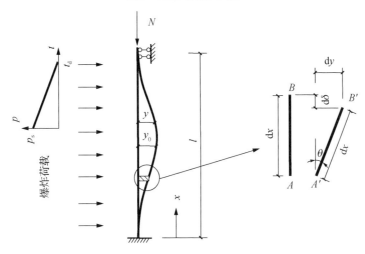

图 14-27　爆炸荷载下两端固支柱的变形

当 $\dfrac{\mathrm{d}y}{\mathrm{d}x} \ll 1$ 时

$$\cos\theta \approx \cos\left(\frac{\mathrm{d}y}{\mathrm{d}x}\right) \approx 1 - \frac{1}{2}\left(\frac{\mathrm{d}y}{\mathrm{d}x}\right)^2 \tag{14-52}$$

代入式（14-51）得

$$\mathrm{d}x = \mathrm{d}x\left[1 - \frac{1}{2}\left(\frac{\mathrm{d}y}{\mathrm{d}x}\right)^2\right] + \mathrm{d}\delta \tag{14-53}$$

即

$$\mathrm{d}\delta = \frac{1}{2}\left(\frac{\mathrm{d}y}{\mathrm{d}x}\right)^2 \mathrm{d}x \tag{14-54}$$

于是，柱的轴向位移为

$$\delta = \frac{1}{2}\int_0^l\left(\frac{\mathrm{d}y}{\mathrm{d}x}\right)^2 \mathrm{d}x \tag{14-55}$$

将式（14-50）代入式（14-55）得

$$\delta = \frac{1}{2}\int_0^l\left(\frac{\mathrm{d}y}{\mathrm{d}x}\right)^2 \mathrm{d}x = \frac{16^2 y_{\mathrm{m}}^2}{2l^4}\int_0^l\left(\frac{4}{l^2}x^3 - \frac{6}{l}x^2 + 2x\right)^2 \mathrm{d}x$$

$$= \frac{256}{105}\frac{y_{\mathrm{m}}^2}{l} \tag{14-56}$$

于是，轴力 N 在位移 δ 上做的功为

$$W_N = N\delta = \frac{256}{105}\frac{y_m^2}{l}N \tag{14-57}$$

式中，N 为柱的轴压力。

由挠曲线的近似微分方程 $\dfrac{\mathrm{d}^2 y}{\mathrm{d}x^2} = -\dfrac{M}{EI}$ 得柱弯矩为

$$M = \frac{32EIy_m}{l^2}\left[-1 + 6\left(\frac{x}{l}\right) - 6\left(\frac{x}{l}\right)^2\right] \tag{14-58}$$

由此得柱的应变能为

$$\begin{aligned}
S_e &= \int_0^l \frac{M^2}{2EI}\mathrm{d}x \\
&= \frac{512EIy_m^2}{l^4}\int_0^l\left[1 - 12\left(\frac{x}{l}\right) + 48\left(\frac{x}{l}\right)^2 - 72\left(\frac{x}{l}\right)^3 + 36\left(\frac{x}{l}\right)^4\right]\mathrm{d}x \\
&= \frac{512}{5}\frac{EIy_m^2}{l^3}
\end{aligned} \tag{14-59}$$

准静态爆炸荷载所做的最大功为

$$\begin{aligned}
W_p &= \int_0^l p_s by\mathrm{d}x = 16p_s by_m\int_0^l\left[\left(\frac{x}{l}\right)^2 - 2\left(\frac{x}{l}\right)^3 + \left(\frac{x}{l}\right)^4\right]\mathrm{d}x \\
&= \frac{8}{15}p_s bly_m
\end{aligned} \tag{14-60}$$

式中，p_s 为柱的荷载峰值。

将爆炸荷载所做功 W_p 与 W_N 叠加，得到外力所做总功为

$$W = W_p + W_N = \frac{8}{15}p_s bly_m + \frac{256}{105}\frac{y_m^2}{l}N \tag{14-61}$$

在准静态受载区，外力所做功全部转化为应变能，即

$$W = \frac{8}{15}p_s bly_m + \frac{256}{105}\frac{y_m^2}{l}N = S_e = \frac{512}{5}\frac{EIy_m^2}{l^3} \tag{14-62}$$

柱的最大弯矩出现在其中部，将 $x=l/2$ 代入式（14-58）得

$$M_{max} = \frac{16EIy_m}{l^2} \tag{14-63}$$

由 $\sigma_{max} = \varepsilon_{max}E = \dfrac{M_{max}\dfrac{h}{2}}{I}$ 得

$$y_m = \frac{\varepsilon_{max}l^2}{8h} \tag{14-64}$$

利用式（14-64），将式（14-62）中的 y_m 用极限应变 ε_{max} 替换，整理得柱的准

静态受载区渐近线为

$$p_s \frac{bh}{8\dfrac{EI}{l^2} - \dfrac{4}{21}N} = \varepsilon_{max} \tag{14-65}$$

式中，b 为柱模截面宽；h 为柱模截面高。

式（14-65）分母中出现的 N 是与梁渐近线式（15-48）有重要区别的项。这表明，爆炸荷载作用下轴压柱在准静态受载区的破坏渐近线由爆炸荷载峰值 p_s 及轴压力 N 共同确定。同时也很容易发现，当柱端轴力 N 取 0 时，式（14-65）即退化为梁的形式，即式（14-48）。

在脉冲受载区，动能全部转化为应变能。动能 K_e 依旧由式（14-44）得到。根据 $K_e = S_e$ 得

$$\frac{i^2 b^2 l}{2\rho A} = \frac{512}{5} \frac{EI y_m^2}{l^3} \tag{14-66}$$

式中，i 为荷载冲量；ρ 为柱密度。

同样，利用式（14-64）将 y_m 换成极限应变 ε_{max}，得脉冲受载区渐近线为

$$i \frac{\sqrt{5}bh}{4\sqrt{EI\rho A}} = \varepsilon_{max} \tag{14-67}$$

和梁相似，素混凝土及少筋构件破坏时，取极限应变为混凝土开裂应变 0.00015；适筋及超筋构件破坏时，取极限应变为混凝土极限压应变 0.0033。由式（14-65）得柱的准静态受载区渐近线分别为 $p_s \dfrac{bh}{8\dfrac{EI}{l^2} - \dfrac{4}{21}N} = \varepsilon_{max} = 0.00015$（当 $\varepsilon_m = 0.00015$ 时）及 0.0033（当 $\varepsilon_m = 0.0033$ 时）。由式（14-67）得脉冲受载区渐近线分别为 $i\dfrac{\sqrt{5}bh}{4\sqrt{EI\rho A}} = \varepsilon_{max} = 0.00015$（当 $\varepsilon_m = 0.00015$ 时）及 0.0033（当 $\varepsilon_m = 0.0033$ 时）。

以无量纲的 $p_s \dfrac{bh}{8\dfrac{EI}{l^2} - \dfrac{4}{21}N}$ 为纵坐标，$X = i\dfrac{\sqrt{5}bh}{4\sqrt{EI\rho A}}$ 为横坐标，做出两组渐近线，并使用双曲正切平方关系将动态受载区的过渡部分整理成流线型，即得柱的压力-冲量图如图 14-28 所示。

采用有限元软件 LS-DYNA 对 27 根钢筋混凝土柱进行数值试验。柱的相关参数如表 14-9 所示。柱的爆炸参数及相应的计算结果列于表 14-10，同时将计算结果示于图 14-28 中。从图 14-28 中可看出，27 根柱的破坏都在准静态受载渐近线与脉冲受载渐近线附近，也即表明根据 p-I 图同样可以得出在这些临界爆炸荷载组合下某些柱发生破坏的结论。因此，使用能量法建立的 p-I 曲线同样可用于判断爆炸荷载作用下柱的破坏。

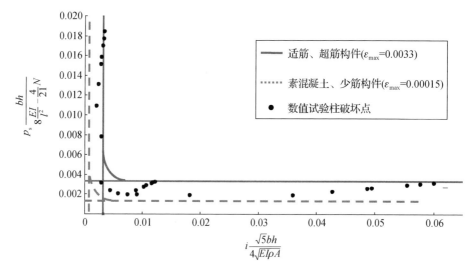

图 14-28　柱压力-冲量图

表 14-9　数值试验柱截面参数

h/mm	b/mm	l/mm	c/mm	ρ/（kg/m³）	m/kg	d/mm	h_0/mm
150	150	1200	25	2551	68.87	12	119

x_n/mm	E_s/（10^5MPa）	E_c/（10^4MPa）	A_s/mm²	A'_s/mm²	A_0/mm²	I_0/（10^6mm⁴）	—
75	2.00	2.10	226.1	226.1	26356	49.65	—

注：c 为保护层厚度；m 为柱质量；d 为钢筋直径；h_0 为截面有效高度；x_n 为受压区高度；E_s 为钢筋弹性模量；E_c 为混凝土弹性模量；A_s 为受拉钢筋面积；A'_s 为受压钢筋面积；A_0 为换算截面面积；I_0 为换算截面惯性矩。

表 14-10　数值试验柱爆炸参数及计算结果

编号	N/kN	p_s/kPa	i/（kPa·s）	$i\dfrac{\sqrt{5}bh}{4\sqrt{EI\rho A}}$	$p_s\dfrac{bh}{8\dfrac{EI}{l^2}-\dfrac{4}{21}N}$
1		2800	1.40	0.002	0.011
2		2000	2.00	0.003	0.008
3		800	2.00	0.003	0.003
4		600	3.00	0.005	0.002
5	0	525	3.94	0.006	0.002
6		500	5.00	0.008	0.002
7		490	6.13	0.009	0.002
8		485	12.13	0.018	0.002
9		480	24.00	0.036	0.002
10		3360	1.68	0.003	0.013
11	60	600	6.00	0.009	0.002
12		570	28.50	0.043	0.002

编号	N/kN	p_s/kPa	$i/(\text{kPa} \cdot \text{s})$	$i\dfrac{\sqrt{5}bh}{4\sqrt{EI\rho A}}$	$\dfrac{bh}{8\dfrac{EI}{l^2} - \dfrac{4}{21}N}$
13		3860	1.93	0.003	0.002
14	120	690	6.90	0.010	0.003
15		660	33.00	0.050	0.003
16		4340	2.17	0.003	0.017
17	180	780	7.80	0.012	0.003
18		740	37.00	0.056	0.003
19		4700	2.35	0.004	0.018
20	240	820	8.20	0.012	0.003
21		800	40.00	0.060	0.003
22		4510	2.26	0.003	0.018
23	300	800	8.00	0.012	0.003
24		770	38.50	0.058	0.003
25		4020	2.01	0.003	0.016
26	360	720	7.20	0.011	0.003
27		650	32.50	0.049	0.003

3. 墙体的破坏准则

对框架-剪力墙中结构来说，墙体是非常重要的构件。在承受水平方向的爆炸荷载冲击时，墙体以平面外受弯破坏为主，若忽略墙体两侧约束仅考虑墙体的上下约束，可将墙体当成单向板来分析。承受轴向压力的单向板的平面外弯曲问题和柱完全类似。其压力-冲量图的获取方法和图 14-28 完全相同，且数值试验的验证结果也表明获得的压力-冲量图能用于判断爆炸荷载作用下墙体的平面外破坏，不再赘述。

14.3　宏观尺度上混凝土结构三维离散单元模型

14.3.1　结构的空间离散

如本章开始时所述，局部爆炸荷载作用下钢筋混凝土结构倒塌过程仿真分析对象是图 14-1（b）所示的不完整结构。但若仅对图 14-1（b）所示的不完整结构建模分析，则难以考虑结构局部炸毁后的动力效应。因此，本节在讨论建立结构三维离散单元模型时，针对的是一完整结构。若根据爆炸荷载和构件的破坏准则判断出具体的破坏构件，则计算分析时采取特殊措施将其从模型中去除。

与第 10 章中的实体有限元法类似，利用离散单元法分析空间结构倒塌过程时，首要任务是确定结构离散化方式，确定单元形状及连接弹簧形式、本构关系等，进而通过对有限个单元的运动方程进行求解得到整个结构的动力反应。针对震害中钢筋混凝土框架结构往往破坏于柱端或梁端的特点，考虑到和第 15 章中结构的离散方式统一，将钢筋混凝土框架结构离散为板-柱离散体系（图 14-29）和梁-柱-节点离散体系（图 14-30）。图 14-29 和图 14-30 中，$OXYZ$ 为整体坐标系，$oxyz$ 为局部坐标系。

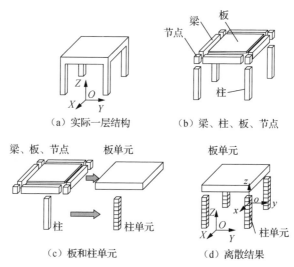

以单层单跨结构为例，余同。

图 14-29　钢筋混凝土结构板-柱离散体系

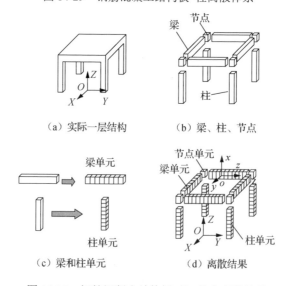

图 14-30　钢筋混凝土结构梁-柱-节点离散体系

图 14-29（a）所示的一层框架结构由梁、板、节点和柱组成［图 14-29（b）］。对于强梁弱柱型结构，考虑到楼板在水平方向无限刚的特点，将梁、板和节点组合成一整体，形成刚性板单元，将每根柱沿横截面划分成若干刚性柱单元［图 14-29（c）］。离散后的结构如图 14-29（d）所示，此种离散化处理称为板-柱离散体系。板-柱离散体系中将整个楼盖视为一整体刚性单元，因此其在受力过程中面内面外均不变形，过高估计了楼板面外刚度作用，结构破坏只能在柱单元处，故其只适合于强梁弱柱型钢筋混凝土框架结构。

梁-柱-节点离散体系则先将整个结构离散为梁、柱、节点［图 14-30（b）］，再将梁和柱分别划分成若干梁单元和柱单元［图 14-30（c）］，每个节点组成一个节点单元，楼板质量分配至各梁单元上。此离散体系可以考虑梁、柱构件的变形，并可在柱或梁构件处发生破坏，可以反映纯框架（如采用预制板楼盖的框架结构）的破坏特点，但是不能考虑现浇楼板或装配整体式楼板对框架结构受力的影响，低估了楼板的作用，故只适合于纯框架的倒塌模拟或采用整体式楼板楼盖的强柱弱梁型钢筋混凝土框架结构的倒塌模拟。

上述离散模型能够模拟出梁或柱弯曲破坏而引发框架结构的倒塌，但是也存在一些不足。如在板-柱离散体系中将整层楼盖看成一大刚性楼板单元［图 14-29（d）］，虽然能够模拟出单跨结构的倒塌，但是对于多跨结构或平面布置复杂的结构，则无法模拟其连续倒塌或局部倒塌现象，也无法正确评价楼板对结构抗倒塌的贡献。

为更合理地考虑结构体系中整体式楼板的贡献，将钢筋混凝土框架结构进一步离散为梁-板-柱-节点离散体系［图 14-31（d）］，以考虑整体式楼板对框架结构倒塌行为的影响。在梁-板-柱-节点离散体系中将整个结构离散为梁、板、柱、节点［图 14-31（b）］，再将其分别划分成若干梁单元、板单元和柱单元［图 14-31（c）］，每个节点组成一个节点单元。

此外，为模拟框架-剪力墙或剪力墙结构的倒塌反应，有必要将剪力墙构件进一步离散化，以考虑其面内及面外变形和受力。在上述框架结构的梁-板-柱-节点离散体系基础上，将钢筋混凝土框架-剪力墙结构离散为梁-板-柱-节点-墙离散体系，将楼盖离散为梁、板及节点单元；梁、柱构件沿其构件长度划分为若干段，每段为一梁或柱单元；墙体单元的划分类似于楼板的划分方法，沿其高度及长度方向均划分若干份，厚度方向不划分。划分后的梁-板-柱-节点-墙离散体系如图 14-32 所示。此种离散体系可以考虑楼板、墙体的面内面外变形。显然，若图 14-32 中无柱则为剪力墙结构。

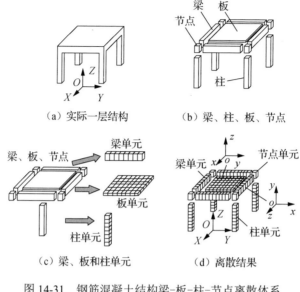

（a）实际一层结构　　　　（b）梁、柱、板、节点

（c）梁、板和柱单元　　　　（d）离散结果

图 14-31　钢筋混凝土结构梁-板-柱-节点离散体系

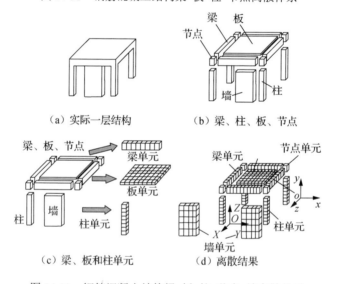

（a）实际一层结构　　　　（b）梁、柱、板、节点

（c）梁、板和柱单元　　　　（d）离散结果

图 14-32　钢筋混凝土结构梁-板-柱-节点-墙离散体系

14.3.2　单元间的弹簧连接

在确定结构空间离散化方式后，就要确定单元间的连接方式。和第 10 章类似，直接引用第 6 章中介绍的多弹簧模型来模拟相邻单元之间的连接。如图 14-33（a）所示，两相邻单元通过一组空间钢筋和混凝土弹簧组相连接，并假定在弹簧断开之前，其两端始终被固定在相应单元的对应截面上，且能承受弹簧方向的拉力或压力。每根弹簧的受力性能反映其所代表的钢筋或混凝土材料的受力性能。对于

梁、柱单元，横截面网格划分采用与图 6-3 类似的方法：依据箍筋约束条件，将单元截面混凝土分为核心区和保护层，且每区域划分为的 8 个部分如图 14-33（b）所示。类似地，对于墙、板单元，其截面的混凝土也分为两个区域，每个区域也细分为 8 个部分，如图 14-33（c）所示。每根混凝土弹簧的位置对应于相应网格的中点，其代表面积为对应网格的面积。每根钢筋弹簧的位置对应于相应单元截面上纵向受力钢筋的实际位置，其代表面积为对应纵向受力钢筋的实际横截面面积。

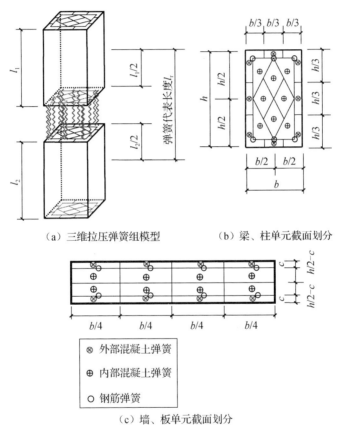

（a）三维拉压弹簧组模型　　　　（b）梁、柱单元截面划分

（c）墙、板单元截面划分

图 14-33　钢筋混凝土结构不同单元间连接弹簧组及单元截面划分方式

不同单元之间的连接示于图 14-34。其中柱单元和梁单元在其垂直于轴向的两端截面上以三维拉压弹簧组相连接；节点单元在其与相邻梁或柱单元连接的截面上以三维拉压弹簧组相连接；板单元在其四侧边与其相连的梁单元或板单元以三维拉压弹簧组相连接；墙单元在其四侧边与其相连的梁、柱单元或墙单元以三维拉压弹簧组相连接。整个结构系统建立在两个坐标系中：绝对静止的整体坐标系 $OXYZ$ 以及固定在离散单元块体上的局部坐标系 $oxyz$。

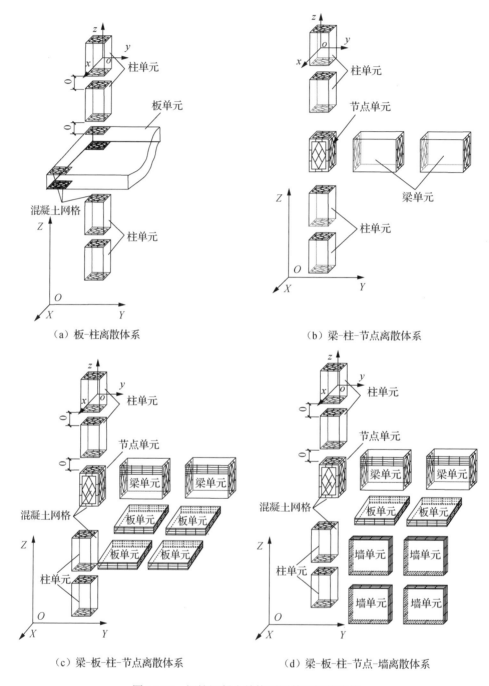

（a）板-柱离散体系

（b）梁-柱-节点离散体系

（c）梁-板-柱-节点离散体系

（d）梁-板-柱-节点-墙离散体系

图 14-34　钢筋混凝土结构不同单元间的连接

14.3.3　弹簧本构关系及其破坏准则

第 8 章中杆系结构破坏过程的分析表明,对超静定结构,由于存在内力重分布,即使是单调加载,结构中的任一处也一直处于加、卸载的变化过程中。因此,对 6.2.2 节所述的弹簧滞回模型进行改造,只保留其加、卸载功能,如图 14-35 所示。用其进行局部爆炸作用下结构的倒塌分析。实际上,也可以直接应用图 6-5 所示的滞回模型,只是在分析中仅使用单向加、卸载功能。

三维拉压弹簧组模型决定了单元间的连接弹簧可采用简便而有效的混凝土及钢筋一维本构模型。在确定了三维拉压弹簧组模型及相应的连接截面网格划分之后,假设混凝土网格面积为 A_c,弹簧相邻两个单元的长度各为 l_1 和 l_2,则两个单元间连接弹簧所代表的混凝土棱柱体长度 l_r 为

$$l_r = (l_1 + l_2) / 2 \tag{14-68}$$

于是,混凝土弹簧的恢复力 p_c 和变形 d_c 可以表示为

$$\begin{cases} p_c = A_c \sigma_c \\ d_c = l_r \varepsilon_c \end{cases} \tag{14-69}$$

式中, p_c 为混凝土弹簧恢复力; σ_c 为混凝土网格中心平均应力; d_c 为混凝土弹簧变形; ε_c 为混凝土网格中心平均应变。

图 14-35(a)中的相关参数采用式(14-70)~式(14-75)计算。

$$d_{ct} = \varepsilon_{t0} l_r \tag{14-70}$$

$$p_{ct} = f_t A_c \tag{14-71}$$

$$d_{cy} = \varepsilon_{c0} l_r \tag{14-72}$$

$$d_{cu} = \varepsilon_{cu} l_r \tag{14-73}$$

$$p_{cy} = f_c A_c \tag{14-74}$$

$$K_{ced} = K_{c0} \left(\frac{d_{cy}}{d_{cmax}} \right)^{0.2} \tag{14-75}$$

式中, ε_{t0}、ε_{c0} 分别为混凝土极限拉、压强度所对应的应变; ε_{cu} 为混凝土的极限压应变; f_t、f_c 分别为混凝土的抗拉和棱柱体抗压强度; A_c 为弹簧所代表混凝土的截面面积; d_{cmax} 为混凝土弹簧曾经达到过的最大受拉变形量。

图 14-35(b)中相关参数的计算方法同式(6-9)~式(6-11),不再赘述。

对于混凝土弹簧(包括边缘区和核心区)而言,当受压超过其受压极限变形 $2d_{cu}$ 或 d_{cu}^{core} 后,则认为弹簧退出工作;当受拉超过其受拉极限变形 $2d_{ct}$ 后,则弹簧不能承受任何拉力。

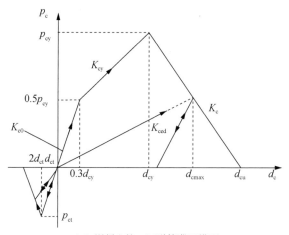

（a）混凝土拉、压弹簧滞回模型

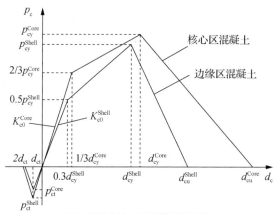

（b）混凝土拉、压弹簧骨架曲线

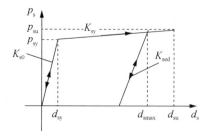

（c）钢筋弹簧滞回模型

图 14-35　局部爆炸作用下结构倒塌分析时混凝土和钢筋弹簧的本构关系

　　钢筋弹簧同样无实际长度，代表了弹簧两端单元各一半长度内的钢筋力学性能，所代表的钢筋长度 l_r 同样可用式（14-68）表示。钢筋弹簧的恢复力 p_s 和变形 d_s 表示为

$$\begin{cases} p_s = A_s \sigma_s \\ d_s = l_r \varepsilon_s \end{cases} \tag{14-76}$$

式中，A_s 为钢筋的截面面积；σ_s 为钢筋平均应力；ε_s 为钢筋平均应变。

图 14-35（c）中的相关参数采用式（14-77）～式（14-79）计算。

$$d_{sy} = \varepsilon_y l_r, \quad p_{sy} = f_y A_s \tag{14-77}$$

$$d_{su} = \varepsilon_{su} l_r, \quad p_{su} = f_u A_s \tag{14-78}$$

$$K_{sed} = K_{s0} (d_{sy} / d_{smax})^{0.2} \tag{14-79}$$

式中，ε_y 和 ε_{su} 分别为钢筋的屈服和极限应变；f_y 和 f_u 分别为钢筋的屈服和极限强度；A_s 为弹簧所代表钢筋的截面面积；d_{smax} 为钢筋弹簧曾经达到过的最大受拉或受压变形量。

对于钢筋弹簧，当弹簧受拉超过其受拉极限变形 d_{su} 时，则认为弹簧完全退出工作，不再能承受任何荷载。

14.3.4 单元分离判定及分离单元之间的接触与碰撞

计算过程中根据相邻两单元之间的位置变化情况，可以确定连接弹簧的变形。根据弹簧的变形由本构关系可确定弹簧的内力。截面上弹簧的合力就是作用在截面上的轴向力；合力矩就是作用在截面上的弯矩。当弹簧的变形超过它的最大允许变形时，弹簧断裂。当相邻两单元之间的所有弹簧均断裂时，两单元分开。分开后的单元以接触或碰撞的形式相互作用。有关接触和碰撞问题详见第 11 章中的相关内容，不再赘述。

14.4 局部爆炸作用下结构倒塌过程数值模拟分析

14.4.1 动力平衡方程及其求解

对每个单元建立动力平衡方程，选择合适的阻尼参数和时间步长，采用中心差分法求解动力平衡方程。每获得一个单元的新位置时，暂将其固定。待同一时步内所有单元的新位置全部确定后，再用同步松弛技术逐个求解新时步内每一单元的新位置。单元分离前，相邻单元间的作用由弹簧来反映；分离后的单元间会发生碰撞作用。碰撞作用的具体计算方法详见第 11 章中的相关内容，不再赘述。

14.4.2 爆炸荷载下受损构件的处理

当结构受到爆炸荷载冲击作用后，部分构件会因此而受到损坏并退出结构的整体受力。类似地，在结构的控制爆破倒塌中，特定构件会按爆破方案被炸坏。这里建议采用切断弹簧法处理爆炸荷载作用下失效的结构单元。具体步骤如下：首先建立完整结构的离散元模型，经过若干时步计算后使结构在重力及其他外荷载作用下达到稳定状态；经过特定时间后（如控制爆破延时），将爆炸荷载作用下会发生破坏的构件弹簧瞬间切断，而此时则同步进行基于动态松弛法的离散单元法动力求解。这样的处理方式不仅可以考虑移除构件时的动力效应，而且避免了事先计算待破坏构件竖向反力的过程，大大简化了计算步骤。另外，通过对完整结构的初始静力平衡计算，结构的内力分布也符合结构破坏前的状态。

因各单元相对于爆炸源距离不同，所以各单元的失效起始时间有先后。另外，在控制爆破中，也存在各单元的炸坏次序问题，因此单元炸坏必须具有时间属性，即能够考虑单元的炸坏延时。

应用切断弹簧法时，若单元被完全炸坏，则认为该单元上所有弹簧都失效并将单元上的所有弹簧点切断，这样该失效单元便会与相邻单元脱离，并在动态松弛法计算时因仅受重力作用而脱离整体结构。在实际处理中需注意，真正参与计算的是单元面上的弹簧点，而非弹簧元，因此必须将同属一根弹簧元两端的弹簧点均切断才能保证失效单元彻底脱离结构整体。如图 14-36 所示，若单元 i 经计算确认被炸坏，除了切断弹簧点 $SP_{i,i-1}$ 及弹簧点 $SP_{i,i+1}$ 外，还必须同时切断分属于单元 $i-1$ 及单元 $i+1$ 上的弹簧点 $SP_{i-1,i}$ 及弹簧点 $SP_{i+1,i}$。

图 14-36　受损单元弹簧切割方式

另外，在单元的属性中，还应保留损伤等级的接口。在后续的分析中，若能给出爆炸荷载作用下构件的损伤等级，就可以根据构件损伤程度的不同切断相应比例的单元弹簧，从而使结构倒塌的初始状态更加符合实际。

14.5　仿真系统设计与数据结构

14.5.1　仿真系统构成

基于 Microsoft Visual C++平台开发了局部爆炸作用下钢筋混凝土结构倒塌过程仿真分析系统。仿真系统由前处理模块、数值仿真模块和图像仿真模块组成（图 14-37）。前处理模块主要解决结构建模问题，即"输入问题"，包括定义混凝土及钢筋材料属性、确定单元尺寸及空间坐标、定义荷载等。数值仿真模块是仿真软件系统的核心模块，主要实现前述离散元的钢筋混凝土结构倒塌仿真分析方法，包括动力参数的确定、空间盒子的划分、动力学运动方程的求解、单元间接触检索及碰撞处理等。基于 OpenGL 开发的图像仿真模块主要解决"输出问题"，主要输出结构动力反应（位移、加速度）及结构倒塌动画等。

图 14-37　局部爆炸作用下钢筋混凝土结构倒塌过程仿真分析系统的构成

14.5.2　程序编制及数据结构

采用面向对象（object-oriented）的程序设计方法，根据离散单元法计算结构倒塌反应的特点，将问题抽象为整体结构、单元、弹簧、弹簧点、荷载等不同对象，并在这些对象中分别封装了相关的操作函数。在结构分析的程序编制中，采用动态内存分配（dynamic memory allocation）技术处理结构的具体信息，如单元数量、弹簧数量、空间盒子数量等。在设计数据结构时，利用 C++的指针动态地获取数据变量的地址并对其进行操作。此外，使用 C++的 new 和 delete 操作，可以很方便地在程序运行时开辟动态数组并在数据使用完后将其占用的内存安全地释放。

仿真系统采用基于 MFC 的多文档模板生成，除 MFC 自动生成程序的类外，其他人工添加的主要的类（Class）有模型转换类 CModelconvert、结构类 CStructure、单元类 CElement、弹簧类 CSpring、弹簧点类 CSprPoint、空间盒子类 CSpaceBox、荷载组类 CLoadGroup 及其他各种派生、辅助类等。各个类分别拥有其自身的任务，并通过类的对象调用相应的类操作进行数据的传递、处理。各个类之间的静态关系主要有 3 种：①关联关系（association），两个类 Class A 与 Class B 通过类间的词法相连，调用对方的公共属性和方法；②泛型关系（generalization），两个类 Class A 与 Class B 为派生关系；③聚合关系（aggregation），两个类 Class A 与 Class B 之间为整体与部分的关系。可以用统一建模语言 UML 将上述 3 种关系表示如图 14-38 所示。

下面介绍其中几个主要类的功能及其数据结构。

1. 整体结构类 CStructure

整体结构类 CStructure 是一个统管全局的类，用于管理整个核心程序结构最上层的数据和操作，负责组织数值仿真模块。在整个程序运行周期中会在文档类 CCSFDoc 中创建 CStructure 对象指针 m_pStructure，并通过该对象指针启动计算核心。整体结构类与其他主要类之间的关系如图 14-39 所示。CStructure 类通过指针数组成员变量聚合了单元类 CElement、弹簧类 CSpring、空间盒子类 CSpaceBox、荷载组类 CLoadGroup 等。

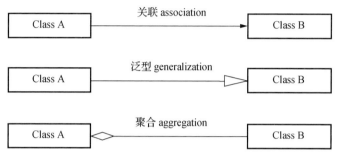

图 14-38　类之间的 3 种静态关系

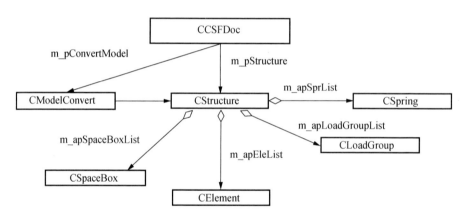

图 14-39　整体结构类与其他类之间的静态关系

整体结构类 CStructure 的核心计算流程如图 14-40 所示。整个数值仿真核心模块的计算由 CStructure 控制，总计算时步 iTotalStep 根据总计算时间及计算时步大小确定，并根据计算时步 i 进行逐步计算。在每个时步的计算中，通过指针对象动态调用单元类 CElement 进行弹簧合力、单元速度、位移等计算；调用弹簧点类 CSprPoint 以进行弹簧的受力计算；调用接触碰撞类 CContact 进行单元间的接触/碰撞计算。其中，CStructure 中的"更新角点位置""计算各单元受力""求解单元运动方程"3 项流程可归为类别①，该类别的计算必须再根据离散单元总数 iTotalEle 进行循环计算；CElement 中的"计算弹簧合力"为类别②，该类别的计算根据单元的弹簧点总数 iTotalSprPt 进行循环计算；CElement 中的"计算单元接触/碰撞"为类别③，该类别的计算根据当前时步下可能接触的单元集合总数 iTotalCnt 进行循环计算。

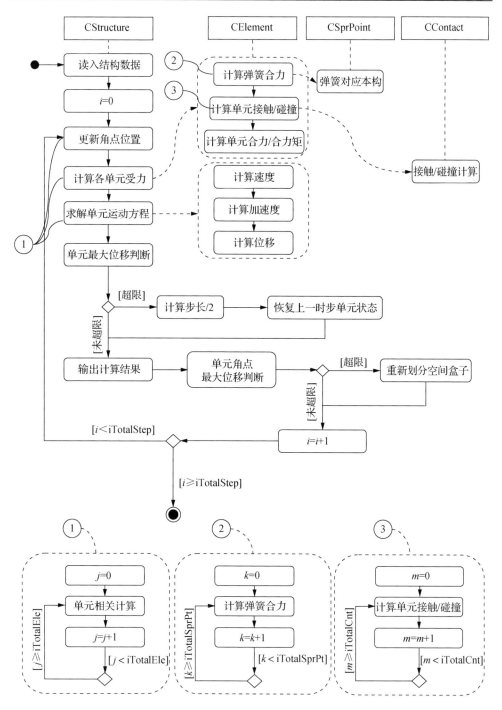

图 14-40　整体结构类 CStructure 的核心计算流程

2. 模型转换类 CModelConvert

模型转换类 CModelConvert 根据平台软件处理的模型数据文件，结合结构的其他信息转换成离散单元法计算所需要的数据文件格式，转换流程如图 14-41 所示。

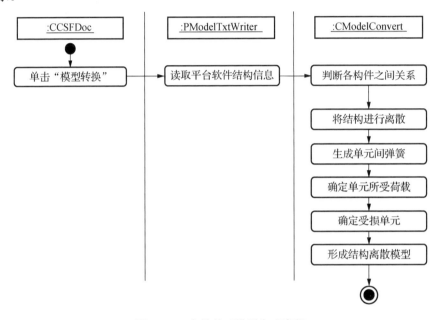

图 14-41　离散单元模型生成流程

3. 单元类 CElement

仿真系统中每个块体单元均对应一个 CElement 类对象。单元对象封装了计算单元质量、确定单元坐标、计算单元受力、求解单元运动方程等操作。单元类对象向上接受 CStucture 类的管理（图 14-39），向下则管理着面类 CFace、边类 CEdge、角点类 CVertex、弹簧点类 CSprPoint 和弹簧类 CSpring 等（图 14-42）。确定单元坐标时，除了单元形心坐标外，还须计算单元各角点、边的空间位置，为后续的接触碰撞计算提供依据。单元的受力有一部分由单元上的弹簧力提供，而弹簧力的计算又与弹簧点的空间位置相关。

块体单元采用长方体，几何元素包括角点、边及面。单元类 CElement 通过指针数组 m_apFace[6] 与 CFace 关联以表达单元的 6 个面；通过指针数组 m_apVertex[8]与 CVertex 关联以表达单元的 8 个顶点；通过指针数组 m_apEdge[12] 与 CEdge 关联以表达单元的 12 条边。另外，角点类 CVertex 通过指针数组 m_apShareEdge[3]关联了相交于同一个顶点的 3 条边；通过指针数组 m_apShareFace[3]

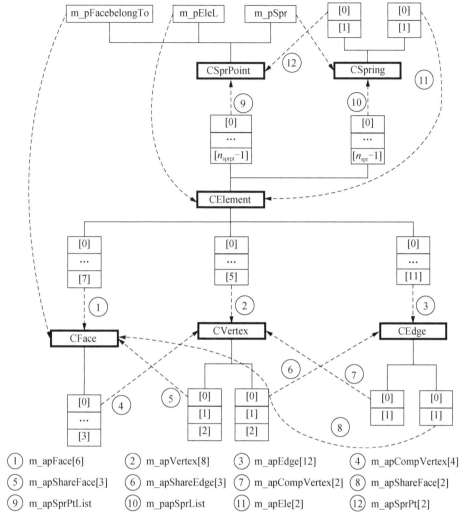

① m_apFace[6]　　　② m_apVertex[8]　　　③ m_apEdge[12]　　　④ m_apCompVertex[4]

⑤ m_apShareFace[3]　　⑥ m_apShareEdge[3]　⑦ m_apCompVertex[2]　⑧ m_apShareFace[2]

⑨ m_apSprPtList　　　⑩ m_papSprList　　　⑪ m_apEle[2]　　　⑫ m_apSprPt[2]

图 14-42　单元类 CElement 与其他类之间的数据结构

关联了相交于同一个顶点的 3 个面。同样，边类 CEdge 通过指针数组 m_apCompVertex[2]关联了一条边上的两个顶点；通过指针数组 m_apShareFace[2] 关联了相交于同一条边的两个面。对面类 CFace 也是类似，通过指针数组 m_apCompVertex[4]关联了围成一个面的 4 个顶点。通过这样的相互关联，单元类 CElement、面类 CFace、边类 CEdge 及顶点类 CVertex 形成了一个有机的整体，相互关联（详见图 14-42）。弹簧类 CSpring 及弹簧点类 CSprPoint 附着在单元类 CElement 上。CElement 通过指针数组 m_apSprPtList 关联了该单元上的 n_{sprt} 个弹簧点对象 CSprPoint；通过指针数组 m_papSprList 关联了该单元上的 n_{spr} 个弹簧对象 CSpring。同时，弹簧点 CSprPoint 通过指针 m_pEleL 与其所属的单元 CElement 进行关联；通过指针 m_pSpr 与其所属的弹簧 CSpring 关联；通过指针 m_pFaceBelongTo 与其所在的单元面 CFace 关联。类似地，弹簧 CSpring 通过指针数组 m_apSprPt[2]关联了其两端的两个弹簧点 CSprPoint，并通过指针数组 m_apEle[2]关联了弹簧两端连接的两个单元 CElement。

在单元类 CElement 聚合其他各元素顶点、边及面时，必须遵循一定的编号规则以便管理及计算。依据相应的编号规则，只需确定某时刻单元形心的位置就可依此计算出各角点及面的空间坐标，进而确定各弹簧点的坐标，最终为接触碰撞判断及弹簧变形计算提供依据。梁单元与墙单元的编号规则分别如图 14-43（a）和（b）、（c）和（d）所示；板、柱与节点单元的编号规则基本一致，如图 14-44 所示。为方便处理结构与地面间碰撞，将地面单元视为一特殊板单元，其编号规则同板单元。在图 14-43 及图 14-44 中，$OXYZ$ 为结构整体坐标系，$oxyz$ 为单元局部坐标系，单元的面编号由数字加"[ ]"表示，角点编号由数字加"< >"表示，边编号由数字加"_"表示。

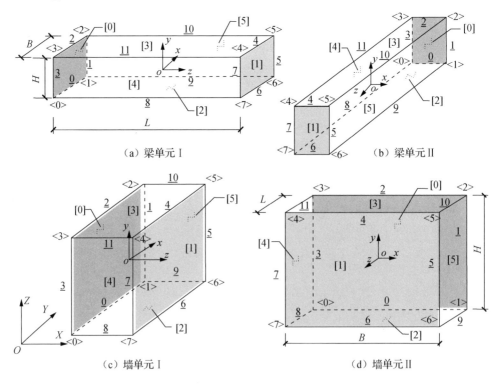

（a）梁单元 I （b）梁单元 II

（c）墙单元 I （d）墙单元 II

图 14-43　梁、墙单元的坐标系定义及编号规则

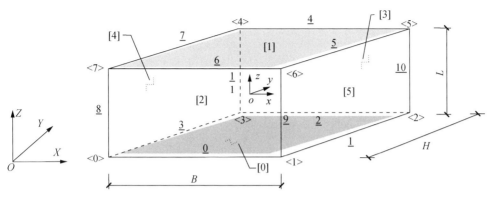

图 14-44 板、柱、节点单元的坐标系定义及编号规则

4. 弹簧类 CSpring 及弹簧点类 CSprPoint

在离散单元模型中，根据截面划分，弹簧分为内部混凝土弹簧、外部混凝土弹簧及钢筋弹簧 3 种，故以弹簧类 CSpring 为基类，派生出内部混凝土弹簧类 CInternalConSpr、外部混凝土弹簧类 CExternalConSpr 及钢筋弹簧类 CSteelSpr，如图 14-45（a）所示。相应地，从 CSprPoint 类分别派生出内部混凝土弹簧类 CIntConSprPt、外部混凝土弹簧类 CExtConSprPt 及钢筋弹簧类 CSteelSprPt，如图 14-45（b）所示。

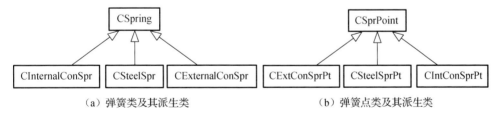

（a）弹簧类及其派生类　　　　　　（b）弹簧点类及其派生类

图 14-45 弹簧类和弹簧点类的派生

同一个弹簧元中的两个弹簧点对象和一个弹簧对象表示的是相同的弹簧元，故它们之间的属性信息必须是共享和同步的。为达到这个目的，在弹簧点类 CSprPoint 数据成员中添加指向同属一个弹簧元的另外一个弹簧点指针 m_pSprPt，指向同一弹簧元中的弹簧对象指针 m_pSpr，指向结构类所属的所有弹簧列表指针 m_papSprList。

5. 空间盒子类 CSpaceBox

空间盒子类 CSpaceBox 从属于整体结构类 CStructure，由程序唯一的结构类对象统一管理（图 14-39）。该类记录了每个封闭盒子和半封闭盒子所占据的空间位置，并负责对空间进行归盒划分等操作。

6. 接触类 CContact

接触类 CContact 的对象为 CElement 单元类对象的真子集，该子集通过粗检索建立，其流程如所图 14-46 所示。首先当单元位移超过限制需要重新划分空间盒子后，则进入粗检索流程。随后寻找可能碰撞单元，记录所有可能与该单元发生碰撞的单元编号，并同时确定可能碰撞单元集合的大小 iTotalCnt。然后根据单元数 iTotalEle 对每个单元进行循环，生成每个单元的接触链表，并同时调用 CElement 类中的相应操作创建该链表元素的每个对象 m_apContact。

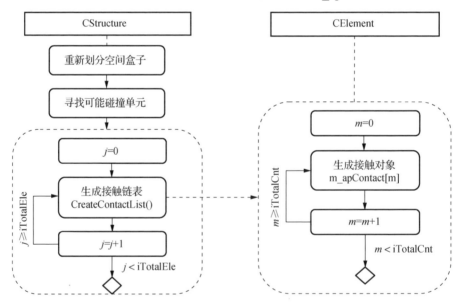

图 14-46　接触类 CContact 的创建

CContact 类主要负责接触碰撞的具体计算，主要流程如图 14-47 所示。首先进行接触预处理，排除一些不可能发生接触的情况。接下来根据精检索的相关内容进行逐步操作。CP 位置确定后，就可以计算出两单元的碰撞叠合值或接触深度 l，以及接触位置。随后判断碰撞类型（单元间碰撞或单元与地面间碰撞），并根据相应的碰撞冲量模型计算块体单元所受法向冲量及切向冲量。

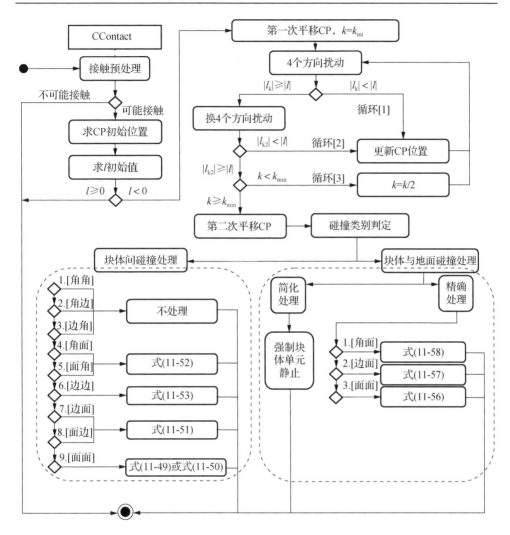

图 14-47　接触类 CContact 主要计算流程

14.6　实　例　验　证

14.6.1　模型试验验证

设计并制作了 3 个五层钢筋混凝土框架-剪力墙模型结构,分别模拟柱及剪力墙失效后结构的倒塌过程,模型编号分别为 M1、M2 和 M3,如图 14-48 所示[28]。模型材料采用细石混凝土和钢丝。模型 M1 中的底层待破坏柱为有机玻璃,M2、M3 中的底层待破坏墙为普通玻璃,并通过外力撞击致使其破碎,从而达到破坏结构主要承重构件的效果。

模型的平面布置如图 14-49 所示，相关构件的几何尺寸如表 14-11 所示，配筋如表 14-12 所示。构件由细石混凝土浇筑，其配合比如表 14-13 所示，其中细石子的最大粒径为 5mm。试验测得 M1～M3 三个模型混凝土抗压强度平均值分别为 39.86MPa、43.21MPa 和 40.61MPa。弹性模量分别为 2.8×10^4MPa、3.0×10^4MPa 和 2.8×10^4MPa。10 号和 16 号钢丝的屈服强度平均值分别为 308.52MPa 和 309.38MPa；极限强度平均值分别为 344.43MPa 和 379.21MPa；弹性模量平均值分别为 1.79×10^5MPa 和 1.97×10^5MPa；最大延伸率分别为 11.01% 和 17.35%。

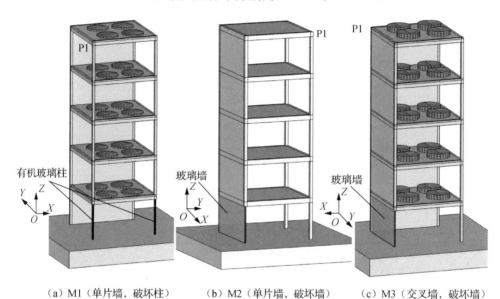

（a）M1（单片墙，破坏柱）　（b）M2（单片墙，破坏墙）　（c）M3（交叉墙，破坏墙）

图 14-48　钢筋混凝土框架-剪力墙结构试验模型整体外观

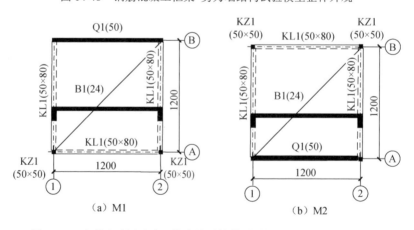

（a）M1　　　　　　　　　　（b）M2

图 14-49　钢筋混凝土框架-剪力墙结构模型结构布置图（二层以上）

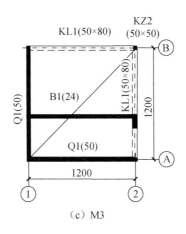

（c）M3

图 14-49（续）

表 14-11　钢筋混凝土框架-剪力墙结构模型结构的几何尺寸

层高	总高	平面尺寸	梁截面尺寸	柱截面尺寸	楼板厚度	墙厚度
0.7m	3.5m	1.2m×1.2m	50mm×80mm	50mm×50mm	24mm	50mm

表 14-12　钢筋混凝土框架-剪力墙结构模型结构配筋

柱			梁			板		墙	
KZ1 纵筋	KZ2 纵筋	KZ1、KZ2 箍筋	KL1 纵筋（上）	KL1 纵筋（下）	KL1 箍筋	X 向分布筋	Y 向分布筋	Q1 竖向分布筋	Q1 水平分布筋
8×10 号	6×10 号	16 号@40	2×10 号	2×10 号	16 号@40	16 号@25	16 号@25	16 号@25	16 号@25

注：10 号钢丝直径为 3.25，16 号钢丝直径为 1.63。

表 14-13　钢筋混凝土框架-剪力墙结构模型结构（M1～M3）细石混凝土配合比

原材料	水泥	砂	石子	水	减水剂*
每方混凝土用量/kg	630	612	918	240	0.3
质量比	1.00	0.97	1.46	0.38	0.48‰

* 由于模型最小截面 5cm，振捣较困难，为方便施工，加入适量减水剂。

如图 14-50 所示，通过悬挂在支架上的摆杆撞碎模型结构底层的玻璃构件，进而造成局部破坏引发结构整体倒塌。如图 14-51 所示，采用高速照相机记录结构倒塌反应时程及倒塌过程的视频[50]。

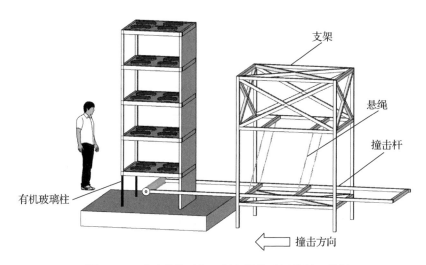

图 14-50　玻璃构件破坏（局部爆炸破坏模拟）装置

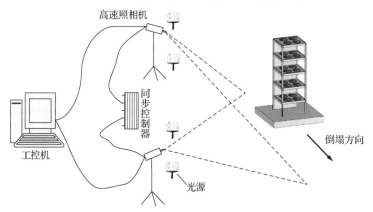

图 14-51　局部破坏引起结构倒塌试验中的数据采集系统

对试验模型结构 M1、M2 及 M3 的倒塌过程进行计算机仿真分析，并与试验结果进行对比。由于对结构倒塌时的初始破坏进行了有选择性的控制，因此结构的倒塌方向基本保持在同一个平面内，另一个方向的位移则比较小，相比另两个方向，在分析时可以忽略不计。因此，对位移反应进行对比分析时，对每个模型分别选择两个方向的位移进行了对比（M1、M2 对比了 Y 和 Z 方向，M3 对比了 X 和 Z 方向）。

图 14-52～图 14-54 分别给出了 3 个模型结构倒塌过程的试验结果和计算机仿真分析结果。图 14-55～图 14-57 分别给出了 3 个模型结构屋顶 P1 点处（图 14-48）位移反应的试验结果和计算机仿真分析结果。对比分析表明，选取合理的结构离散方法、单元构造模型及相应的分析参数，可以较好地模拟结构的连续倒塌过程。

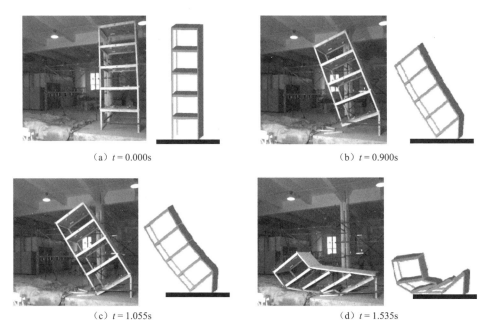

（a）$t = 0.000$s　　　　　　　　　　　　　　（b）$t = 0.900$s

（c）$t = 1.055$s　　　　　　　　　　　　　　（d）$t = 1.535$s

图 14-52　模型 M1 倒塌过程

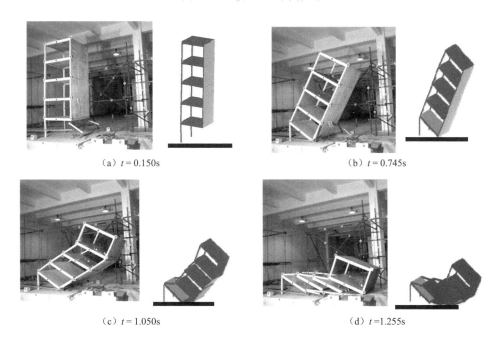

（a）$t = 0.150$s　　　　　　　　　　　　　　（b）$t = 0.745$s

（c）$t = 1.050$s　　　　　　　　　　　　　　（d）$t = 1.255$s

图 14-53　模型 M2 倒塌过程

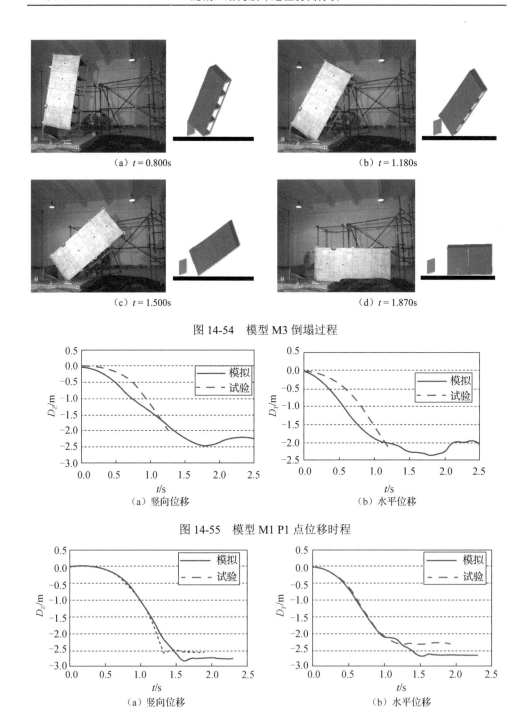

（a）$t = 0.800$s

（b）$t = 1.180$s

（c）$t = 1.500$s

（d）$t = 1.870$s

图 14-54　模型 M3 倒塌过程

（a）竖向位移

（b）水平位移

图 14-55　模型 M1 P1 点位移时程

（a）竖向位移

（b）水平位移

图 14-56　模型 M2 P1 点位移时程

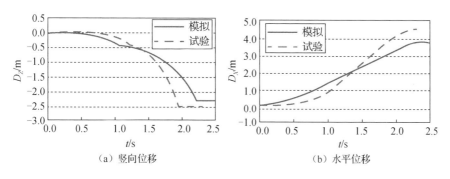

（a）竖向位移　　　　　　　（b）水平位移

图 14-57　模型 M3 P1 点位移时程

14.6.2　工程实例验证

图 14-58 和表 14-14 所示为位于上海市中心的长征医院原 16 层钢筋混凝土结构病房大楼的爆破拆除方案和钢筋混凝土框架的几何物理特性。每榀框架的爆点位置和起爆时刻基本相同。通过爆破希望整体结构向南倾斜，并在不大的范围内坍塌。图 14-59 和图 14-60 给出了该大楼结构倒塌过程（t 时刻）的爆破现场记录结果和分析结果。对比分析表明，结构的倾倒方向和坍塌范围的理论分析结果和实际情况基本相符，仿真效果令人满意[6]。

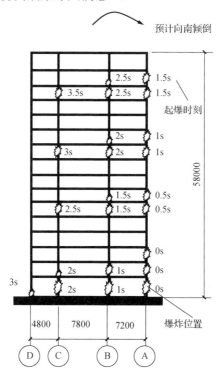

图 14-58　上海长征医院原病房大楼单榀框架爆破拆除方案

表 14-14　　上海长征医院原 16 层病房大楼构件的几何和物理特性

构件位置	截面尺寸	混凝土强度等级	纵筋等级	箍筋等级	纵筋数量	配箍情况
AB、BC 跨梁	300mm×600mm	C30	II	I	4φ20+2φ25	φ8@100
CD 跨梁	250mm×400mm	C30	II	I	3φ18+2φ22	φ8@200
A、D 轴柱	600mm×600mm	C30	II	I	6φ22+6φ22	φ8@200
B、C 轴柱	600mm×800mm	C30	II	I	10φ28+10φ28	φ8@200

注：立柱侧边各另设腰筋 2φ18，为二级钢筋。

（a）t=1.5s　　　　　（b）t=2.5s　　　　　（c）t=5.0s　　　　　（d）t=8.0s

图 14-59　上海长征医院原病房大楼爆破拆除时结构倒塌过程现场记录结果

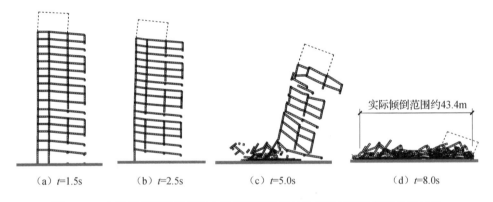

（a）t=1.5s　　　　　（b）t=2.5s　　　　　（c）t=5.0s　　　　　（d）t=8.0s

图 14-60　上海长征医院原病房大楼爆破拆除时结构倒塌过程计算机仿真结果

14.7　仿真系统应用

14.7.1　倒塌过程中的动力效应

基于切断弹簧法，可以使用本章的方法动态地考虑构件或单元因受到爆炸冲击或其他原因而发生的瞬时损坏。下面以图 14-61 所示的钢筋混凝土框架为例，考察因中柱突然破坏导致的动力效应。在梁、柱节点 2 处施加恒力 $F = 100\text{kN}$。假设到 0 时刻，结构上的外荷载都已施加完毕。从 0 到 t_d 时刻，代表构件 1 被移除的过程，即构件 1 的失效时长为 t_d。若 $t_d = 0$，则表示构件 1 被瞬间移除，其效果等于给剩余结构瞬间施加了矩形冲击荷载；若 $t_d > 0$，则代表给剩余结构施加了有上升段的冲击荷载。

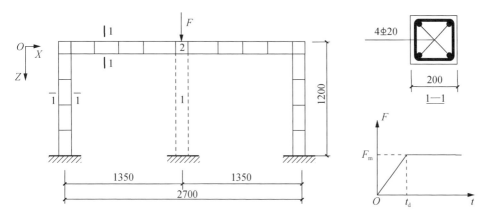

图 14-61　单层两跨钢筋混凝土框架（混凝土抗压强度 23MPa，钢筋屈服强度 320MPa）

针对不同的失效时长：0.0s、0.01s、0.05s、0.1s、0.5s 及 1.0s，分析了单元 2 的竖向位移时程。分析结果如图 14-62 所示。结果表明随着失效时长的增加，结构的反应越来越接近准静态的平衡位置；而当失效时长接近于 0 的时候，也就是当构件瞬间破坏时，其动力放大效应非常明显。

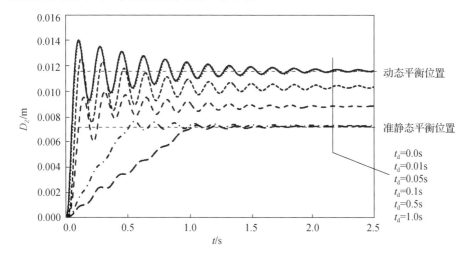

图 14-62　中柱失效后单层双跨框架单元的位移时程曲线

14.7.2　楼面荷载对结构倒塌反应的影响

以试验模型结构 M1 为例，改变楼面附加荷载，利用开发的仿真系统，研究楼面荷载对结构倒塌过程的影响。试验时的楼面附加荷载为784N，增加楼面附加荷载为0N、2352N及3920N三种不同工况进行分析。各工况下模型结构M1倒塌过程中各层楼板形心位移反应时程如图14-63所示。

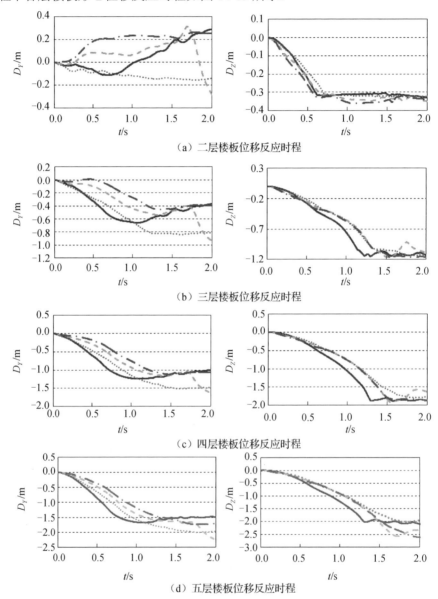

（a）二层楼板位移反应时程

（b）三层楼板位移反应时程

（c）四层楼板位移反应时程

（d）五层楼板位移反应时程

图 14-63　不同楼面荷载作用下结构倒塌过程中楼板形心处位移反应

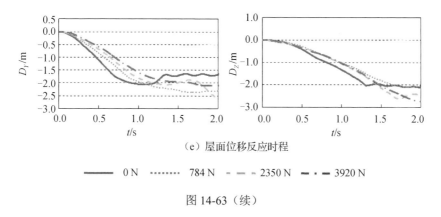

（e）屋面位移反应时程

——— 0 N ········ 784 N －－－ 2350 N －·－ 3920 N

图 14-63（续）

由图 14-63 可以看出，对 M1 这类结构，楼面荷载对结构位移反应的影响不大。从二层楼板的位移时程可以判断出结构倒塌初次触地的时间。如图 14-63（a）所示，触地先后顺序依次为 3920N、0N、2350N 及 784N。之所以楼面荷载为 0 时的倒塌触地时刻要比有荷载的来得早，是因为当楼面施加荷载时，底部墙体受压，而当拆除底部的 2 根柱后，楼板则以墙顶部截面为轴转动，截面为大偏心受压破坏，当截面承受一定压力时，会抵消部分由弯矩引起的拉应力，从而推迟了破坏的过程。这可以用压弯构件的 N_c-M_u 相关曲线来解释（图 14-64）。

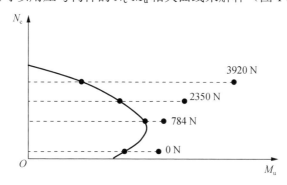

图 14-64 底部压弯构件 N_c-M_u 相关曲线

14.7.3 局部爆炸位置对结构倒塌反应的影响

当结构因外部作用，如工程定向爆破或者遭受恐怖爆炸袭击等造成不同位置的构件发生破坏后，结构的空间反应是研究人员非常关心的问题。一般来说，结构底层的承重构件重要性最高，其破坏会导致结构的严重破坏甚至整体倒塌。以模型结构 M1 为例，分别破坏其二层、四层的所有柱，图 14-65 给出了不同竖向破坏位置下结构的倒塌过程。由图 14-65 可见，不同楼层竖向构件的重要性不同。

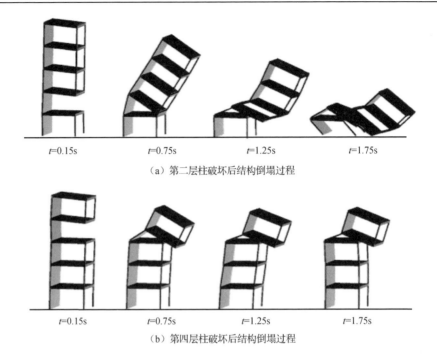

t=0.15s　　　　　　t=0.75s　　　　　　t=1.25s　　　　　　t=1.75s

（a）第二层柱破坏后结构倒塌过程

t=0.15s　　　　　　t=0.75s　　　　　　t=1.25s　　　　　　t=1.75s

（b）第四层柱破坏后结构倒塌过程

图 14-65　不同破坏位置引起的结构（M1）倒塌过程

14.7.4　楼板对多跨结构倒塌反应的影响

将模型结构的跨数由单跨增加至 2×2 跨，增加的梁、板和柱截面尺寸与配筋均与模型结构原有构件完全相同，增加的结构两个方向的跨度与原模型结构跨度相同，如图 14-66（a）所示。破坏底层角柱如图 14-66（a）中的"×"所示，分别采用考虑楼板影响的结构模型和不考虑楼板影响的纯框架结构模型对结构的倒塌过程进行模拟，结果如图 14-67 所示。由图 14-67 可见，如果不考虑楼板作用，则剩余结构的变形要大得多，在进行抗连续倒塌能力评估时，结果显得过于保守。

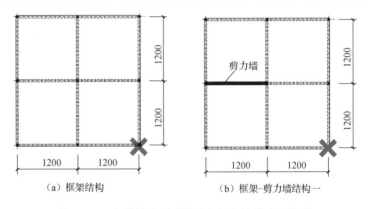

（a）框架结构　　　　　　　　　　　（b）框架-剪力墙结构一

图 14-66　多跨结构平面图及底层角柱的破坏位置

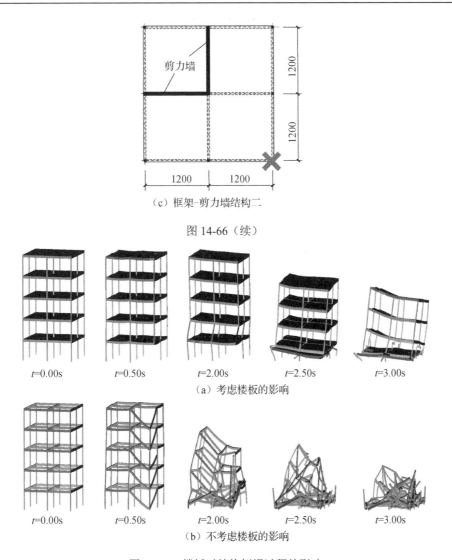

（c）框架-剪力墙结构二

图 14-66（续）

t=0.00s　　t=0.50s　　t=2.00s　　t=2.50s　　t=3.00s

（a）考虑楼板的影响

t=0.00s　　t=0.50s　　t=2.00s　　t=2.50s　　t=3.00s

（b）不考虑楼板的影响

图 14-67　楼板对结构倒塌过程的影响

14.7.5　剪力墙对高层结构倒塌反应的影响

将模型结构的跨数由单跨增加至 2×2 跨，同时将结构由 5 层增加到 10 层。在结构内部分别增加一片剪力墙、两片剪力墙，如图 14-66（b）、（c）所示。增加的梁、板、柱和墙的截面尺寸与配筋均与模型结构原有构件完全相同，增加的结构两个方向的跨度与原模型结构跨度相同。破坏底层角柱如图 14-66（b）、（c）中的"×"所示，分析结构的倒塌过程，结果如图 14-68 所示。可见，剪力墙能明显提高结构的抗连续倒塌能力。

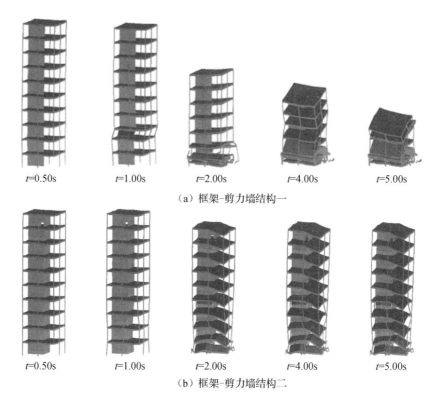

t=0.50s　　　t=1.00s　　　t=2.00s　　　t=4.00s　　　t=5.00s

（a）框架-剪力墙结构一

t=0.50s　　　t=1.00s　　　t=2.00s　　　t=4.00s　　　t=5.00s

（b）框架-剪力墙结构二

图 14-68　剪力墙对结构倒塌过程的影响

参 考 文 献

[1] GRIFFITHS H, PUGSLEY A G, SAUNDERS O. Report of the inquiry into the collapse of flats at Ronan Point, Canning Town[R]. Her Majesty's Stationery Office, London, 1968.

[2] CYNTHIA P, NORBERT D. Ronan point apartment tower collapse and its effect on building codes[J]. Journal of performance of constructed facilities, 2005, 19(2): 172-177.

[3] CORLEY W G. Lessons learned on improving resistance of buildings to terrorist attacks[J]. Journal of performance of constructed facilities. 2004, 18(2): 68-78.

[4] CORLEY W G. World trade center building performance study; data collection, preliminary observations, and recommendations[R]. Federal Emergency Management Agency Mitigation Directorate, FEMA-403, Washington, D.C, 2002.

[5] NATIONAL INSTITUTE OF STANDARDS AND TECHNOLOGY. Final Rep. on the collapse of World Trade Center Towers[R]. NCSTAR 1, Gaithersburg. Md., 2005.

[6] GU X L, LI C. Computer Simulation for reinforced concrete structures demolished by controlled explosion[C]// Computing in Civil and Building Engineering. ASCE, Aug., 2000: 82-89.

[7] LI Z X, DU H, BAO C X. A review of current researches on blast load effects on building structures in China[J]. Transactions of Tianjin University, 2006(S1): 36-41.

[8] NORBERT G. Current state of numerical simulations and testing for the blast and impact protection of the build civil engineering infrastructure[J]. Transactions of Tianjin University, 2006(S1): 1-7.

[9] SMITH P D, ROSE T A. Blast loading and building robustness[J]. Progress in structural engineering and mechanics,

2002, 4(2): 213-223.

[10] HENRYCH J. The dynamics of explosion and its use[M]. Amsterdam: Elsevier Scientific Publishing Company, 1979.

[11] KINNEY G F, GRANHAM K J. Explosive shocks in air[M]. New York: Springer-Verlag New York Inc., 1985.

[12] WANG Z L, LI Y C, SHEN R F. Numerical simulation of tensile damage and blast crater in brittle rock due to underground explosion[J]. International journal of rock mechanics and mining sciences, 2007, 44(5): 730-738.

[13] KRAUTHAMMER T, KU C K. A hybrid computational approach for the analysis of blast resistant connections[J]. Computers and structures, 1996, 61(5): 831-843.

[14] KRAUTHAMMER T. Blast-resistant structural concrete and steel connections[J]. International journal of impact engineering, 1999, 22(9-10): 887-910.

[15] JACINTO A C, AMBROSINI R D, DANESI R F. Experimental and computational analysis of plates under air blast loading[J]. International journal of impact engineering, 2001, 25(10): 927-947.

[16] HARRISON B F. Blast resistant modular buildings for the petroleum and chemical processing industries[J]. Journal of hazardous material, 2003, 104(1-3): 31-38.

[17] BOH J W, LOUCA L A, CHOO Y S. Energy absorbing passive impact barrier for profiled blast walls[J]. International journal of impact engineering, 2005, 31(8): 976-995.

[18] LANGDON G S, CHUNG K Y S, NURICK G N. Experimental and numerical studies on the response of quadrangular stiffened plates. Part II: localized blast loading[J]. International journal of impact engineering, 2005, 31(1): 85-111.

[19] KRAUTHAMMER T, ALTENBERG A. Negative phase blast effects on glass panels[J]. International journal of impact engineering, 2000, 24(1): 1-17.

[20] LUCCIONI B, AMBROSINI D, DANESI R. Blast load assessment using hydrocodes[J]. Engineering structures, 2006, 28(12): 1736-1744.

[21] 董永香, 夏昌敬, 段祝平. 平面爆炸波在半无限混凝土介质中传播与衰减特性的数值分析[J]. 工程力学, 2006, 23(2): 60-65.

[22] MA G W, YE Z Q, ZHANG X G. Effect of foam cladding for blast mitigation: numerical simulation[J]. Transactions of Tianjin University, 2006(S1): 122-125.

[23] GUPTA A, MENDIS P, LUMANTARNA R, et al. Full scale explosive tests in Woomera, Australia[J]. Transactions of Tianjin University, 2006(S1): 56-60.

[24] ZHOU X Q, HAO H, KUZNETSOV V A, et al. Numerical calculation of concrete slab response to blast loading[J]. Transactions of Tianjin University, 2006(S1): 94-99.

[25] WANG Z L, LI Y C, SHEN R F. Numerical simulation of tensile damage and blast crater in brittle rock due to underground explosion[J]. International journal of rock mechanics and mining sciences, 2007, 44(5): 730-738.

[26] GONG S F, LU Y, JIN W L. Simulation of airblast load and its effect on RC structures[J]. Transactions of Tianjin University, 2006(S1):165-170.

[27] NEUBERGER A, PELES S, RITTEL D. Scaling the response of circular plates subjected to large and close-range spherical explosions. Part I: air-blast loading[J]. International journal of impact engineering, 2007(34): 859-873.

[28] 印小晶. 局部爆炸作用下钢筋混凝土结构倒塌反应分析[D]. 上海：同济大学，2012.

[29] HALLQUIST J O. LS-DYNA Theory manual[Z].California:Livermore Software Technology Corporation,2006.

[30] 张奇，张若京. ALE 方法在爆炸数值模拟中的应用[J]. 力学季刊，2005，26(4)：639-642.

[31] 徐定海，王善，杨世全. 板壳结构接触爆炸数值仿真分析[J]. 哈尔滨工程大学学报，2006，27(1)：53-56.

[32] 钟光复，李永池，王志亮，等. 单自由面混凝土介质中的深孔爆破数值分析[J]. 工程爆破，2006，12(1)：1-6.

[33] 焦楚杰，孙伟，高培正，等. 钢纤维混凝土抗爆炸数值模拟[J]. 混凝土，2005(7)：43-48.

[34] 李秀地，郑颖人，李利晟. 装药位置及形状对某坑道中冲击波压力的影响研究[J]. 爆破，2005，22(4)：19-22.

[35] 董永香，夏昌敬，段祝平. 平面爆炸波在半无限混凝土介质中传播与衰减特性的数值分析[J]. 工程力学，2006，23(2)：60-65.

[36] PLOTZITZA A, RABCZUK T, EIBL J. Techniques for numerical simulations of concrete slabs for demolishing by blasting[J]. Journal of engineering mechanics, 2007, 133(5): 523-533.

[37] LIU L Q, KATSABANIS P D. Development of a continuum damage model for blasting analysis[J]. International journal of rock mechanics and mining sciences, 1997, 34(2): 217-231.

[38] MA G W, HAO H, ZHOU Y X. Modeling of wave propagation induced by underground explosion[J]. Computers and geotechnics, 1998, 22(3/4): 283-303.

[39] 林峰, 顾祥林, 匡昕昕, 等. 高应变率下建筑钢筋的本构模型[J]. 建筑材料学报, 2008, 11(1): 14-20.

[40] BISCHOFF P H, PERRY S H. Compressive behavior of concrete at high strain rates[J]. Materials and structures, 1991, 24(1): 425-450.

[41] MALVAR L J, ROSS C A. Review of strain rate effects for concrete in tension[J]. ACI material journal, 1998, 95(6): 735-739.

[42] BARPI F. Impact behavior of concrete: a computer approach[J]. Engineering fracture mechanics, 2004, 71(4): 2197-2213.

[43] 林峰, 匡昕昕, 顾祥林. 混凝土动力本构模型及损伤延迟指标的参数研究[J]. 振动与冲击, 2008, 27(3): 131-135.

[44] HALLQUIST J. LS-DYNA keyword user's manual (970v)[Z]. Livermore: Livermore Software Technology Corporation. 2003.

[45] HOLMQUIST T J, JOHNSON G R. A computational constitutive for concrete subjected to large strains, high strain rates, and high pressures[C]. 4th International symposium on Ballistics. Canada, 1995: 591-600.

[46] 宋顺成, 才鸿年. 弹丸侵彻混凝土的 SPH 算法[J]. 爆炸与冲击, 2003, 23(1): 56-60.

[47] HANCHAK S J, FORRESTAL M J, YOUNG E R, et al. Perforation of concrete slabs with 48MPa and 140MPa unconfined compressive strengths[J]. International journal of impact engineering, 1992, 12(1): 17.

[48] CLOUGH R W, PENZIEN J. Dynamics of structures[Z]. 2nd ed. Livermore: Computers & Structures, Inc., 2003.

[49] SMITH P D, HETHERINGTON J G. Blast and ballistic loading of structures[M]. London: Butterworth Heinemann Ltd., 1994.

[50] LIU X L, TONG X H, YIN X J, et al. Videogrammetric technique for three-dimensional structural progressive collapse measurement[J]. Measurement, 2015(63): 87-99.

第15章 地震作用下钢筋混凝土结构
倒塌过程仿真分析

强烈地震引起的结构倒塌严重威胁人类生命财产安全。我国大部分城市处于地震区，且高楼密布，地震引起的后果不容小觑。根据世界各地的建筑物在遭受地震后的破坏现象调查，可以发现：当结构物遭遇强震袭击时，其整体倒塌已成为造成人员伤亡和设备损毁的主要根源[1-3]。同时，由结构物的倒塌所引发的一系列次生灾害（如交通堵塞、能源供给受阻、网络通信中断等）可能给国民经济带来更深的影响。唐山地震后，我国提出了"小震不坏，中震可修，大震不倒"的三水准抗震设防目标，并采用两阶段设计方法进行结构的抗震设计。但其中的第二阶段抗倒塌验算采用的是近似方法，尚未对结构何时倒塌和如何倒塌做精确的定量分析。即使经过抗震设计的结构，在地震中仍然有可能倒塌[4]。1999年我国台湾集集地震和2010年智利地震中还出现过高层混凝土结构倒塌的实例（图15-1）[5,6]。定量描述结构的倒塌过程可预测强震下结构倒塌形式及后果，既能保证结构单体安全，又能为城市区域防灾规划提供技术支撑[7]。

（a）1999年我国台湾集集地震中高层混凝土结构倒塌 （b）2010年智利地震中高层剪力墙结构倒塌

图15-1 地震中高层混凝土结构倒塌实例

本章对第14章中建立的宏观尺度上的三维离散单元模型及其相关功能进行扩展，以便对地震作用下混凝土结构的倒塌过程做较精确的定量模拟。

15.1 地震作用下结构三维离散单元模型

第14章中介绍的结构体系的空间离散、单元间的连接、单元分离及分离单元间的接触与碰撞均适用于地震作用下结构倒塌过程的仿真分析。所不同的是地震作用是反复作用，因此，弹簧的本构关系采用6.3.2节所述的滞回模型。其中，弹簧的几何参数及相应滞回模型中的关键参数仍采用式（14-68）～式（14-79）计算。

15.2　地震作用下结构倒塌过程数值模拟分析

15.2.1　动力平衡方程及其求解

对每个单元建立动力平衡方程，选择合适的阻尼参数和时间步长。根据时间步长，对输入地震波的数据做调整。输入地震波，采用中心差分法求解动力平衡方程。每获得一个单元的新位置时，暂时将其固定。待同一时步内所有单元的新位置全部确定后，再用同步松弛技术逐个求解新时步内每一单元的新位置。单元分离前，相邻单元间的作用由弹簧来反映；分离后的单元间会发生碰撞作用。碰撞作用的具体计算方法详见第 11 章中的相关内容，不再赘述[8,9]。

15.2.2　地震波的输入

对于跨度较小的一般结构，受地震作用时表现为结构基底不同部位受到相同的地震动加速度作用 $\ddot{x}_g(t)$，结构受单点地震动输入 [图 15-2（a）和（b）]。地震作用可以等效为结构基础固定，而在结构集中质量 m 处，除受到外部荷载 $P(t)$、恢复力 $-kx$、阻尼力 $-c\dot{x}$ 和惯性力 $-m\ddot{x}$ 之外，再受到一个大小为 $-m\ddot{x}_g$ 的等效地震作用惯性力，如图 15-2（a）所示。质量 m 的力平衡方程为（在方程式中加入时间变量，表示各个变量可以随时间变化）

$$m\ddot{x}(t) + c\dot{x}(t) + kx(t) = -m\ddot{x}_g(t) + P(t) \tag{15-1}$$

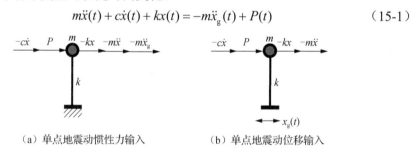

（a）单点地震动惯性力输入　　　　（b）单点地震动位移输入

图 15-2　单点地震输入

这是结构输入地震动影响的第一种方法，可以称为"惯性力输入"[8,9]，也是目前最普遍的方法（特别是在有限单元法中），因为在结构集中质量（自由度）上施加等效惯性力荷载容易实现。

第二种考虑地震动输入的方法是采用如图 15-2（b）所示方法，此时单元的运动方程和不考虑地震作用时的方程一致，为

$$m\ddot{x}(t) + c\dot{x}(t) + kx(t) = P(t) \tag{15-2}$$

同时，强制结构基础在各时刻的位移边界条件为地震动位移 $x_g(t)$。地震动位移 $x_g(t)$ 即是地震动加速度 $\ddot{x}_g(t)$ 的零边界条件两次积分值。这样，相当于采用位移

边界条件来考虑地震动对结构的影响。对于单点地震动输入，理论上这两种考虑方法是等价的。采用这两种方法对一混凝土柱进行分析，得到完全一致的数值结果，详见 15.4 节。

第二种方法可称为"位移输入"[8,9]。位移输入法相比惯性力输入法物理意义直观，还可以考虑惯性力输入法不能考虑的多点地震动输入问题。当结构跨度较大造成结构基底不同部位的振动差异较大时，差异对结构产生的影响则不能忽略。采用位移输入法可以方便地实现这种差异输入，如图 15-3 所示。

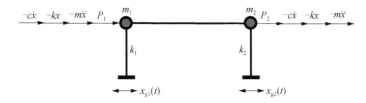

图 15-3　多点地震动位移输入

有限单元法中，由于考虑单元变形，随时间变化的单元边界条件的施加不容易实现，而且位移边界条件的施加还需要频繁调整结构的整体刚度矩阵，计算费时。而在离散单元法中，只需要强制相应的形心处位移即可考虑不同的边界条件。

现以图 15-4 所示的结构为例，说明惯性力输入和位移输入两种方法的建模方法和计算流程的差异。采用惯性力加载时，认为基底是固定的，需要在结构基底处设置一个固定不动的单元，即图 15-4（a）中的基础单元。在基础单元和与其相邻的柱底单元接触面上设置相应的连接弹簧，分析过程中，基础单元自始至终保持静止不动，同时也模拟实际结构所处的地面，以考虑结构倒塌时各个构件或单元坠落至地面发生几何接触和碰撞的情况。对于位移输入模式，则在柱底构造与柱底单元连接的输入单元，输入单元仅作为结构地震输入点位移边界条件的输入，不考虑与其他输入单元、结构单元和底板的接触。此外还保留基础单元，基础单元也保持静止不动，但仅用于模拟地面以考虑结构单元与地面接触或碰撞，如图 15-4（b）所示。

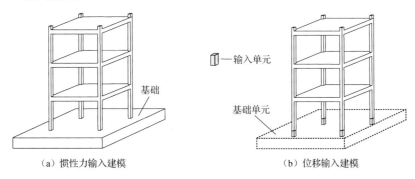

（a）惯性力输入建模　　　　　　　　　（b）位移输入建模

图 15-4　两种地震输入时结构基底的建模

采用这两种不同的输入方式来考虑地震作用，其相应的核心计算程序流程也有所不同，分别示意于图 15-5（a）和（b）。

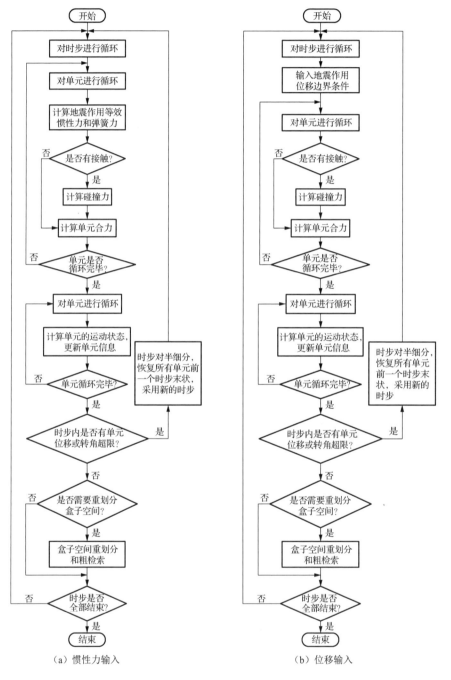

（a）惯性力输入　　　　　　　（b）位移输入

图 15-5　两种地震作用输入方式的核心程序流程图

15.3　仿真系统设计与数据结构

15.3.1　仿真系统构成

基于 Microsoft Visual C++平台开发地震作用下钢筋混凝土结构空间倒塌仿真软件系统。仿真系统由前处理模块、数值仿真模块和图像仿真模块组成（图 15-6）。各模块的功能和局部爆炸作用下钢筋混凝土结构倒塌仿真分析系统类似，不再赘述。

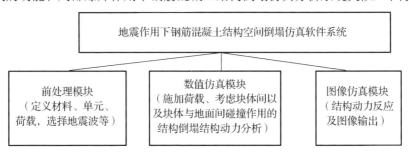

图 15-6　地震作用下钢筋混凝土结构倒塌仿真软件系统的构成

15.3.2　程序编制及数据结构

采用与第 14.5.2 节中相同的程序编制技术。

整体结构类与其他主要类之间的关系如图 15-7 所示。CStructure 类通过指针数组成员变量聚合了单元类 CElement、弹簧类 CSpring、空间盒子类 CSpaceBox、荷载组类 CLoadGroup 等。CStructure 类还通过指向地震波类 CEarthquakeWave 的对象指针 m_pEarthquake 来获取所需地震波的属性，并利用 CEarthquakeWave 类对象读取地震波形文件。其核心计算流程如图 14-40 所示。其他各类的功能与数据结构和局部爆炸作用下结构倒塌过程的仿真分析系统类似，不再赘述。

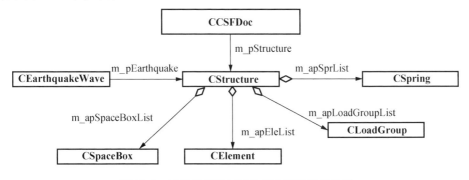

图 15-7　结构整体类与其他类之间的静态关系

15.4　地震作用下钢筋混凝土框架结构倒塌过程仿真分析

15.4.1　仿真系统验证

1. 两种不同地震波输入方法的等价性

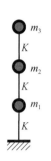

设一串联三自由度体系如图 15-8 所示。图 15-8 中，$m_1=m_2=m_3=13.289\text{kg}$，$K=10000\ \text{N/m}$。取阻尼系数 $c=22.602\text{kg/s}$，初始状态为静止，计算时间步长 $\Delta t=1.5\times10^{-4}\text{s}$。通过比较体系在 El-Centro 地震波作用下的弹性地震反应以验证两种不同地震输入的等价性。惯性力输入法中的加速波如图 15-9 所示。位移输入法中的位移波通过对图 15-9 中的加速度波进行积分后获得，如图 15-10 所示。计算得到质点 m_1、m_2 和 m_3 处的位移反应如图 15-11 所示。比较表明，两种地震动输入方法所获得的结果相当吻合。

图 15-8　三自由度系统

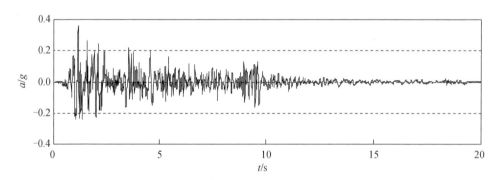

图 15-9　地震作用惯性力输入时采用的 El-Centro 加速度波

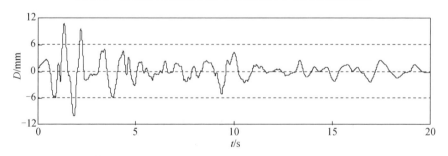

图 15-10　地震作用位移输入时采用的 El-Centro 位移波

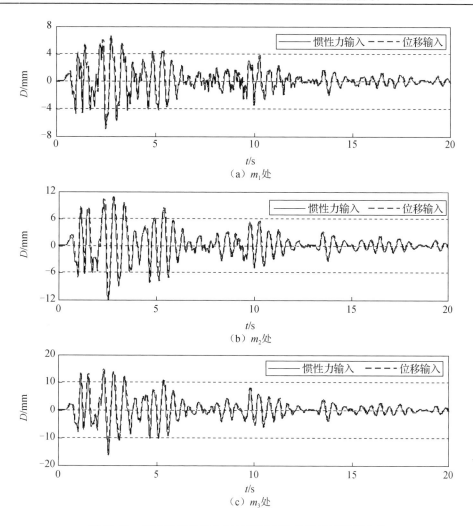

图 15-11　两种地震动输入时计算获得的位移反应时程曲线

2. 单跨三层钢筋混凝土框架结构模型的倒塌过程

对图 10-14 所示的单跨三层钢筋混凝土框架结构模型试验输入三向 El-Centro 地震波进行模拟地震振动台试验，在表 10-2 所示的工况 5 中结构因底层首先破坏而呈强梁弱柱型倒塌。倒塌后楼板及梁损伤有限，结构破坏集中于柱两端，部分柱受上部结构冲击作用在柱中某截面断开，分裂成若干段，如图 15-12 所示[10]。结合框架结构的 3 种离散化体系，利用仿真系统对此模型结构倒塌过程进行模拟，模拟结果同样示于图 15-12，倒塌废墟分布及形态如图 15-13 所示。计算中，结构阻尼比取为 2.4%，钢筋极限应变取为 0.1[9]。对比倒塌过程试验结果及模拟结果可知：①3 种离散化体系下，模型结构均发生始于底层柱的弱柱型倒塌；②相对模型试验而言，各种离散化体系的倒塌时间略有差异，梁-柱-节点离散化体系相对慢点，而板-柱离散化体系和梁-板-柱-节点离散化体系则相对快点；③采用板-柱离散化体系和梁-板-柱-节点离散化体系模拟得出的结构最终倒塌废墟更接近于模型试验结果。

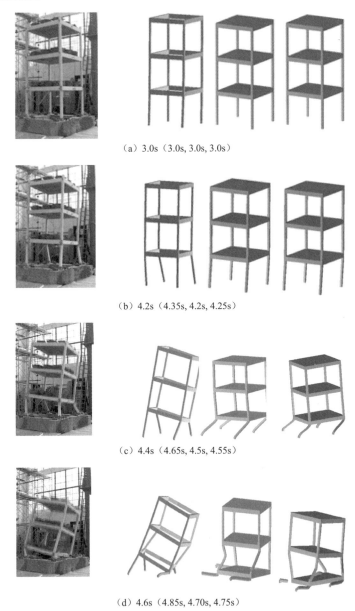

（a）3.0s（3.0s, 3.0s, 3.0s）

（b）4.2s（4.35s, 4.2s, 4.25s）

（c）4.4s（4.65s, 4.5s, 4.55s）

（d）4.6s（4.85s, 4.70s, 4.75s）

图 15-12　地震作用下单跨三层钢筋混凝土框架结构模型的倒塌过程

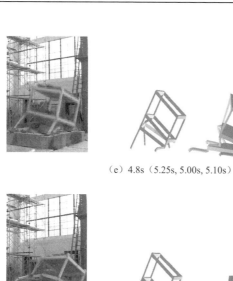

（e）4.8s（5.25s, 5.00s, 5.10s）

（f）5.0s（5.450s, 5.10s, 5.175s）

（g）5.2s（5.70s, 5.30s, 5.35s）

（h）5.8s（6.05s, 5.80s, 5.85s）

右侧为分别采用梁-柱-节点离散化体系、板-柱离散化体系和梁-板-柱-节点
离散化体系而获得的仿真计算结果，括号中的时间为模拟计算时间。

图 15-12（续）

　　　（a）试验废墟堆积　　　　　　　　　　（b）模拟废墟堆积

（b）图为分别采用梁-柱-节点离散体系、板-柱离散体系和梁-板-柱-节点离散化体系而获得的仿真计算结果。

图 15-13　地震作用下单跨三层钢筋混凝土框架结构倒塌废墟堆积情况

3. 两跨两层钢筋混凝土框架结构模型的倒塌过程

　　文献[11]进行了一两跨两层钢筋混凝土框架结构模型的振动台试验。模型结构的尺寸及配筋情况如图 15-14 所示。二层楼面和屋面的附加质量分别为 1500kg、6000kg。沿 Y、Z 两个方向同时输入压缩的卧龙地震波。当台面输入地震加速度

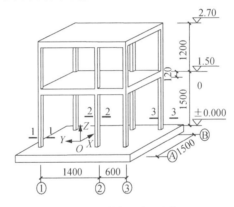

（a）模型结构尺寸及配筋

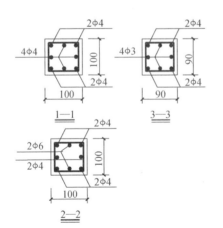

（b）模型全景及附加质量块

图 15-14　两跨两层钢筋混凝土框架结构模型尺寸、配筋及附加质量块[11]

峰值达到 0.83g 时，结构发生倒塌。地震开始至 25s 时结构一层柱底大部分形成塑性铰，二层框架相对完好，未出现明显的倾斜；倒塌时二层框架相对保持整体性，倒塌方向与水平 Y 向成较小角度方向倾斜，加速下落；当二层楼面与支撑结构接触后，在冲击荷载作用下一层边柱发生压弯变形，结构整体垮塌，具体倒塌过程如图 15-15 所示。

（a）底层柱端形成塑性

（b）结构底层薄弱，整体倾斜

（c）结构倒塌，楼面撞到侧边支撑

（d）结构继续倒塌

（e）二层楼面与台面碰撞

（f）二层结构惯性作用向下倾倒

图 15-15　两跨两层钢筋混凝土框架结构模型倒塌过程试验结果[11]

图 15-16 为结构倒塌过程的仿真分析结果（由于缺少模型结构梁的配筋信息，这里仅给出基于板-柱离散化体系的分析结果）。可见仿真分析可以很好地描述结构倒塌触因（始于底层柱铰破坏）、倒塌过程中的碰撞作用及废墟堆积情况（图 15-17）。仿真分析中，结构阻尼比取为 5.0%，钢筋极限应变取为 0.1。

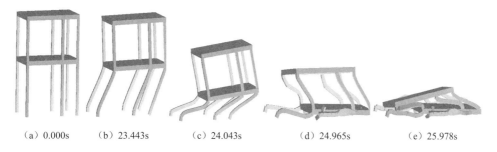
（a）0.000s　　（b）23.443s　　（c）24.043s　　　（d）24.965s　　　（e）25.978s

图 15-16　两跨两层钢筋混凝土框架结构模型倒塌过程仿真分析结果

4. 汶川地震中北川县政府大楼及北川县招待所大楼的倒塌过程

2008 年 5 月 12 日 14 时 28 分，四川发生里氏 8.0 级地震，震中位于汶川县映

秀镇，震源深度 14km。位于震中附近的北川羌族自治县（简称北川县）县城破坏
尤为严重，地震导致大量结构破坏甚至倒塌。其中北川县政府大楼及北川县招待
所大楼在此次地震中发生倒塌，如图 15-18 和图 15-19 所示。北川县政府大楼结
构底部四层呈叠饼式倒塌，仅残存上部二层未倒塌。倒塌后结构东西侧与邻近建
筑碰撞。北川县招待所大楼结构西侧凸出三跨发生局部倒塌；东面角部结构二层
柱上下端形成塑性铰，且向东面倾斜。

（a）试验[11]

（b）模拟

图 15-17　两跨两层钢筋混凝土框架结构模型倒塌堆积情况

（a）震前（来源：北川地震纪念馆）

（b）震后

图 15-18　北川县政府大楼的倒塌情况

（a）震前（来源：北川地震纪念馆）

（b）震后

图 15-19　北川县招待所大楼的倒塌情况

　　根据作者现场调查，北川县政府大楼结构平面布置如图 15-20 所示。大楼由 6
层主楼及 2 层门厅组成，均为钢筋混凝土框架结构。主楼右端局部跨缩进。梁、
柱构件为现浇，混凝土强度等级为 C30，受力钢筋采用 HRB335 级钢筋。楼板采

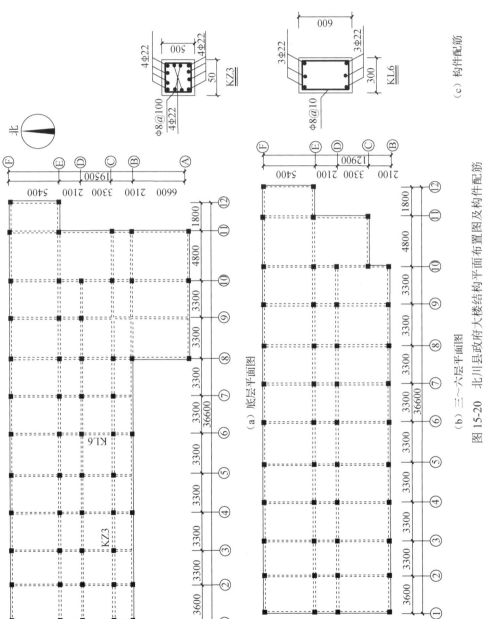

（a）底层平面图

（b）三~六层平面图

（c）构件配筋

图 15-20　北川县政府大楼结构平面布置图及构件配筋

用预制板，填充墙墙体采用 MU10 空心砌块，M5 砂浆砌筑。北川县招待所大楼的结构平面布置如图 15-21 所示。招待所为三层钢筋混凝土框架结构，建筑呈 L 形布置。梁、柱构件为现浇，其混凝土强度等级为 C30，受力钢筋采用 HRB335级钢筋，楼板采用预制板，填充墙墙体采用 MU10 空心砌块，M5 砂浆砌筑。

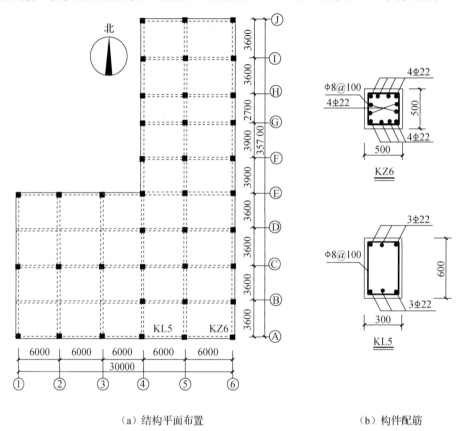

（a）结构平面布置　　　　　　　　（b）构件配筋

图 15-21　北川县招待所大楼结构平面布置图及构件配筋

　　为对上述两结构在地震作用下的倒塌过程进行仿真分析，采用汶川地震主震时汶川卧龙镇的地震记录作为地震输入（为节省计算时间，计算时截取原始地震波 20～70s），如图 15-22 所示。其中东西向（EW）、南北向（NS）和竖向（UD）的峰值加速度分别为 $0.958g$、$0.658g$ 和 $0.948g$。图 15-22 中同时给出该地震记录 3 个方向地震波的加速度反应谱。对北川县政府大楼框架结构输入图 15-22 所示的汶川卧龙镇地面加速度记录的地震波，该结构未发生倒塌。据文献[12]估计，震中地区的地震波峰值加速度（peak ground acceleration，PGA）为 $0.34g$～$1.24g$，故将三方向（EW、NS 及 UD 向）地震波输入 PGA 分别调整为 $1.2g$、$0.825g$ 和 $1.188g$，结果结构倒塌，如图 15-23 所示。和图 15-18 所示的震害结果对比可知，模拟结果很好地识别出结构在地震作用下的薄弱层及其倒塌过程，结构倒塌方向也与实际震害一致。在调整后的地震输入下，北川县招待所大楼出现局部倒塌，其倒塌过程如图 15-24 所示。和图 15-19 所示的震害结果对比可知，模拟结果可信。

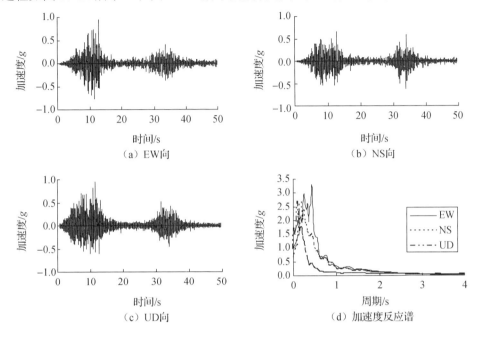

（a）EW向　　　　　　　　　　（b）NS向

（c）UD向　　　　　　　　　（d）加速度反应谱

图 15-22　汶川卧龙镇地面加速度记录（2008 年）

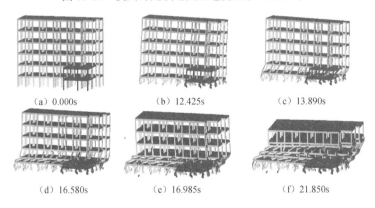

（a）0.000s　　　　　（b）12.425s　　　　　（c）13.890s

（d）16.580s　　　　　（e）16.985s　　　　　（f）21.850s

图 15-23　北川县政府大楼倒塌过程仿真分析结果

（a）t=0.000s　　　　（b）t=10.925s　　　　（c）t=13.395s

图 15-24　北川县招待所大楼倒塌过程仿真分析结果

（d）t=14.215s　　　　　　（e）t=14.685s　　　　　　（f）t=16.090s

图 15-24（续）

15.4.2　仿真系统应用

1. 楼板对钢筋混凝土框架结构倒塌过程的影响

为便于分析，设计两跨三层框架结构的尺寸及配筋信息如图 15-25 所示。楼板厚度为 100mm，采用双层双向Φ10@100 配筋。混凝土单轴抗压强度取 14.3MPa，纵筋屈服强度取 335MPa。楼面活载取为 2kN/m²。数值模拟时采用三向 El-Centro 波输入，并设定其 X、Y 和 Z 三个方向最大幅值比例为 1.00∶0.85∶0.65。考虑三种不同的结构配筋，如表 15-1 所示[13]。

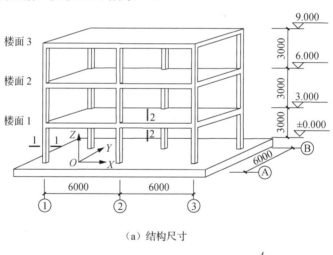

（a）结构尺寸

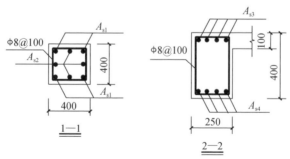

（b）梁柱截面配筋示意

图 15-25　两跨三层钢筋混凝土框架结构尺寸及配筋示意图

表 15-1　不同三层钢筋混凝土框架结构梁、柱配筋信息　（单位：mm²）

结构	结构 1	结构 2	结构 3
柱配筋	各柱配筋相同，$A_{s1}=402$、$A_{s2}=478$	一层各柱配筋相同，$A_{s1}=1005$、$A_{s2}=1195$；二层和三层各柱配筋相同，$A_{s1}=703.5$、$A_{s2}=836.5$	一层轴线①上两边柱柱配筋相同，$A_{s1}=201$、$A_{s2}=239$；其余同结构 1
梁配筋	$A_{s3}=314$、$A_{s4}=400$	同结构 1	同结构 1

　　分别用梁-柱-节点离散体系、梁-板-柱-节点离散体系和板-柱离散体系建模，对表 15-1 中所示的结构在地震作用下的倒塌过程进行仿真分析，以获得不考虑楼板作用、考虑非刚性楼板作用及考虑刚性楼板作用时结构的倒塌形态。

　　图 15-26 给出了结构 1 的仿真分析结果。不考虑楼板作用时，当输入地震波的 PGA 为 0.8g 时，一层柱底和柱顶均出现塑性铰，而梁端未出现塑性铰。结构呈"强梁弱柱"型破坏。随着地震波的不断输入，底层侧移不断增大，结构最终由于 P-Δ 效应而倒塌［图 15-26（a）］。考虑楼板作用时，结构同样呈弱柱型破坏，但倒塌时间稍早，这可能与楼板的存在促使底层柱更易形成塑性铰有关［图 15-26（b）和（c）］。可见，整体式楼板对弱柱型框架的倒塌时间有影响。

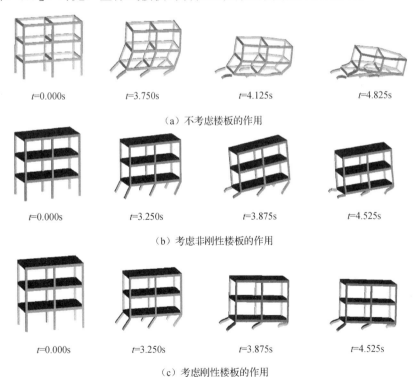

（a）不考虑楼板的作用

（b）考虑非刚性楼板的作用

（c）考虑刚性楼板的作用

图 15-26　三层框架结构 1 的倒塌过程（PGA=0.8g）

图 15-27 给出了结构 2 的仿真分析结果。由于各柱配筋增大，不考虑楼板作用时结构出现了典型的强柱弱梁型倒塌模式［图 15-27（a）］。若考虑楼板的作用结构，仍呈底层薄弱的弱柱型倒塌模式，如图 15-27（b）、（c）所示。可见，对于强柱型的纯框架，整体式楼板的存在可能会使其倒塌模式发生改变。因此，结构设计或结构评定中有必要考虑整体式楼板的影响。

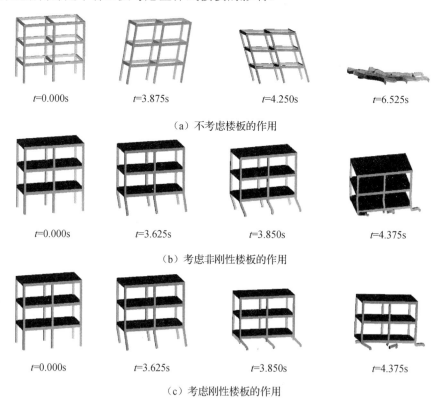

　　　 t=0.000s　　　　 t=3.875s　　　　 t=4.250s　　　　 t=6.525s

（a）不考虑楼板的作用

　　　 t=0.000s　　　　 t=3.625s　　　　 t=3.850s　　　　 t=4.375s

（b）考虑非刚性楼板的作用

　　　 t=0.000s　　　　 t=3.625s　　　　 t=3.850s　　　　 t=4.375s

（c）考虑刚性楼板的作用

图 15-27　三层框架结构 2 的倒塌过程（PGA=1.2g）

地震作用下框架结构会因竖向构件自身缺陷或其他原因而发生局部倒塌，为此，通过将结构 1①轴底层 2 边柱的配筋减小 50%，其余信息不变，来模拟由于各种初始缺陷造成局部柱先破坏而引起的结构倒塌（结构 3）。不考虑楼板作用且当 PGA=0.5g 时，由于结构底层左侧 2 边柱配筋减小，地震中此 2 根柱先出现压弯破坏，进而引起结构左跨发生竖向倒塌。整个过程类似于局部爆炸致使的局部倒塌，如图 15-28（a）所示。同等条件下，若考虑整体式楼板的作用且考虑楼板的变形，当 t=3.625s 时，结构底层左侧 2 边柱发生压弯破坏，上部各楼层逐渐向下运动，结构可能会出现局部倒塌，但由于整体式楼板的作用，结构破坏程度相对较轻［图 15-28（b）］。若楼板的刚度为无穷大，增大地震波输入 PGA 至 0.65g

时结构才发生倒塌。结构破坏仍始于底层左侧 2 边柱的压弯破坏，刚性楼板使底层其他柱共同工作，并因发生大变形而破坏，最终结构底层形成层机构倒塌，如图 15-28（c）所示。可见，刚性整体式楼板的存在使结构共同工作，可能使结构不倒或出现始于底层的弱柱型倒塌模式。

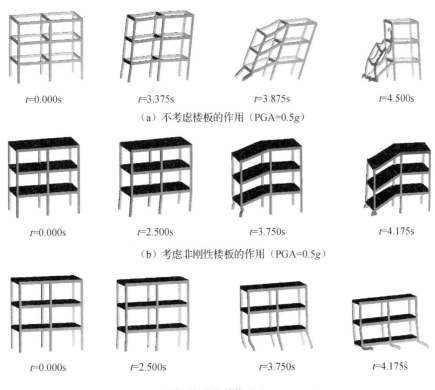

| t=0.000s | t=3.375s | t=3.875s | t=4.500s |

（a）不考虑楼板的作用（PGA=0.5g）

| t=0.000s | t=2.500s | t=3.750s | t=4.175s |

（b）考虑非刚性楼板的作用（PGA=0.5g）

| t=0.000s | t=2.500s | t=3.750s | t=4.175s |

（c）考虑刚性楼板的作用（PGA=0.65g）

图 15-28　三层框架结构 3 的倒塌过程

2. 地面碰撞效应对框架结构倒塌行为影响分析

以表 15-1 中的结构 2 为例，分析地面碰撞效应对框架结构最终倒塌形态的影响。考虑软土、硬土和混凝土 3 种不同的地面，采用式（11-55）～式（11-57）计算结构和地面间的碰撞效应，图 15-29 给出了仿真分析结果。当结构建于软土地面上时，大部分结构动能被地面消耗，结构触地后并未引起上部结构进一步破坏。当结构建于硬土地面上时，结构底层触地后引发二层柱相继发生压弯破坏，继而结构二层倒塌。当结构建于混凝土地面上时，结构底层与地面碰撞后，强大的地面冲击力引起二层框架柱相继发生压弯破坏，结构二层倒塌，而后结构三层也发生倒塌，最终结构完全倒塌。

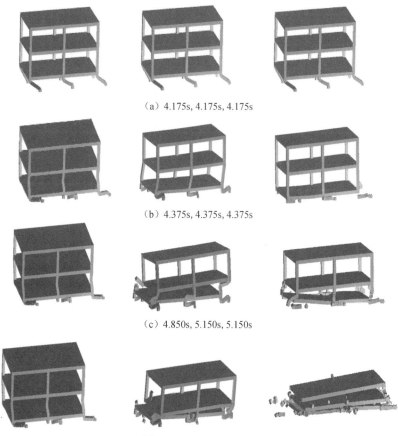

（a）4.175s, 4.175s, 4.175s

（b）4.375s, 4.375s, 4.375s

（c）4.850s, 5.150s, 5.150s

（d）5.475s, 6.350s, 7.525s

从左至右分别为软土地面、硬土地面和混凝土地面。

图 15-29　建于不同地面上三层框架结构的倒塌过程（PGA=0.8g）

15.5　地震作用下钢筋混凝土框架-剪力墙结构倒塌过程仿真分析

15.5.1　仿真系统验证

为了验证地震作用下钢筋混凝土框架-剪力墙结构倒塌过程仿真分析系统，作者指导的研究生[14]进行了一项十层钢筋混凝土框架-剪力墙结构模型的振动台试验。试验模型结构的几何尺寸和配筋情况如图 15-30 所示。为满足重力相似关系，在 2～10 层楼面上每层附加重 4.200kN 的铁块，在屋面上附加重 3.600kN 的铁块。混凝土轴心抗压强度为 6.8MPa，钢丝的力学性能如表 15-2 所示。

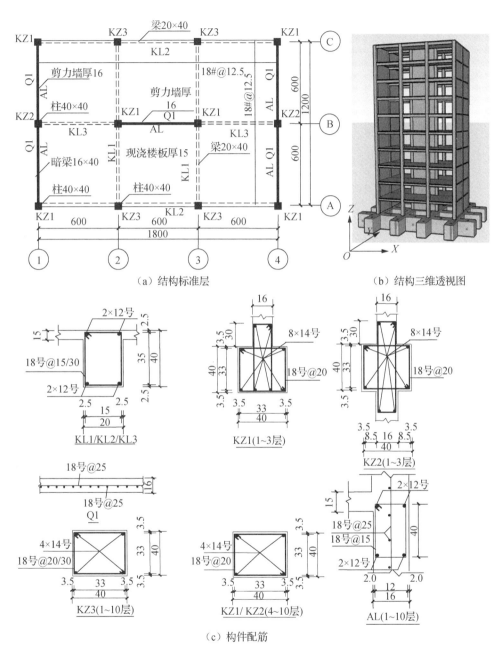

（a）结构标准层　　　　　　　　（b）结构三维透视图

（c）构件配筋

12 号钢丝直径为 2.64，14 号钢丝直径为 2.03，18 号钢丝直径为 1.22。

图 15-30　十层钢筋混凝土框架-剪力墙模型结构概况

表 15-2　十层钢筋混凝土框架-剪力墙模型结构钢丝力学指标

规格	直径/mm	f_y/MPa	均值/MPa	f_u/MPa	均值/MPa	最大延伸率 A_{gt}/%	均值/%	弹性模量/（10^5MPa）	均值/（10^5MPa）
12 号	2.64	396.29	394.87	495.46	495.86	20.51	21.89	2.03	1.98
		393.42		496.77		22.42		1.98	
		394.90		495.34		22.75		1.92	
14 号	2.03	439.16	438.57	479.87	481.22	8.66	10.75	2.05	2.01
		439.79		478.53		10.98		1.96	
		436.77		485.26		12.60		2.02	
18 号	1.22	308.25	304.76	413.50	406.75	26.10	21.77	1.86	1.90
		307.36		410.73		23.46		1.92	
		298.68		396.03		15.75		1.91	

选取一条 1940 年记录的南北向 El-Centro 原始波作为地震输入，具体输入制度如表 15-3 所示。工况 10 以前采用三向等幅输入，工况 10 以后，为了控制结构的倒塌方向，只沿 X 向输入地震波。试验中，采用接触式传感器（加速度传感器和位移计）和非接触式的高速照相机视频测量技术量测各楼层的动力反应[15]。在结构倒塌阶段，仅用高速照相机视频测量技术记录结构的动力反应。高速照相机视频测量系统和图 14-31 所示的系统类似，不再赘述。

表 15-3　十层钢筋混凝土框架-剪力墙模型结构地震波输入制度

工况	地震波类型		加速度峰值/g		
			X 向	Y 向	Z 向
0	小震	三向白噪声	0.035	0.035	0.035
1		El-Centro 波	0.018	0	0
2	中震	三向白噪声	0.035	0.035	0.035
3		El-Centro 波	0.05	0	0
4		三向白噪声	0.035	0.035	0.035
5		El-Centro 波	0.125	0	0
6		三向白噪声	0.035	0.035	0.035
7	大震及以上	El-Centro 波	0.25	0	0
8		三向白噪声	0.035	0.035	0.035
9		El-Centro 波	0.50	0	0
10[1)]		三向白噪声	0.035	0.035	0.035
11		El-Centro 波	0.75	0	0
12			1.00	0	0
13			1.25	0	0
14			1.5	0	0

1）工况 10 后拆除位移计及楼层处的加速度传感器，仅留屋面 3 个加速度传感器，故未再进行白噪声扫描。模型结构在工况 14 中发生倒塌。

采用梁-板-柱-节点-墙离散体系建模，对结构的动力反应和倒塌过程进行仿真分析。图 15-31～图 15-35 给出了不同工况中结构动力反应的试验结果和仿真分析结果，比较表明二者吻合较好。图 15-36 给出了工况 14 中结构倒塌过程的试验结果和仿真分析结果，由图可见仿真系统能很好地模拟结构的倒塌过程。

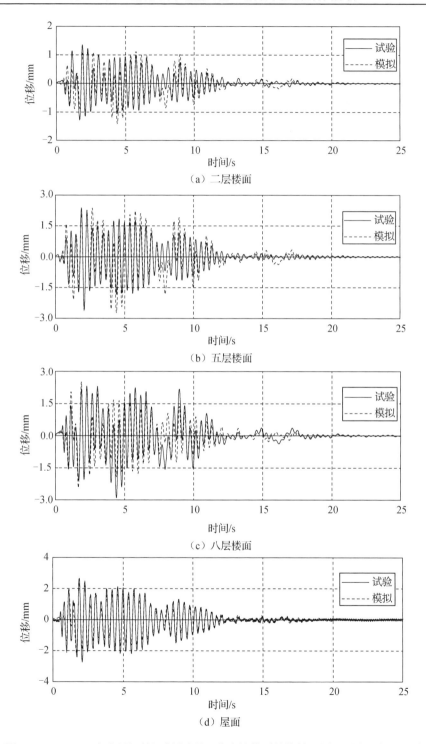

(a) 二层楼面

(b) 五层楼面

(c) 八层楼面

(d) 屋面

图 15-31　工况 3 中十层钢筋混凝土框架-剪力墙模型结构楼（屋）面水平位移反应

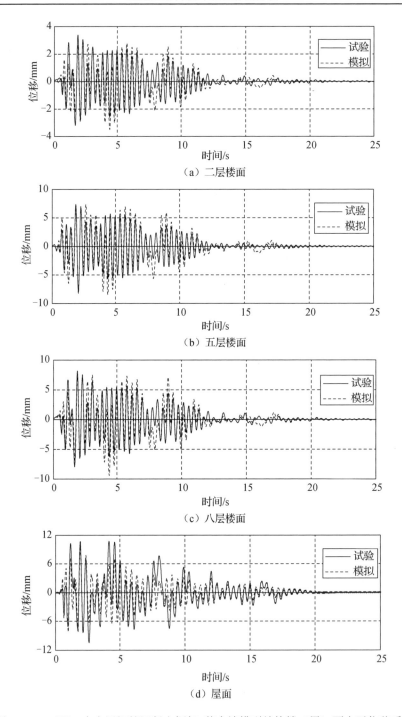

（a）二层楼面

（b）五层楼面

（c）八层楼面

（d）屋面

图 15-32 工况 5 中十层钢筋混凝土框架-剪力墙模型结构楼（屋）面水平位移反应

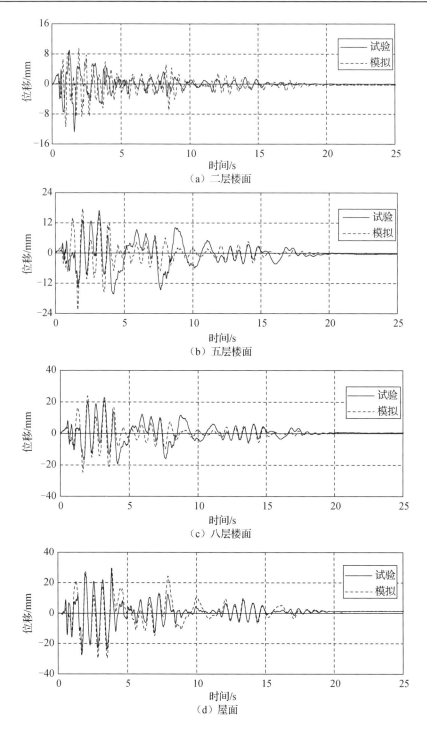

（a）二层楼面

（b）五层楼面

（c）八层楼面

（d）屋面

图 15-33　工况 9 中十层钢筋混凝土框架–剪力墙模型结构楼（屋）面水平位移反应

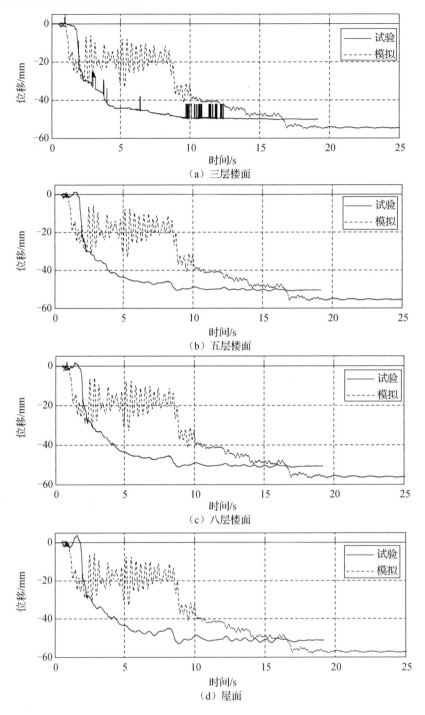

图 15-34　工况 12 中十层钢筋混凝土框架–剪力墙模型结构楼（屋）面中部竖向位移反应

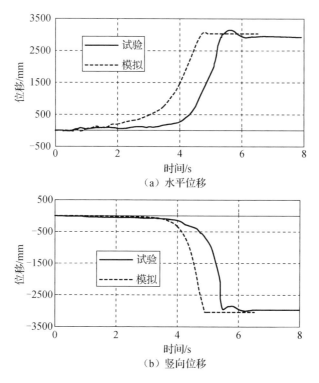

（a）水平位移

（b）竖向位移

图 15-35　工况 14 中十层钢筋混凝土框架-剪力墙模型结构屋面位移反应

（a）0.000s，0.000s　　　　　　　　　　　（b）0.850s，0.9250s

（c）3.850s，3.150s　　　　　　　　　　　（d）4.700s，3.850s

图 15-36　工况 14 中十层钢筋混凝土框架-剪力墙模型结构倒塌过程

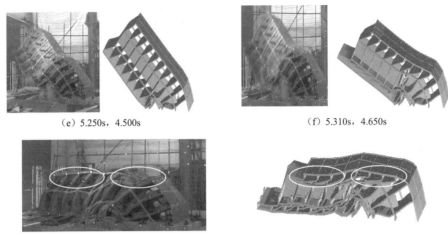

（e）5.250s，4.500s　　　　　　　　　　　　（f）5.310s，4.650s

（g）5.600s，4.950s

左侧为试验结果，右侧为仿真结果。

图 15-36（续）

15.5.2　仿真系统应用

1. 高层钢筋混凝土框架-剪力墙结构的倒塌反应

采用梁-板-柱-节点-墙离散体系进行建模，地震波输入均采用三向 El-Centro 波，并设定三方向加速度幅值比例为 1.00：0.85：0.65。

结构 I 为十五层框架-剪力墙结构，结构布置与试验模型类似，如图 15-37 所示。底层层高 4.5m，其余层高均为 3.6m，结构总高度为 54.9m。平面尺寸为 18m×12m，横向 3 跨，纵向 2 跨，跨距均为 6m。柱截面一～三层为 600mm×600mm，四～十五层为 500mm×500mm。剪力墙墙厚一～三层为 250mm，四～十五层为 200mm。梁截面为 300mm×500mm。现浇楼板板厚为 180mm。楼面活荷载为 2.0kN/m^2，屋面活荷载为 0.5kN/m^2。结构抗震设防烈度 7 度（0.1g），场地类型 II 类，设计地震为第一组。构件配筋信息如表 15-4 所示，混凝土强度等级为 C50，主筋及箍筋均采用 III 级钢筋。

当输入 PGA 为 2.5g 时，结构 I 发生始于底层的倒塌，倒塌过程如图 15-38 所示。地震输入至 3.225s 时，结构底层出现薄弱层，底层侧移增大。地震输入至 3.450s 时，底层中部剪力墙面内变形激增，两侧墙及四中柱上下端部形成塑性铰。在重力二阶效应及水平地震作用下，底层中部剪力墙和两侧墙相继破坏，中柱被压断。此后，结构侧倾加剧，上部结构发生下坐式坍塌［图 15-38（e）］。底部的剪力墙及柱构件被上部结构压碎，上部结构逐渐与地面（底部碎块）碰撞。由于上部结构重心未移出结构平面外，且结构内布置剪力墙构件较多，上部结构与地面（底部碎块）碰撞后并未继续倒塌。结构最终倒塌状态如图 15-38（h）所示。

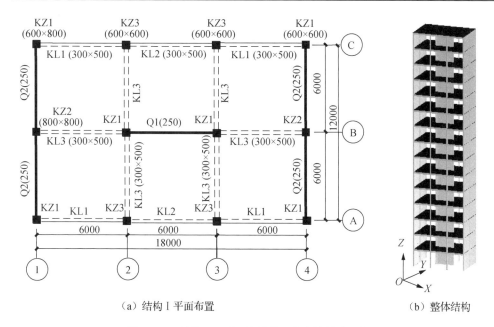

（a）结构 I 平面布置　　　　　　　　　（b）整体结构

图 15-37　结构 I（十五层框架-剪力墙结构）概况

表 15-4　结构 I 配筋表（十五层框架-剪力墙结构）

部位	配筋
柱 KZ1 纵筋	12Φ25（一～三层），10Φ22（四～十五层）
柱 KZ2 纵筋	14Φ25（一～三层），10Φ22（四～十五层）
柱 KZ3 纵筋	10Φ25（一～三层），10Φ22（四～十五层）
柱箍筋	Φ10@100（加密区），Φ10@150（非加密区）
梁 KL1～KL3 纵筋	上下均为 6Φ22
梁 KL1～KL3 箍筋	Φ8@100（加密区），Φ8@150（非加密区）
板水平分布筋及构造筋	双排 Φ10@150
墙 Q1～Q2 竖向分布	双排 Φ10@150（一～三层），双排 Φ10@200（四～十五层）
墙 Q1～Q2 水平分布	双排 Φ10@150（一～三层），双排 Φ10@200（四～十五层）

　　结构 II 为三十层框架-剪力墙结构，结构布置与试验模型类似，如图 15-39 所示。结构底层层高 4.5m，其余层高均为 3.6m，结构总高度为 108.9m。平面尺寸为 18m×12m，其中横向 3 跨，纵向 3 跨，跨距均为 6m。柱截面一～五层为 800mm×800mm，六～十六层为 700mm×700mm，十六～三十层为 600mm×600mm。剪力墙墙厚一～五层为 300mm，六～十五层为 250mm，十六～三十层为 200mm。梁截面均为 300mm×500mm。现浇楼板板厚为 180mm。楼面活荷载为 2.0kN/m²，屋面活荷载 0.5kN/m²。结构抗震设防烈度 7 度（0.1g），场地类型 II 类，设计地震为第一组。混凝土强度等级 C50，采用 III 级钢筋。结构构件配筋信息如表 15-5 所示。

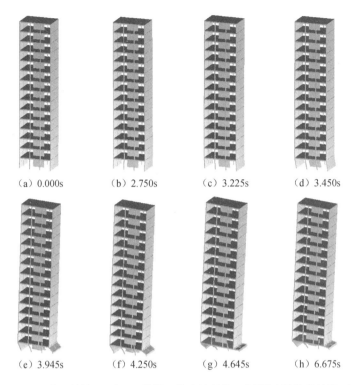

（a）0.000s　　　　（b）2.750s　　　　（c）3.225s　　　　（d）3.450s

（e）3.945s　　　　（f）4.250s　　　　（g）4.645s　　　　（h）6.675s

图 15-38　El-Centro 波下结构 I（十五层框架-剪力墙结构）倒塌过程仿真结果（PGA=2.5g）

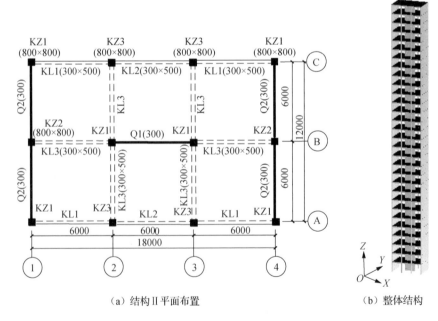

（a）结构 II 平面布置　　　　　　　　　（b）整体结构

图 15-39　结构 II（三十层框架-剪力墙结构）概况

表 15-5　结构 II 配筋表（三十层框架–剪力墙结构）

部位	配筋
柱 KZ1 纵筋	16Φ30（一～五层），16Φ25（六～十五层），16Φ22（十六～三十层）
柱 KZ2 纵筋	16Φ30（一～五层），16Φ25（六～十五层），16Φ22（十六～三十层）
柱 KZ3 纵筋	18Φ30（一～五层），16Φ30（六～十五层），16Φ25（十六～三十层）
柱箍筋	Φ10@100（加密区），Φ10@150（非加密区）
梁 KL1～KL3 纵筋	上下均为 6Φ22
梁 KL1～KL3 箍筋	Φ8@100（加密区），Φ8@150（非加密区）
板水平分布筋	双排 Φ10@150
板构造筋	双排 Φ10@150
墙 Q1～Q2 竖向分布	双排 Φ14@100（一～五层），双排 Φ12@150（六～十五层），双排 Φ12@180（十六～三十层）
墙 Q1～Q2 水平分布	双排 Φ14@100（一～五层），双排 Φ12@150（六～十五层），双排 Φ12@180（十六～三十层）

当输入 PGA 为 3.5g 时，结构 II 发生始于中上部的倒塌，倒塌过程如图 15-40
所示。地震输入至 3.250s 时，十七层的剪力墙构件发生破坏。地震输入至 3.425s
时，剪力墙破坏加剧。地震输入至 3.850s 时，上部结构侧倾加大，十七层中剪力
墙和柱相继发生压弯破坏。随后，在倾覆力矩及重力作用下上部结构加速向下运
动，十七层墙体及柱被逐渐压碎，上部结构与下部结构碰撞，强大的冲击力造成
底层剪力墙及柱发生压弯破坏［图 15-40（e）］。此后，结构被折断为上下两部分。
在惯性及结构冲击力作用下，结构上下两部分侧移不断加大，并绕着各自底部转
动，类似于铰支链杆在自重下运动［图 15-40（g）］。

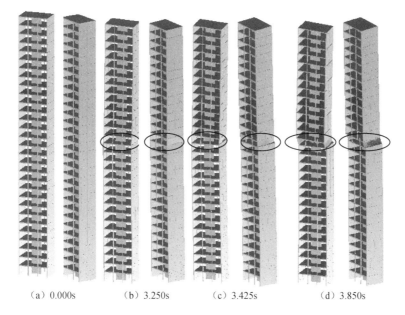

(a) 0.000s　　　　(b) 3.250s　　　　(c) 3.425s　　　　(d) 3.850s

图 15-40　El-Centro 波下结构 II（三十层框架–剪力墙结构）倒塌过程仿真结果（PGA=3.5g）

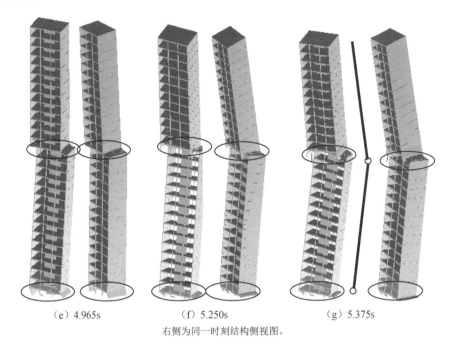

（e）4.965s	（f）5.250s	（g）5.375s

右侧为同一时刻结构侧视图。

图 15-40（续）

　　结构 III 为一含交叉墙体的十五层框架-剪力墙结构。结构布置如图 15-41 所示。底层层高 4.5m，其余层高均为 3.6m，结构总高度为 54.9m。平面尺寸为 6m×12m，

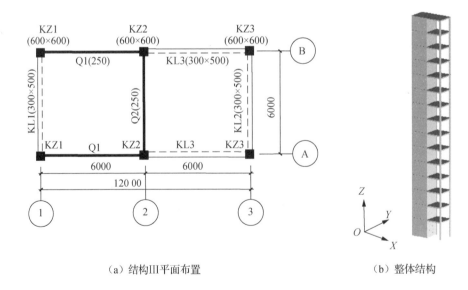

（a）结构III平面布置　　　　　　　　　　（b）整体结构

图 15-41　结构 III（十五层框架-剪力墙结构）概况

其中横向 1 跨，纵向 2 跨，跨距均为 6m。柱截面一～三层为 600mm×600mm，四～十五层为 500mm×500mm。剪力墙墙厚一～三层为 250mm，四～十五层为 200mm。梁截面为 300mm×500mm。现浇楼板板厚为 180mm。楼面活荷载为 2.0kN/m²，屋面活荷载 0.5kN/m²。结构抗震设防烈度 7 度（0.1g），场地类型 II 类，设计地震为第一组。混凝土强度等级 C50，钢筋采用 III 级钢筋。各构件配筋信息如表 15-6 所示。

表 15-6　结构 III 配筋表（十五层框架-剪力墙结构）

部位	配筋
柱 KZ1、KZ2、KZ3 纵筋	10Φ25（一～三层），10Φ22（四～十五层）
柱箍筋	Φ10@100（加密区），Φ10@150（非加密区）
梁 KL1～KL3 纵筋	上下均为 6Φ22
梁 KL1～KL3 箍筋	Φ8@100（加密区），Φ8@200（非加密区）
板水平分布筋及构造筋	双排 Φ10@150
墙 Q1～Q3 竖向及水平分布筋	双排 Φ10@150（一～三层），双排 Φ10@200（四～十五层）

当输入 PGA 为 2.5g 时，结构 III 发生倒塌，倒塌过程如图 15-42 所示。地震输入至 3.125s 时，底层剪力墙（Q1）底部首先被压溃，此时与之相连的剪力墙（Q2）尚未破坏，仍能够继续支承上部结构。随着结构侧向位移的不断增大，底层剪力墙（Q1）不断被压溃，在楼板协调变形下底层剪力墙（Q2）和底层柱（KZ3）相继发生压弯破坏，结构发生倒塌。在结构重力及惯性力作用下，上部结构向下运动，底层剪力墙构件和柱被逐渐压碎，二层楼板与地面接触［图 15-42（f）］。随后二层、三层结构相继被压溃。由此可见，交叉剪力墙构件的相继破坏触发了结构倒塌。结构最终倒塌状态如图 15-42（h）所示。

结构 IV 为一含核心筒的十五层框架-筒体结构，其结构布置如图 15-43 所示。底层层高 4.5m，其余层高均为 3.6m，结构总高度为 54.9m。平面尺寸为 18m×18m，横向 3 跨，纵向 3 跨，跨距均为 6m。柱截面一～三层为 600mm×600mm，四～十五层为 500mm×500mm；剪力墙墙厚一～三层为 250mm，四～十五层为 200mm；梁截面为 300mm×500mm；现浇楼板板厚为 180mm。结构抗震设防烈度 7 度（0.1g），场地类型 II 类，设计地震为第一组。混凝土强度等级 C50，采用 III 级钢筋。各构件配筋信息如表 15-7 所示。

当输入 PGA 为 3.5g 时，结构 IV 发生倒塌，倒塌过程如图 15-44 所示。地震输入至 3.150s 时，结构底层侧移增大，柱上下端形成塑性铰。地震输入至 3.165s 时，结构侧倾越来越大，底层筒体底部 X 向剪力墙（Q1）先出现被压溃现象，此时与之相连的 Y 向剪力墙（Q2）虽面外变形较大，但仍未破坏，能继续承载上部结构。但是在随后的地震继续激励及结构倾覆力矩作用下，结构侧倾加剧，底部剪力墙（Q2）发生面外破坏，逐渐被压碎，至此底层整个筒体被压碎，上部结构加剧向下运动。地震输入至 4.525s 时，二层楼板与地面接触，由于中部核心筒竖向刚度大，能够抵抗上部结构与下部碎块（地面）的冲击，结构不再破坏。由此可见，筒体两方向剪力墙构件相继破坏触发了结构倒塌。结构最终倒塌状态如图 15-44（h）所示。

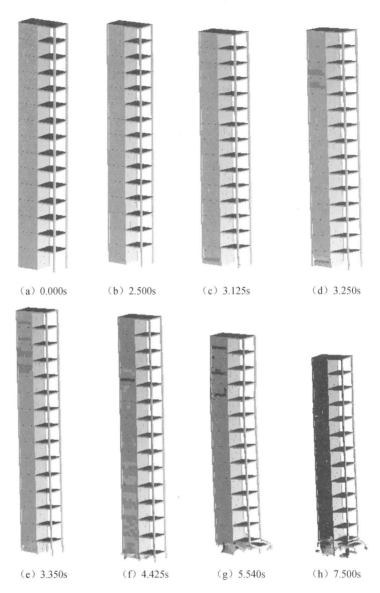

（a）0.000s　　　（b）2.500s　　　（c）3.125s　　　（d）3.250s

（e）3.350s　　　（f）4.425s　　　（g）5.540s　　　（h）7.500s

图 15-42　El-Centro 波下结构 III（十五层框架-剪力墙结构）
倒塌过程仿真结果（PGA=2.5g）

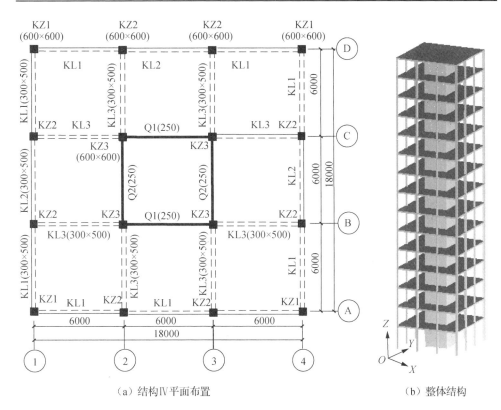

（a）结构Ⅳ平面布置　　　　　（b）整体结构

图 15-43　结构Ⅳ（十五层框架-筒体结构）概况

表 15-7　结构Ⅳ配筋表（十五层框架-筒体结构）

部位	配筋
柱 KZ1 纵筋	12Φ25（一～三层），12Φ22（四～十五层）
柱 KZ2 纵筋	10Φ25（一～三层），10Φ22（四～十五层）
柱 KZ3 纵筋	10Φ25（一～三层），10Φ22（四～十五层）
柱箍筋	Φ10@100（加密区），Φ10@150（非加密区）
梁 KL1～KL3 纵筋	上下均为 6Φ22
梁 KL1～KL3 箍筋	Φ8@100（加密区），Φ8@150（非加密区）
板水平分布筋	双排 Φ10@150
板构造筋	双排 Φ10@150
墙 Q1～Q2 竖向分布	双排 Φ10@150（一～三层），双排 Φ10@200（四～十五层）
墙 Q1～Q2 水平分布	双排 Φ10@150（一～三层），双排 Φ10@200（四～十五层）

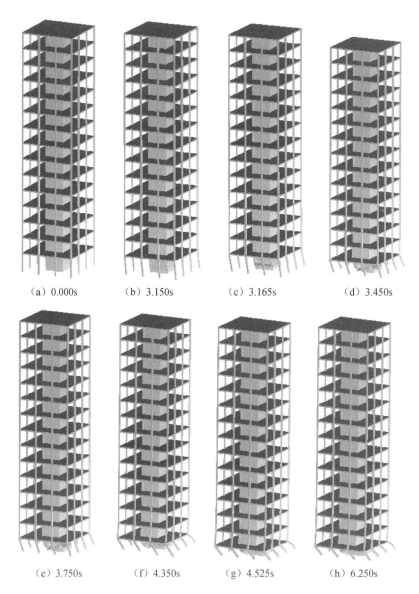

（a）0.000s   （b）3.150s   （c）3.165s   （d）3.450s

（e）3.750s   （f）4.350s   （g）4.525s   （h）6.250s

图 15-44   El-Centro 波下结构 IV（十五层框架-筒体结构）倒塌过程仿真结果（PGA=3g）

2. 地面碰撞效应对框架-剪力墙结构倒塌行为影响分析

以振动台试验模型结构为例，分析结构倒塌过程中与不同地面（软土、硬土和混凝土地面）间的碰撞效应对结构最终倒塌形态的影响。仿真分析结果如图 15-45 所示。当结构建于软土地面上时，地震作用下结构左侧外墙发生面外弯曲破坏后，结构侧倾加速，继而 2 层楼板接触地面。结构触地后并未导致结构上部结构进一步解体破坏。当结构建于硬土地面上时，结构倒塌并与地面碰撞后，造成中部剪力墙破坏。当结构建于混凝土地面上时，倒塌过程中左跨结构与地面接触后反弹；与此同时，与之相连的上部构件仍向下运动，构件间的剧烈碰撞作用造成中部剪力墙构件破坏。对比上述不同地面上钢筋混凝土框架-剪力墙结构倒塌行为可知，结构与地面碰撞后可能会造成其平行于倒塌方向的剪力墙构件破碎，引发结构解体。

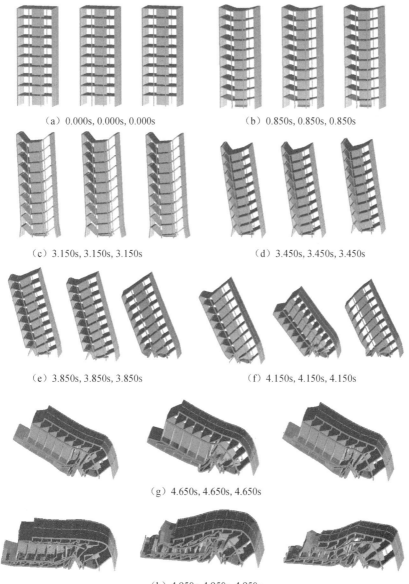

（a）0.000s, 0.000s, 0.000s　　　　（b）0.850s, 0.850s, 0.850s

（c）3.150s, 3.150s, 3.150s　　　　（d）3.450s, 3.450s, 3.450s

（e）3.850s, 3.850s, 3.850s　　　　（f）4.150s, 4.150s, 4.150s

（g）4.650s, 4.650s, 4.650s

（h）4.950s, 4.950s, 4.950s

从左至右分别为软土地面、硬土地面和混凝土地面。

图 15-45　建于不同地面上十层框架-剪力墙模型结构倒塌过程（PGA=1.5g）

参 考 文 献

[1] 那向谦，周锡元，刘志刚. 云南澜沧、耿马地震中建筑物的震害调查[J]. 建筑结构学报，1991，12（4）：62-71.

[2] 刘恢先. 唐山大地震震害（第二册）[M]. 北京：地震出版社，1986.

[3] 崔鸿超. 日本兵库县南部地震震害综述[J]. 建筑结构学报，1996，17（1）：2-13.

[4] 清华大学土木工程结构专家组，西南交通大学土木工程结构专家组，北京交通大学土木工程结构专家组. 汶川地震建筑震害分析[J]. 建筑结构学报，2008，29（4）：1-9.

[5] CARPENTER L D, NAEIM F, LEW M, et al. Performance of tall buildings in Viña del Mar in the 27 February 2010 offshore Maule, Chile earthquake[J]. The structural design of tall and special buildings, 2011, 20(1): 17-36.

[6] ROJAS F, NAEIM F, LEW M, et al. Performance of tall buildings in Concepción during the 27 February 2010 moment magnitude 8.8 offshore Maule, Chile earthquake[J]. The structural design of tall and special buildings. 2011, 20(1): 37-64.

[7] 顾祥林，彭斌，黄庆华. 结构抗震分析中的计算机仿真技术[J]. 自然灾害学报，2007，16（2）：92-100.

[8] HUANG Q H, GU X L, ZHANG Q. Simulation system for collapse responses of reinforced concrete frame structures[C]//Stanley C, One G. Proceedings of the 10th International Conference on Inspection, Appraisal, Repairs & Maintenance of Structures. Hongkong, 2006: 223-230.

[9] GU X L, WANG X L,YIN X J, et al. Collapse simulation of reinforced concrete moment frames considering impact actions among blocks[J]. Engineering structures,2014,65: 30-41.

[10] 顾祥林，黄庆华，汪小林，等. 地震中钢筋混凝土框架结构倒塌反应的试验研究与数值仿真[J]. 土木工程学报，2012，45（9）：37-45.

[11] 黄思凝. 外廊式 RC 框架地震破坏及倒塌机理研究[D]. 哈尔滨：中国地震局工程力学研究所，2012: 75-130.

[12] LI X J, ZHOU Z H, YU H Y, et al. Strong motion observations and recordings from the great Wenchuan earthquake[J]. Earthquake engineering and engineering vibration, 2008; 7(3): 235-246.

[13] 汪小林，顾祥林，印小晶，等. 现浇楼板对钢筋混凝土框架结构倒塌模式的影响[J]. 建筑结构学报， 2013，34（4）：23-31，42.

[14] 汪小林. 地震作用下钢筋混凝土结构倒塌机理分析[D]. 上海：同济大学，2014.

[15] LIU X L, TONG X H, YIN X J, et al. Videogrammetric technique for three-dimensional structural progressive collapse measurement[J]. Measurement, 2015(63):87-99.